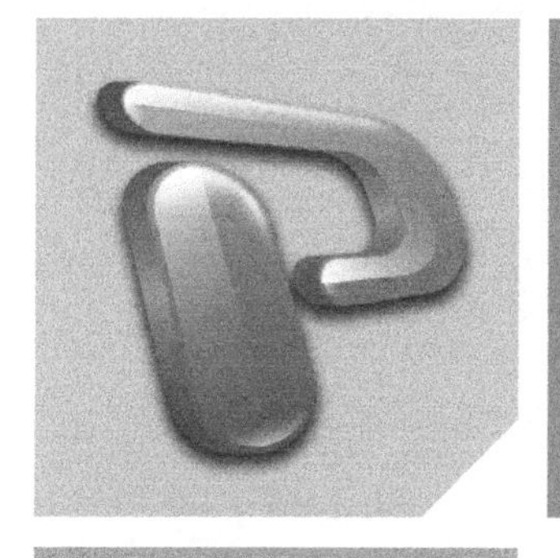

普.通.高.等.学.校
计算机教育“十二五”规划教材
立体化精品系列

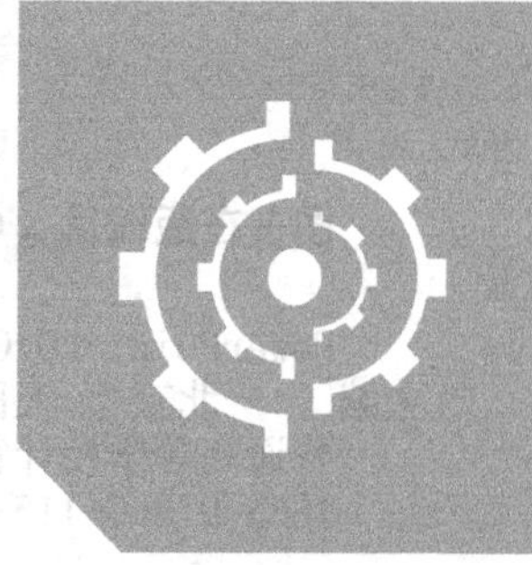

PowerPoint 2010 商务演示文稿制作

谢招犇 王宁 主编

人民邮电出版社
北京

图书在版编目（CIP）数据

PowerPoint 2010商务演示文稿制作 / 谢招犇，王宁主编. -- 北京 : 人民邮电出版社，2016.4（2021.8重印）
普通高等学校计算机教育“十二五”规划教材
ISBN 978-7-115-40649-1

Ⅰ. ①P… Ⅱ. ①谢… ②王… Ⅲ. ①图形软件－高等学校－教材 Ⅳ. ①TP391.41

中国版本图书馆CIP数据核字(2015)第299414号

内容提要

本书主要讲解使用 PowerPoint 2010 制作商业演示文稿的知识，内容主要包括 PowerPoint 2010 入门、PowerPoint 2010 基本操作、处理演示文稿中的文本、处理演示文稿中的图片、处理演示文稿中的形状、PowerPoint 排版设计、添加表格和图表、添加 SmartArt 图形、添加多媒体对象、设置演示文稿的动画效果、制作交互式演示文稿、输出演示文稿、放映演示文稿。本书在最后一章和附录中运用前面章节的 PowerPoint 知识制作了多个专业性和实用性较强的商业演示文稿。

本书内容翔实，结构清晰，图文并茂，每章均以理论知识点讲解、操作案例和习题的结构详细介绍相关知识点的使用。其中的大量案例和习题可以引领读者快速有效地学习到实用技能。

本书不仅可供普通高等院校、独立院校及高职院校师范类相关专业作为教材使用，还可供相关行业及专业工作人员学习和参考。

◆ 主　　编　谢招犇　王　宁
　责任编辑　邹文波
　执行编辑　吴　婷
　责任印制　沈　蓉　彭志环

◆ 人民邮电出版社出版发行　　北京市丰台区成寿寺路 11 号
　邮编　100164　　电子邮件　315@ptpress.com.cn
　网址　http://www.ptpress.com.cn
　北京七彩京通数码快印有限公司印刷

◆ 开本：787×1092　1/16
　印张：19.5　　　　　2016 年 4 月第 1 版
　字数：499 千字　　　2021 年 8 月北京第 8 次印刷

定价：49.80 元（附光盘）

读者服务热线：(010)81055256　印装质量热线：(010)81055316
反盗版热线：(010)81055315

前言

随着近年来本科教育课程改革的不断发展，随着计算机软硬件发展的日新月异，以及教学方式的不断发展，市场上很多教材的软件版本、硬件型号、教学结构等很多方面都已不再适应目前的教授和学习环境。

有鉴于此，我们认真总结了教材编写经验，用了2~3年的时间深入调研各地、各类本科院校的教材需求，组织了一批优秀的、具有丰富的教学经验和实践经验的作者团队编写了本套教材，以帮助各类本科院校快速培养优秀的技能型人才。

本着“学用结合”的原则，我们在教学方法、教学内容和教学资源3个方面体现出了自己的特色。

教学方法

本书精心设计“学习要点和学习目标→知识讲解→操作案例→习题”4段教学法，激发学生的学习兴趣，细致而巧妙地讲解理论知识，对经典案例进行分析，训练学生的动手能力，通过课后练习帮助学生强化巩固所学的知识和技能，提高实际应用能力。

◎ **学习目标和学习要点**：以项目列举方式归纳出章节重点和主要的知识点，以帮助学生重点学习这些知识点，并了解其必要性和重要性。

◎ **知识讲解**：深入浅出地讲解理论知识，着重实际训练，理论内容的设计以“必需、够用”为度，强调“应用”，配合案例介绍如何在实际工作当中灵活应用这些知识点。

◎ **操作案例**：综合运用本章所学知识，给予效果参考与步骤提示，要求学生动手制作相关演示文稿，提高其独立完成任务的能力。

◎ **习题**：结合每章内容给出大量难度适中的上机操作题，学生可通过练习，强化巩固每章所学知识，从而能温故而知新。

教学内容

本书的教学目标是循序渐进地帮助学生掌握利用PowerPoint 2010制作商务演示文稿的知识，全书共14个项目，可分为如下几个方面的内容。

◎ **第1章至第2章**：主要讲解PowerPoint 2010的基础知识，包括PowerPoint 2010的工作界面、演示文稿和幻灯片的基本操作，以及商务演示文稿的基础知识等。

◎ **第3章至第8章**：主要讲解PowerPoint演示文稿制作的主要内容，包括使用PowerPoint插入和编辑文本、插入和编辑图形图像、演示文稿的排版设计、插入表格和图表、添加SmartArt图形等知识。

◎ **第9章至第11章**：主要讲解在课件中插入和编辑各种多媒体对象，以及插入动画、切换动画、实现交互式操作等知识，包括添加音频、添加视频、设置动画效果和制作交互式演示文稿等知识。

◎ **第12章至第13章**：主要讲解放映和输出演示文稿的方法，包括放映设置和放映技巧，以及发布、打包和打印演示文稿等知识。

◎ **第14章**：以制作一个商业演示文稿为综合案例，从了解案例目标、制作步骤到案例分析，从而完成商务演示文稿的制作过程。

 教学资源

提供立体化教学资源，使教师得以方便地获取各种教学资料，丰富教学手段。本书的教学资源包括以下三方面的内容。

（1）配套光盘

本书配套光盘中包含图书中实例涉及的素材与效果文件、各章节操作案例及习题的操作演示动画以及模拟试题库三个方面的内容。模拟试题库中含有丰富的关于PowerPoint 2010应用的相关试题，包括填空题、单项选择题、多项选择题、判断题和操作题等多种题型，读者可自动组合出不同的试卷进行测试。另外，它还包含两套完整模拟试题，以便读者测试和练习。

（2）教学资源包

精心制作的教学资源包，包括PPT教案和教学教案（备课教案、Word文档），以便老师顺利开展教学工作。

（3）教学扩展包

教学扩展包中包括方便教学的拓展资源以及每年定期更新的拓展案例两个方面的内容。其中拓展资源包含PowerPoint 2010应用案例素材等。

特别提醒：上述第（2）、（3）教学资源可访问人民邮电出版社教学服务与资源网（http:// www.ptpedu.com.cn）搜索下载，或者发电子邮件至dxbook@qq.com索取。

本书由谢招犇、王宁任主编。虽然编者在编写本书的过程中倾注了大量心血，但恐百密之中仍有疏漏，恳请广大读者及专家不吝赐教。

编者

2015年10月

目录

第1章 PowerPoint 2010入门

本章将详细讲解PowerPoint 2010的基础知识，并对商务演示文稿的制作观念和制作要素进行全面讲解。读者通过学习应能够熟练掌握启动和退出PowerPoint 2010的操作方法，并对制作商务演示文稿的基础知识有一个基本的了解。

学习要点

◎ 认识演示文稿和幻灯片
◎ PowerPoint 2010工作界面和视图模式
◎ 启动和退出PowerPoint 2010
◎ 商务演示文稿中的各种项目
◎ 制作商务演示文稿的流程

学习目标

◎ 了解PowerPoint 2010的基础知识
◎ 了解商务演示文稿的制作观念
◎ 了解商务演示文稿的制作要素

1.1 PowerPoint 2010初体验

PowerPoint 2010是一款演示文稿制作软件，用户通过它可以快速创建出生动形象、图文并茂、极具感染力的动态演示文稿。本小节将详细讲解PowerPoint 2010的基础知识，包括PowerPoint 2010的概念和功能、工作界面和视图模式，以及启动和退出方法。

1.1.1 PowerPoint 2010概述

PowerPoint是美国Microsoft公司推出的办公应用软件Office的组件之一，与Word、Excel并驾齐驱，成为计算机办公的主流软件。目前最新版本为PowerPoint 2013。本书以最常用的PowerPoint 2010为例讲解该软件的使用方法。图1-1所示为PowerPoint 2010启动界面。

图1-1 PowerPoint 2010启动界面

使用PowerPoint制作的文件被称为演示文稿，默认情况下的文件扩展名为“.ppt”，所以通常把使用PowerPoint制作演示文稿也称为制作PPT。PowerPoint 2010的文件扩展名为“.pptx”，这种格式的文件能够自动压缩，节约磁盘空间，并且具有更高的安全性、数据集成性和互操作性。

1.1.2 PowerPoint 2010的功能

PowerPoint 2010是演示文稿制作软件，用户可用它快速创建极具感染力的动态演示文稿，并能支持其他工作流方案轻松共享信息，被广泛应用于各行各业中，其主要功能如下。

◎ **创建动态演示文稿**：PowerPoint 2010提供了大量的主题、版式和快速样式，能够使演示文稿具有一致而专业的外观，其自定义版式也不再受预先打包的版式的局限，可以创建包含任意多个占位符、多种元素以及多个母版集的自定义版式。PowerPoint 2010提供了全新的SmartArt图形和图表，创建出的图示和图标都可达到设计师的水准。它还可以为SmartArt图形、形状、表格、文字、艺术字、图表和动画等添加绝妙的视觉效果，包括阴影、映像、发光、柔化边缘、扭曲棱台和三维旋转等效果，如图1-2所示，使创建的演示文稿更具感染力。

◎ **放映演示文稿**：制作好的演示文稿可以经过放映向观众展示出来，根据演讲者的需要，演示文稿可以以不同的方式进行放映。此外，放映演示文稿时，在一台计算机上运行PowerPoint 2010演示文稿，而让观众在另外一台计算机（或者显示器、投影幕布）上观看该演示文稿。

◎ **有效地共享信息**：无论是需要共享演示文稿、创建审批、审阅工作流，还是需要与没有使用PowerPoint 2010的联机人员协作，全新的幻灯片库及低容量的文件格式都可以实现与他人的共享和协作。

◎ **保护并管理信息**：PowerPoint 2010可以为演示文稿添加数字签名，以防止不经意的更改，使用内容控件可以创建和部署结构化的PowerPoint模板，以指导用户输入正确信

息，并保留演示文稿中不能更改的信息。利用“幻灯片/大纲”窗格，可以在制作演示文稿时方便地查看和编辑幻灯片属性。

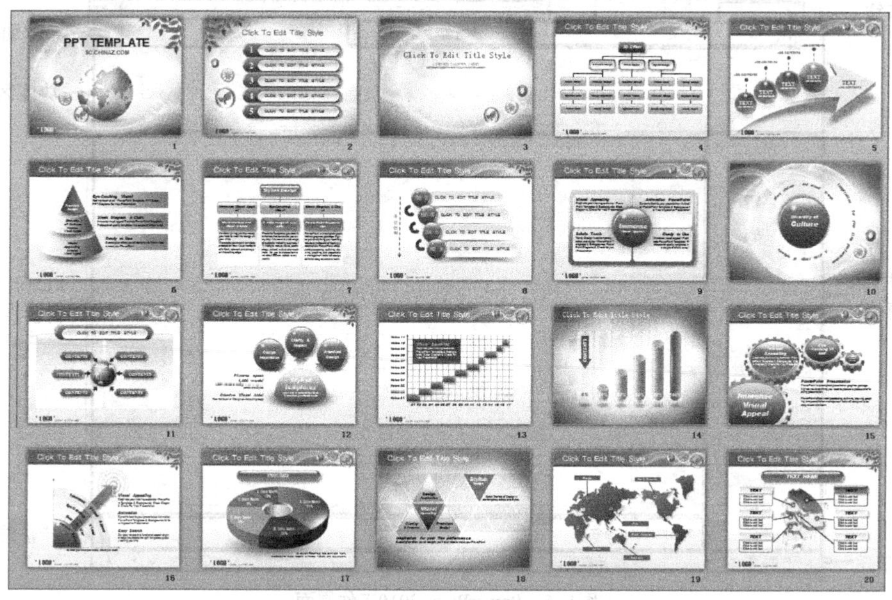

图1-2 PowerPoint 2010动态演示文稿

1.1.3 认识演示文稿和幻灯片

演示文稿由“演示”和“文稿”两个词语组成，这说明它用于为演示某种效果而制作的文档，其主要用于会议、产品展示和教学课件等领域。演示文稿和幻灯片之间是包含与被包含的关系，图1-3所示为演示文稿，图1-4所示为幻灯片。

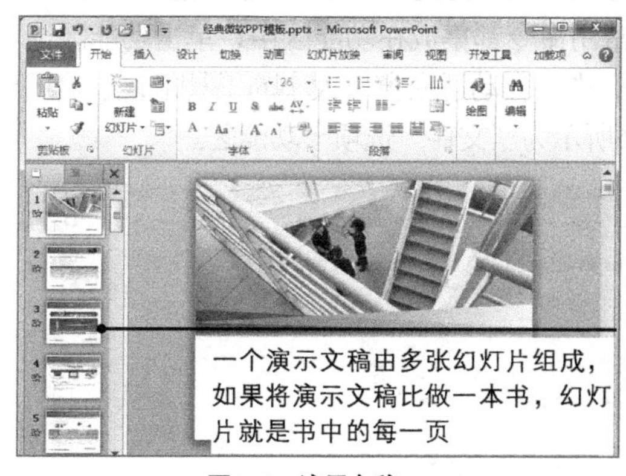

图1-3 演示文稿

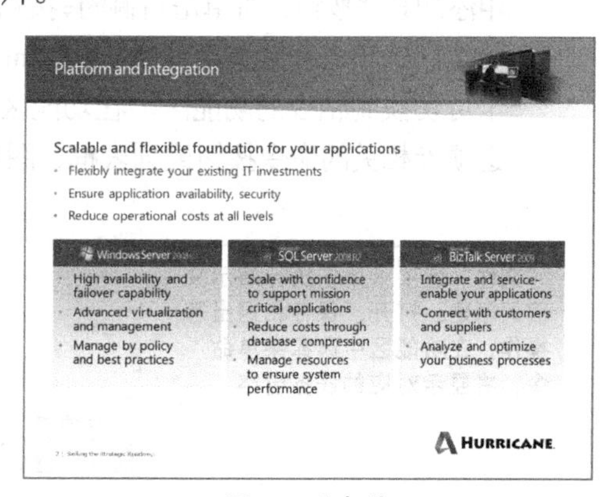

图1-4 幻灯片

1.1.4 了解PowerPoint 2010的工作界面

PowerPoint 2010的工作界面主要由“P”按钮、标题栏、快速访问工具栏、功能区选项卡、功能区、“功能区最小化”按钮、“帮助”按钮、“幻灯片/大纲”窗格、“备注”窗格、幻灯片编辑窗口和状态栏组成，如图1-5所示。下面介绍其各组成部分的作用。

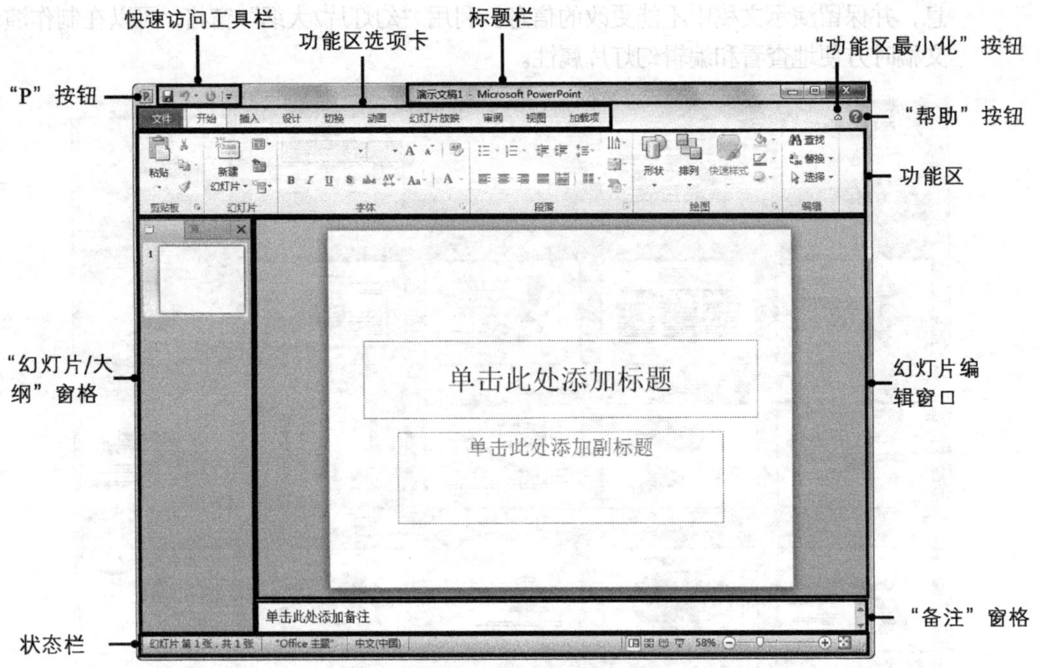

图1-5 PowerPoint 2010工作界面

◎ **"P"按钮**：单击该按钮，在打开的下拉列表中选择对应的选项，可以对当前窗口进行最大化、最小化、移动和关闭等操作。

◎ **标题栏**：标题栏左侧的文字分别代表演示文档名称和PowerPoint软件名称，右侧的 、 、 按钮分别用于对工作界面窗口执行最小化、还原/最大化、关闭操作。

◎ **快速访问工具栏**：包含"保存"按钮、"撤销"按钮和"恢复"按钮，如需在其中添加其他按钮，可单击右侧的按钮，在打开的下拉列表中选择所需的选项即可。

◎ **功能区选项卡和功能区**：PowerPoint的常用命令都集成在功能区中，单击功能区选项卡可切换到相应的功能区。在功能区中有许多自动适应窗口大小的工具组，放置了与选项卡相关的命令按钮或列表框，图1-6所示为"文件"选项卡功能区。

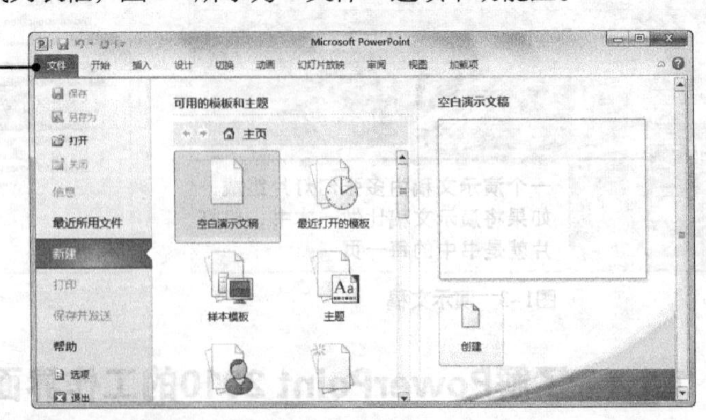

图1-6 "文件"选项卡功能区

◎ **"功能区最小化"按钮**：单击可以隐藏工作界面中的功能区，仅显示功能区选项卡，且该按钮变为"展开功能区"按钮，单击该按钮可在工作界面中重新显示功能区。

◎ **“帮助”按钮**：单击可打开相应的“PowerPoint 帮助”窗口，在其中可查找到用户需要的帮助信息。如果计算机连接到Internet网络，帮助系统会自动从Microsoft Office Online网站获取更多的帮助内容，以供用户查阅。

◎ **幻灯片编辑窗口**：幻灯片编辑窗口是使用PowerPoint制作演示文稿的操作平台，用于显示和编辑幻灯片。在“幻灯片/大纲”窗格中单击某张幻灯片后，该幻灯片将显示在幻灯片编辑窗口中，如图1-7所示。

图1-7 幻灯片编辑窗口

◎ **“幻灯片/大纲”窗格**：用于显示演示文稿的幻灯片数量及位置，包括“大纲”和“幻灯片”两个选项卡，单击可在不同的窗格间进行切换。“幻灯片”窗格显示所有幻灯片的编号及缩略图，“大纲”窗格则列出各张幻灯片中的文本内容。

◎ **“备注”窗格**：用于使制作者添加相应幻灯片的说明内容及注释信息。

◎ **状态栏**：用于显示当前演示文稿的编辑状态和显示模式，如图1-8所示。拖动▯图标或单击⊖、⊕按钮，可调整当前幻灯片的显示大小，单击⊡按钮可按当前窗口大小自动调整幻灯片的显示比例，并能看到幻灯片的整体效果，且显示比例为最大。

图1-8 状态栏

1.1.5 了解PowerPoint 2010的视图模式

PowerPoint 2010提供了多种视图模式以满足不同用户的需要，在【视图】→【演示文稿视图】组中单击对应视图按钮即可切换到对应的视图模式。下面介绍一下各种视图模式的相关知识。

◎ **普通视图**：PowerPoint 2010默认显示普通视图，它是制作演示文稿时主要使用的视图模式，如图1-9所示。在其他视图模式下单击“普通”视图按钮⊡可切换到普通视图。

◎ **阅读视图**：在【视图】→【演示文稿视图】组中单击“阅读视图”按钮⊡可切换到阅读视图。该模式将以全屏动态方式显示演示文稿的放映效果，预览演示文稿中设置的动画和声音，并且能观察每张幻灯片的切换效果，如图1-10所示。

图1-9 普通视图

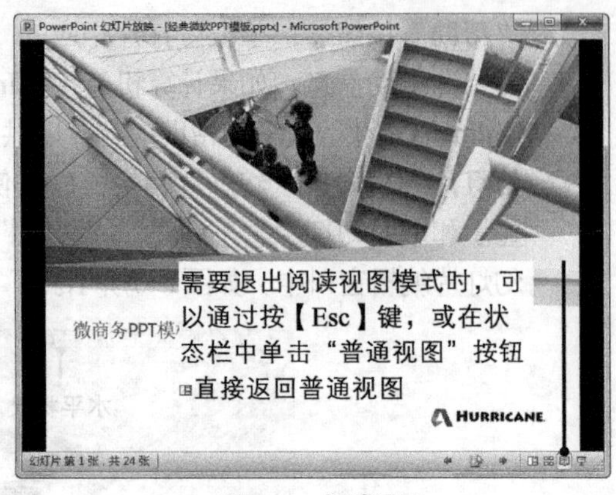

图1-10 阅读视图

◎ **幻灯片浏览视图**：在【视图】→【演示文稿视图】组中单击“幻灯片浏览”按钮可切换到幻灯片浏览视图。在该模式中用户可以浏览整个演示文稿中的幻灯片，改变幻灯片的版式、设计模式、配色方案等，也可重新排列、添加、复制或删除幻灯片，如图1-11所示。

◎ **备注页视图**：在【视图】→【演示文稿视图】组中单击“备注页”按钮可切换到备注页视图。该模式将备注窗格以整页格式显示，方便编辑备注内容，如图1-12所示。

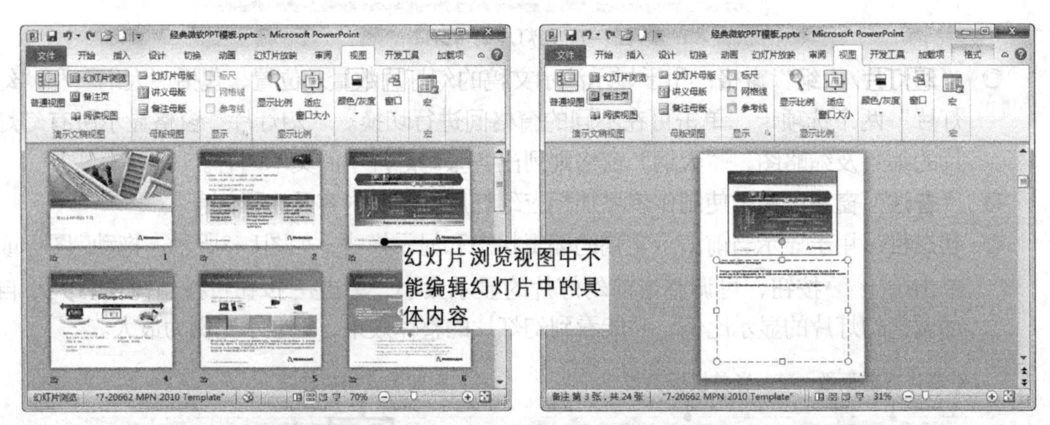

图1-11 幻灯片浏览视图　　　　图1-12 备注页视图

1.1.6 启动和退出PowerPoint 2010

启动和退出PowerPoint 2010是制作演示文稿时最基础的操作，下面分别进行介绍。

1. 启动PowerPoint 2010

PowerPoint 2010的启动方法与其他应用软件类似，通常都是通过菜单命令启动的。其方法为：单击“开始”按钮，在打开的菜单中选择【所有程序】→【Microsoft Office】→【Microsoft PowerPoint 2010】菜单命令，如图1-13所示。如果计算机中保存了PowerPoint 2010制作的演示文稿，双击该演示文稿文件，也能启动PowerPoint 2010并打开该演示文稿。

2. 退出PowerPoint 2010

退出PowerPoint 2010的常用方法为：选择【文件】→【退出】菜单命令，如图1-14所

示。另外，单击工作界面右上角的“关闭”按钮，或按【Alt+F4】组合键，也可以退出PowerPoint 2010。

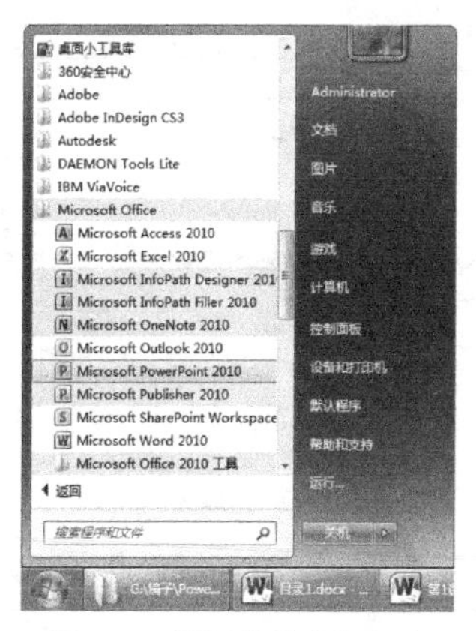

图1-13　通过菜单命令启动

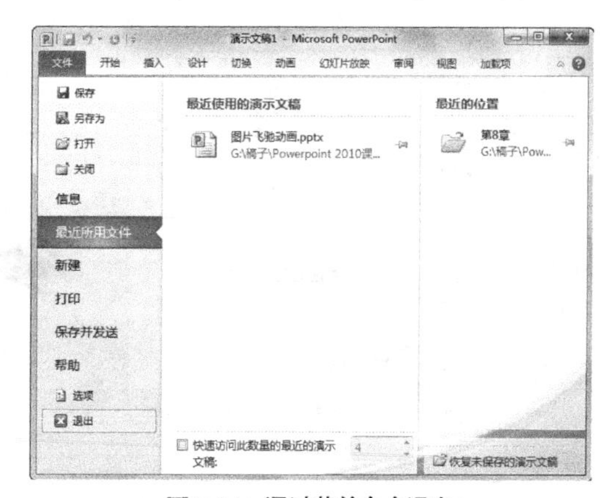

图1-14　通过菜单命令退出

1.1.7　案例——定制个性化PowerPoint工作界面

在PowerPoint 2010中，用户可根据个人的工作、生活习惯将工作界面设置成方便操作的界面模式，这样不仅使PowerPoint工作界面与众不同，还能大大提高工作效率。定制个性化的PowerPoint工作界面包括自定义快速访问工具栏、最小化功能区、调整工具栏位置以及显示隐藏标尺、网格和参考线等。下面将启动PowerPoint，在其中自定义快速访问工具栏，然后在工作界面中显示标尺和网格线，并设置工作界面颜色，完成后的参考效果如图1-15所示。

视频演示　光盘:\视频文件\第1章\定制个性化PowerPoint工作界面.swf

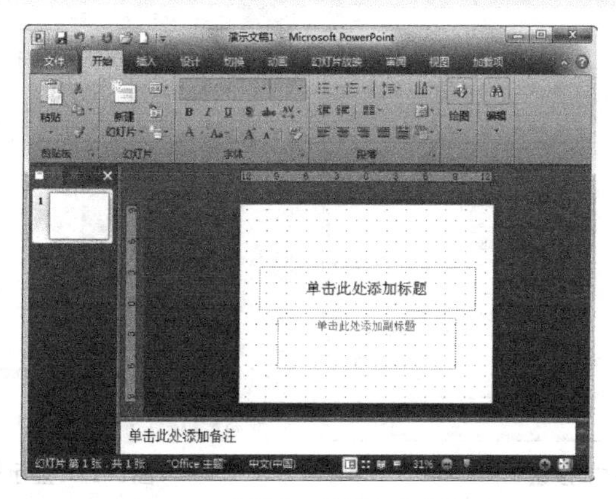

图1-15　个性化工作界面参考效果

（1）单击“开始”按钮，在打开的菜单中选择【所有程序】→【Microsoft Office】→【Microsoft PowerPoint 2010】菜单命令，启动PowerPoint 2010。

（2）在打开的工作界面的快速启动栏中，单击按钮，在打开的下拉列表中选择“其他命令”选项，如图1-16所示。

（3）打开“PowerPoint选项”对话框，在左侧的列表框中选择需要添加的命令，这里选择“打开”选项，单击 添加(A) >> 按钮，如图1-17所示。

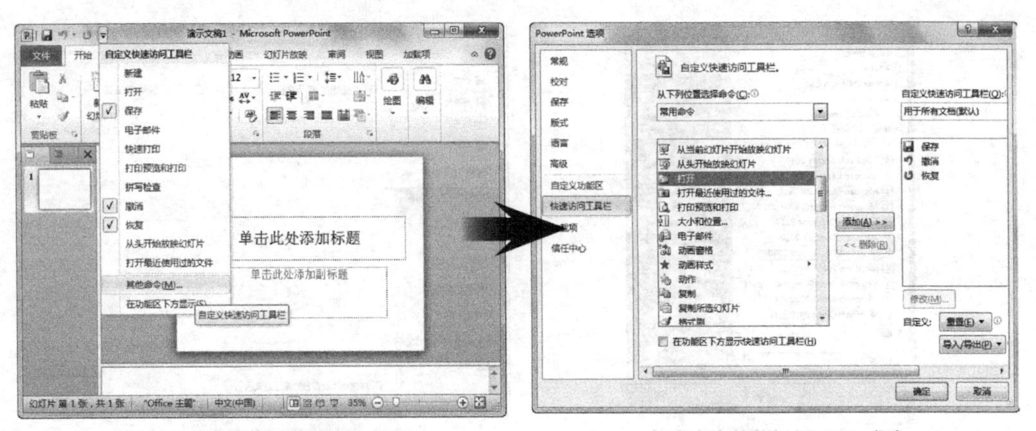

图1-16 选择“其他命令”选项　　图1-17 添加“打开”命令

（4）将“打开”命令添加到右侧的列表框中，然后用同样的方法将“新建”命令添加到右侧的列表框中，单击 确定 按钮，如图1-18所示。

（5）返回到工作界面，可以看到快速启动栏中增加了“打开”按钮和“新建”按钮。

（6）单击“视图”选项卡，在“显示”组中单击选中“标尺”和“网格线”复选框，幻灯片编辑窗口中将显示标尺和网格线，如图1-19所示。

知识提示

编辑演示文稿时，为了使幻灯片的显示区域更大些，可将选项卡功能区域最小化，只显示选项卡的名称。其方法是：双击标题栏下方的选项卡标签，就可将功能区隐藏，再次双击选项卡标签即可将其显示出来。也可按【Ctrl+F1】组合键或单击“功能区最小化”按钮，将其显示或隐藏。

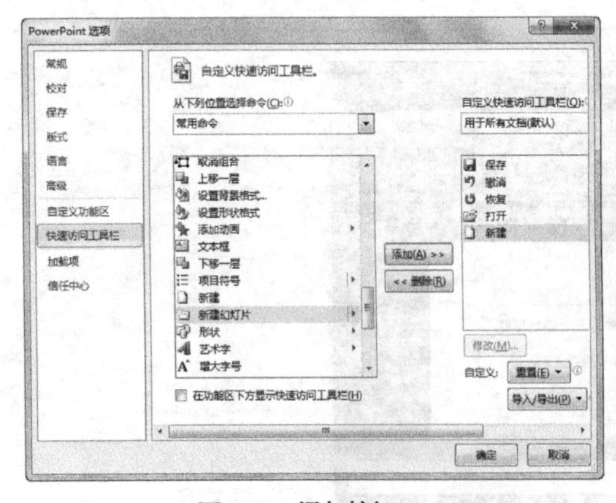

图1-18 添加按钮

图1-19 显示标尺和网格线

（7）选择【文件】→【选项】菜单命令，打开“PowerPoint选项”对话框，在“常规”选项卡的“配色方案”下拉列表中选择“黑色”选项，如图1-20所示，单击 确定 按钮，完成个性化工作界面的设置操作。

图1-20 设置工作界面颜色

1.2 了解商务演示文稿的制作观念

商务演示文稿的应用范围非常广泛，包括工作汇报、企业宣传、产品推介、婚礼庆典、项目竞标、管理咨询、教育培训等，正成为人们工作生活的重要组成部分。制作出专业的商务演示文稿并不是一项简单的工作，下面就了解一下专业的商务演示文稿设计师们的制作观念吧。

1.2.1 演示文稿的观点

相信大多数人都认为演示文稿的观点就是演讲者的观点，这种认识并不适用于制作商务演示文稿。制作商务演示文稿的目的是满足客户的需要，因此，无论观点是什么，使演示文稿的观众接受该观点，理解该观点，才是最重要的。所以，制作商务演示文稿必须养成让客户满意的习惯，思维定势也是一切以观众或客户的感受为准。

◎ **观众喜欢漂亮：**制作的演示文稿就必须在外观上达到美丽的标准，在图片、文字和动画上都要达到酷炫的标准，如图1-21所示。

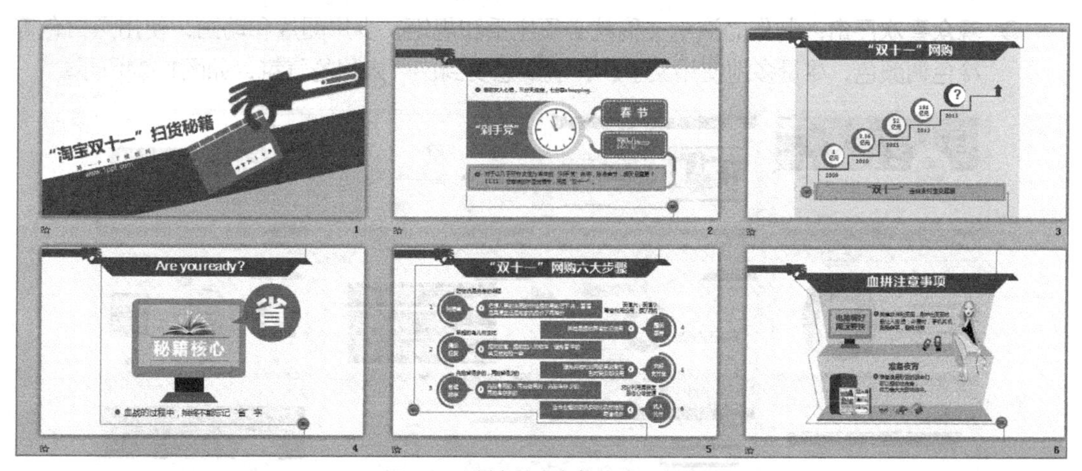

图1-21 漂亮的商务推广演示文稿

◎ **观众喜欢简洁：**制作的演示文稿就必须简洁，简洁的配色、精练的文字，尽可能扔掉一切无关紧要的元素，使演示文稿清晰明了，如图1-22所示。

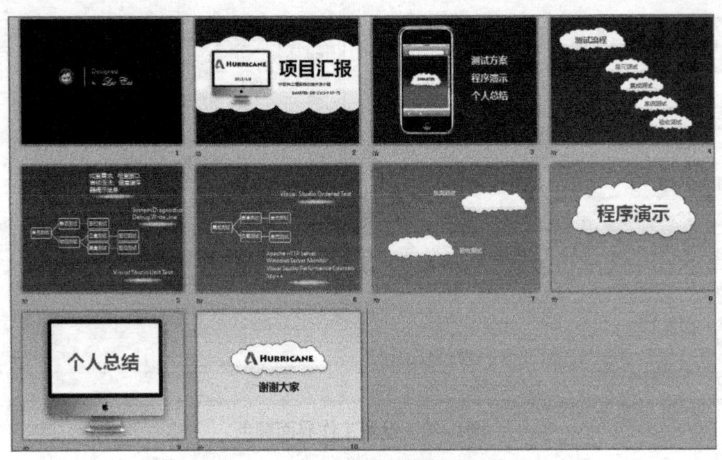

图1-22　简洁的项目汇报演示文稿

◎ **观众喜欢轻松**：制作的演示文稿就必须生动形象，多图片、多动画、多使用温暖明亮的颜色，尽可能让观众感受到快乐，如图1-23所示。

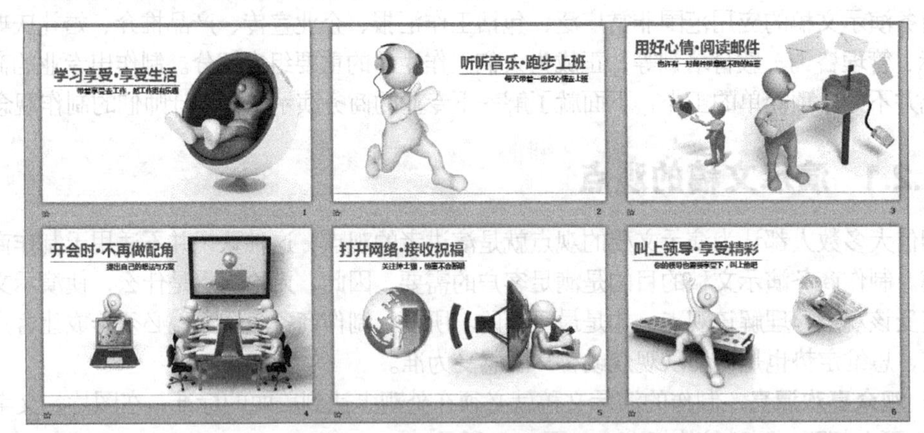

图1-23　轻松的公司简介演示文稿

◎ **观众喜欢严肃**：制作的演示文稿就必须庄重和规矩，少用图片和动画，使用黑白色等冷色调颜色，尽量多地使用文字，让观众感受到庄严肃穆的气氛，如图1-24所示。

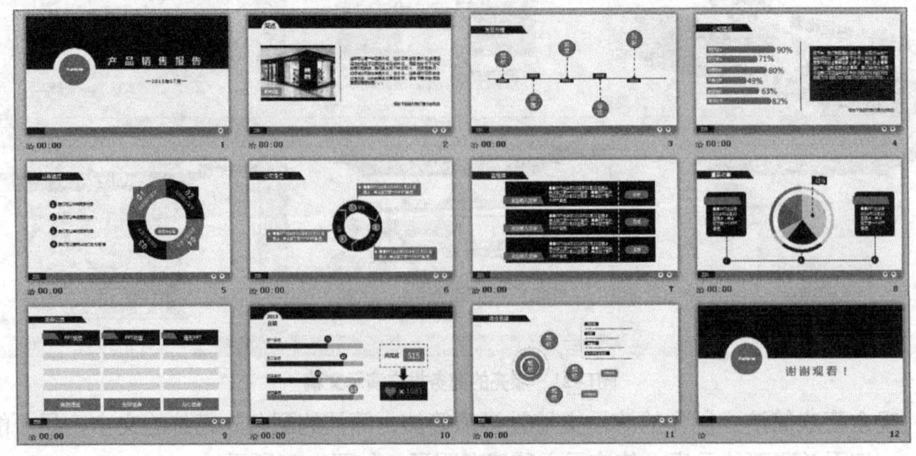

图1-24　严肃的产品销售报告演示文稿

综上所述，每个观众的欣赏水平不同，对于演示文稿的要求也不尽相同，但制作演示文稿的目标是基本相同的，所以专业演示文稿设计师的工作就是综合观众的需求，找到一个共同点和平衡点，然后制作出符合观众要求的演示文稿。

1.2.2 演示文稿的策划与设计

优秀的演示文稿往往需要在制作前期进行策划和设计，这两项内容已经成为演示文稿制作的核心技能，也是决定演示文稿水平高低的根本标准。

1. 策划

策划是制作者为了达到某种特定的目标，借助一定的科学方法和艺术手段，构思、设计、制作策划方案的过程。专业的演示文稿不是简单制作出来的，而是通过精心设计、策划出来的。一个成功的演示文稿，需要演示文稿的设计师按照不同的演示目的、不同的演示风格、不同的观众对象、不同的使用环境等因素，决定使用不同的演示文稿结构、文本、颜色和动画效果来进行制作。进行了精心策划的演示文稿，即使存在一定的不足，但只要定位精确、全心全意为观众着想，一样能赢得客户的认同和观众的喝彩。而有很多演示文稿，虽然制作精美、创意非凡，但是却得不到观众或客户的认同，其根本原因就是缺乏准确的定位和精心的策划。

2. 设计

设计便是造物活动的预先计划，我们可以把任何造物活动的计划目标和计划过程理解为设计。在现代化生产中，设计已经成为一种企业的核心竞争力的标志，优秀的设计往往能带给企业巨大的商业利益。演示文稿的设计不单单是精美的排版，还包括了精心的策划、准确的定位和对观众的贴心迎合。一个设计精美的演示文稿通常具有以下的作用。

◎ **使观众产生好感**：设计精美的演示文稿能够抓住观众的眼球，集中观众的注意力，如图1-25所示。

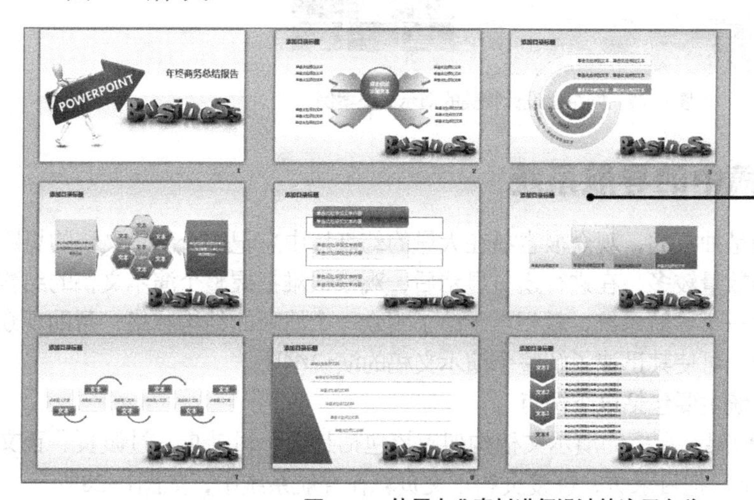

图1-25 使用专业素材进行设计的演示文稿

◎ **获得观众的认可**：设计优秀的演示文稿能够带给观众专业、认真、可靠的感觉，从而获得观众的认可，如图1-26所示。

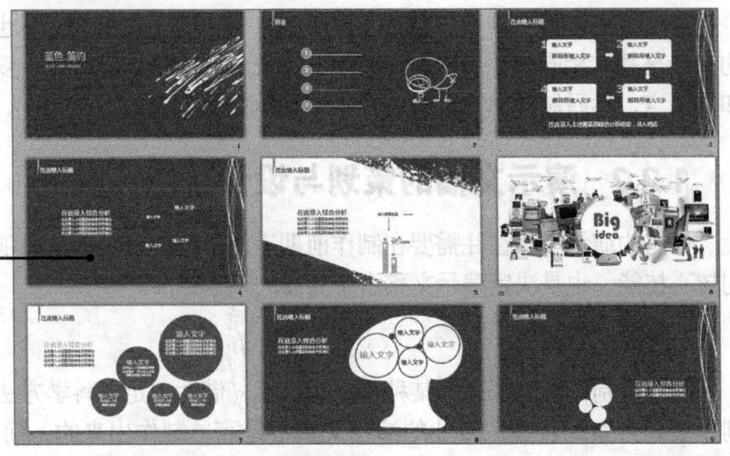

演示文稿的排版是有一定规则的，比如一个主题、项目对齐、画面统一、层次分明等，根据这些规则设计的演示文稿更容易得到观众的认可

图1-26　按照一定的排版原则设计的演示文稿

◎ **赢得成功的机会**：即使演示文稿的内容平淡，但一旦设计上显示出优势，无论是领导还是客户，自然会倾心于这种方案，从而获得成功的机会，如图1-27所示。

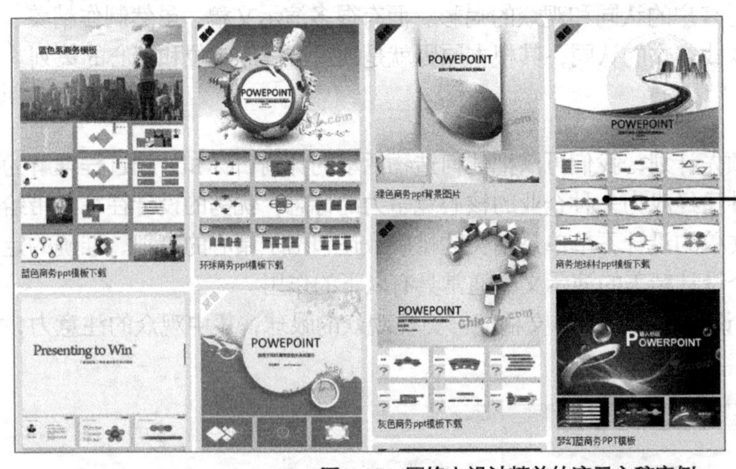

网络中有很多值得学习的演示文稿案例，其设计水平都非常高

图1-27　网络上设计精美的演示文稿案例

1.2.3　演示文稿中的导航系统

演示文稿的逻辑结构是抽象的，观众很容易在大量的幻灯片中忘记整个演示文稿的思路。如果演示文稿中幻灯片的数量较多，在进行逐页显示后，观众很难把握整个演示文稿的结构。这时，在演示文稿中建立一个导航系统，就相当于给了观众一个清晰的结构脉络，帮助观众进行观点定位和目的地选择，可使其迅速了解整个演示文稿的演说纲要。

演示文稿中的导航系统主要包括以下两点。

◎ **完整的演示文稿构架**：完成的演示文稿构架应该包括封面、目录页、过渡页、正文页和结尾页，但通常只把目录页、过渡页和正文页算在导航系统中，如图1-28所示。

知识提示

在现在的很多演示文稿中，制作者还会在封面前面添加一个片头动画，或在封面后面添加一个前言页，通常这两部分也都不包含在导航系统中。

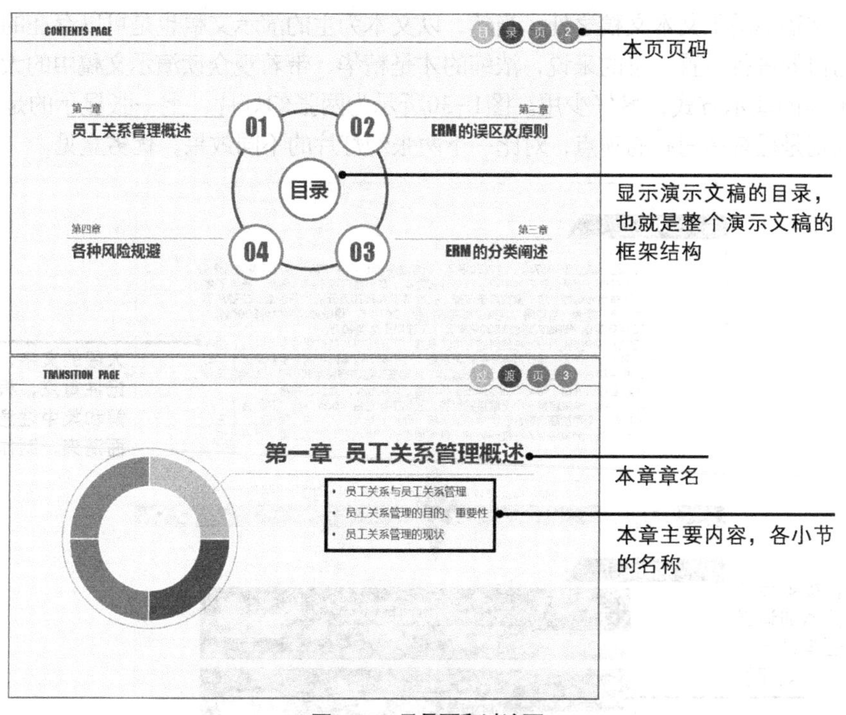

图1-28　目录页和过渡页

◎ **内容页中的导航**：在内容页中，其导航的内容主要包括本章节的标题和本页的内容，如图1-29所示。在内容页中也可以加入目录导航，但前提是整个演示文稿的结构比较简单，且需要为内容页单独设计版式内容。

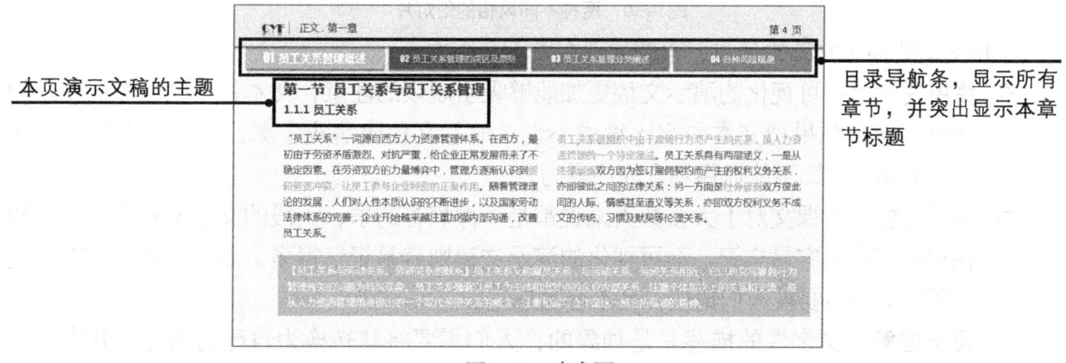

图1-29　内容页

1.2.4　演示文稿中的文字

一些学习制作演示文稿的初学者，甚至是经常制作演示文稿的演示者，认为制作演示文稿非常简单，只需要提前策划并设计好版式，然后将Word或文本文档中的文字复制并粘贴到幻灯片中，设置好文本格式和各种特效，这样就算是完成了演示文稿的制作。其实，这是对制作演示文稿的一种片面认识。演示文稿的本质在于把观点用可视化的方式展示给观众，只是让观看文本，不如直接制作Word文档；应该把大量的文本内容转化为由图形、图像、表格、动画、多媒体和文字组合构成的场景，用这种方式展现给观众，演示的效果才能达到最佳，才能表现出演示文稿不同于文本文稿之处。当然，以文本为主的演示文稿也是可以存在的，但要根据其使用的目的进行设置。总的来说，浓缩的才是精华，带着观众读演示文稿中的大段文字是一种效果不佳的演示方式，最好少用。图1-30所示为两张幻灯片，上一张显示的是大段的文字，下一张则是提炼精简后的观点，对比一下两张幻灯片的不同效果，优劣立见。

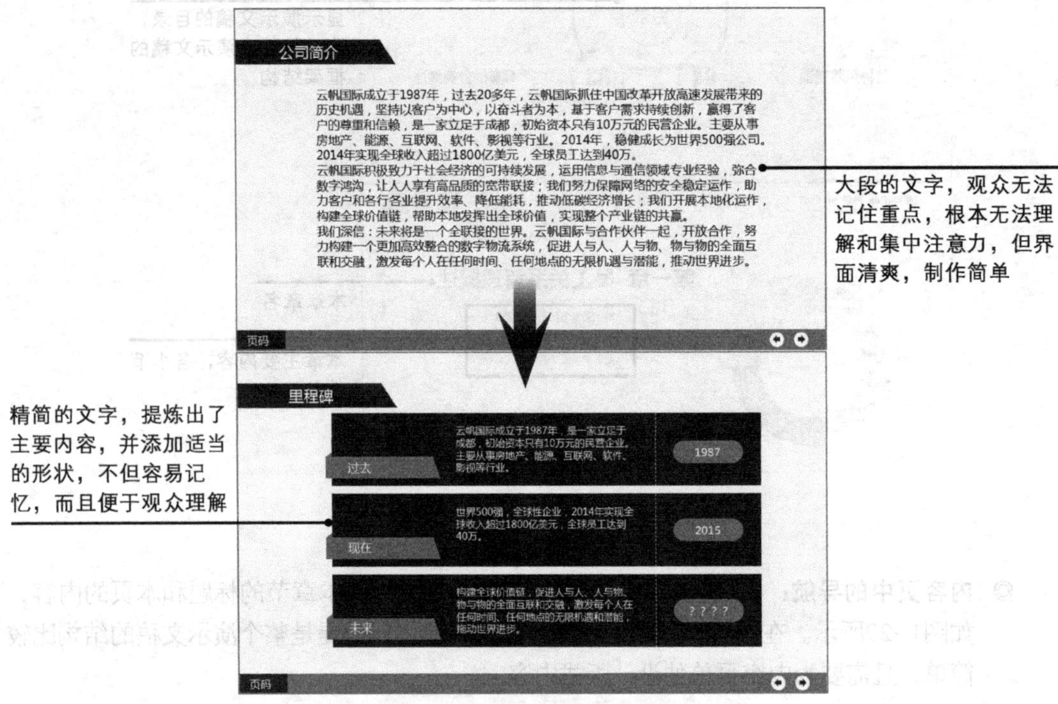

图1-30　两种不同风格的幻灯片

少用文本的演示文稿的优点，主要体现在以下几个方面。

◎ **集中注意力**：可视化的演示文稿更加能够吸引观众的注意，文本过多则会降低观众的阅读兴趣。如果把文本内容比喻成小说，演示文稿比喻成电影，虽然各有特点和优势，但明显电影更能抓住观众的注意力。

◎ **容易记忆**：背课文对于大多数人来说都是一件痛苦的事，大段的文字不利于记忆，即使记住了也很容易忘记。而可视化的演示文稿则容易记忆得多，形状、颜色、图表这些项目更加容易被人们记住，且不容易忘记。

◎ **便于理解**：文字性的描述总是抽象的，人们需要将其转换为自己的语言，并进行联想，然后才能明白其中的含义。而可视性的演示文稿则只需要人们按照顺序逐步查看每张幻灯片中的内容，体会其表达的含义即可，更加容易理解。

1.2.5 演示文稿中的图表

无论是哪种类型的演示文稿，其中都可能包含一定数量的数据。在商务演示文稿中，有些甚至基本内容就是大量的数据。人们本来就对大量的数据有一定的抗拒心理，要让观众接受并注意这些数据，只有通过PowerPoint的图表功能实现。图表可以将数据通过精美的绘图、清晰的界面和简单的操作直接呈现在观众眼前，并通过与图片的配合，让观众轻易就能接受和理解

复杂的数据。图1-31所示为演示文稿中图表的效果。

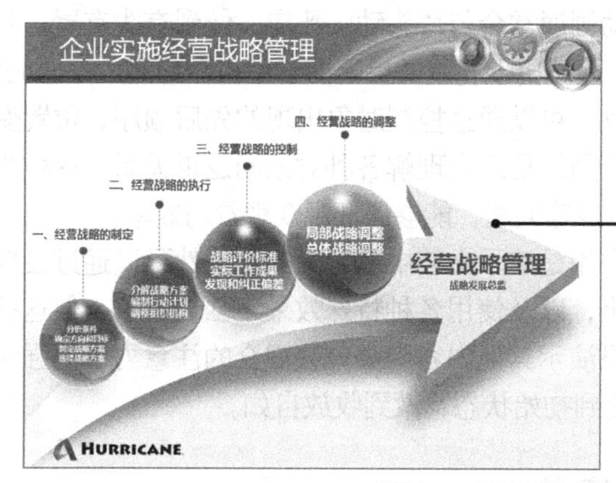

原幻灯片中的文本太多，通过转换为图表，简明扼要地表现出企业经营战略管理的四个步骤和相关要点

图1-31 图表效果

1.2.6 演示文稿中的动画

动画在制作演示文稿中一直是颇受争议的存在，因为在PowerPoint中制作动画需要逐步进行，制作一个简单的动画需要花费大量的时间，而同样的动画效果，在专业的动画软件中甚至只需要一个按钮或一个动作就能完成。但是，动画对于制作的演示文稿仍然有着重要的作用，动画的存在不仅能让演示文稿变得生动，而且能极大地提高演示文稿的表现效果，如图1-32所示。

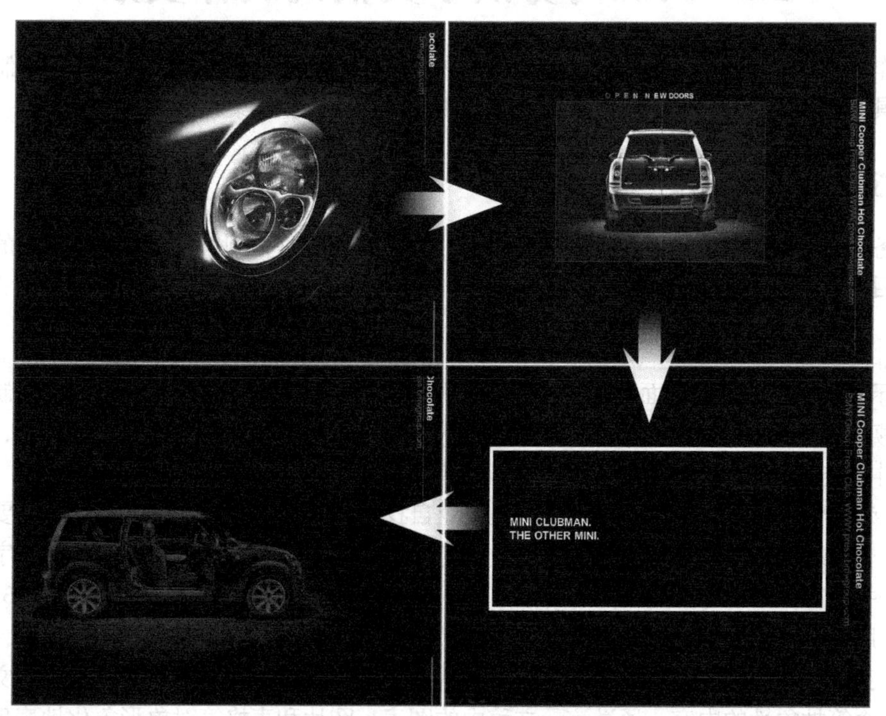

图1-32 汽车产品介绍演示文稿动画

演示文稿中的动画类型主要有以下几种。

◎ **片头动画**：就是在播放演示文稿前播放的动画，其作用是通过具有创意的设计，立即

抓住观众的眼球，完全吸引观众的注意，让观众能够有兴趣观看接下来的演示文稿。

◎ **片尾动画**：制作精美的片尾动画通常会与片头动画呼应，做到有头有尾；并且能够提醒观众回忆内容，强化记忆；而且出于礼貌，提醒演示结束，给观众贴心的感觉。

◎ **逻辑动画**：在制作演示文稿时，可以通过控制对象出现的先后顺序、位置变化、进入和退出等，引导观众按照设计师的思路来理解各种对象的逻辑关系。这样避免了观众浪费精力去思考，无法把握重点等问题，能够保证观众观看的效率。

◎ **强调动画**：这种动画的强调作用是演示文稿中最强大的。虽然可以通过设置文本的字体、字号、对象的颜色和大小，以及使用各种特殊效果来强调对象，但这些强调的对象会一直处于强调状态，如果演示其他内容则会分散观众的注意力。而强调动画则可以在进行强调的前后自动恢复到初始状态，做到收放自如。

1.2.7 演示文稿中的多媒体

目前社会已步入多媒体的时代，人们已经不满足于平面的视觉，各种三维、多媒体的效果已经广泛应用到了普通生活之中。各种各样的平面设计充斥着人们的眼睛，文本和图片已经无法引起观众的注意，他们正经受着严重的审美疲劳。在这样的环境下，只有在演示文稿中添加声音、视频和酷炫动画才能冲击观众的视觉，增强对观众的吸引力。

1.3 认识商务演示文稿的制作要素

制作者在制作商务演示文稿前就应该策划和设计好需要设计的相关项目，也就是制作的要素，它具体包括市场定位、观众分析、环境分析、内容分析和收集素材几方面。

1.3.1 市场定位

商务演示文稿是一种非常有效的客户沟通方式。在制作时，制作者需要根据应用的主体、内容和目的的不同，对其进行市场定位。

1. 企业宣传

演示文稿在企业宣传方面的应用，打破了画册、海报等平面宣传方式的时效性限制，降低了使用视频宣传时投入的巨大费用，同时又能带来双方互动，更好地达到宣传的目的，在演示的过程中还能随时停下来与观众探讨。企业宣传演示文稿具有以下两个特点。

◎ **专业性**：企业宣传类的演示文稿是企业自我宣传的重要组成部分之一，不仅要表现出企业的形象和文化，还要表现出企业的品牌和实力。演示文稿的主题配色、字体和相关内容，必须与企业宣传的其他方式（如画册、网站等）保持一致，如图1-33所示。所以，企业宣传类的演示文稿最好由专业的企划和设计人员进行制作。

◎ **直观性**：通常企业宣传类的演示文稿需要将企业的历史、业绩、发展规划、文化和理念等抽象性的内容，通过演示文稿中的图表、图片和表格等对象形象化地表现出来。另外，公司形象、产品形象和员工风貌等内容也需要直接在演示文稿中以真实图片的方式展现出来。

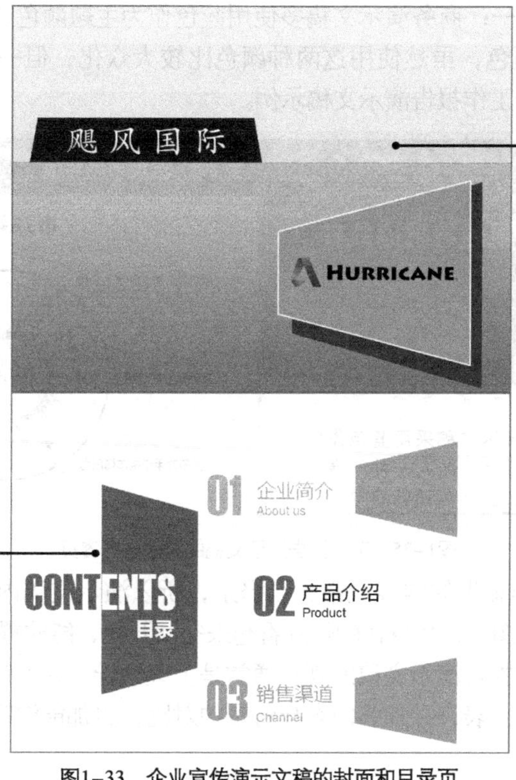

图1-33　企业宣传演示文稿的封面和目录页

2. 方案策划

在执行项目或工程前，需要对其做出具体的规划，对工程的前期投入、后期收益以及损益评估等每个细节都需要做出具体的设想。演示文稿在此方面的使用能让方案的条理更加清晰，使观众更加完整和迅速地了解整个方案。图1-34所示为一个促销方案演示文稿的封面。

图1-34　促销方案演示文稿封面

3. 工作报告

有工作就有报告，无论是活动、课题、项目等都需要进行总结，并形成报告。以往的纸质稿总结报告枯燥而又呆板，演示文稿的使用为工作报告注入了新的活力。不仅在大中型企业中，在政府部门和公共事业单位也需要制作大量的工作报告。工作报告类的演示文稿具有以下几个特点。

◎ **颜色搭配比较单一**：商务演示文稿多使用蓝色作为主题颜色，政府部门则使用红色和黄色作为主题颜色，虽然使用这两种颜色比较大众化，但一般不会出现错误，如图1-35所示为一个工作报告演示文稿示例。

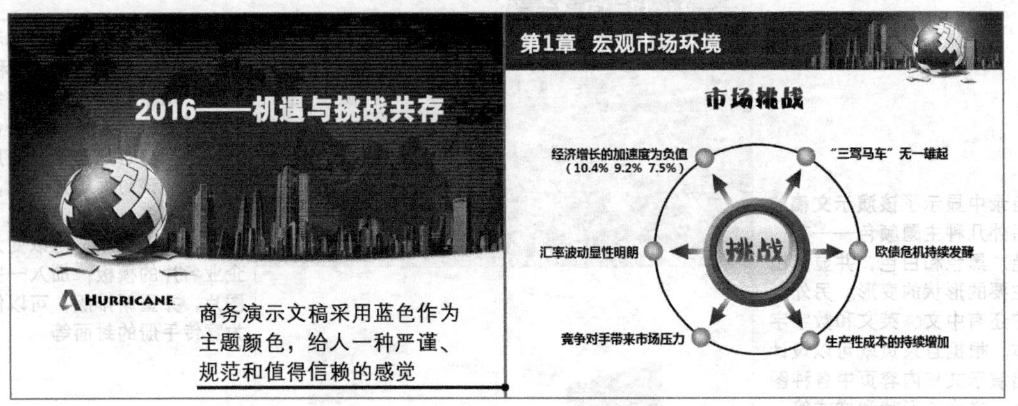

图1-35 工作报告演示文稿的封面与内容页

◎ **背景简洁**：工作报告的内容通常比较繁杂，所以演示文稿内容页的背景最好比较简单，少用大量的图片，尽量让幻灯片看起来空间开阔，能放置更多的内容。

◎ **画面丰富**：工作报告演示文稿的观众通常是上级领导，在幻灯片中加入适当的真实图片、色彩艳丽的图表，并加强内容与背景的对比，更加能够吸引观众的注意力，增加业绩的说服力。

◎ **适量文字**：有些时候，工作报告演示文稿的展示者并不是制作者，面对观众提出的问题，难免会出现无法应对的情况，这就需要在幻灯片中保留适量的提示性文字。

◎ **适量动画**：在演示文稿中加入一些逻辑动画，引导观众的思路，便于其理解报告的思路。

4. 项目宣讲

演示文稿在各类竞标方案中得到了普遍的应用，是项目宣讲最适用、最理想的工具。使用演示文稿制作项目宣讲类的演示文稿时，背景与图片的应用要贴合主题。这类演示文稿不需要有多精美，重在切入要点。制作项目宣讲演示文稿时，需要注意以下几点。

◎ **为观众量身定制**：项目宣讲的目的是让观众接受该项目的内容和观点，所以制作的演示文稿应该以观众为核心，依据观众的喜好来设置主题颜色、字体等，对于观众是公司或单位等对象，还可以在演示文稿中加入其logo（标志），并注明该项目与观众的紧密关系，尽量拉近与观众的距离。

◎ **项目内容一定要具体**：商务活动中，项目通常都会涉及经济利益，所以在演示文稿中一定要详细说明项目的所有内容，将双方的利益收获、分配，以及风险等重要内容具体显示出来。这样，观众就能直接从演示文稿中看到设计者对于项目的付出，大大增加了演示文稿的效果，更容易获得成功。

◎ **根据观众的定位制作**：不同类型的观众对于演示文稿的理解力不同，如果观众是专业人士，演示文稿必须有极强的专业性和准确的内容，如图1-36所示；如果是针对普通观众，则演示文稿需要尽量通俗易懂；如果观众层次不均，则演示文稿的制作水平应该以该项目决策者的能力为标准。

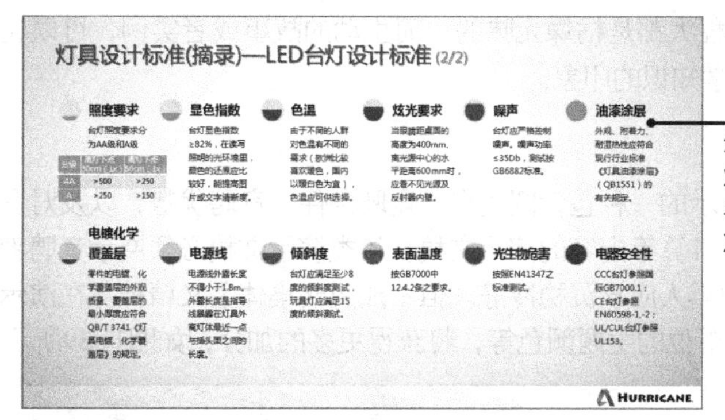

这里该项目的观众是专业的灯具设计师，所以主要的内容都非常详细，并对各种标准做出了精确的说明

图1-36　创意灯具设计大赛项目宣讲演示文稿的内容页

5. 培训课件

演示文稿在培训中的使用已经屡见不鲜，但要做好培训类的演示文稿却要下十足的功夫。接受培训的人经常会感到无聊和烦闷，因此，在演示文稿中灵活运用文字、图片和动画等功能可以使培训内容更加生动。制作培训课件演示文稿有以下几个技巧。

◎ **多用修辞手法**：如比喻、对比等，通过使用修辞手法，让观众能够理解和接受演示文稿中的陌生内容，或加强观众对于内容的记忆，如图1-37所示。

廉和腐，意思不一样，但字形结构相同。使用对比的修辞，根据其书写的顺序，强烈地对比出两种不同的人生选择，给观众留下深刻的印象

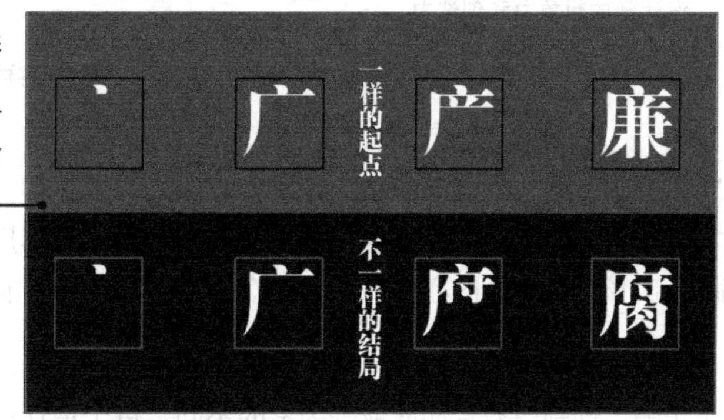

图1-37　职业道德培训课件演示文稿的内容页

◎ **生动多变**：培训是一个相当无聊的过程，但对于企业和单位都非常重要。同一个演示文稿，背景制作得再精美，看多了也会让观众觉得无聊。所以，培训课件演示文稿的背景需要变化，新颖的内容和精美的图片才能牢牢抓住观众的注意力，如图1-38所示。

每一张过渡页幻灯片中的图片不同，所代表的企业文化内容也不同，带给观众不同风格的冲击，让人记忆犹新

图1-38　企业文化培训课件演示文稿的过渡页

◎ **善于讲故事**：学习的过程大都是枯燥无味的，而生动的故事或者实例，可以让观众更容易理解，并加深对所学知识的印象。

6. 竞聘演说

竞聘演说是竞聘者向观众演示的一种包含阐述自己竞聘条件、竞聘优势，以及对竞聘职务的认识，被聘任后的工作设想、打算等内容的演示文稿。该类演示文稿必须展示竞聘者的自我个性，年轻人应该轻松活泼，中年人应该沉稳冷静。但不能忽略集体主义精神。在演示文稿中加入公司或单位的logo，并配以单位的主题颜色等，将获得更多的加分，如图1-39所示。

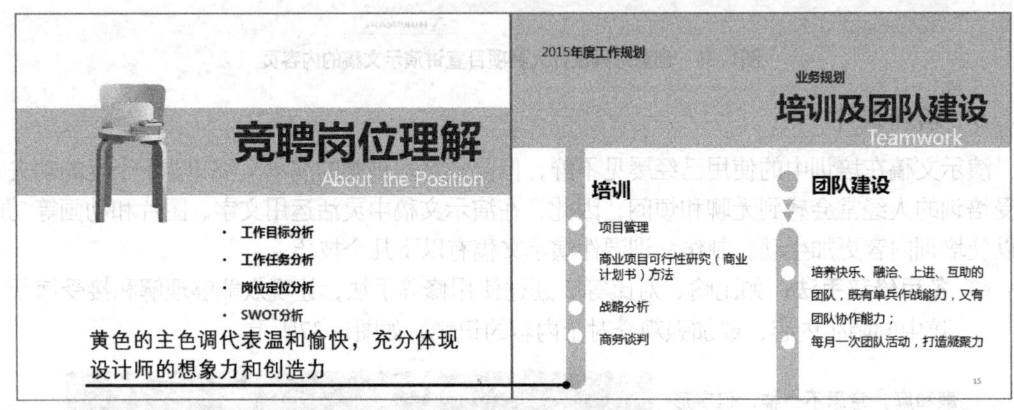

图1-39　竞聘报告演示文稿的内容页

1.3.2 观众分析

只有观众才能评价演示文稿的好坏，所有的演示文稿都是为观众服务的，所以，在制作演示文稿时，应该分析观众的心理，了解观众的需求，这样才能制作出优秀的演示文稿。

1. 共性分析

由于年龄、性别、教育和职业等因素的不同，每个观众对于演示文稿好坏的评价标准是不一样的。但是，对于演示文稿，观众都有以下几点共同的认识。

◎ **没人喜欢看演示文稿**：演示文稿中有大量的专业术语、复杂数据和大量的文本，观众不仅要观看，还需要进行理解，分析演示者的意图。不但制作演示文稿复杂，观众观看时同样不轻松，因为也需要花时间去理解和记忆。所以，尽管设计者花费了大量时间和精力来制作演示文稿，但没有一个人喜欢像在工作一样来观看演示文稿。

◎ **大家都知道演示文稿**：演示文稿的应用已经非常广泛，各行各业都在使用，连小学生上课都要观看演示文稿，更不要说商场上这些天天和各种演示文稿打交道的商务人士了。所以，只有真心真意地制作出符合观众要求的演示文稿，才能获得认可。

◎ **越是精简的演示文稿越精彩**：并不是说短的演示文稿比长的制作精良，而是观众的耐心是有限度的。观看演示文稿的过程就像是上课，通常都是静静地坐着倾听，对于长期坐在办公室中的人，在非上班期间还要长时间坐着，不是一件愉悦的事情。所以，即使演示文稿的设计再有创意、内容再精彩、思路再清楚、目的再明确，都无法打败过长的时间。根据研究，一旦演示文稿的展示时间超过30分钟，观众的注意力将无法集中在演示文稿上。

设计技巧

对于观众来说，只有一种形式的演示文稿能够被接受——电影预告，即将精彩的电影内容浓缩到10分钟左右，永远让观众意犹未尽。

2. 个性分析

长期的市场调查研究发现，观众对演示文稿的要求，可以分为以下四种情况，如表1-1至表1-4所示。

表 1-1　年龄不同的观众分析

	年轻的观众	年长的观众
样式	多变	统一
思路	跳跃	连贯
风格	活泼	严谨
内容	简洁	立体
文本	精练	完整
配色	清爽	浓重
节奏	快	慢

表 1-2　学历不同的观众分析

	普通学历的观众	高学历的观众
样式	统一	多变
思路	跳跃	连贯
风格	活泼	严谨
内容	立体	简洁
文本	完整	精练
配色	浓重	清爽
节奏	慢	快

表 1-3　文化背景不同的观众分析

	东方的观众	西方的观众
样式	多变	统一
思路	跳跃	连贯
风格	活泼	严谨

续表

	东方的观众	西方的观众
内容	立体	简洁
文本	完整	精练
配色	浓重	清爽
节奏	慢	快

表 1-4　职业不同的观众分析

	国内老板	西方老板	政府官员	学校师生
样式	统一	统一	统一	多变
思路	连贯	连贯	连贯	跳跃
风格	严谨	活泼	严谨	活泼
内容	立体	简洁	立体	立体
文本	完整	精练	完整	完整
配色	浓重	清爽	浓重	浓重
节奏	快	快	慢	慢

1.3.3　环境分析

在制作商务演示文稿的过程中，还需要对演示文稿的演示环境进行分析，因为不同的演示环境对演示文稿的要求是不一样的。

◎ **直接用计算机演示：**这是一种针对少数观众进行的演示方式，其演示环境非常简单，由一两个观众、一台计算机和一个演示者组成，如图1-40所示。在这种环境中，由于计算机屏幕通常较小，所以制作的演示文稿背景应该以浅色为主，结构尽量简单，要突出重点，且文字和图片都不宜过大。

这种演示环境比较适用于同事之间，或者上级向下级展示演示文稿时

图1-40　直接用计算机演示

◎ **在会议室中演示**：这是一种通过投影或大型显示器等设备，在会议室或小型会场中针对多位观众进行演示的方式。其演示环境比较复杂，除了大量的观众外，还需要投影、话筒和扬声器等多种演示设备，如图1-41所示。由于室内光线较暗，演示文稿内容与背景之间尽量使用对比较强烈的颜色，以凸显主题和内容。另外，由于观众的距离远近不同，要尽量减少文字，并适当放大字号。

通过投影演示的演示文稿最好不要使用白色背景，因为投影幕布本身是不发光的，是通过反射光线成像。反射的白色光容易让观众在一段时间后产生疲劳感

图1-41　在会议室中演示

◎ **在剧场中演示**：这是一种通过大型背投设备，在剧院或者大型会场针对大量观众进行演示的方式，如图1-42所示。这种环境中，由于观众的视线比较集中，要求制作的演示文稿具有电影的特质，使用大量的图片和动画，且进行频繁的幻灯片切换；而且少用文字，必须使用16:9的幻灯片页面设计，以增强演示的冲击力。

在这种环境中，周围的灯光通常关闭，演示者可以通过聚光灯照射的方式站在屏幕前讲解

图1-42　在剧场中演示

1.3.4　内容分析

通常演示文稿包含的内容都很多，但又不能将其全部演示出来，为了突出重点，需要对所有的内容进行总结，并根据演示对象和环境等因素进行提炼。

1．提炼核心观点

前面已经介绍过了，观点才是演示文稿的核心，所以应该把冗长的文本内容提炼成简短的观点，这样才能直接抓住观众的注意力，加深观众的理解。对于企业介绍、产品介绍和规则培训等类型的演示文稿，通常其标题就是核心观点（也有可能是副标题或子标题）；而项目宣讲、工作报告等类型的演示文稿，其核心观点一般在最后，演示者通常在最后进行观点总结和

陈述。在制作演示文稿时，制作者可以按照图1-43所示的顺序来提炼核心观点。

图1-43　提炼演示文稿的核心观点

2. 理清制作思路

在提炼出核心观点后，就需要将演示文稿的的制作思路整理出来，不同类型的演示文稿，其制作思路是有区别的，如图1-44所示。

企业宣传	方案策划	工作报告	项目宣讲	竞聘演说
• 企业概况	• 项目背景	• 核心观点	• 现实情况	• 竞聘简介
• 企业理念	• 困难问题	• 回顾总结	• 困难问题	• 自我介绍
• 发展历程	• 解决方案	• 远景规划	• 解决方案	• 岗位理解
• 产品介绍	• 实施措施	• 展望成功	• 单位介绍	• 工作规划
• 成功案例		• 工作承诺		• 优势劣势
• 未来规划				• 目标承诺

图1-44　各种演示文稿的制作思路

3. 删除次要内容

对演示文稿各章节的内容进行分析比较，抓住重点，分析各主要线索之间的逻辑关系，把不重要的内容删除，保留精华的部分。

1.3.5　收集素材

在制作演示文稿之前，还有一项特别重要的准备工作，就是收集素材，包括演示文稿中需要使用的图片、图表，以及模板和案例等。下面分别进行介绍。

◎ **图片素材**：图片素材可以通过网上搜索并下载，或者直接从专业的图片网站下载，但漂亮的图片通常都涉及付费问题，通常有RF和RM提示的图片就是付费图片。图1-45所示为使用百度搜索到的商务图片。

图1-45　通过搜索引擎收集图片素材

知识提示

比较专业的图片素材网站包括昵图网（www.nipic.com）、素材天下（www.sucaitianxia.com）和百度图片（image.baidu.com）等。

◎ **图表素材**：在演示文稿中可以直接插入和编辑图表，但自己制作漂亮的图表需要花费大量的时间，不如直接从网上下载免费的图表。而通过搜索图表可以非常方便地得到许多免费的图表，如图1-46所示。

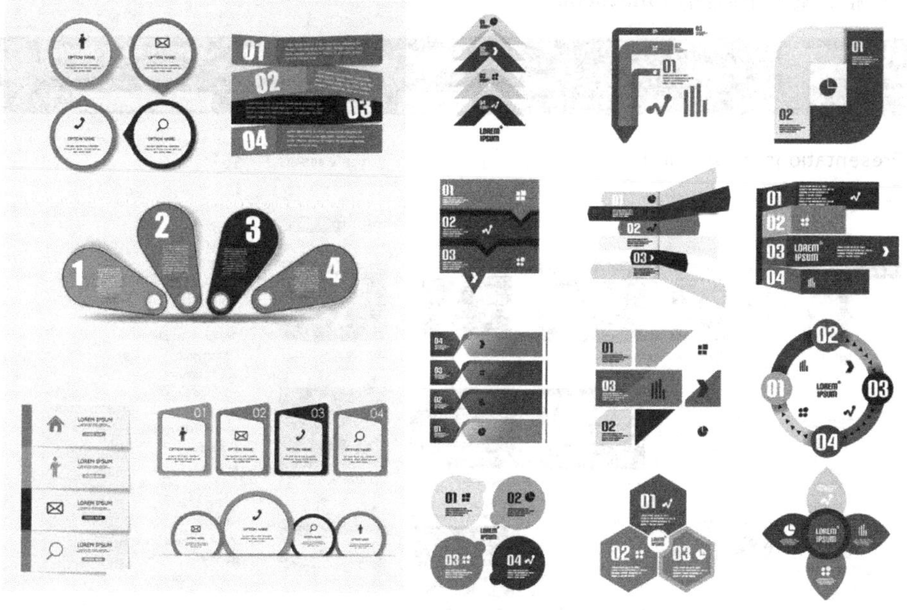

图1-46　网络中搜索到的图表素材

◎ **模板素材**：无论是国内还是国外，都有很多专业的演示文稿模板制作公司，通过其网站，可以直接购买并下载专业的演示文稿，也能定制符合自己需要的演示文稿。图1-47所示为一家德国著名的演示文稿网站PRESENTATIONLOAD。

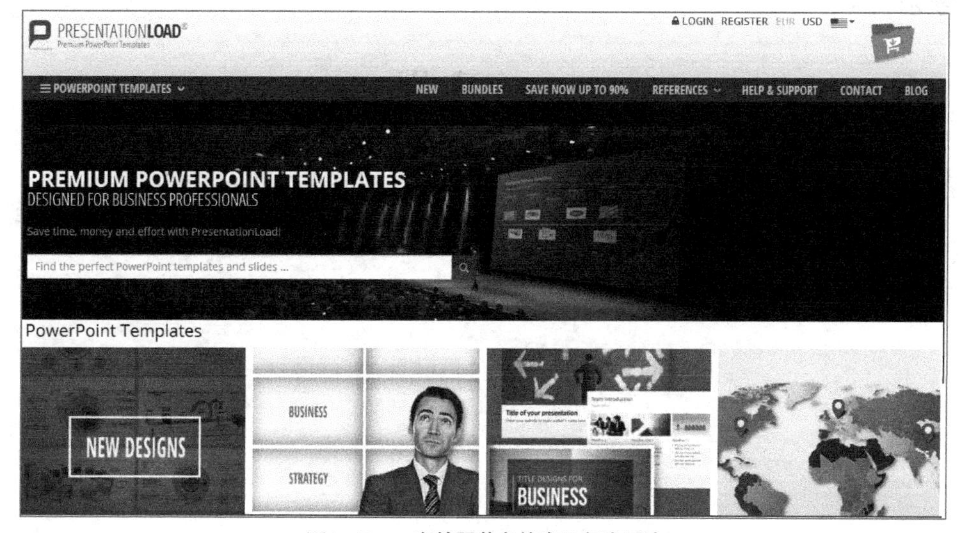

图1-47　一家德国著名的演示文稿网站

知识提示　比较专业的模板素材网站包括国内的锐普PPT（www.rapidppt.com）、无忧PPT（www.51ppt.com），以及国外的Slideshop（www.slideshop.com）等。

◎ **案例素材**：案例的最大作用就是可以直接在原稿中进行修改，使其变成自己需要的演示文稿，省略了制作演示文稿的过程，只需要在其中填入对应的内容，非常便捷。演示文稿案例可以通过网上搜索下载，或到专业案例素材网站进行下载。图1-48所示为专业的案例下载网站Slideboom。

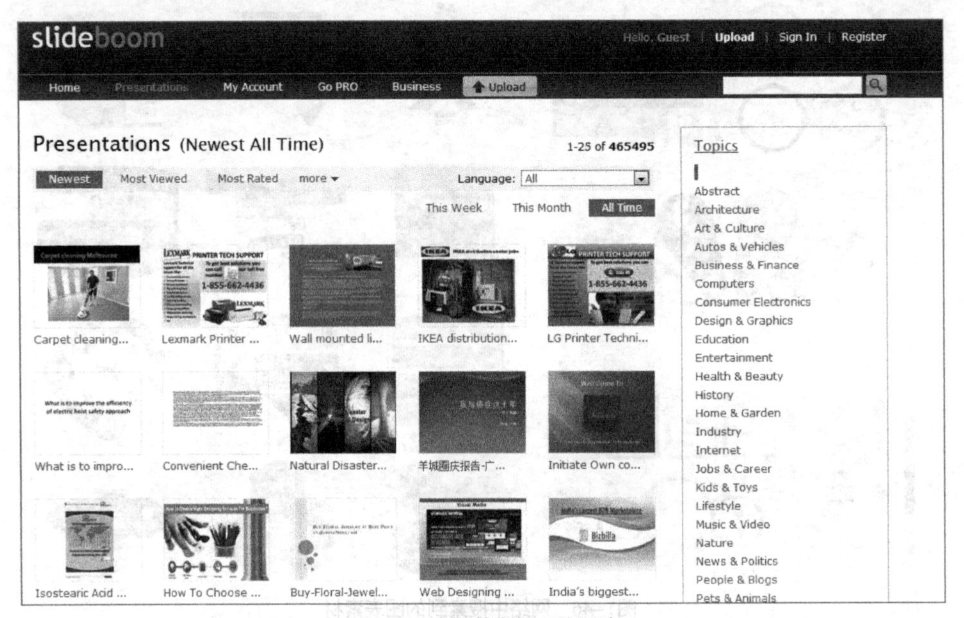

图1-48　专业的案例下载网站

知识提示　比较专业的案例素材网站包括Slideshare（www.slideshare.net）、AuthorSTREAM（www.authorstream.com）等。

1.4　习题

（1）在计算机中安装PowerPoint 2010，然后启动它，并设置为自己喜欢的界面。

（2）从网络中下载一些适合制作商务演示文稿的素材，并将其按照不同的分类保存到计算机中。

第2章 PowerPoint 2010基本操作

本章将详细讲解演示文稿的基本操作，并对幻灯片的基本操作进行全面讲解。读者通过学习应能够熟练掌握演示文稿的基本操作方法，能够对其中的幻灯片进行各种基本操作。

学习要点

◎ 创建和打开演示文稿
◎ 保存和关闭演示文稿
◎ 选择和新建幻灯片
◎ 移动和复制幻灯片
◎ 删除和播放幻灯片

学习目标

◎ 掌握演示文稿的基本操作
◎ 掌握幻灯片的基本操作

2.1 演示文稿的基本操作

演示文稿的基本操作包括创建、打开、保存和关闭等，这是通过PowerPoint制作演示文稿的基础，下面进行详细讲解。

2.1.1 创建演示文稿

PowerPoint 2010中提供了多种创建演示文稿的方法，包括创建空白演示文稿、利用模板创建演示文稿和使用主题创建演示文稿等，下面就对这些创建方法进行讲解。

1. 创建空白演示文稿

启动PowerPoint 2010后，系统会自动新建一个空白演示文稿。除此之外，用户还可通过命令或快捷菜单创建空白演示文稿，其创建方法分别如下。

◎ **通过命令创建**：启动PowerPoint 2010后，选择【文件】→【新建】菜单命令，在“可用的模板和主题”栏中单击“空白演示文稿”图标，再单击“创建”按钮，如图2-1所示。

◎ **通过快捷菜单创建**：在桌面空白处单击鼠标右键，在弹出的快捷菜单中选择【新建】→【Microsoft PowerPoint演示文稿】命令，如图2-2所示。

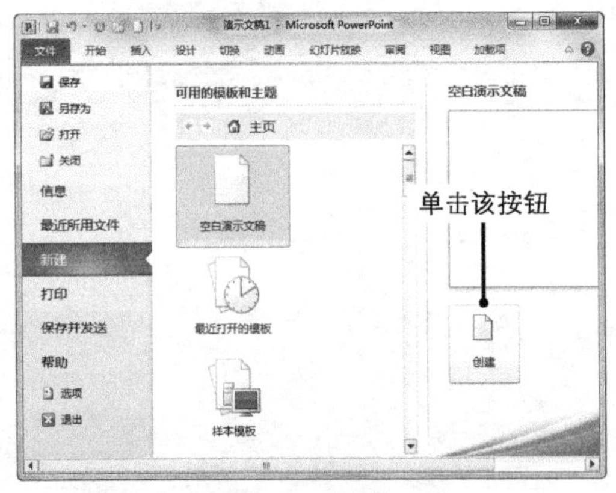

图2-1 通过命令创建

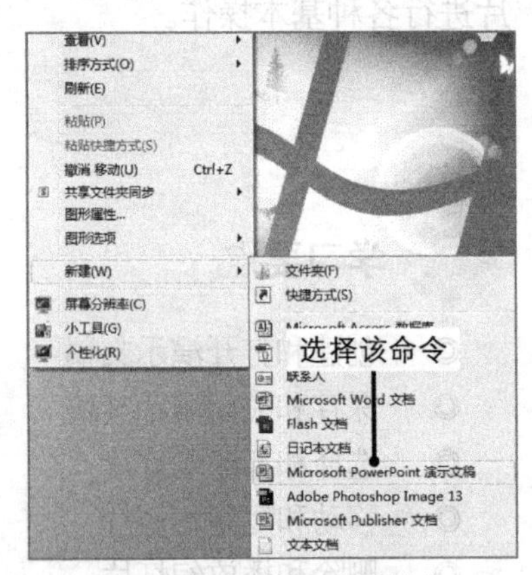

图2-2 通过快捷菜单创建

2. 利用模板创建演示文稿

PowerPoint中的模板有两种来源，一是软件自带的模板，二是通过Office.com下载的模板，下面分别介绍这两种方法。

◎ **通过自带模板创建**：启动PowerPoint 2010，选择【文件】→【新建】菜单命令，在“可用的模板和主题”栏中单击“样本模板”图标，在打开的页面中选择所需的模板选项，单击“创建”按钮，如图2-3所示。

◎ **网上下载模板创建**：选择【文件】→【新建】菜单命令，在中间的“Office.com模板”栏中单击“PowerPoint演示文稿和幻灯片”图标，在打开的页面中选择一种演示文稿样式，然后在打开的该种演示文稿样式页面中选择需要的模板样式，单击“下载”按钮，如图2-4所示。在打开的“正在下载模板”对话框中显示了下载的进度。下

载完成后，系统自动根据下载的模板创建演示文稿。

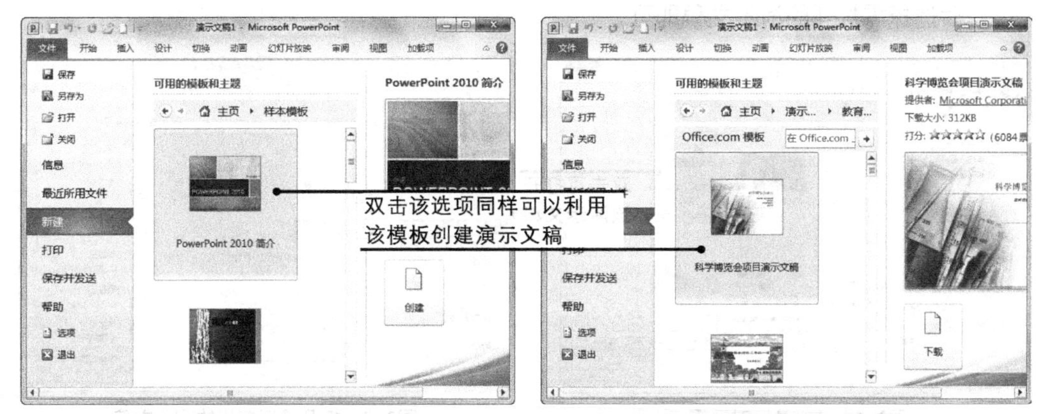

图2 3 通过自带模板创建　　　　图2-4 网上下载模板创建

3. 利用主题创建

使用主题可使没有专业设计水平的用户设计出有专业效果的演示文稿。其方法是：选择【文件】→【新建】命令，在打开页面中的"可使用模板和主题"栏中单击"主题"图标，再在打开的页面中选择需要的主题，最后单击"创建"按钮，如图2-5所示，创建一个有背景颜色的演示文稿。

知识提示

在"新建"命令打开的页面中的"可使用模板和主题"栏中的演示文稿都保存在计算机中；"Office.com模板"栏中的演示文稿则需要从网上下载。

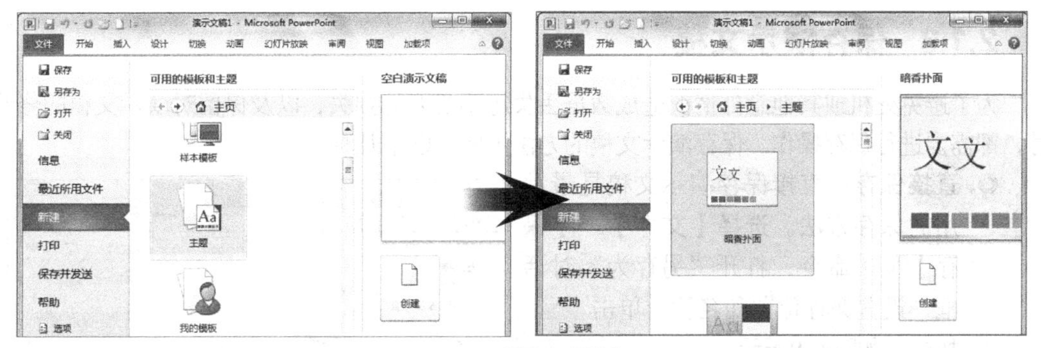

图2-5 利用主题创建

2.1.2 打开演示文稿

如果需要对创建的演示文稿进行编辑，就需要进行打开操作，常见的方法如下。

◎ **双击打开**：在计算机中找到要打开的演示文稿文件，然后双击该演示文稿即可打开。

◎ **通过"打开"对话框打开**：选择【文件】→【打开】菜单命令，打开"打开"对话框，在其中选择需要打开的演示文稿，单击打开(O)按钮，如图2-6所示。

◎ **打开最近使用的演示文稿**：PowerPoint 2010提供了记录最近打开演示文稿保存路径的功能，如果想打开刚关闭的演示文稿，可选择【文件】→【最近所用文件】菜单命

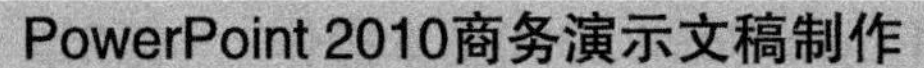

令，在打开的页面中将显示最近使用的演示文稿名称和保存路径，如图2-7所示，然后选择需打开的演示文稿即可。

图2-6 “打开”对话框　　　　图2-7 打开最近使用的演示文稿

知识提示

在“打开”对话框中单击打开(O)按钮右侧的▼按钮，在打开的下拉列表中可以选择演示文稿的特殊打开方式，如图2-8所示。如“以只读方式打开”表示打开的演示文稿只能进行浏览，不能更改其中的内容；“以副本方式打开”表示将演示文稿作为副本打开，对演示文稿进行编辑时不会影响源文件的效果；“在受保护的视图中打开”表示打开的演示文稿自动进入只读状态；“打开并修复”表示PowerPoint将自动修复因未及时保存等原因损坏的演示文稿，修复完成后自动打开。

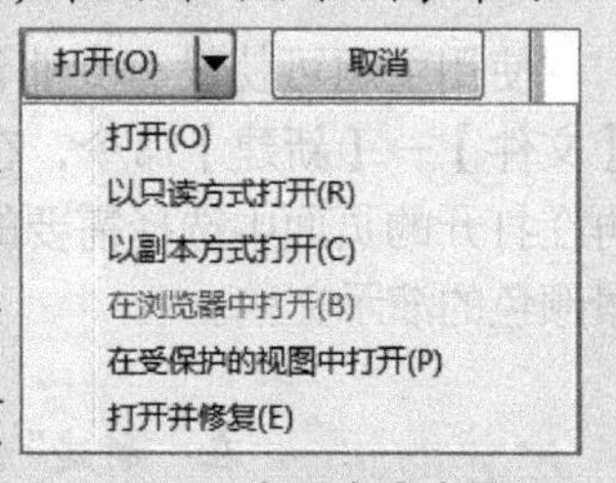

图2-8 打开方式选项

2.1.3 保存演示文稿

为了避免死机或其他意外情况造成数据丢失等不必要的损失，以及保留对演示文稿的修改时，都需要进行保存操作。保存演示文稿的方法主要有以下几种。

◎ **直接保存**：直接保存演示文稿是最常用的保存方法。选择【文件】→【保存】菜单命令，打开“另存为”对话框，设置保存位置和名称，单击保存(S)按钮，如图2-9所示。

◎ **另外保存**：若不想改变原有演示文稿中的内容，可通过“另存为”菜单命令将演示文稿保存在其他位置。其方法是：选择【文件】→【另存为】命令，打开“另存为”对话框，设置保存的位置和文件名，单击保存(S)按钮。

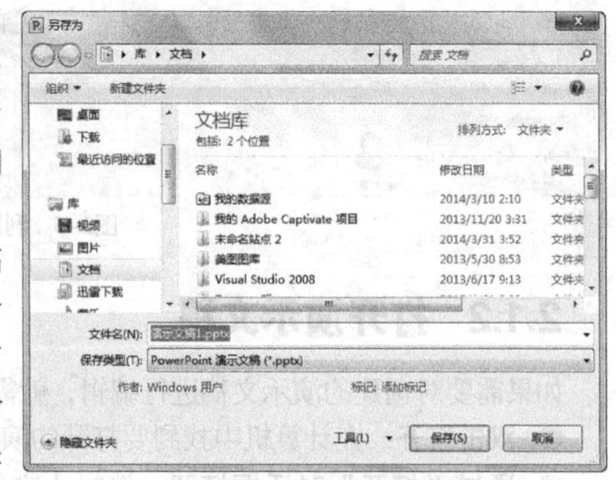

图2-9 “另存为”对话框

◎ **保存为其他格式**：PowerPoint支持将演示文稿保存为模板等其他格式的文档。其方法是：进行演示文稿的保存时，在“另存为”对话框的“保存类型”下拉列表框中选择一种文档格式，如图2-10所示，单击保存(S)按钮。

◎ **定时保存**：PowerPoint将按照设置的时间，自动保存演示文稿。其方法是：选择【文件】→【选项】菜单命令，打开“PowerPoint选项”对话框，单击“保存”选项卡，在“保存演示文稿”栏中设置“保存自动恢复信息时间间隔”，如图2-11所示。

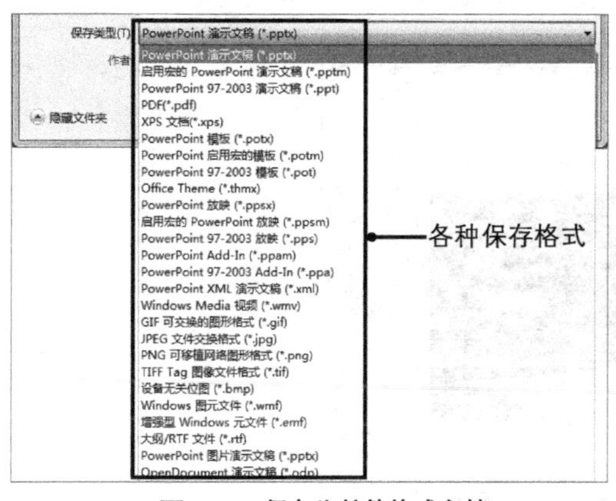

图2-10　保存为其他格式文档

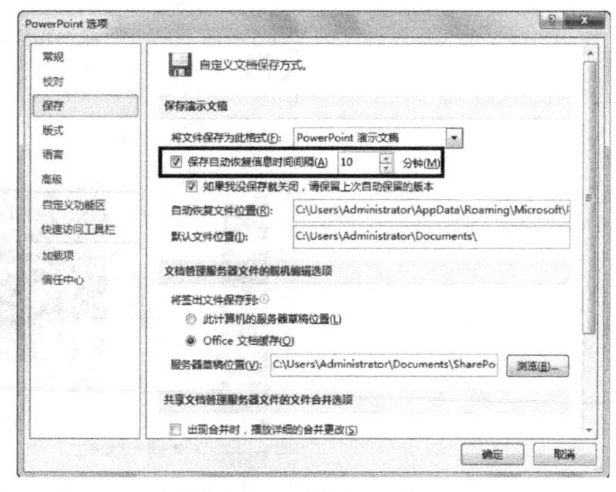

图2-11　设置自动保存

PowerPoint 2010演示文稿格式为“.pptx”，不能在PowerPoint 2003及更早的版本中打开，将其保存为“PowerPoint 97—2003演示文稿”格式才能打开。

2.1.4　关闭演示文稿

关闭演示文稿的操作分为两种形式：一种是仅关闭演示文稿；另一种是关闭演示文稿并退出PowerPoint 2010。

◎ **关闭命令**：在打开的演示文稿中选择【文件】→【关闭】菜单命令，关闭当前演示文稿，如图2-12所示。

◎ **退出命令**：在打开的演示文稿中选择【文件】→【退出】菜单命令，关闭当前演示文稿并退出PowerPoint 2010。

◎ **标题栏按钮**：单击PowerPoint 2010工作界面标题栏右上角的按钮，关闭当前演示文稿并退出PowerPoint 2010。

◎ **“P”按钮**：单击该按钮，在打开的下拉列表中选择“关闭”命令，关闭当前演示文稿并退出PowerPoint 2010。

图2-12　关闭演示文稿

2.1.5　案例——根据模板创建“新员工培训”演示文稿

本案例要求在Office.com中下载“新员工培训”演示文稿模板，然后将其以“新员工培训”为名进行保存，完成后的参考效果如图2-13所示。

效果所在位置 光盘:\效果文件\第2章\案例\新员工培训.pptx

视频演示 光盘:\视频文件\第2章\根据模板创建"新员工培训"演示文稿.swf

图2-13 "新员工培训"演示文稿的显示效果

设计重点

本案例的设计重点是下载网络中的模板，然后从下载的新员工培训演示文稿的内容可以看出，其思路与企业宣传类演示文稿相同，其主题配色、字体和相关项目的设置也符合企业宣传类演示文稿的要求。

（1）启动PowerPoint 2010，选择【文件】→【新建】菜单命令，在"Office.com模板"栏中单击"PowerPoint演示文稿和幻灯片"图标，如图2-14所示。

（2）在展开的"Office.com模板"栏中单击"员工"图标，如图2-15所示。

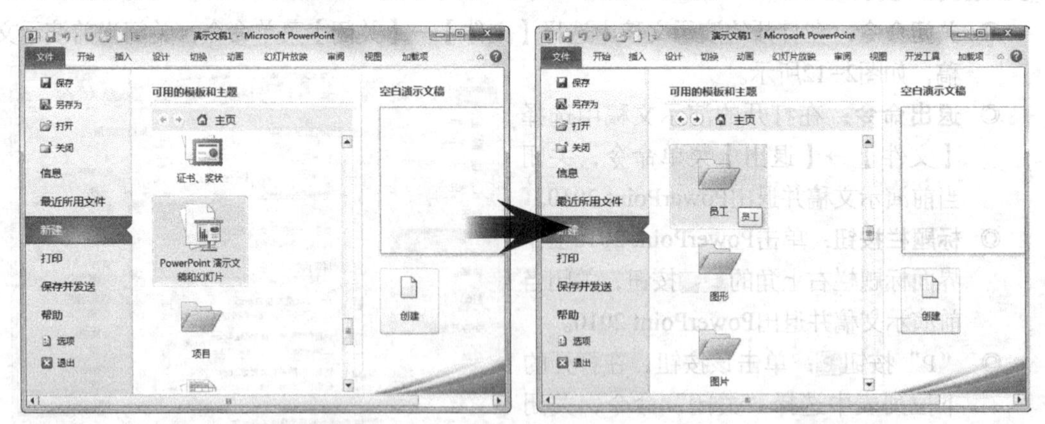

图2-14 选择下载类型　　图2-15 选择模板类型

（3）在展开的该种演示文稿样式页面中单击"新员工培训演示文稿"图标，单击"下载"按钮，如图2-16所示。

（4）在打开的提示框中将显示该模板的下载进度，如图2-17所示。

（5）PowerPoint将新建一个演示文稿，选择【文件】→【另存为】菜单命令，如图2-18所示。

（6）打开"另存为"对话框，在地址栏中设置保存位置，在"文件名"文本框中输入"新员工培训"，单击按钮，如图2-19所示，完成操作。

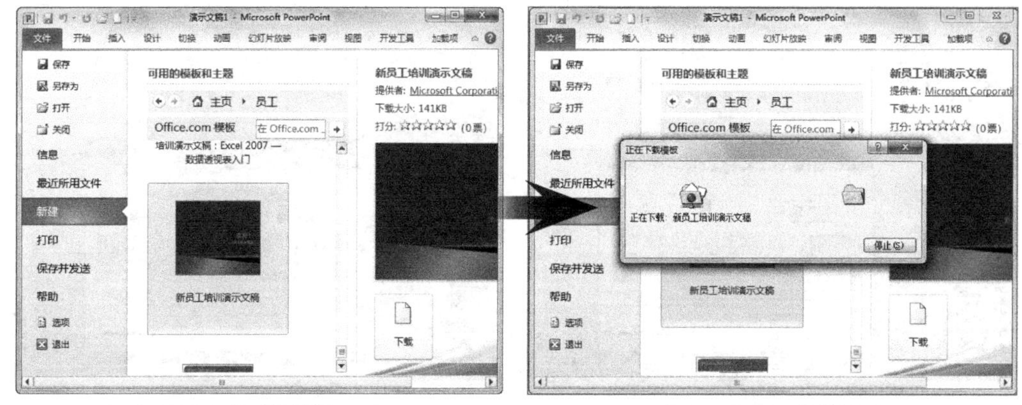

图2-16　选择模板　　图2-17　下载模板

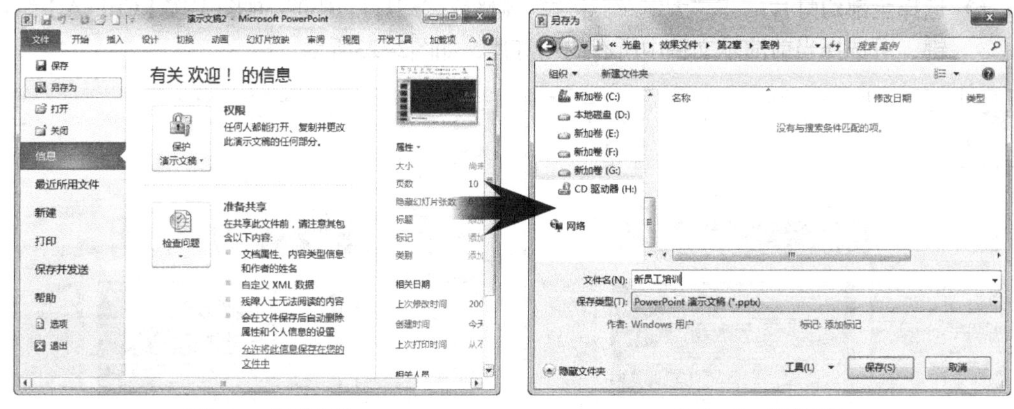

图2-18　保存文档　　图2-19　设置保存

2.2 幻灯片的基本操作

演示文稿由幻灯片组成，制作演示文稿就是制作各种幻灯片。本小节将详细讲解幻灯片的基本操作，如选择、新建、移动、复制、删除和隐藏等。

2.2.1 选择幻灯片

幻灯片的基本操作是建立在选择幻灯片的基础上。选择幻灯片后，制作者才能对其中的内容进行编辑。选择幻灯片的方法主要有以下几种。

◎ **选择单张幻灯片**：在“大纲/幻灯片”窗格或“幻灯片浏览”视图中，单击幻灯片缩略图，可选择单张幻灯片，如图2-20所示。

◎ **选择多张连续的幻灯片**：在“大纲/幻灯片”窗格或“幻灯片浏览”视图中单击要连续选择的第一张幻灯片，按住【Shift】键不放，再单击需选择的最后一张幻灯片，使两张幻灯片之间的所有幻灯片均被选择，如图2-21所示。

◎ **选择多张不连续的幻灯片**：在“大纲/幻灯片”窗格或“幻灯片浏览”视图中单击要选择的第一张幻灯片，按住【Ctrl】键不放，再依次单击可以选择多张不连续的幻灯片，如图2-22所示。

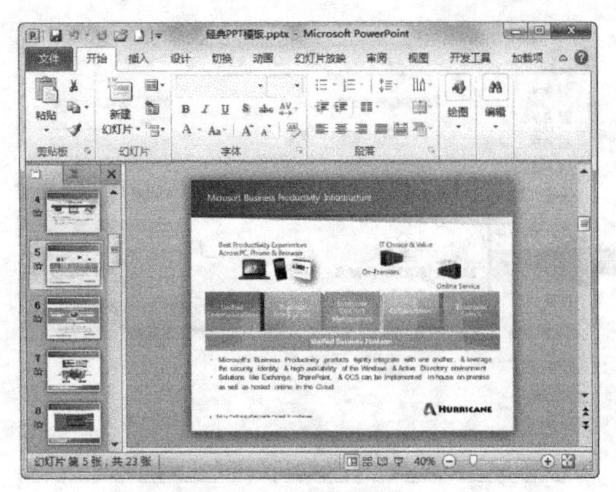

图2-20 选择单张幻灯片

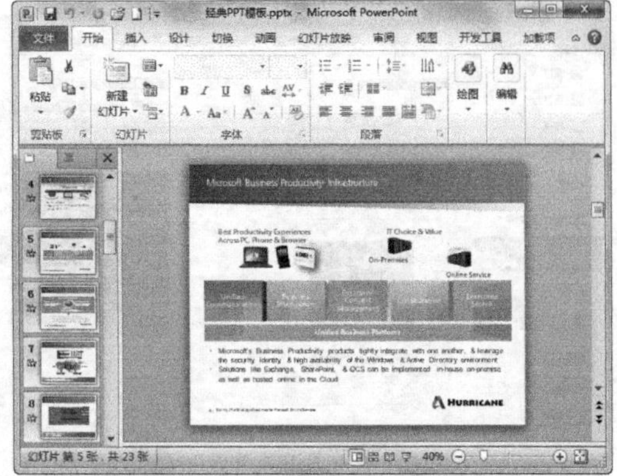

图2-21 选择多张连续的幻灯片

◎ **选择全部幻灯片：**在“大纲/幻灯片”窗格或“幻灯片浏览”视图中按【Ctrl+A】组合键，可选择当前演示文稿中所有的幻灯片，如图2-23所示。

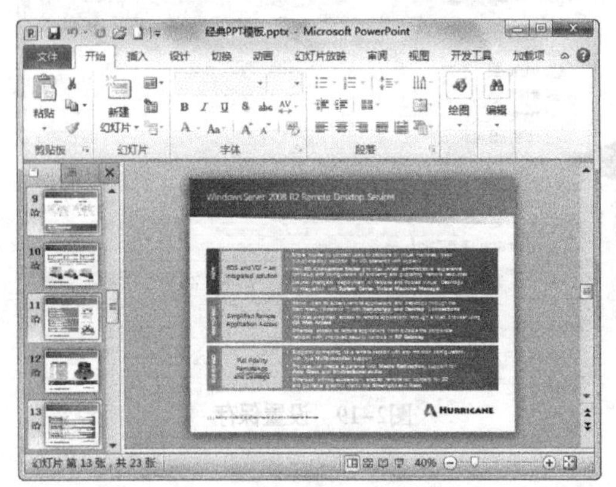

图2-22 选择多张不连续的幻灯片

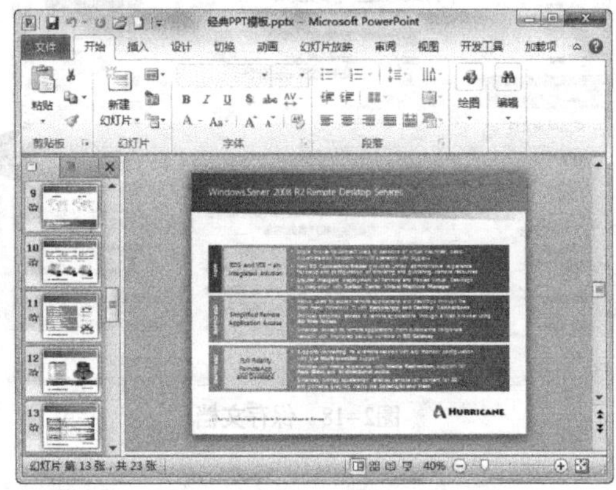

图2-23 选择全部幻灯片

知识提示

若是在选择的多张幻灯片中，选择了不需要的幻灯片，可在不取消其他幻灯片的情况下，取消选择的幻灯片。其方法是：选择多张幻灯片后，按【Ctrl】键不放，单击需要取消选择的幻灯片。

2.2.2 新建幻灯片

新建的演示文稿只有一张幻灯片，通常需要新建其他的幻灯片来充实演示文稿的内容。新建幻灯片的方法主要有以下两种。

◎ **通过快捷键新建幻灯片：**启动PowerPoint 2010，在演示文稿“幻灯片”窗格中选择需要新建幻灯片的幻灯片，按【Enter】键即可在该幻灯片后新建一张与所选幻灯片版式相同的幻灯片。

◎ **通过快捷菜单新建幻灯片：**启动PowerPoint 2010，在新建的空白演示文稿“幻灯片”窗格中选择需要新建幻灯片的幻灯片，单击鼠标右键，在弹出的快捷菜单中选择“新建幻灯片”命令，如图2-24所示。

◎ **通过选择版式新建幻灯片**：版式用于定义幻灯片中内容的显示位置，用户可根据需要向里面放置文本、图片以及表格等内容。通过选择版式新建幻灯片的方法为：在【开始】→【幻灯片】组中单击“新建幻灯片”按钮下的按钮，在打开的下拉列表中选择新建幻灯片的版式，如图2-25所示，新建一张带有版式的幻灯片。

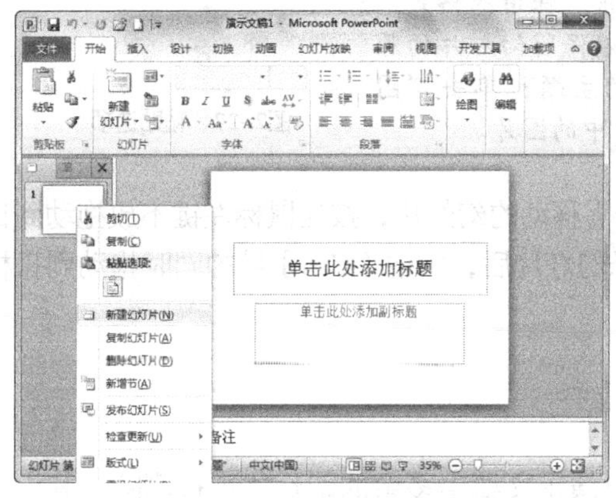

图2-24 通过快捷菜单新建幻灯片

图2-25 通过选择版式新建幻灯片

设计技巧

在实际操作中，第一种和第三种方法更加常用，第一种更简单，第三种能够创建具有一定的版式的幻灯片。

2.2.3 移动和复制幻灯片

移动幻灯片就是在制作演示文稿时，根据需要对各幻灯片的顺序进行调整；而复制幻灯片则是在制作演示文稿时，需要新建的幻灯片与某张已经存在的幻灯片非常相似，可以通过复制该幻灯片后再对其进行编辑，来节省时间和提高工作效率。

◎ **通过菜单命令复制幻灯片**：选择需移动或复制的幻灯片，在其上单击鼠标右键，在弹出的快捷菜单中选择“复制幻灯片”命令，在该幻灯片后面将自动生成一张一模一样的幻灯片，如图2-26所示。

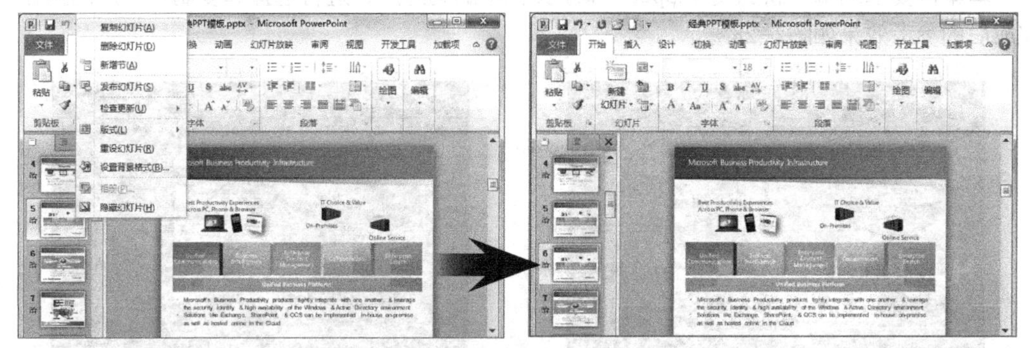

图2-26 复制幻灯片

◎ **通过快捷键移动和复制幻灯片**：选择需移动或复制的幻灯片，按【Ctrl+X】或【Ctrl+C】组合键，然后在目标位置按【Ctrl+V】组合键，也可移动或复制幻灯片。

知识提示

在进行幻灯片的粘贴时，弹出的快捷菜单中将显示"粘贴选项"栏，如图2-27所示，其中通常有三个按钮，单击"使用目标主题"按钮，则移动或复制的幻灯片与现有的其他幻灯片在主题风格上保持一致，但格式上会有一些变化；单击"保留源格式"按钮，则移动或复制的幻灯片可以保留幻灯片的原样，不会自动转换为现有幻灯片的主题；单击"图片"按钮，则只移动或复制幻灯片中的图片。

图2-27 粘贴选项

◎ **通过鼠标拖动移动和复制幻灯片**：选择需移动的幻灯片，按住鼠标左键不放拖动到目标位置后释放鼠标完成移动操作。选择幻灯片后，按住【Ctrl】键的同时拖动到目标位置可实现幻灯片的复制。

2.2.4 删除幻灯片

在"幻灯片/大纲"窗格和浏览视图中可对演示文稿中多余的幻灯片进行删除，其方法为：选择需删除的幻灯片后，按【Delete】键或单击鼠标右键，在弹出的快捷菜单中选择"删除幻灯片"命令。

2.2.5 播放幻灯片

在"大纲/幻灯片"窗格中选择一张幻灯片，在状态栏中单击"幻灯片放映"按钮，即可播放该幻灯片。播放结束，按【ESC】键即可退出播放状态。

知识提示

播放幻灯片和播放演示文稿是有区别的，播放幻灯片通常只放映一张幻灯片，而播放演示文稿则是放映多张幻灯片，具体内容参见本书13.1小节。

2.2.6 案例——编辑"新品发布"演示文稿中的幻灯片

本案例要求编辑"新品发布.pptx"演示文稿中的幻灯片，进行选择和复制幻灯片的操作，完成后的参考效果如图2-28所示。

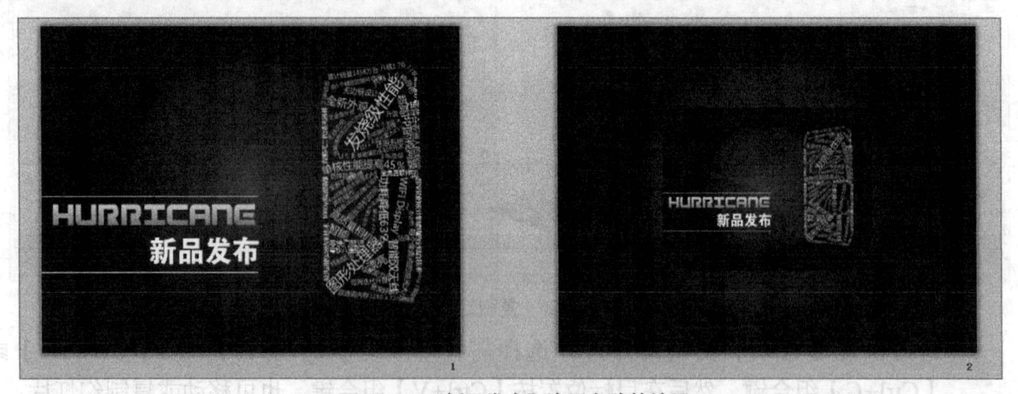

图2-28 "新品发布"演示文稿的效果

素材所在位置　光盘:\素材文件\第2章\案例\新品发布.pptx
效果所在位置　光盘:\效果文件\第2章\案例\新品发布.pptx
视频演示　光盘:\视频文件\第2章\编辑“新品发布”演示文稿中的幻灯片.swf

设计重点

本案例的设计重点是幻灯片的复制操作，主要是通过粘贴选项来复制幻灯片中的内容，特别是直接将源幻灯片作为一张图片复制到目标幻灯片中。本案例中只有两张幻灯片，但一张可以作为演示文稿的标题页，另一张可以作为结尾页使用。

（1）启动PowerPoint 2010，打开素材文件，在“幻灯片”窗格中单击选择幻灯片，按【Ctrl+C】组合键复制幻灯片。

（2）单击鼠标右键，在弹出的快捷菜单的“粘贴选项”栏中单击“保留源格式”按钮，复制一张完全相同的幻灯片，如图2-29所示。

图2-29　复制幻灯片

（3）按【Ctrl+A】组合键，选择第2张幻灯片中的所有内容，按【Delete】键删除，如图2-30所示。

（4）单击鼠标右键，在弹出的快捷菜单的“粘贴选项”栏中单击“图片”按钮，将第1张幻灯片作为一张图片复制到第2张幻灯片中，如图2-31所示。保存演示文稿，完成操作。

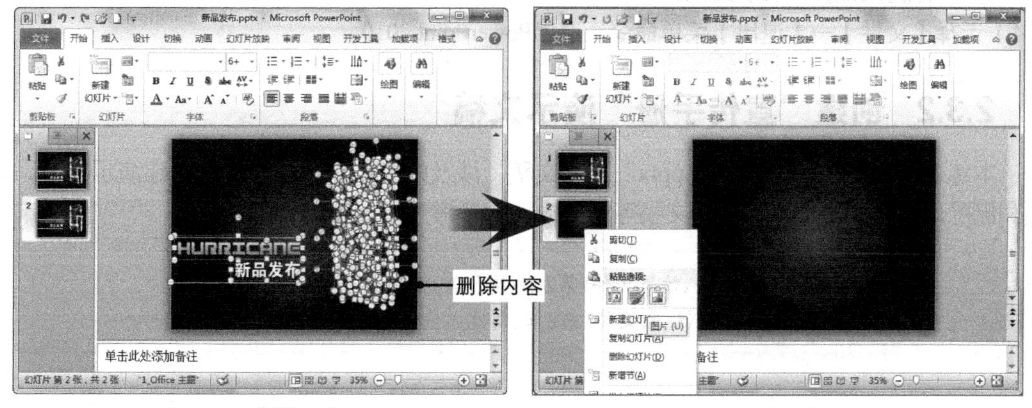

图2-30　删除文本　　图2-31　复制幻灯

2.3 操作案例

本章操作案例将先使用两种不同的方法打开“软件测试报告.pptx”演示文稿，然后根据模板创建“宣传手册”演示文稿，并对其中的幻灯片进行编辑。综合练习本章学习的知识点，将学习到演示文稿和幻灯片的具体操作。

2.3.1 打开“软件测试报告”演示文稿

本练习的目标是打开“软件测试报告”演示文稿，需要使用两种不同的方法，主要目的是练习打开演示文稿，以及启动和退出PowerPoint 2010的相关操作。两种不同的打开方法如图2-32所示。

素材所在位置　光盘:\素材文件\第2章\操作案例\软件测试报告.pptx
视频演示　光盘:\视频文件\第2章\打开“软件测试报告”演示文稿.swf

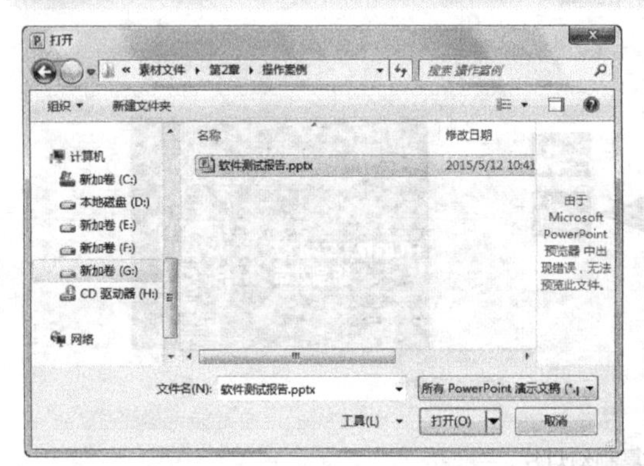

图2-32　打开“软件测试报告”演示文稿

(1) 通过菜单命令启动PowerPoint 2010，打开其工作界面。

(2) 打开“打开”对话框，在其中选择“软件测试报告”演示文稿，单击[打开(O)]按钮，将其打开。

(3) 用其他方法启动PowerPoint 2010，通过【文件】→【最近所用文件】菜单命令再次打开“软件测试报告”演示文稿。

(4) 选择【文件】→【退出】菜单命令，退出PowerPoint 2010。

2.3.2 创建“宣传手册”演示文稿

本练习要求创建“宣传手册.pptx”演示文稿，涉及的操作包括根据模板创建演示文稿，复制和删除幻灯片，以及保存演示文稿等。完成后的参考效果如图2-33所示。

效果所在位置　光盘:\效果文件\第2章\操作案例\宣传手册.pptx
视频演示　光盘:\视频文件\第2章\创建“宣传手册”演示文稿.swf

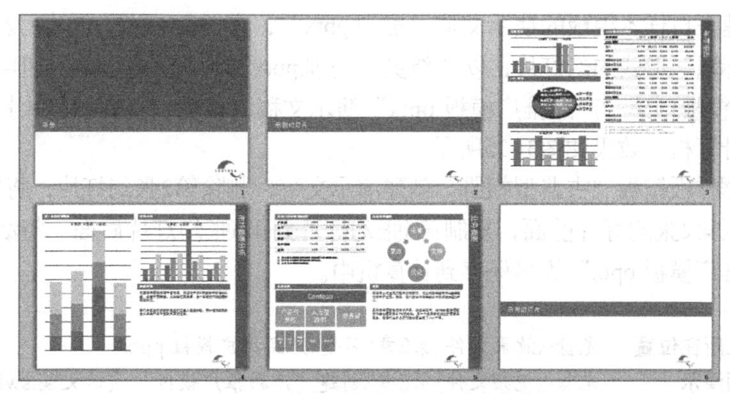

图2-33 “宣传手册”演示文稿参考效果

（1）启动PowerPoint 2010，先选择“样本模板”主题，然后选择创建“宣传手册”演示文稿。

（2）删除第2张幻灯片，然后通过菜单命令将第2张幻灯片复制一份，将其通过鼠标拖动的方法移动到最后。

（3）将演示文稿以“宣传手册.pptx”为名进行保存。

2.4 习 题

（1）创建“新员工培训.pptx”演示文稿，利用前面讲解的编辑演示文稿和幻灯片的知识对其内容进行编辑，然后将其保存到计算机中，效果如图2-34所示。

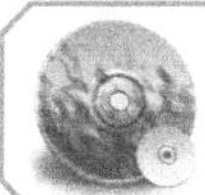

效果所在位置 光盘:\效果文件\第2章\习题\新员工培训.pptx

视频演示 光盘:\视频文件\第2章\创建“新员工培训”演示文稿.swf

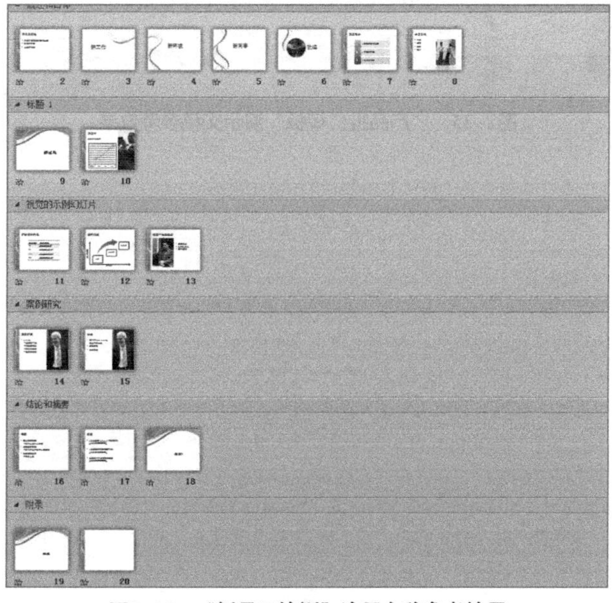

图2-34 “新员工培训”演示文稿参考效果

提示：创建来自样本模板的演示文稿“培训.pptx”，在最后一张幻灯片后新建一张“图片与标题”形式的幻灯片，以“新员工培训.pptx”为名保存到计算机中。

（2）根据模板创建“产品推广模板.pptx”演示文稿，移动、复制和删除其中的幻灯片，并将其保存到计算机，效果如图3-35所示。

提示：根据样板模板“古典型相册”创建演示文稿，删除第2张幻灯片，将第3张幻灯片移动到第2张幻灯片前面，复制第4张幻灯片到第5张幻灯片后面，将演示文稿以“产品推广模板.pptx”为名保存到计算机中。

效果所在位置　光盘:\效果文件\第2章\习题\产品推广模板.pptx
视频演示　光盘:\视频文件\第2章\创建“产品推广模板”演示文稿.swf

图2-35　“产品推广模板”演示文稿参考效果

第3章 处理演示文稿中的文本

本章将详细讲解在幻灯片中插入和编辑文本的相关操作，并对设置文本格式、编辑艺术字，以及处理文本的一些高级技巧等相关操作进行全面讲解。读者通过学习应能够熟练掌握处理演示文稿中各种文本的操作方法，能够使用文本详细、准确地表达自己的思想和观点。

学习要点

◎ 了解幻灯片中常用的各种字体和字体组合

◎ 了解和编辑文本输入场所

◎ 输入和编辑文本的基本操作

◎ 设置字体和段落格式

◎ 设置项目符号和编号

◎ 插入和编辑艺术字

◎ 快速调整字体和美化文本

学习目标

◎ 掌握文本处理的基本操作

◎ 掌握设置文本格式的基本操作

◎ 掌握编辑艺术字的基本操作

◎ 掌握处理文本的实用技巧

3.1 了解演示文稿中的文本

演示文稿中的文本不仅能表达演示文稿的主要内容，不同的文本还能让幻灯片立即与众不同。两张同样文本的幻灯片，使用了恰当的字体和字号，并配上了醒目的文本配色的那一张，能抓住观众的眼球，体现出更加专业的效果，如图3-1所示。

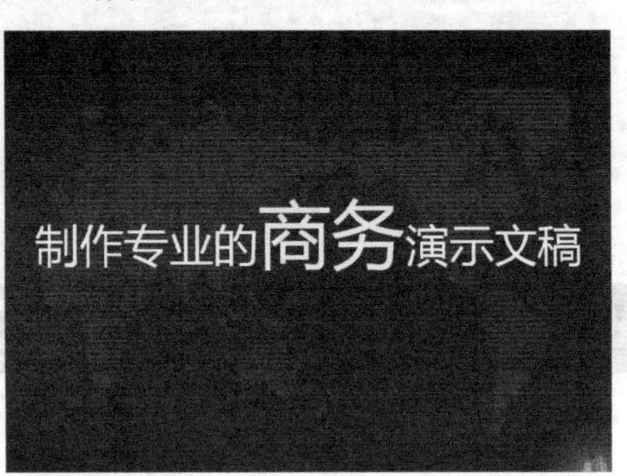

图3-1　不同文本幻灯片对比

3.1.1 中文字体

在专业的演示文稿制作中，通常把中文字体分为有衬线和无衬线两种类型，如图3-2所示。

宋体　方正粗宋	黑体　微软雅黑
有衬线字体：线条粗细不同，更适合小字号时使用，投影时清晰度不够	无衬线字体：线条粗细相同，更适合大字号时使用，投影时更美观

图3-2　中文字体的类型对比

无衬线字体通常具有艺术美感，在显示器或投影屏幕上显示时更令人赏心悦目，特别是在较大标题、较短的文本段落中，使用无衬线字体会更加有冲击力，所以绝大多数演示文稿的制作都使用无衬线字体。从PowerPoint 2007开始，最流行的投影无衬线字体已经从“黑体”发展为“微软雅黑”字体。常见的几种中文字体的作用如下。

◎ **普通字体**：如宋体、黑体和微软雅黑等，表现中规中矩，如图3-3所示。

◎ **书法字体**：如隶书、楷书和行书等，可以快速提升幻灯片的文化感，如图3-4所示。

图3-3　普通字体

图3-4　书法字体

◎ **钢笔字体**：如罗西、薛文轩等钢笔字体，让幻灯片充满了文艺感，如图3-5所示。

◎ **手写字体**：如方正静蕾简体、叶根友签名体等，展示书写者性格信息，如图3-6所示。

图3-5　钢笔字体

图3-6　手写字体

◎ **儿童字体**：如方正少儿简体、汉仪YY体等，卖萌耍帅、温馨可爱，如图3-7所示。

◎ **POP字体**：主要用于制作广告等，增加幻灯片视觉的冲击力，如图3-8所示。

图3-7　儿童字体

图3-8　POP字体

3.1.2 英文字体

在专业的演示文稿制作中，英文字体的应用也非常广泛。由于中文字体对英文字母的支持并不完善，所以直接套用中文字体的英文字母通常显示效果很差，在制作PPT时最好使用英文字体来显示英文字母。下面就介绍演示文稿中常用的英文字体，如表3-1所示。

表 3-1　演示文稿中常用的英文字体

字体	效果
微软雅黑	The business PPT　　**The business PPT**
大段英文，小字号适合 Time New Roman	The world's farthest distance from the is not life and death, **Instead** I was standing in front of you,You do not know that I love you
Arial 也适合大段英文	The world's farthest distance from the is not life and death, **Instead** I was standing in front of you,You do not know that I love you

续表

字体	效果
Arial Black 可以强调重点	The world's farthest distance from the is not life and death, Instead I was standing in front of you,You do not know that I love you
Helvetica 系列字体，简洁、现代感强，适用于商业PPT	The business PPT The world's farthest distance from the is not life and death, Instead I was standing in front of you,You do not know that I love you The business PPT The world's farthest distance from the is not life and death, Instead I was standing in front of you,You do not know that I love you The business PPT The world's farthest distance from the is not life and death, Instead I was standing in front of you,You do not know that I love you
Stencil 适合修饰大标题	THE BUSINESS PPT
Impact 也适合大标题	The business PPT

3.1.3 数字字体

在专业的演示文稿制作中，特别是表格和图表的制作中需要用到大量的数字。由于数字字体较小，如果需要清晰地显示给观众，就需要选择特殊的字体。对于数字显示效果最好的是Arial字体（系统自带，兼容性很强），其次是Helvetica系列字体（需要安装，且加大字号显示效果才明显），如果没有特别要求，也可以使用微软雅黑字体。常用数字字体如表3-2所示。

表 3-2 演示文稿中常用的数字字体

字体	宋体	黑体	Arial	Helvetica	微软雅黑
数字	1. 3	1. 3	1.3	1.3	1.3
数字	24	24	24	24	24
数字	-7. 8	-7. 8	-7.8	-7.8	-7.8
比例	56%	56%	56%	56%	56%
比例	0. 9%	0. 9%	0.9%	0.9%	0.9%

设计技巧

数字在演示文稿中的作用是强调和美化，所以刻意放大字号、加粗，配合内外阴影效果就可以达到吸引观众的目的。一些常见的数字美化效果如下：微软雅黑+加粗阴影、Impact+内阴影、Arial Unicode MS+阴影、方正粗倩简体+阴影加粗、华康海报体+阴影加粗、造字工坊悦黑常规+阴影。

3.1.4 常用字体组合

制作演示文稿通常需要对不同字体进行组合。不同类型的演示文稿，其字体的组合方式多种多样，下面介绍五种最常用的字体组合。

◎ **方正综艺简体（标题）+微软雅黑（正文）**：方正综艺简体有足够的分量，微软雅黑足够饱满，两者结合在一起使PPT显得庄重和严谨，适合制作课题汇报、咨询报告、学术讨论类型的演示文稿，如图3-9所示。

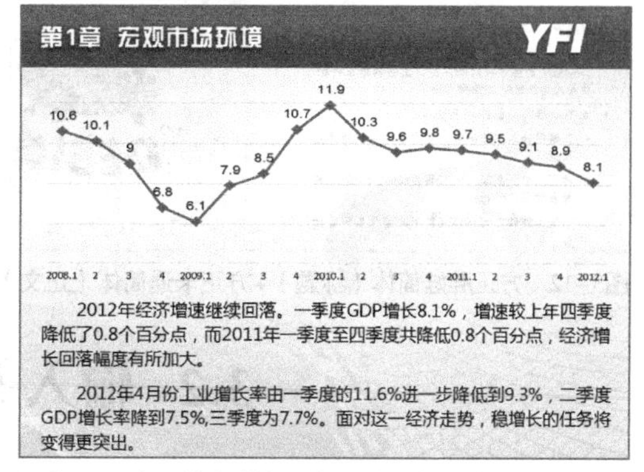

图3-9 方正综艺简体（标题）+微软雅黑（正文）

◎ **方正粗倩简体（标题）+微软雅黑（正文）**：方正粗倩简体具备了方正综艺简体所没有的柔美与洒脱，可以使PPT显得鲜活，贴近观众，适合制作企业宣传、产品展示类型的演示文稿，如图3-10所示。

◎ **方正粗宋简体（标题）+微软雅黑（正文）**：方正粗宋简体几乎是政府公文的标准配置字体，该字体有板有眼、铿锵有力，显示了一种无与匹敌的威严，适合制作政府公文、政治会议报告类型的演示文稿，如图3-11所示。

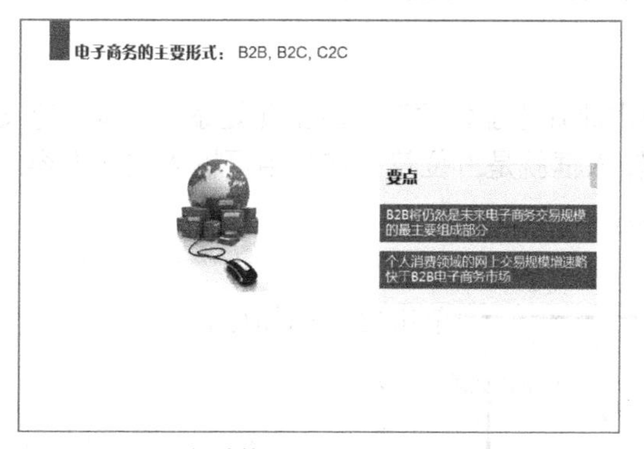

图3-10 方正粗倩简体（标题）+微软雅黑（正文）

图3-11 方正粗宋简体（标题）+微软雅黑（正文）

◎ **方正胖娃简体（标题）+方正卡通简体（正文）**：方正胖娃简体的特点是搞笑且厚重，方正卡通简体则纤细且清晰，适合制作漫画、轻松商务类演示文稿，如图3-12所示。

◎ **方正卡通简体（标题）+微软雅黑（正文）**：标题字体为方正卡通简体会具有厚重且活泼的效果，微软雅黑正文字体则更显清晰明了，该组合适合制作学习课件、企业规章手册类型的演示文稿，如图3-13所示。

知识提示

演示文稿中的文本具有以下两个特点：一是由于观众的观看距离较远，所以字体需要有足够的分量，细节方面过于复杂反而会干扰对文本的辨认；二是文本对于图片和图表，所起的作用是提示、注释和装饰，所以尽量简洁。另外，制作演示文稿所用的字体大多需要自行安装，其方法是：通过网络下载或购买的方式获取字体（字体格式为*.TTF），然后将字体文件复制到系统安装盘（默认为C盘）:\Windows\Fonts文件夹中即可。

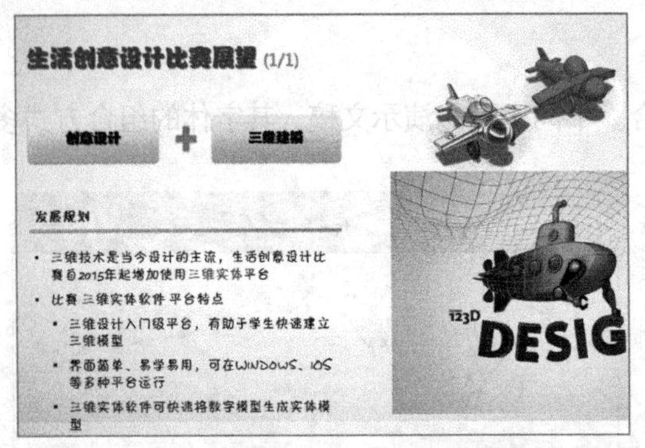

图3-12 方正胖娃简体（标题）+方正卡通简体（正文）

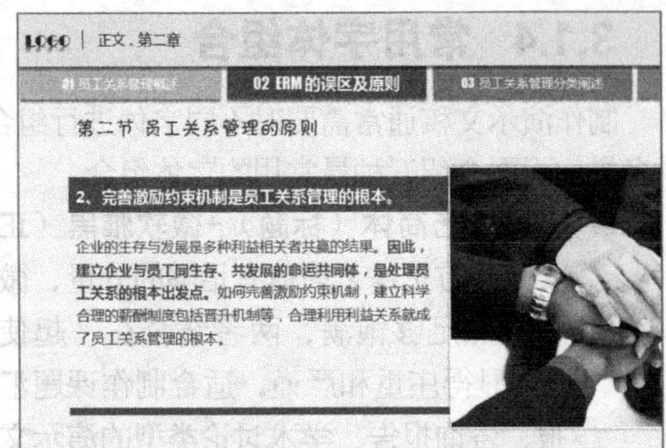

图3-13 方正卡通简体（标题）+微软雅黑（正文）

3.2 输入并编辑文本

要在幻灯片上表达自己的观点，就要在其中输入合适的文本。幻灯片最基本的要素就是文本和图片，编辑效果出众的文本更能表现幻灯片制作者的意图和目的。

3.2.1 了解文本输入场所

幻灯片中的文本输入场所主要是占位符和文本框，下面分别介绍。

1. 占位符

在新建的幻灯片中常会出现本身含有“单击此处添加标题”“单击此处添加文本”等文字的文本输入框，如图3-14所示。这种文本输入框就是占位符，在其中可输入文本内容。PowerPoint 2010中的占位符主要有以下三种类型。

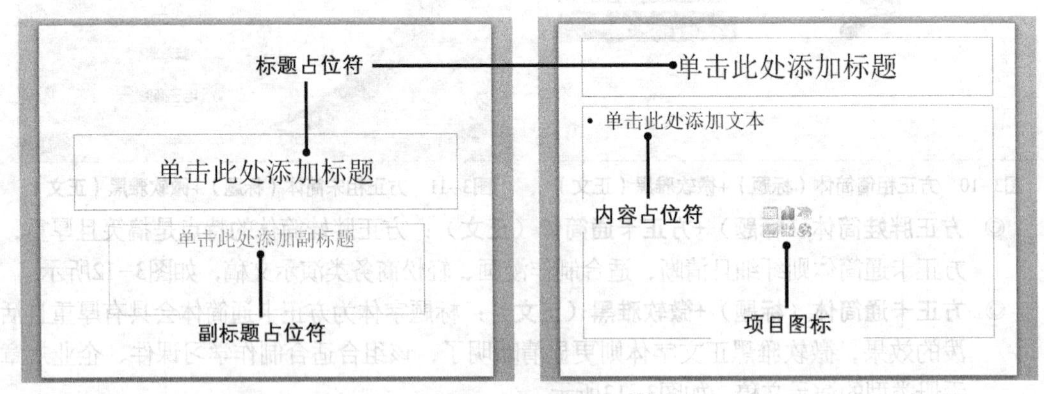

图3-14 占位符

◎ **标题占位符**：用于输入演示文稿的标题和幻灯片的标题文本。
◎ **副标题占位符**：用于输入演示文稿的副标题文本。
◎ **内容占位符**：用于输入幻灯片中的主要内容文本。在内容占位符中心通常有六个项目图标，单击对应图标即可在内容占位符中插入对应的项目。如单击▦图标可插入表格；单击▮图标可插入图表；单击▤图标可插入SmartArt图形；单击▨图标可插入图片；单击▩图标可插入剪贴画；单击◎图标可插入媒体剪辑。

2. 文本框

PowerPoint占位符中的文本都是预设了格式的，如果需要在幻灯片的其他位置输入文本，就可以通过文本框来进行。但是在文本框中输入文本之前，必须先绘制文本框。文本框包括横排文本框和垂直文本框，其中在横排文本框中输入的文本以横排显示，在垂直文本框中输入的文本将垂直显示，如图3-15所示。

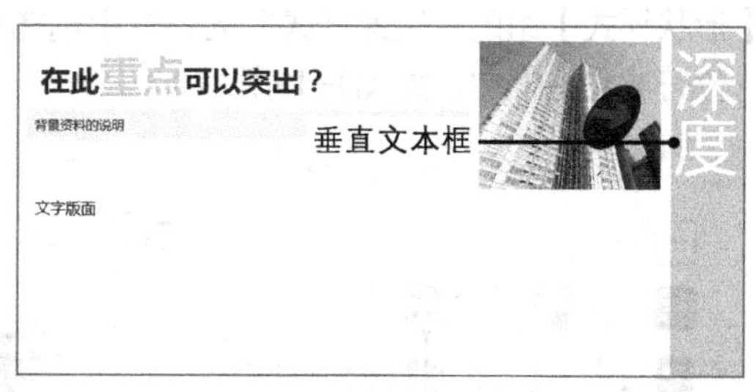

图3-15　文本框

3.2.2　编辑文本输入场所

通常可以对幻灯片中的占位符和文本框进行编辑，如设置两者的大小、位置、旋转角度、主题样式、填充效果、边框以及形状效果等。编辑占位符和编辑文本框的操作完全相同，本小节中的图示将以占位符为例。

1. 设置几何特征

几何特征的设置要素主要包括大小、位置和旋转角度，具体设置方法如下。

◎ **设置大小**：单击选择占位符后，将鼠标光标移到占位符各控制点上，当鼠标光标变成⇔、⤢、⇕、⤡形状时，按住鼠标左键拖动即可改变占位符的大小，如图3-16所示。

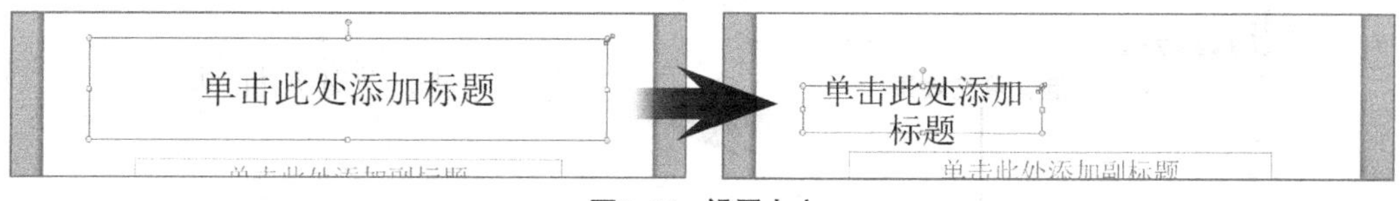

图3-16　设置大小

◎ **设置位置**：单击占位符后，将鼠标光标移动到占位符四周的边线上，当鼠标光标变成✥形状时，拖动鼠标移动占位符到目标位置后释放鼠标，如图3-17所示。

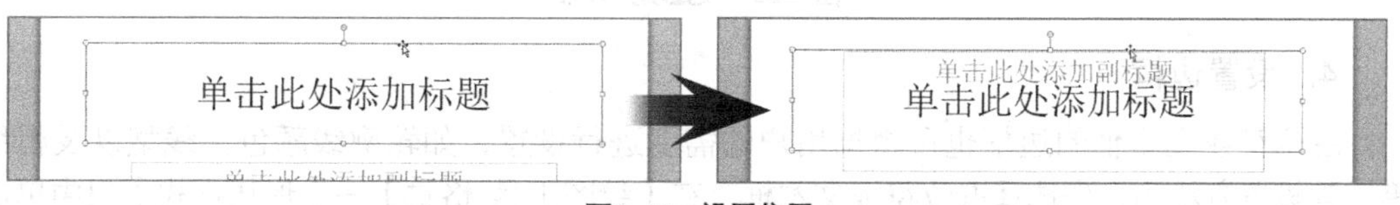

图3-17　设置位置

◎ **设置旋转角度**：单击占位符后，将鼠标光标移动到◎按钮上，当鼠标光标变成↻形状时，按住鼠标拖动旋转占位符，到所需角度后释放鼠标，如图3-18所示。

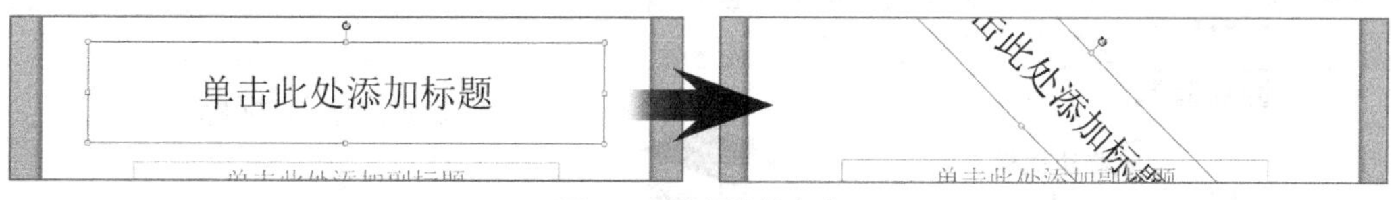

图3-18　设置旋转角度

2. 设置形状样式

PowerPoint 2010预设了多种形状填充效果，通过选择一种形状样式，可以为占位符或文本框快速填充样式效果。其设置方法为：先选择占位符或文本框，然后在【绘图工具 格式】→【形状样式】组的“快速样式”列表框中选择任意一种填充效果，即可将该样式应用到选择的占位符或文本框中，如图3-19所示。

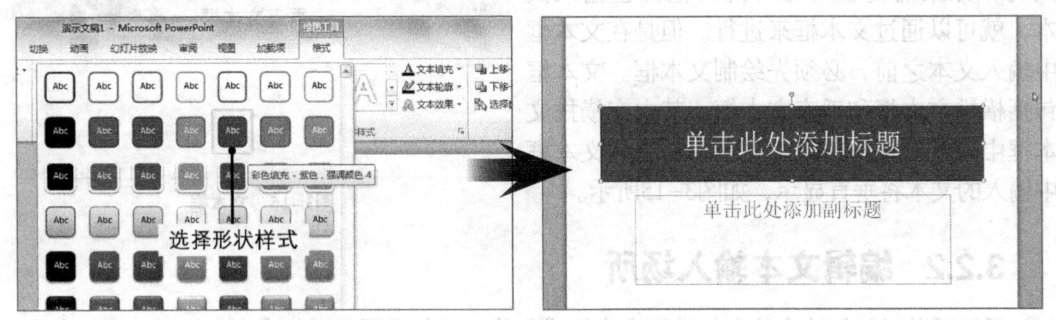

图3-19　设置形状样式

3. 设置填充效果

在占位符或文本框中可以填充纯色、渐变颜色或纹理效果。其设置方法为：先选择占位符或文本框，在【绘图工具 格式】→【形状样式】组中单击 形状填充 按钮，在打开的下拉列表中选择填充主题颜色、其他颜色、图片、渐变效果和预设的纹理效果等即可，如图3-20所示。

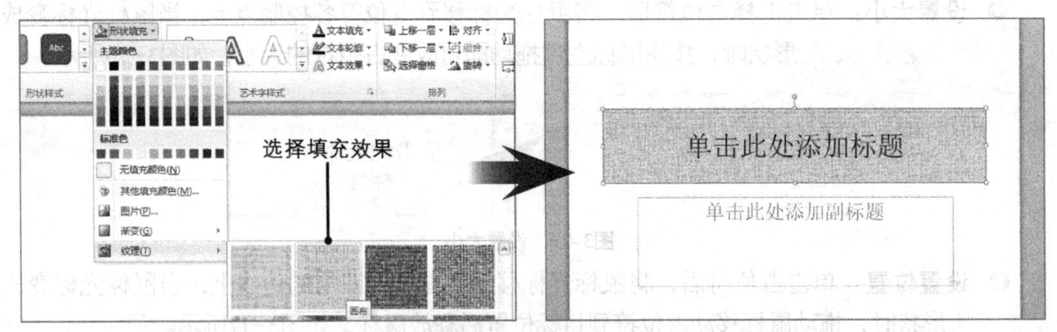

图3-20　设置填充效果

4. 设置边框

占位符或文本框的边框也可根据用户的需要进行设置，如轮廓线颜色、线型以及粗细等。其设置方法为：先选择占位符或文本框，在【绘图工具 格式】→【形状样式】组中单击 形状轮廓 按钮，在打开的下拉列表中选择相应的选项进行设置即可，如图3-21所示。

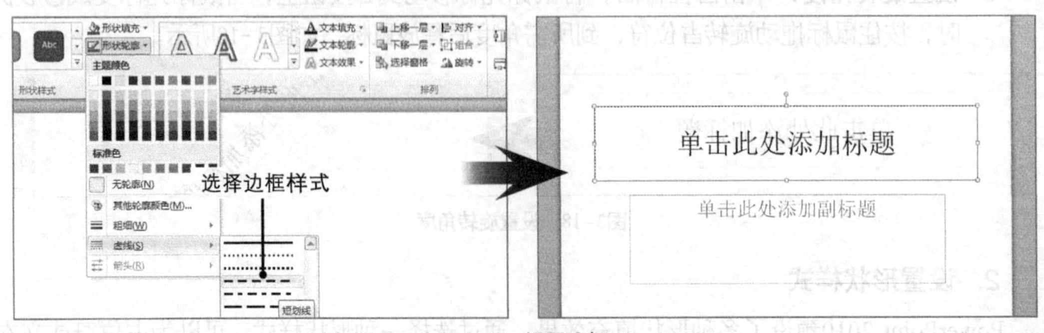

图3-21　设置边框

5. 设置填充效果

占位符或文本框也可以设置阴影、倒影、发光及三维立体等形状效果。其设置方法为：先选择占位符或文本框，在【绘图工具 格式】→【形状样式】组中单击形状效果按钮，在弹出的下拉列表中列出了多种特殊效果选项，选择任意一种选项，在弹出的子列表中即可选择具体的效果，如图3-22所示。

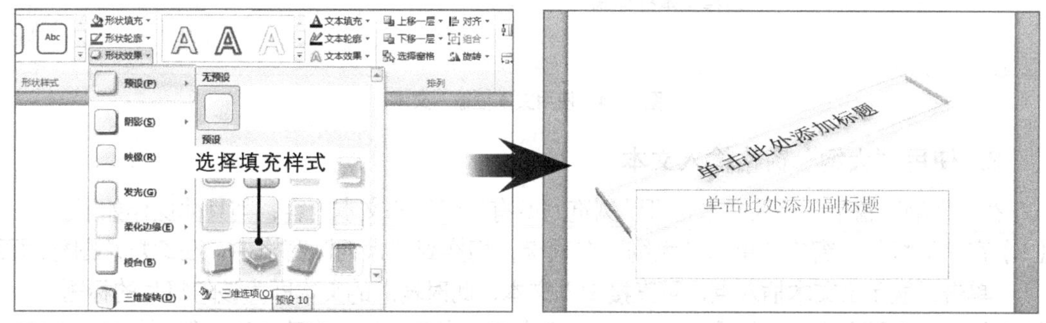

图3-22 设置形状效果

3.2.3 输入文本

在PowerPoint 2010中主要有以下三种输入文本的方法。

1. 使用占位符输入文本

无论是哪种类型的占位符，在其中输入文本的方法都相同，其具体操作如下。

（1）在占位符中单击鼠标，占位符中的文本将自动消失，并显示出文本插入点。

（2）在文本插入点处输入需要的文本即可，如图3-23所示。

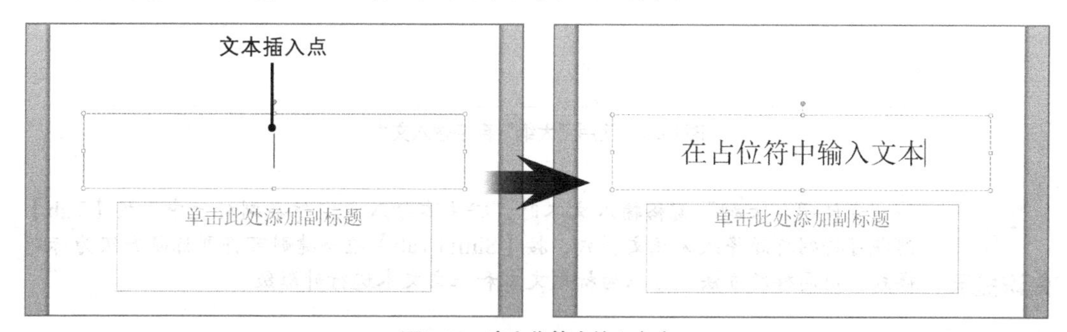

图3-23 在占位符中输入文本

2. 使用文本框输入文本

使用文本框输入文本的方法与使用占位符输入文本的方法类似，不同之处在于需要首先绘制一个文本框，然后再在其中输入需要的文本，其具体操作如下。

（1）单击“插入”选项卡，在“文本”组中单击“文本框”下拉按钮，在打开的下拉列表中选择其中一种文本框格式。

（2）将鼠标光标移动到幻灯片中，当鼠标光标变为↓形状时，按住鼠标左键拖动即可绘制出一个文本框，在文本框的左侧出现文本插入点，直接输入文本即可，如图3-24所示。

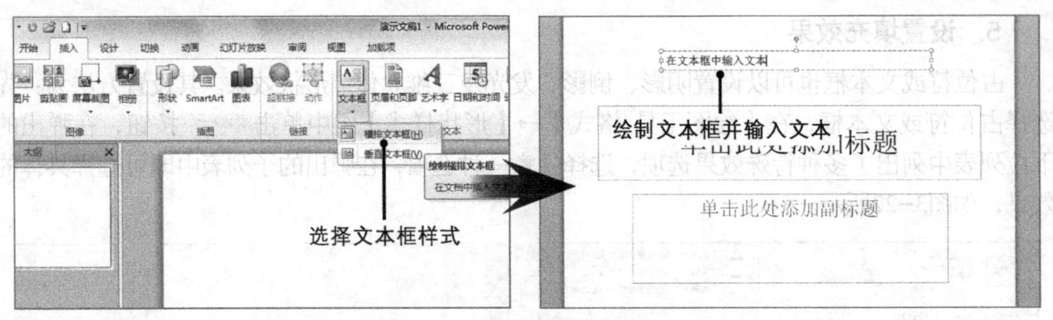

图3-24　使用文本框输入文本

3. 使用“大纲”窗格输入文本

在“大纲”窗格中输入文本且可以浏览到所有幻灯片的文本内容，其具体操作如下。

（1）在“幻灯片”窗格中单击“大纲”选项卡，切换到“大纲”窗格中，在幻灯片图标后面单击，显示出文本插入点，可直接输入文本，此时输入的文本即为该幻灯片的标题。

（2）输入完标题文本后，按【Ctrl+Enter】组合键则在该幻灯片中建立下一级副标题或正文内容，可以输入下一级文本内容。

（3）输入完副标题或正文内容后，按【Ctrl+Enter】组合键可创建新的幻灯片，并进入标题输入状态，如图3-25所示。

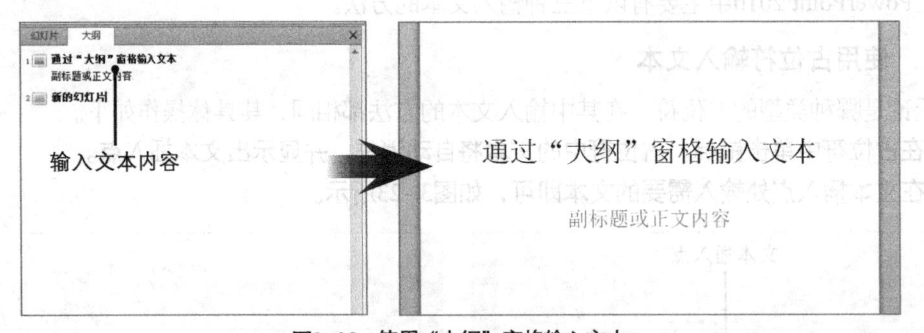

图3-25　使用“大纲”窗格输入文本

知识提示

在使用“大纲”窗格输入文本时，将文本插入点定位在副标题中，按【Tab】键即可将副标题降级为正文样式，按【Shift+Tab】组合键则可将副标题升级为标题样式。用同样的方法也可以为标题文本和正文文本进行升降级。

3.2.4 编辑文本

在幻灯片的制作过程中，对于输入的文本，制作者一般还需要进行多种编辑操作，以保证文本内容无误，语句通顺。编辑文本包括选择和修改、复制和移动、查找和替换文本等操作。

1. 选择和修改文本

若是输入的文本中出现错误，就需要对错误的文本进行修改，在修改之前必须选择文本，再进行删除、添加等修改的操作，其具体操作如下。

（1）将文本插入点定位于文本中，按住鼠标左键进行拖动，被选择的文本将呈灰底显示。

（2）按【Delete】键或【BackSpace】键即可删除选择的文本，在文本插入点输入即可添加新的文本内容，如图3-26所示。

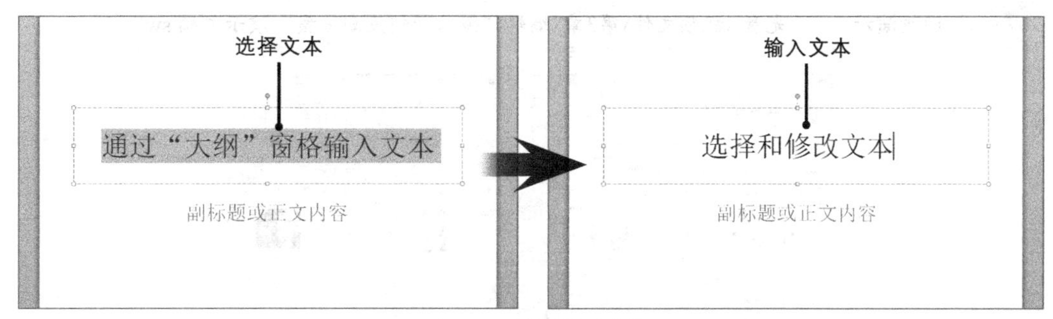

图3-26　选择和修改文本

2. 复制和移动文本

复制文本后原位置和新位置都存在该文本，而移动文本后，原位置的文本不存在了，只有新位置才有，其具体操作如下。

（1）选择需要复制或移动的文本，在【开始】→【剪贴板】组中单击复制按钮或剪切按钮。

（2）将文本插入点定位于目标位置处，再单击“剪贴板”组中的“粘贴”按钮，即可复制或移动该文本。

3. 查找和替换文本

在编辑文本时，如果发现有多处需要更改的相同文本时，就可以通过查找和替换功能快速修改，从而避免逐个查找与修改的麻烦，其具体操作如下。

（1）在【开始】→【编辑】组中单击查找按钮，打开“查找”对话框，在“查找内容”文本框中输入需要查找的内容，单击查找下一个(F)按钮可在文档中进行逐个查找需要的内容，如图3-27所示，找到的内容将以蓝色底纹方式显示。

（2）在【开始】→【编辑】组中单击替换按钮，或在“查找”对话框中单击替换(R)...按钮，将打开“替换”对话框，在“查找内容”文本框中输入需要查找的内容，在“替换为”文本框中输入要替换成的文本，单击替换(R)按钮则将当前查找到的文本进行替换，单击全部替换(A)按钮则进行全部替换，最后单击关闭按钮退出，如图3-28所示。

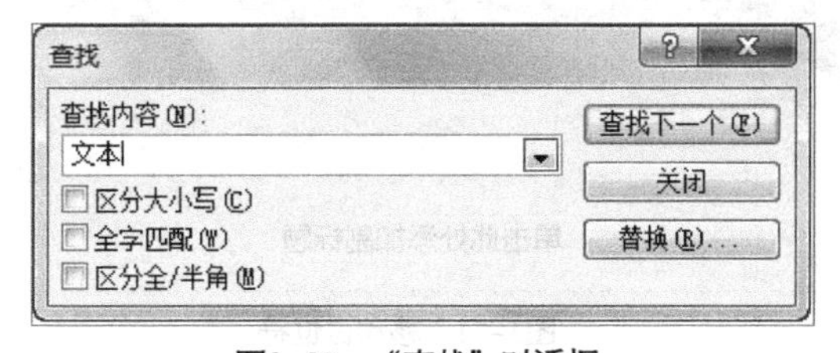

图3-27　“查找”对话框

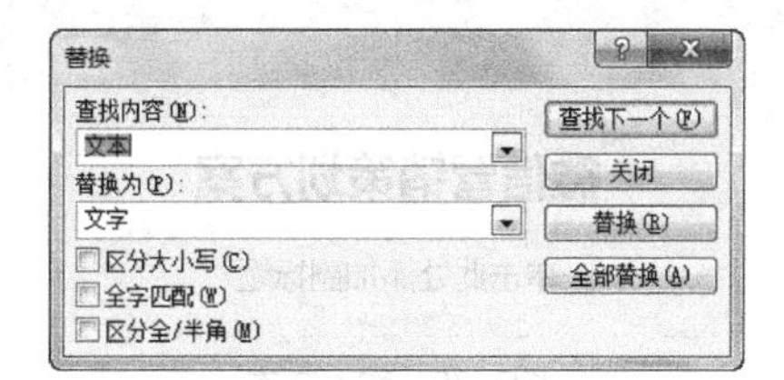

图3-28　“替换”对话框

3.2.5 案例——编辑“微信营销策划方案”演示文稿

本案例要求根据提供的素材文档，对其进行编辑修改，主要涉及文本的输入和编辑操作。完成后的参考效果如图3-29所示。

素材所在位置	光盘:\素材文件\第3章\案例\微信营销策划方案.pptx
效果所在位置	光盘:\效果文件\第3章\案例\微信营销策划方案.pptx
视频演示	光盘:\视频文件\第3章\编辑"微信营销策划方案"演示文稿.swf

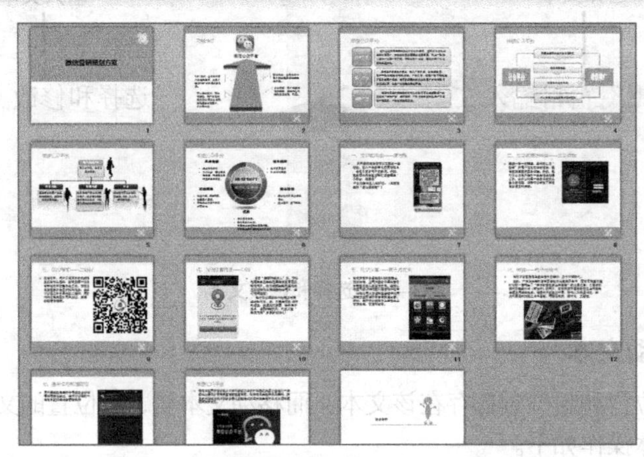

图3-29 "微信营销策划方案"演示文稿参考效果

设计重点

本案例的重点在于标题文本的设计。素材文件中标题占位符位于幻灯片的下部，为了突出显示标题，将其移动到了上部。在以后的编辑中，为了体现主题和颜色的搭配，可以将标题颜色设置为"白色"，与幻灯片背景颜色相互对比，更加能突出主题的内容。

(1)打开提供的素材文档，选择第一张幻灯片，在标题占位符中单击输入标题"微信营销策划方案"，如图3-30所示。

(2)单击标题占位符，将鼠标光标移动到占位符四周的边线上，当其变成✥形状时，拖动鼠标移动标题占位符到幻灯片上边，如图3-31所示。

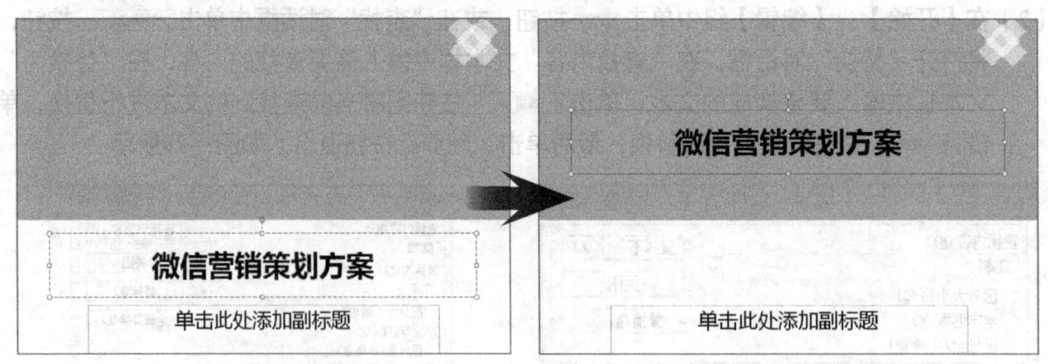

图3-30 输入文本　　图3-31 移动占位符

(3)在第2至第14张幻灯片的占位符中输入文本内容。

(4)选择第15张幻灯片，单击"插入"选项卡，在"文本"组中单击"文本框"下拉按钮，在打开的下拉列表中选择"横排文本框"选项，如图3-32所示。

(5)将鼠标光标移动到幻灯片中时，鼠标光标变为↓形状，按住鼠标左键拖动绘制一个文本框，在文本框的左侧出现文本插入点，输入"谢谢聆听"，如图3-33所示。

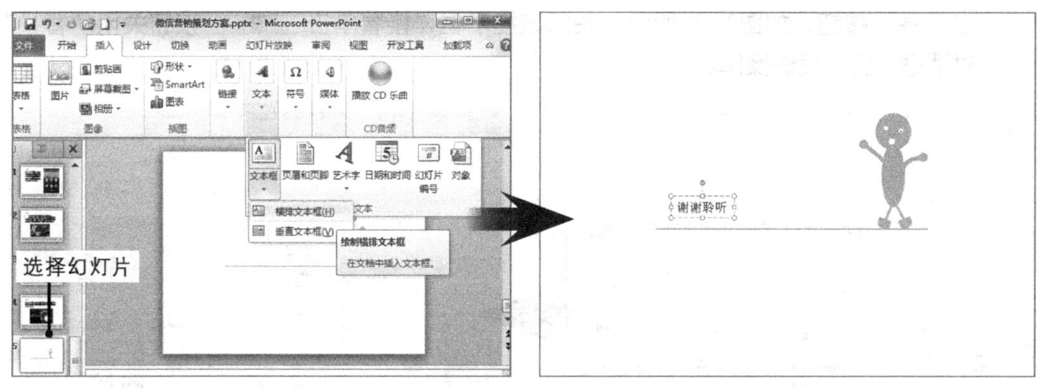

图3-32　插入文本框　　　图3-33　输入文本

（6）选择第7张幻灯片，拖动鼠标选择其中的文本，如图3-34所示。

（7）按【Delete】键将其删除，并输入新的文本，如图3-35所示。

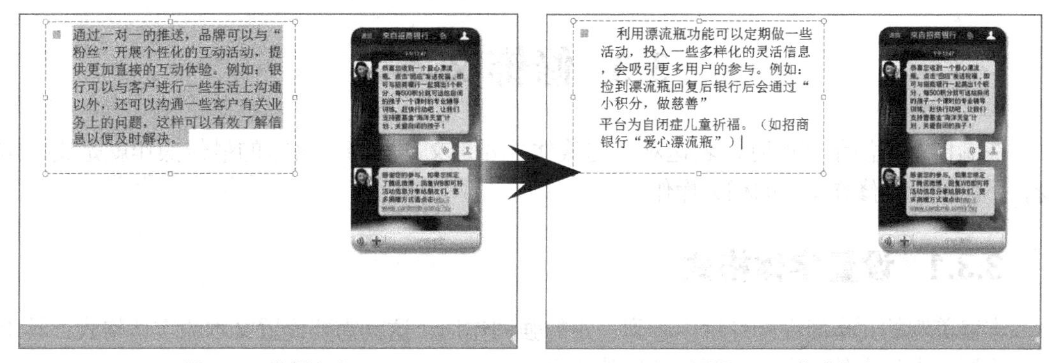

图3-34　选择文本　　　图3-35　修改文本

（8）选择第2张幻灯片，在【开始】→【编辑】组中单击查找按钮，如图3-36所示。

（9）打开"查找"对话框，在"查找内容"文本框中输入"威信"，单击查找下一个(F)按钮找到该文本内容，如图3-37所示，返回"查找"对话框，单击替换(R)...按钮。

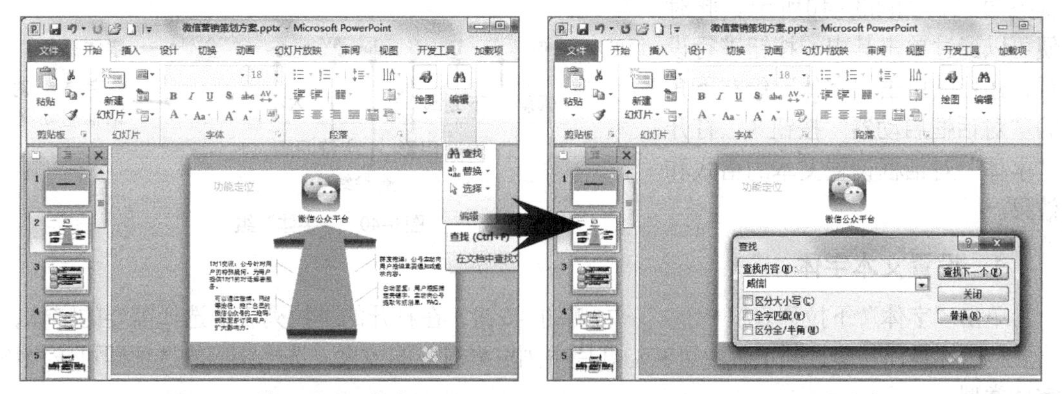

图3-36　选择"查找"操作　　　图3-37　查找文本

（10）打开"替换"对话框，在"替换为"文本框中输入"微信"，单击全部替换(A)按钮，如图3-38所示。

（11）所有幻灯片中的"威信"文本替换为"微信"，并在打开的提示框中显示替换结果，单

击 确定 按钮，如图3-39所示。关闭该提示框，接着单击 关闭 按钮关闭“替换”对话框，完成案例操作。

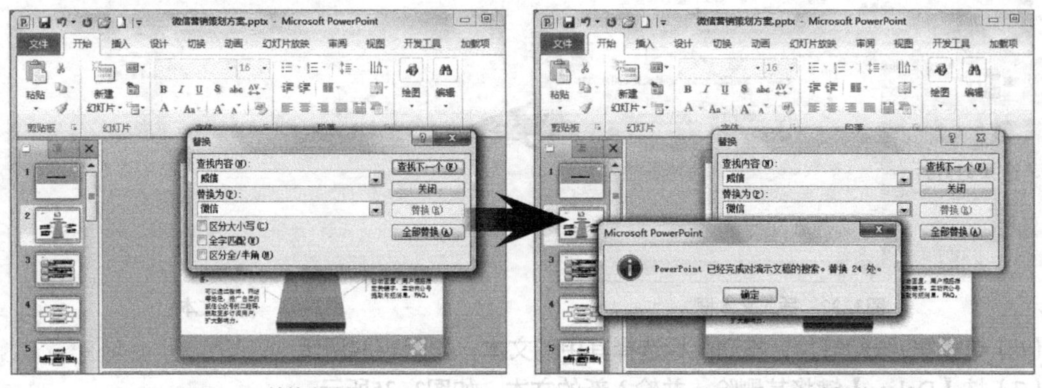

图3-38 替换文本　　图3-39 完成操作

3.3 修饰文本

在制作商务演示文稿时，表达观点的载体主要是文本，修饰文本的最佳操作就是文字本身，下面就介绍修饰文本的相关操作。

3.3.1 设置字体格式

丰富美观的文本能在幻灯片中起到一定的强调作用，这就需要设置文本的字体格式，其中包括设置文本的字体、字号、颜色及特殊效果等。

在幻灯片中选择需要设置字体格式的文本后，在“开始”选项卡的“字体”组中的工具呈可用状态显示，如图3-40所示。此时便可以通过单击其中的按钮进行设置，还可以单击“字体”组右下角的“对话框启动器”按钮，打开“字体”对话框设置文本的格式和效果。

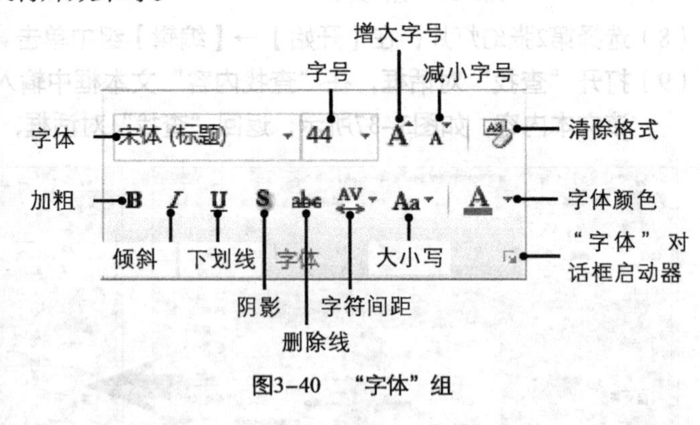

图3-40 “字体”组

1. 设置文本字体

单击“字体”下拉列表框 宋体 (标题) 右侧的按钮，在打开的下拉列表中选择需要的字体，当鼠标光标悬停在该选项上时，可在幻灯片中浏览到对应的效果，选择相应的选项即可应用该字体类型。

设计技巧

从设计的角度来看，“微软雅黑”字体绝对不是最漂亮的，但由于它具有兼容性高、不需要安装、支持的汉字多、投影效果好等特点，反而是在PowerPoint商务演示文稿的制作中使用最多的字体。

2. 设置文本字号

将文本设置为不同的大小，能够使幻灯片内容的层次更清晰。单击“字号”下拉列表框[44 ▾]右侧的[▾]按钮，在打开的下拉列表中选择需要的字号，此外还可以直接单击“增大字号”按钮[A˄]或“减小字号”按钮[A˅]进行字号的设置。如果没有需要的字号，可直接在“字号”下拉列表框中直接输入。

设计技巧

通过加大字号可以突出显示幻灯片中的重点内容，通常被强调的文本字号至少要加大“4磅”，如图3-41所示。另外，PowerPoint中支持的最小字号为“1磅”。为了展示的方便，建议演示文稿中的最小字号不要小于“10磅”。

设置了不同字号和颜色文本的幻灯片，可以让突出显示的文本更富有表现力

图3-41　设置字号效果

3. 设置文本颜色

设置字体颜色可以使幻灯片具有更强的视觉效果。单击“颜色”按钮[A▾]右侧的[▾]按钮，在打开的下拉列表中选择一种喜欢的颜色即可。如果这些颜色不能满足需要，可选择列表中的“其他颜色”选项。打开“颜色”对话框，在其中设置需要的颜色，最后单击[确定]按钮。

设计技巧

制作PowerPoint商业演示文稿时，文本颜色的设置有五种方式：冷色调展示沉稳的效果，暖色调更加醒目，灰色起到降噪作用，渐变色可以丰富文字的层次，黑白配色则是常用的万能搭配。如图3-42所示为设置文本颜色的幻灯片效果。

设置了彩色文本的幻灯片，往往增加了幻灯片的可读性，使枯燥无味的大段文字更加醒目活泼

图3-42　设置文本颜色效果

4. 设置文本特殊效果

单击“加粗”按钮、“倾斜”按钮、“下划线”按钮、“删除线”按钮和“文字阴影”按钮，可依次设置文本的加粗、倾斜、下划线、删除线和阴影效果。单击“字符间距”按钮，可设置文本中字与字之间的距离。此外，还可以打开“字体”对话框，在其中设置更多效果，如双删除线、上标、下标、彩色下划线等效果，从而使文本更具特色。

设计技巧

虽然PowerPoint设置文本效果的操作很多，但不能滥用。制作商务演示文稿时，与其使用大量的特殊效果美化文本，不如用简单的方法强调文字，保证重点突出，这样的设计实际的沟通效果会更好。所以，制作演示文稿时，不要使用太多的修饰手段，文本内容表达的观点才是核心焦点，如图3-43所示。

图3-43 突出文本内容

3.3.2 设置段落格式

在幻灯片中除了设置文本的字体格式，还要设置文本的段落格式，以体现文本的层次，使之更加美观合理，其中包括设置文本的对齐方式、行距、缩进方式以及段落间距等。

将文本插入点定位在某一段落中，或选择段落文本后，在“开始”选项卡的“段落”组的工具呈可用状态显示，如图3-44所示。用户既可通过其中的选项进行设置，还可单击其右下角的“段落”对话框启动器，打开“段落”对话框进行设置。

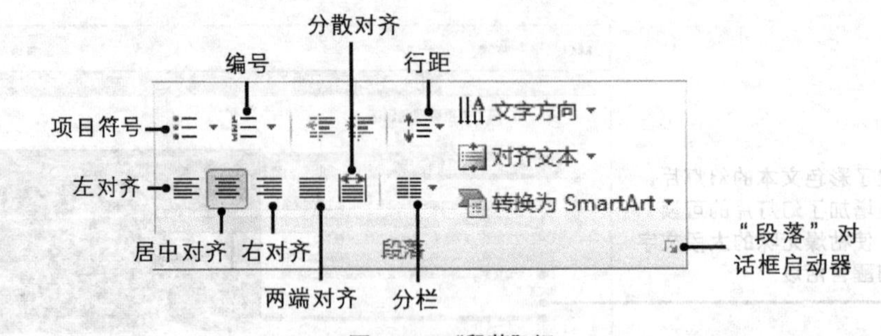

图3-44 “段落”组

◎ **设置对齐方式**：单击“左对齐”按钮，文本在文本框中靠最左侧对齐；单击“居中对齐”按钮，文本在文本框中靠中心位置对齐；单击“右对齐”按钮，文本在文本框中靠最右侧对齐；单击“两端对齐”按钮，同时将文字左右两端同时对齐，这

样可以在页面左右两侧形成整齐的外观，不过最后一行文字会靠左对齐；单击“分散对齐”按钮，使段落中的文本分散对齐，最后一行会根据需要增加字符间距，使其均匀分布。

◎ **设置项目符号和编号**：单击“项目符号”按钮右侧的按钮，可在打开的下拉列表中选择项目符号的类型；单击“编号”按钮右侧的按钮，可在打开的下拉列表中选择编号的类型。

◎ **设置行距**：单击“行距”按钮右侧的按钮，可在打开的下拉列表中选择行距值，设置段落内部行与行之间的距离。

◎ **设置分栏**：单击“分栏”按钮右侧的按钮，在打开的下拉列表中选择两栏或多栏。

◎ **设置缩进方式**：打开“段落”对话框，在“缩进”栏内可设置文本前的缩进值，还可设置首行缩进或悬挂缩进的度量值。

◎ **设置段落间距**：打开“段落”对话框，在“间距”栏内可设置当前段落与前面一段或后面一段之间的距离。

3.3.3 设置项目符号和编号

项目符号与编号可以引导和强调文本，引起观众的注意，并明确文本的逻辑关系。

1. 设置项目符号

在列举或并列的文本段落前可加上段落符号，使幻灯片内容条理清晰。在幻灯片中设置项目符号的方法为：选择需要设置项目符号的文本，在【开始】→【段落】组中单击“项目符号”按钮右侧的按钮，在打开的列表中选择一种项目符号的样式即可。

知识提示

在打开的列表中选择“项目符号和编号”选项，打开“项目符号和编号”对话框，在“项目符号”栏中单击 图片(P)... 按钮，打开“图片项目符号”对话框，在列表中选择一种项目符号样式，单击 确定 按钮可自定义项目符号，如图3-45所示。

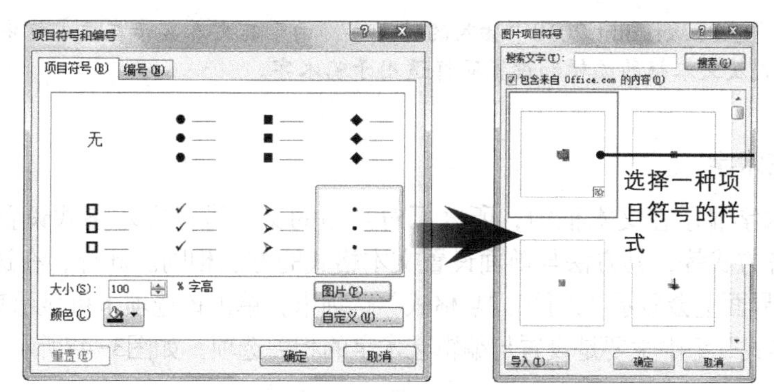

图3-45　自定义项目符号

2. 设置编号

设置段落编号的方法为：选择需要设置编号的文本，在【开始】→【段落】组中单击“编号”按钮右侧的按钮，在打开的列表中选择一种编号的样式即可。

知识提示

在打开的列表中选择“项目符号和编号”选项，打开“项目符号和编号”对话框中的“编号”选项卡，在其中可以设置编号的大小、颜色和起始编号。

3.3.4 插入和编辑艺术字

在幻灯片中，可插入不同样式的艺术字，还可对艺术字进行编辑，从而使文本在幻灯片中更加突出，能给商业演示文稿增加更加丰富的演示效果。

1. 插入艺术字

PowerPoint 2010中有30种默认的艺术字，插入这些艺术字的具体操作如下。

（1）选择需要插入艺术字的幻灯片，在【插入】→【文本】组中单击按钮，在打开的列表中选择一种样式。

（2）此时在幻灯片中显示有应用了该样式的文本框，其中包含文本“请在此放置您的文字”，在其中输入需要的文字即可，如图3-46所示。

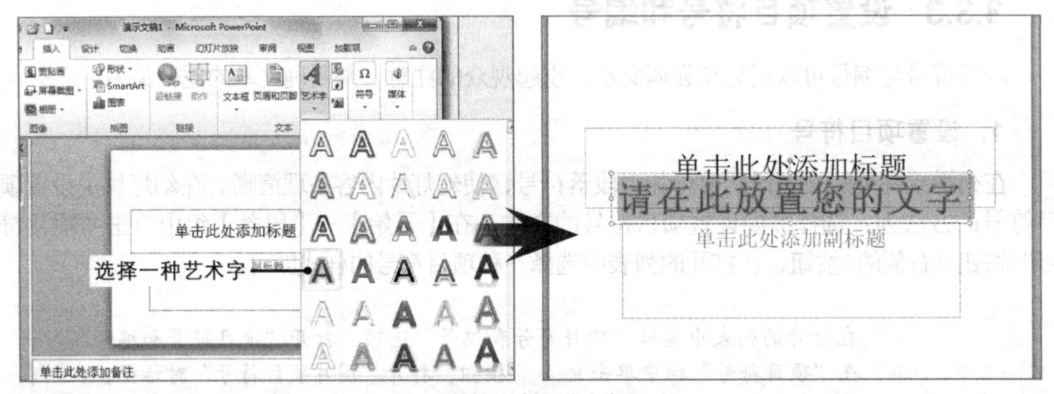

图3-46　插入艺术字

知识提示

在PowerPoint 2010中插入的艺术字，由于其文本显示在文本框中，所以对文本格式及文本框的编辑和设置同样适用于艺术字。

2. 编辑艺术字

插入的艺术字显示在文本框中，所以可对其中的文本进行文本格式设置，如字体、字号、颜色、对齐方式等，其方法与前面设置文本格式的方法相同。此外，在选择艺术字后，PowerPoint工作界面上会显示“绘图工具 格式”选项卡，单击该选项卡可显示其功能区，在其中的“艺术字样式”组中主要是设置与编辑艺术字的相关选项，如图3-47所示。

图3-47　“艺术字样式”组

◎ **修改艺术字样式**：若对插入的艺术字样式不满意，可进行修改：选择艺术字，在【绘图工具 格式】→【艺术字样式】组中的样式列表框中选择一种满意的样式即可。

◎ **设置文本填充**：在“艺术字样式”组中单击文本填充按钮，在打开的下拉列表中选择填充样式，可为文本内部填充纯色、渐变色、图片或纹理等效果，如图3-48所示。

图3-48　在文本内部填充图片

◎ **设置文本轮廓**：在“艺术字样式”组中单击文本轮廓按钮，在打开的下拉列表中可设置艺术字外框的颜色、宽度及线型，如图3-49所示。

图3-49　在文本外框设置虚线

◎ **设置文本效果**：在“艺术字样式”组中单击文本效果按钮，在打开的下拉列表中可设置艺术字的特殊效果，如阴影、发光、映像及三维旋转等，如图3-50所示。

图3-50　设置文本的波浪效果

3.3.5　案例——修饰“微信营销策划方案”演示文稿

本案例要求编辑素材文件中的文本。其中涉及设置文本格式、项目符号和设置艺术字的操作，完成后的参考效果如图3-51所示。

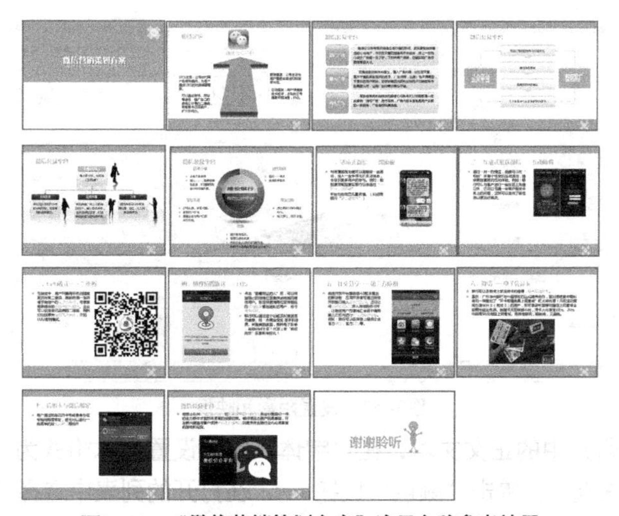

图3-51　“微信营销策划方案”演示文稿参考效果

素材所在位置 光盘:\素材文件\第3章\案例\微信营销策划方案1.pptx
效果所在位置 光盘:\效果文件\第3章\案例\微信营销策划方案1.pptx
视频演示 光盘:\视频文件\第3章\修饰“微信营销策划方案”演示文稿.swf

设计重点

本案例的重点在于对演示文稿中各种文本的修饰，包括重新为所有文本设置字体，为一些重要的文本设置颜色，设置项目符号，以及为标题设置特殊效果等，其目的是统一演示文稿的风格，并提高幻灯片的表现力，增加幻灯片的层次。

（1）打开素材文档，选择第1张幻灯片，选择标题文本，在【开始】→【字体】组中，单击“字体”下拉列表框右侧的按钮，在打开的下拉列表中选择“方正粗倩简体”选项。

（2）单击“颜色”按钮右侧的按钮，在打开的下拉列表中选择“白色，背景1”选项，如图3-52所示。

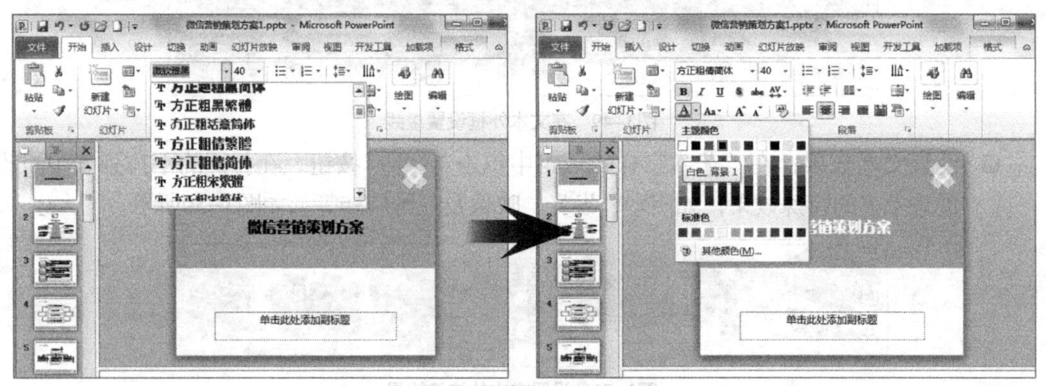

图3-52　设置字体和颜色

（3）单击“绘图工具 格式”选项卡，在“艺术字样式”组中单击文本效果按钮，在打开的下拉列表中选择“阴影”选项，在打开的列表的“外部”栏中选择“右下斜偏移”选项。

（4）再次单击文本效果按钮，在打开的下拉列表中选择“映像”选项，在打开的列表的“映像变体”栏中选择“紧密映像，8 pt偏移量”选项，如图3-53所示。

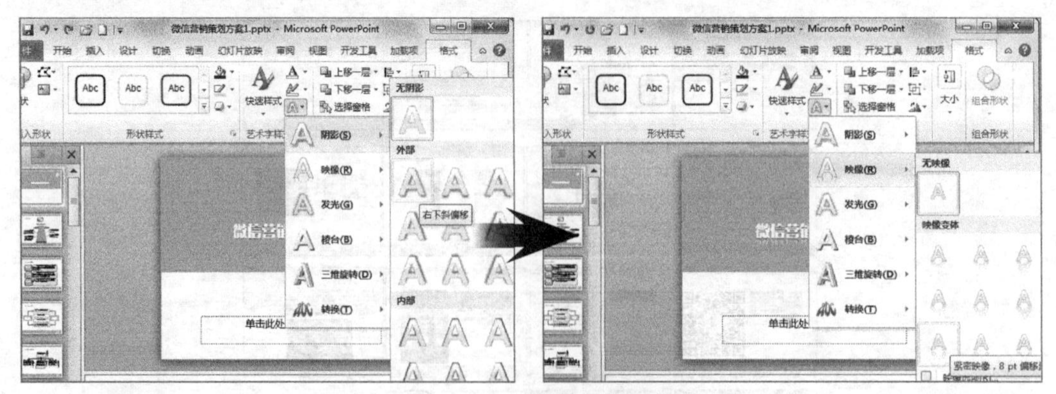

图3-53　设置阴影和映像

（5）选择第15张幻灯片中的正文文本，在“字体”组中设置文本格式为“微软雅黑，66”，单击“加粗”按钮，单击“颜色”按钮，在打开的列表中选择“其他颜色”选项。

(6) 打开“颜色”对话框，单击“自定义”选项卡，在“颜色模式”下拉列表中选择“RGB”选项，在“红色”数值框中输入“153”，在“绿色”数值框中输入“204”，单击 确定 按钮，如图3-54所示。

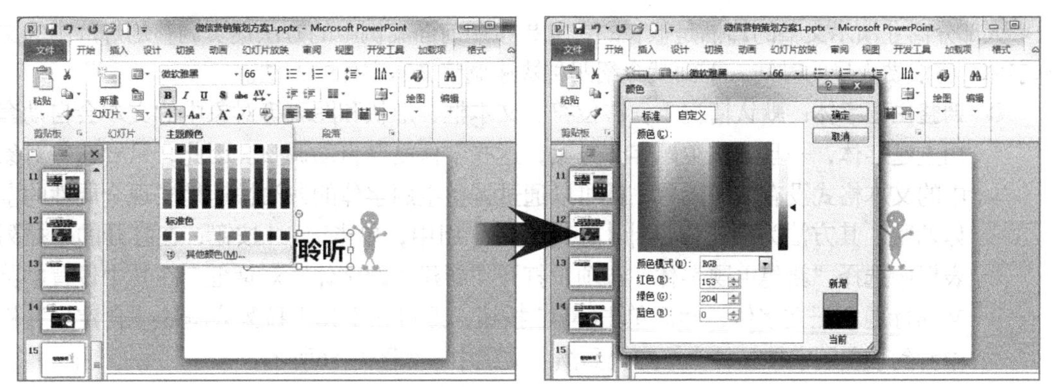

图3-54 设置文本并自定义颜色

知识提示

在形状上单击鼠标右键，在弹出的快捷菜单中选择“设置形状格式”命令，然后单击“颜色”按钮打开“颜色”对话框，即可查看该形状的颜色数据。

(7) 用同样的方法将其他幻灯片中的标题文本设置为“方正粗倩简体”，正文设置为“微软雅黑”，然后将一些重要的文本颜色设置为自定义的“绿色”。

(8) 选择第6张幻灯片中的正文文本，在【开始】→【段落】组中单击“项目符号”按钮右侧的按钮，可在打开的下拉列表中选择“项目符号和编号”选项。

(9) 打开“项目符号和编号”对话框，单击“颜色”按钮，在弹出的列表中选择“浅绿”选项，然后在上面的列表框中选择“带填充效果的大方形项目符号”选项，单击 确定 按钮，如图3-55所示，保存演示文稿，完成本案例操作。

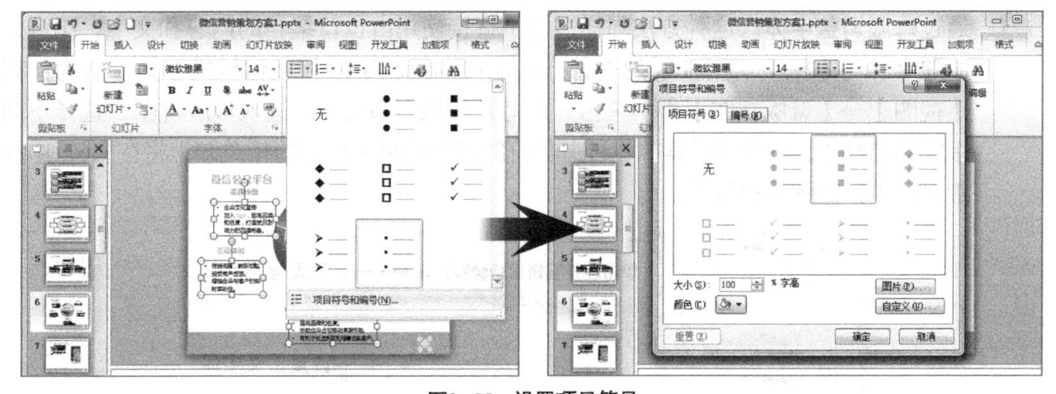

图3-55 设置项目符号

3.4 处理文本实用技巧

前面介绍的是PowerPoint 2010在制作商务演示文稿时的一些基本操作，下面介绍一些非常实用的文本处理技巧，帮助大家在实际操作中提高演示文稿的制作效率。

3.4.1 快速调整演示文稿的字体

大部分商业演示文稿的篇幅是很长的，如果按照前面案例中的方法逐页调整幻灯片中的文本字体，将浪费大量的时间。下面就介绍四种快速调整文本字体的方法。

◎ **调整主题字体**：默认情况下，占位符、文本框、形状和图表等对象中的文本会自动套用主题字体，一旦调整主题字体方案，这些字体就会自动调整。因此，只要这些对象中的文本格式没有重新设置，就可以通过调整主题字体的方法快速地实现全局性的字体调整。其方法为：在【设计】→【主题】组中，单击字体按钮，在打开的下拉列表框中选择“新建主题字体”选项，打开“新建主题字体”对话框，在其中设置中英文的标题和正文字体，然后单击保存按钮，即可在字体下拉列表框的“自定义”栏中看到该主题字体，并直接应用到演示文稿中，如图3-56所示。

图3-56　调整主题字体

◎ **通过大纲视图调整字体**：这种方法也适用于直接使用占位符编辑的内容和文字，不但可以批量设置一页或多页幻灯片中的字体，还可以设置字体颜色和字号等，更加灵活方便。其方法为：在“幻灯片/大纲”窗格中单击“大纲”选项卡，切换到大纲视图，选择需要调整字体的文本内容，重新设置字体格式即可。

◎ **通过母版调整字体**：这种方法同样适用于直接使用占位符编辑的内容和文字，比调整主题字体的方法更实用，因为这种方法还可以设置字号和字体样式。其方法为：在【视图】→【母版视图】组中单击“幻灯片母版”按钮，进入母版视图，选择不同版式的幻灯片，然后设置其中各种占位符的字体即可（母版的相关知识将在第6章中详细讲解），如图3-57所示。

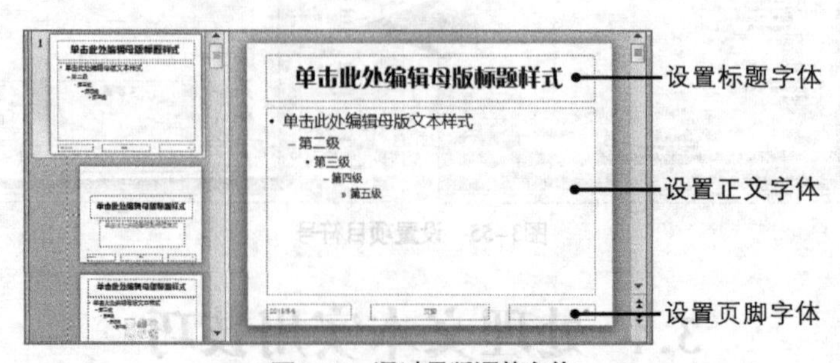

图3-57　通过母版调整字体

◎ **直接替换字体**：这是一种根据现有字体进行一对一替换的方法，不会影响其他的字体对象，无论演示文稿是否使用了占位符，这种方法都可以调整字体，所以实用性更

强。其方法为：在【开始】→【编辑】组中单击替换按钮右侧的按钮，在打开的列表中选择“替换字体”选项，打开“替换字体”对话框，在其中设置替换的字体，单击替换按钮即可，如图3-58所示。

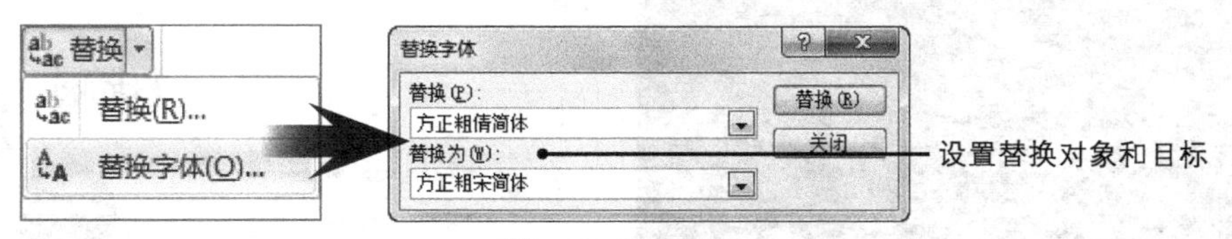

图3-58　替换字体

3.4.2　美化文本

演示文稿最初的功能是作为发言用的提词稿。如今，在实际工作中，通过演示文稿的帮助来完成文稿制作者的目标才是根本目的。所以，美化文本的根本作用应该是增加阅读的兴趣，突出文本内容的重要性。除了通过字体、字号、颜色和艺术字等方式外，还有其他一些美化文本的方法。

1．设置文本方向

文本的方向除了横向、竖向、斜向外，还可以有更多的变化。设置文本的方向，不但可以打破定式思维，而且增加了文本的动感，会让文本别具魅力，吸引观众的注意。

◎ **竖向**：中文文本进行竖向排列与传统习惯相符，竖向排列的文本通常显得特别有文化感，如果加上竖式线条修饰更加有助于观众的阅读，如图3-59所示。

◎ **斜向**：中英文文本都能斜向排列，展示时能带给观众强烈的视觉冲击力，设置斜向文本时，内容不宜过多，且配图和背景图片最好都与文本一起倾斜，让观众顺着图片把注意力集中到斜向的文本上，如图3-60所示。

图3-59　竖向文本

图3-60　斜向文本

◎ **十字交叉**：十字交叉排列的文本在海报设计中比较常见，十字交叉处是抓住观众眼球焦点的位置，通常该处的文本应该是内容的重点，这一点在制作该类型文本时应该特别注意，如图3-61所示。

◎ **错位**：文本错位是美化文本的常用技巧，在海报设计中也使用较多。错位的文本往往能结合文本字号、颜色和字体类型的变化，制作出很多专业性很强的效果。如果表现的内容有很多的关键词，就可以使用错位美化，偶尔为关键词添加一个边框，可能会

得到意想不到的效果，如图3-62所示。

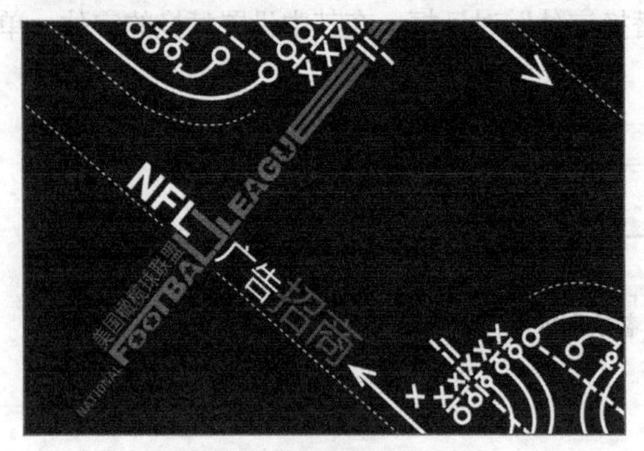

图3-61 十字交叉文本

图3-62 错位文本

2. 设置标点符号

标点符号通常是文本的修饰，属于从属的角色，但通过一些简单的设置，也可以让标点符号成为强化文本的工具。设置标点符号通常有以下两种方式。

◎ **放大**：将标点放大到影响视觉时，就可以起到强调作用，吸引观众的注意，名人名言或者重要文本内容都适合使用这种方法。通常放大的标点适合“方正大黑体”或“汉真广标”字体，如图3-63所示。

图3-63 通过标点美化文本

◎ **添加标点符号或加入文本**：有时候为了强调标题或段落起止，可以添加“【 】”或“『 』”标点，甚至在放大的符号中直接加入文本，如图3-64所示。

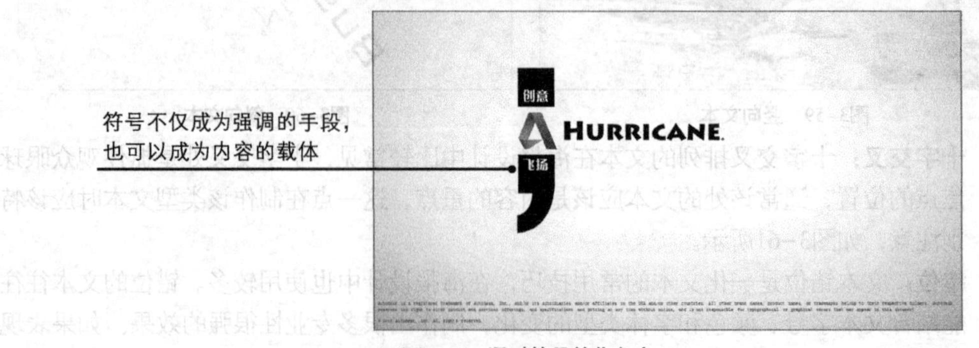

图3-64 通过符号美化文本

3. 创意文字

创意文字就是根据文字的特点，将文字图形化，为文字增加更多的想象力，如美化文字的笔划、使用形状包围文字、采用图案挡住文字笔划等，有些设计会比较复杂，甚至需要使用Photoshop这样的专业图形图像处理软件制作好完整的图像，再将其插入到幻灯片中。图3-65所示为几种简单的创意文字效果。

旋转形状+旋转文字+倾斜文字

文字的左远右近特效+旋转+下划线+文字阴影

旋转形状+加大字号+绘制直线

绘制形状+编辑形状顶点+文字的左远右近和左近右远特效

图3-65 创意文字效果

3.5 操作案例

本章操作案例将分别编辑“公司会议.pptx”演示文稿和“企业文化礼仪培训.pptx”演示文稿，综合练习本章学习的知识点，将其应用到文本处理中。

3.5.1 编辑“公司会议”演示文稿

本案例的目标是编辑“公司会议.pptx”演示文稿，处理素材文件中的文本，将其编辑为一篇专业的商业演示文稿，主要涉及设置字体格式的操作，最终参考效果如图3-66所示。

素材所在位置 光盘:\素材文件\第3章\操作案例\公司会议.pptx
效果所在位置 光盘:\效果文件\第3章\操作案例\公司会议.pptx
视频演示 光盘:\视频文件\第3章\编辑“公司会议”演示文稿.swf

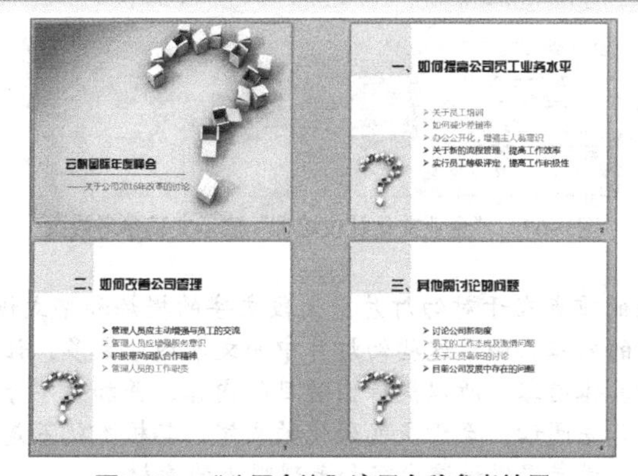

图3-66 “公司会议”演示文稿参考效果

设计重点

本案例的重点在于重新调整文本字体和文本颜色。素材文件中文本字体为“宋体”，显然不适用于公司会议的场合，需要将其调整为“方正综艺简体+微软雅黑”的字体组合；素材文件中的内容幻灯片只突出修饰的颜色，并没有重点显示出文字内容，所以可以考虑使用灰色和黑色对比的方法，利用灰色可以弱化不重要内容，将观众的注意力集中到黑色对比强烈的内容上。

（1）打开素材文件“公司会议.pptx”演示文稿，打开“替换字体”对话框，将“宋体”替换为“微软雅黑”。

（2）选择第1张幻灯片，设置标题文本为“方正综艺简体”，并设置“文字阴影”。

（3）选择第2张幻灯片，设置标题文本为“方正综艺简体”，并在文本左侧输入“一、”，将文本框向左侧移动适当位置，设置文本框的形状填充为“无颜色填充”。

（4）选择正文内容的文本框，设置项目符号为➤项目符号，将前三行文本内容的文本填充设置为“灰色-50%”（RGB为“137,137,137”），其他文本内容的文本填充设置为“黑色”。

（5）用同样的方法调整第3张和第4张幻灯片中的文本，完成本案例的操作。

3.5.2 编辑“企业文化礼仪培训”演示文稿

本案例的目标是编辑“企业文化礼仪培训.pptx”演示文稿，处理素材文件中的文本，将其编辑为一篇专业的商业演示文稿，主要涉及插入和编辑文本、设置字体格式、设置项目符号和编辑艺术字的相关操作，最终参考效果如图3-67所示。

素材所在位置　光盘:\素材文件\第3章\操作案例\企业文化礼仪培训.pptx
效果所在位置　光盘:\效果文件\第3章\操作案例\企业文化礼仪培训.pptx
视频演示　光盘:\视频文件\第3章\编辑“企业文化礼仪培训”演示文稿.swf

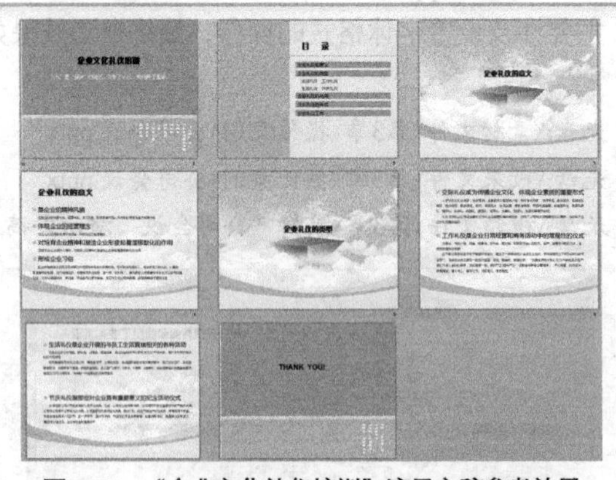

图3-67　“企业文化礼仪培训”演示文稿参考效果

设计重点

本案例的重点在于对幻灯片中大段文字的提炼和格式设置，特别是第4、6、7张幻灯片中的内容。由于这些幻灯片中的文本内容太多，让观众看不到重点，甚至可能看不到具体内容，所以提炼出醒目的内容，并加大字号，一句话一行，一行一个意思，更容易阅读；至于灰色弱化的文字，其根本就不是为观众服务的，而是为演示文稿的演讲者提供讲演内容和表现观点的素材。

（1）打开素材文件“企业文化礼仪培训.pptx”演示文稿，打开“替换字体”对话框，将“宋体”替换为“微软雅黑”。

（2）选择第1张幻灯片，设置标题文本为“方正粗倩简体”，并设置文本的艺术字样式为“渐变填充-黑色，强调文字颜色4，映像”。

（3）在标题文本下面添加一个横排文本框，在其中输入内容，设置字体为“微软雅黑、20、白色”。同时选择两个文本框，将对齐方式设置为“左右居中”。

（4）在幻灯片右下角添加一个竖排文本框，在其中输入内容，设置字体为“隶书、14、白色、加粗、文字阴影”；用同样的方法为最后一张幻灯片添加竖排文本框和内容。

（5）选择第2张幻灯片，设置标题文本为“方正粗倩简体”；在橙色形状上单击鼠标右键，在弹出的快捷菜单中选择“编辑文字”命令，输入文本内容，用同样的方法编辑其他形状；插入一个横排文本框，在其中输入内容，设置字体为“微软雅黑、16、黑色,文字1,淡色35%”。

（6）将第3张和第5张幻灯片中文本设置为“方正粗倩简体”。

（7）选择第4张幻灯片，设置标题文本为“方正粗倩简体、32”；对正文内容进行文字的提炼，提炼出主要内容，设置主要内容的字号为“24”，并添加项目符号“带填充效果的大方形项目符号”，并设置颜色为“橙色”；设置剩余的文本格式为“12、黑色,文字1,淡色35%”。

（8）用同样的方法设置第6张和第7张幻灯片中的文本内容，完成本案例的操作。

3.6 习 题

（1）打开“新品发布.pptx”演示文稿，利用前面讲解的文本处理的相关知识对其内容进行输入与编辑，制作一个新品发布的海报（也可以作为演示文稿的标题页），最终效果如图3-68所示。

素材所在位置　光盘:\素材文件\第3章\习题\新品发布.pptx
效果所在位置　光盘:\效果文件\第3章\习题\新品发布.pptx
视频演示　光盘:\视频文件\第3章\编辑“新品发布”演示文稿.swf

图3-68　“新品发布”演示文稿参考效果

提示：在左侧两根线条间插入文本框，输入文本，设置上面的文本格式为“Gunship Condensed、54、白色、文字阴影”，并设置文本填充为“渐变、线性向上、270°”，渐变光圈的颜色分别为“白色,背景1,深色50%”、“白色,背景1,深色25%”和“白色,背景1”；设置下面的文本格式为“方正大黑简体、48、白色、文字阴影”，将两个文本框靠右侧对齐；在右侧的蓝色框线中插入文本框，输入文本，字体为“微软雅黑”，用文本来将框线内部填充满，先填充边界，然后填充大的关键字，然后用不同大小的文本补充空白，可以通过字号的变化、文本方向的变化和设置文本的弯曲转换效果等方法进行；最后删除蓝色框线即可。

（2）打开“城市宣传海报.pptx”演示文稿，在其中输入并编辑文本，制作一张城市宣传海报的幻灯片，最终效果如图3-69所示。

素材所在位置　光盘:\素材文件\第3章\习题\城市宣传海报.pptx
效果所在位置　光盘:\效果文件\第3章\习题\城市宣传海报.pptx
视频演示　光盘:\视频文件\第3章\编辑“城市宣传海报”演示文稿.swf

图3-69　“城市宣传海报”演示文稿参考效果

提示：在幻灯片左侧插入4个文本框，输入文本，格式为“书体坊米芾体、60、黑色、文字阴影”，将“印”字设置为“80”，然后错位排列这些文本框；在左侧白色线条处插入垂直文本框，输入文本，格式为“Helvetica-BoldOblique、12、白色”；在幻灯片中间位置插入文本框，输入一个字，格式为“方正粗倩简体、24、白色”，形状填充为“黑色”，在文本框上单击鼠标右键，在弹出的快捷菜单中选择“设置形状格式”命令，在打开的对话框中单击“文本框”选项卡，设置内部边距为“0”，然后在【绘图工具 格式】→【插入形状】组中单击“编辑形状”按钮，在打开的列表框中选择“更改形状”选项，在打开的列表框中选择“圆角矩形”选项；继续在该文本框右侧插入一个文本框，输入文本，格式为“方正粗倩简体、20、黑色”；用同样的方法继续插入文本框并输入文本，然后排列这些文本框。

第4章

处理演示文稿中的图片

本章将详细讲解在演示文稿中插入和编辑图片的相关操作，并对制作电子相册和一些图片的高级处理技巧进行全面讲解。读者通过学习应能够熟练掌握处理演示文稿中图片的各种方法，让制作出来的演示文稿更加生动专业，更能引起观众的观看兴趣。

学习要点

◎ 了解图片的类型
◎ 挑选和找到好的图片
◎ 插入各种图片
◎ 编辑图片
◎ 创建和编辑电子相册
◎ 处理图片技巧

学习目标

◎ 了解图片的基本知识
◎ 掌握图片处理的基本操作
◎ 掌握电子相册的操作方法
◎ 掌握图像处理的高级技巧

4.1 了解演示文稿中的图片

图片作为幻灯片中不可缺少的元素，广泛应用于各种类型的商务演示文稿中。它的作用不仅仅是使幻灯片好看，或者带给观众视觉冲击力，重点是好的图片能够直接表达大量文字所描述的内容，节约了幻灯片空间，也节约了演示者的演讲时间。

4.1.1 常用的图片格式

在幻灯片中可插入多种格式的图片，不同类型的图片有其不同的特点和效果。

1. JPEG

JPEG图片是一种位图格式的图片，由于其高保真的压缩性，被广泛应用于网络传播图片，其特点是图片文件小、节省磁盘空间，但在放大时，图片清晰度会下降。演示文稿中常用的背景和素材图片一般都是JPEG格式的。使用JPEG图片时需要注意以下几点。

◎ **清晰度**：图片的分辨率越高越好，防止在演示时出现模糊或马赛克的现象，图4-1所示为清晰度较高的图片。

该图片的分辨率达到了1280×800，放大该图片时，水果的果肉和纹理都清晰可见，使用这种图片制作的幻灯片就会非常精美

图4-1　高清晰度的图片

◎ **层次**：图片要有光感，只有光线明亮，图片才能显示出层次感，如图4-2所示。

图片中有明亮的光和明显的阴影，显示出非常丰富的层次，让人感觉不到沉闷，非常适合在商务幻灯片中使用

图4-2　层次分明的图片

◎ **创意**：对于图片来说，精美是最重要的特质，但创意则是在精美基础上的更高层次。精美的图片能够冲击人的视觉，而优秀的创意图片则能打动人的内心，如图4-3所示。

该图片将Imagination（想象力）的单词连接到了插座和灯泡上，通过点亮灯泡体现出想象力的强大功能，其创意非常巧妙

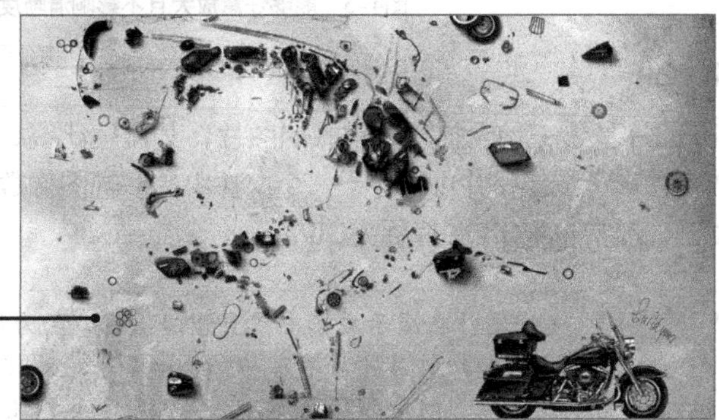

这是一张摩托车的广告图片，通过使用一辆摩托车的部件，拼接成一个年轻人轮廓，非常生动地体现了该摩托车的产品定位，让人过目不忘

图4-3　具有创意的图片

2. PNG

PNG图片具有文件容量小、清晰度较高和背景透明的特点，适于制作商务风格的图片。现在主流的PNG图片为256×256像素，在演示文稿中作为点缀，非常形象适用，如图4-4所示。

这些PNG图标非常酷炫，所以在使用时一定要注意：图标的作用只是点缀和说明，不能干扰到观众对于幻灯片主题的理解和记忆

图4-4　商务风格的PNG图片

3. WMF

WMF图片是Windows平台下的一种矢量图形格式。矢量图像基于数学公式表达图像内容，因此无论放大多少倍，其内容都不会失真。该类型的图片在幻灯片中一般用于制作动画，如图4-5所示。通常矢量图形格式需要专业的图形软件进行打开和编辑，如Illustrator软件等，只需要掌握基本的打开、复制、解散、组合、拉大和缩小等功能即可。

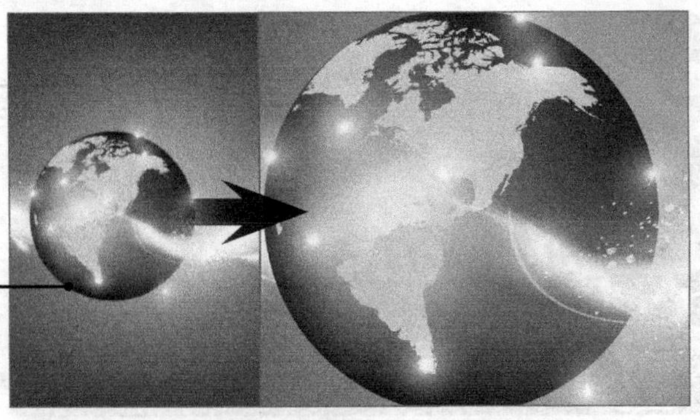

矢量图片不止WMF一种，还有AI、EPS和CDR等，都能在演示文稿中使用

图4-5　能够任意放大且不影响清晰度的图片

4. GIF

GIF图片基于一种无损压缩模式的图片，其压缩比高，占用空间少。在一个GIF文件中可以存放多幅彩色图像，并可将存于一个文件中的多幅图像数据逐幅读出并显示到屏幕上，从而构成动画，通常也把GIF图片称为GIF动画。

设计技巧

GIF图片在演示文稿中需要谨慎使用，因为该格式色彩不够丰富，最多支持256种颜色，与幻灯片背景不容易融合；如果透明化，则在边缘有锯齿，降低幻灯片的清晰度；采用的是循环动作，不能控制节奏和速度，容易冲淡主题，喧宾夺主。

4.1.2 选择高质量的图片

能够使用的素材图片非常多，怎样才能从海量的图片中选择并插入到演示文稿是一个非常重要的问题。我们的观点就是，一定要选择高质量、有品位的图片，主要包括以下几个方面。

◎ **与演示文稿主题有紧密的联系**：制作演示文稿时应根据主题来选择图片，即图片应为文本内容服务，起到补充的效果，或者图片是文本内容的再现，可以使观众从图中了解到文本中难以理解的内容，图4-6所示为一张城市的鸟瞰图。

该图片不仅有强烈的视觉冲击力，更重要的是它传达的寓意和演示文稿的主题有强烈的关联，作为演示文稿的配图和背景非常重要

图4-6　作为“旧城改造投标方案”演示文稿背景的高质量图片

◎ **尽量真实**：在商务演示文稿中，尽量使用与该主题相关的真实的图片，越是真实的图片，越具有强大的说服力。越是和工作业务相关的场景，越要使用真实的图片来展示，图4-7所示为一张办公室图片。

一张某公司办公室的真实图片，在“公司简介”的演示文稿中使用，能够带给观众真实的感受，增加不少的印象分

图4-7　在“公司简介”演示文稿中使用的高质量图片

◎ **有丰富的内涵**：高质量的图片有时候能够向观众传递信息，包含丰富的内容，无论观众对于图片的理解是否准确，只要结合文字和图片，观众都能够进入到演示文稿设计者预设的场景中，图4-8所示为一张员工拼图图片。

该图片就是要向观众传递团结、团队合作的观点，非常明确和直接

图4-8　作为“团队合作培训”演示文稿背景的高质量图片

◎ **尽量少用剪贴画**：PowerPoint中的剪贴画通常比较简单，在演示文稿中通常用做图标或标记。如果要使用剪贴画，最好简单处理一下，再配合美化的文字，就能达到不错的效果，图4-9所示为一张插入了剪贴画的幻灯片。

该剪贴画如果单独使用，根本无法和其他精美的图片所达到的效果相比较。经过添加线条和文本后，才能显示出不一样的效果

图4-9　在“员工培训”演示文稿使用的剪贴画

◎ **使用干净的图片**：干净的意思是图片的背景色不能太多，不能太杂乱，一旦输入文字，不会与文字内容产生冲突，图4-10所示为一张演示文稿的过渡页幻灯片。

图4-10 作为“企业文化培训”演示文稿背景的高质量图片

4.1.3 如何找到好图片

网络的中素材图片真的是太多了，怎样才能找到与演示文稿相关的图片呢？下面就介绍两种搜索图片的方法。

1. 利用关键词搜索图片

在制作演示文稿时，通常需要在主题下阐述各个观点，通常就可以使用该观点作为关键词，在网络中进行图片搜索，如图4-11所示。搜索关键词有以下几个技巧。

图4-11 网上搜索商务类图片

◎ 尽量多用关键词，不但要使用中文，还可以使用英文。

◎ 如果搜索不到满意的图片，可以考虑关键词的同义词和近义词，而且可以使用多个关键词一起搜索。

◎ 网络中的图片是实时更新的，可以多搜几次，多翻几页来查找图片。

◎ 在一个网站中找不到满意的图片，可以考虑使用其他搜索网站。

2. 利用联想词语搜索图片

在制作演示文稿时，有些内容和项目通过关键词无法找到满意的图片，这时就需要利用联想词语的方式来搜索图片。主要有以下两种联想词语的方式。

◎ **发散思维**：先在头脑中想象一下需要的图片的样子，试着用语言描述该图片，并提炼出关键词语，然后用这些词语去搜索图片，如图4-12所示。

怎样才能体现轻松办公的主题呢？听音乐可以让人放松，所以搜索“听音乐”相关的图片，然后在图片中加入文本得到右侧图片

图4-12 关于轻松办公的幻灯片

◎ **逆向思维**：如果使用同义词和近义词都得不到合适的图片，可以考虑使用逆向思维方法，使用该关键词的反义词来搜索图片，如图4-13所示。

成功的反义词是失败，可以用失败的图片来表现成功。可以通过失败来搜索图片，也可以联想出与失败相关的词语，如“哭泣”，左图中的图片就是使用“哭泣”搜索出来的

图4-13 关于成功的幻灯片

知识提示

网络中下载的素材图片需要注意版权问题，这些图片通常可以在自己学习和工作中使用，不能用其获取商业利益。

4.2 插入并编辑图片

在了解了图片的相关知识后，下面讲解在演示文稿中插入和编辑图片的相关操作。

4.2.1 插入图片

在PowerPoint 2010中插入图片的方法有几种，包括插入剪贴画、插入收集的图片素材、插入屏幕中显示的图片等，下面分别进行介绍。

1. 插入剪贴画

PowerPoint 2010中自带有一个剪辑库，其中包含大量的图片，这些图片就是剪贴画，制作者可以很方便地将需要的图片插入幻灯片中，其具体操作如下。

（1）打开演示文稿，选择需要插入图片的幻灯片，在【插入】→【图像】组中单击“剪贴画”按钮。

（2）打开“剪贴画”任务窗格，单击“结果类型”右侧的下拉按钮，在打开的下拉列表中单击选中“插图”和“照片”复选框。

（3）在“搜索文字”文本框中输入所需图片的关键字，单击选中“包括 Office.com 内容”复选框，单击搜索按钮。

（4）在下面的列表框中将显示所有搜索到的剪贴画，如图4-14所示，单击即可将其插入到幻灯片中。

图4-14 在幻灯片中插入剪贴画

2. 插入计算机中保存的图片

PowerPoint自带的剪贴画是有限的，有时需要使用其他的图片来增加幻灯片的效果，如风景图片、个人照片等。这时，制作者可以将保存在计算机中的图片插入到幻灯片中，其具体操作如下。

（1）打开演示文稿，选择需要插入图片的幻灯片，在【插入】→【图像】组中单击“图片”按钮。

（2）打开“插入图片”对话框，在地址栏中选择素材文件图片所在位置，然后选择需要插入的图片，单击插入(S)按钮，如图4-15所示，即可将其插入到幻灯片中。

图4-15 在幻灯片中插入计算机中保存的图片

知识提示

打开图片所在的文件夹窗口，选择所需的图片文件，通过复制粘贴操作也可以将其插入到对应的幻灯片中。

3. 插入屏幕中显示的图片

如果希望将当前打开窗口中的有些图片应用到幻灯片中，可使用PowerPoint 2010的屏幕截图功能，通过该功能可将屏幕中显示的任意内容以图片的形式插入幻灯片中，其具体操作如下。

(1) 打开演示文稿，选择需要插入图片的幻灯片，在【插入】→【图像】组中单击“屏幕截图”按钮，在打开的下拉列表中选择“屏幕剪辑”选项，如图4-16所示。

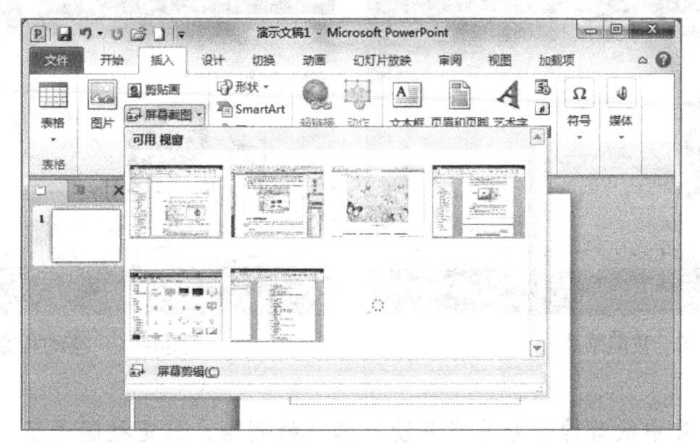

图4-16 在幻灯片中插入屏幕中显示的图片

(2) 当窗口以白色透明状态显示时，将鼠标光标移动到需要的图片左上角按住鼠标不放，拖动到右下角，选择的图片区域呈正常显示。

(3) 释放鼠标，选择的区域将以图片形式插入到幻灯片中。

知识提示

在【插入】→【图像】组中单击“屏幕截图”按钮，在打开的下拉列表的“可用视窗”栏中选择一个窗口，可将整个窗口以图片形式插入幻灯片中。

4.2.2 编辑图片

编辑图片的操作包括基本的图片调整、调整图片的颜色和艺术效果、设置图片的样式，以及一些其他的编辑操作等，下面详细讲解。

1. 编辑图片的基本操作

插入图片之后，其位置、大小、颜色或边框等属性不一定符合制作者的要求，这就需要对其进行编辑。首先要选择图片，PowerPoint工作界面上会显示“图片工具 格式”选项卡，单击选项卡可显示其功能区，如图4-17所示，在其中可以对图片进行以下一些基本编辑操作。

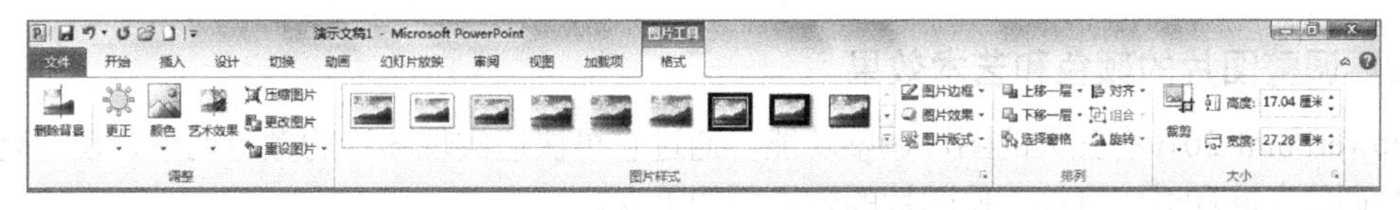

图4-17 “图片工具 格式”选项卡功能区

◎ **调整图片大小**：选择图片后，将鼠标光标移动到图片四周的尺寸控制点上，当鼠标光标变为↘、↗、↕或↔形状时，按住鼠标左键进行拖动可改变图片大小。此外，还可在“大小”组中的“高度”和“宽度”数值框中输入一定的值来设置图片的大小。如果只需要显示图片中的某些部分，可以单击“剪裁”按钮，图片四周出现8个裁剪点，移动鼠标到裁剪点，按住鼠标左键进行拖动即可对图片进行裁剪，如图4-18所示。

◎ **移动与旋转图片**：将鼠标光标移动到图片上，当鼠标光标变为✥时，按住鼠标左键进行拖动，可将图片移动到新的位置；将鼠标光标移动到绿色控制点上，当鼠标光标变为形状时，按住鼠标左键进行拖动，可旋转图片，如图4-19所示。

图4-18　裁剪图片

图4-19　移动和旋转图片

知识提示

图片中被剪掉部分其实并没有真正被删除，只是被隐藏了，再次单击“裁剪”按钮，将图片的控制点拖回原来的位置可恢复图片。

◎ **改变图片的叠放顺序**：在【图像工具 格式】→【排列】组中单击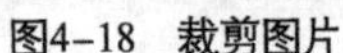按钮或 下移一层 按钮右侧的下拉按钮，在打开的下拉列表中选择所需的选项即可改变图片的叠放次序，如图4-20所示。

◎ **组合图片**：选择需组合的多张图片，在【图像工具 格式】→【排列】组中单击 组合 按钮，在打开的下拉列表中选择“组合”选项，将多种图片组合成一个整体，如图4-21所示。

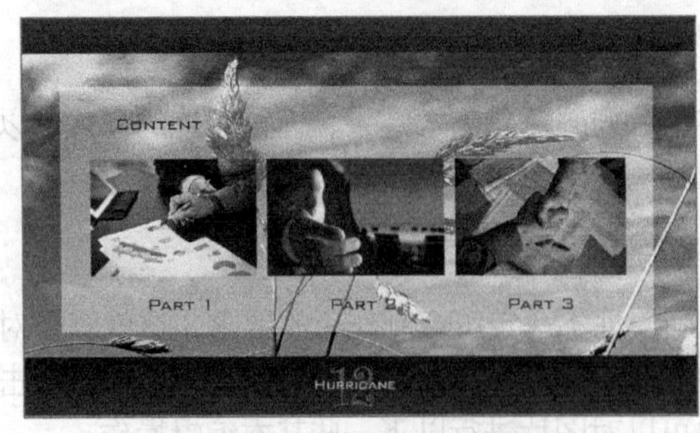

图4-20　改变图片的叠放顺序

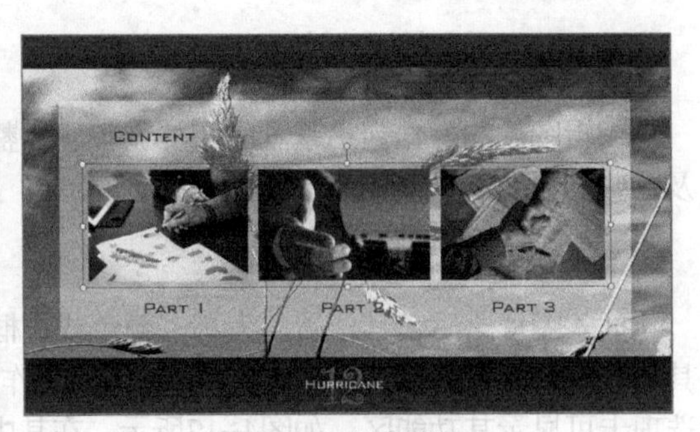

图4-21　组合图片

2. 调整图片的颜色和艺术效果

PowerPoint 2010有强大的图片调整功能，通过它可快速实现图片的颜色调整、设置艺术效果以及调整亮度和对比度等，使图片的效果更加美观。

◎ **调整颜色**：选择幻灯片中的图片，在【图像工具 格式】→【调整】组中单击“颜色”按钮，在打开的下拉列表中选择对应的选项即可调整图片的颜色，如图4-22所示。

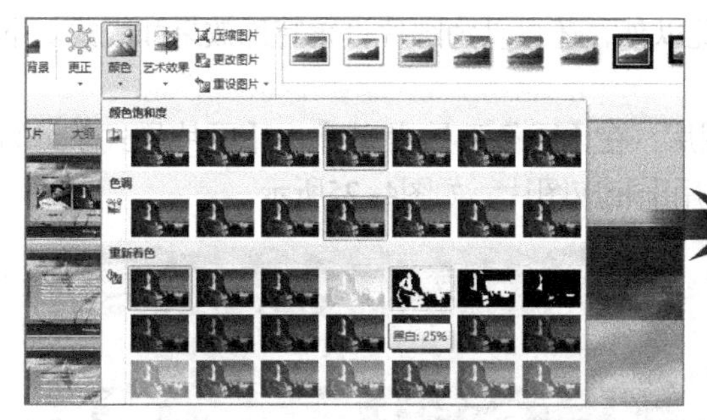

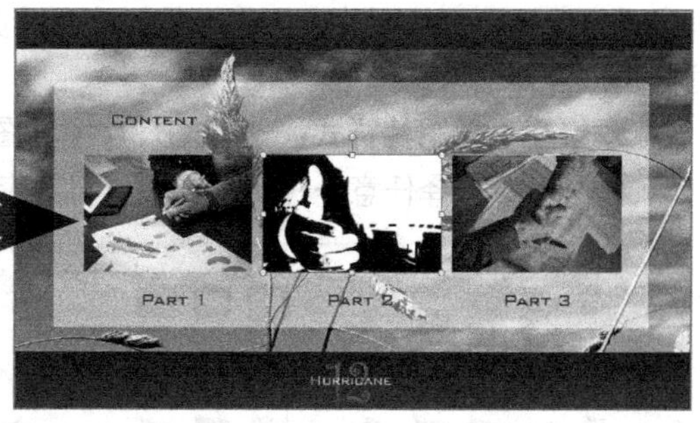

图4-22　调整图片的颜色为“黑白：25%”

◎ **设置艺术效果**：选择幻灯片中的图片，在【图像工具 格式】→【调整】组中单击“艺术效果”按钮，在打开的下拉列表中选择对应的选项即可设置图片的艺术效果，如图4-23所示。

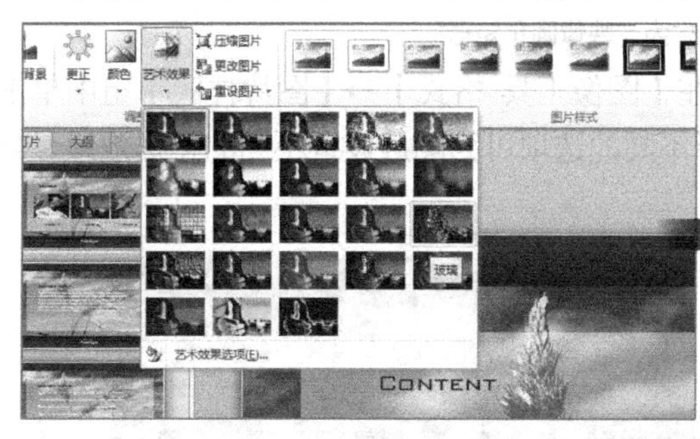

图4-23　设置图片艺术效果为“玻璃”

◎ **更正图片**：选择幻灯片中的图片，在【图像工具 格式】→【调整】组中单击“更正”按钮，在打开的下拉列表中选择对应的选项，可以设置图片的亮度和对比度，并柔化和锐化图片，如图4-24所示。

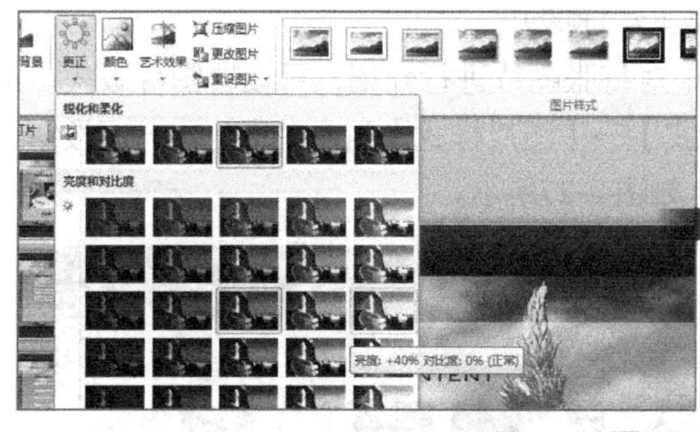

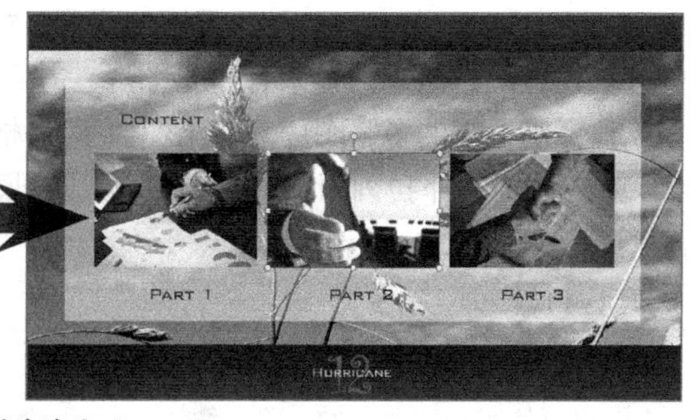

图4-24　更正图片亮度为“+40%”

知识提示

对于组合过的图片，只能进行颜色调整，不能设置艺术效果，也不能进行亮度和对比度的调整。

3. 设置图片样式

PowerPoint提供了多种预设的总体外观样式，在【图像工具 格式】→【图片样式】组的列表中进行选择即可给图片应用相应的样式。除此以外，还可以为图片设置特殊效果和版式。下面分别进行介绍。

◎ **快速设置图片样式**：选择幻灯片中的图片，在【图像工具 格式】→【图片样式】组的列表中选择任意一种图片样式，将其应用于相应图片，如图4-25所示。

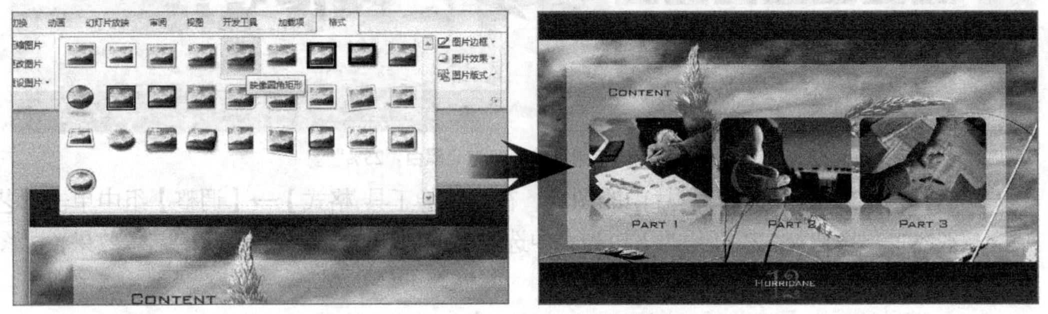

图4-25　快速设置图片样式为“映像圆角矩形”

◎ **设置图片效果**：选择幻灯片中的图片，在【图像工具 格式】→【图片样式】组中单击图片效果按钮，在打开的下拉列表中选择不同的选项可为图片设置不同的特殊效果，如图4-26所示。

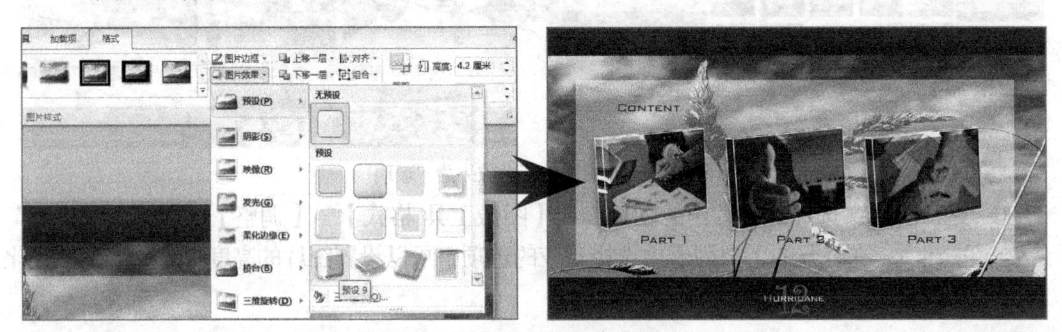

图4-26　设置图片效果为“预设9”

◎ **设置图片版式**：如果有多张图片，并希望对每张图片进行介绍，可设置图片版式。选择需设置的多张图片，在【图像工具 格式】→【图片样式】组中单击图片版式按钮，在打开的下拉列表中选择一种版式即可，如图4-27所示。

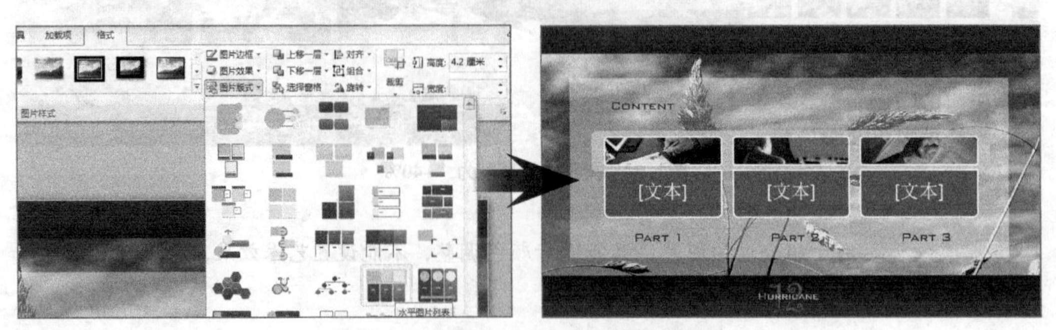

图4-27　设置图片版式为“水平图片列表”

知识提示 设置图片版式就是将图片转换为SmartArt图形，相关知识将在第8章中详细讲解。另外，设置图片样式后，可能会导致图片的清晰度降低。

4. 其他图片编辑操作

还有一些操作在编辑图片时也经常使用，如对齐图片、旋转图片和压缩图片等。

◎ **对齐图片**：选择幻灯片中的图片，在【图像工具 格式】→【排列】组中单击对齐按钮，在打开的下拉列表中选择需要的对齐选项。另外，选择一张图片并拖动到一定位置时，将自动出现一条虚线，该虚线为当前幻灯片中其他图片的参考线，通过它可以将所有图片进行对齐，如图4-28所示。

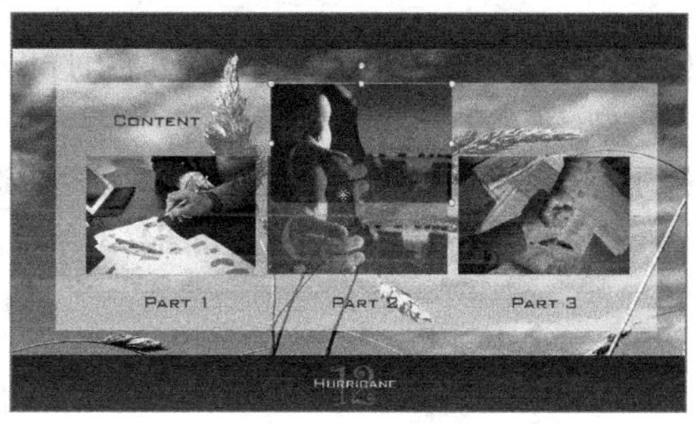

图4-28 对齐图片

◎ **旋转图片**：选择幻灯片中的图片，在【图像工具 格式】→【排列】组中单击旋转按钮，在打开的下拉列表中选择需要的旋转选项。

◎ **压缩图片**：选择幻灯片中的图片，在【图像工具 格式】→【调整】组中单击压缩图片按钮，打开“压缩图片”对话框，在其中可设置图片压缩的相关选项。

4.2.3 案例——编辑“4S店产品展示”演示文稿中的图片

本案例要求根据提供的素材文档，对其进行编辑修改，主要是图片的输入和编辑操作。完成后的参考效果如图4-29所示。

素材所在位置	光盘:\素材文件\第4章\案例\4S店产品展示.pptx\图片\
效果所在位置	光盘:\效果文件\第4章\案例\4S店产品展示.pptx
视频演示	光盘:\视频文件\第4章\编辑“4S店产品展示”演示文稿中的图片.swf

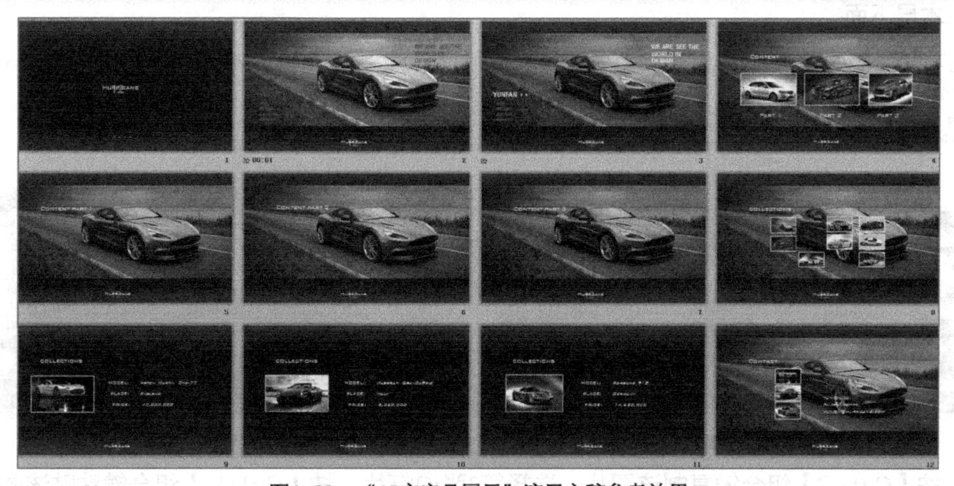

图4-29 “4S店产品展示”演示文稿参考效果

设计重点

本案例的重点在于图片的设计。素材文件背景色为黑色，字体和主题的颜色都以冷色调为主。但本演示文稿主要是展示高端品牌的汽车，所以应该使用大量的图片，为了配合主题颜色，可以使用汽车图片，并在设置其颜色后作为背景图片。另外，所有的汽车图片都使用一样的边框和效果，并进行对齐排列。整个演示文稿看起来非常漂亮，极富视觉冲击力，能非常容易地抓住观众的眼球。另外，本演示文稿字体颜色和背景色比较接近，观众不容易看清楚，可以考虑加入一些适当的形状，将文本内容显示出来，并设置动画和插入音效（相关操作将在后面的章节详细讲解），将可以作为一个完美的4S店宣传片进行播放。

（1）打开素材演示文稿，选择第2张幻灯片，在【插入】→【图像】组中单击“图片”按钮，如图4-30所示。

（2）打开“插入图片”对话框，在地址栏中选择素材文件图片所在位置，然后选择“9.jpg”图片，单击 插入(S) 按钮，如图4-31所示，将图片插入幻灯片中。

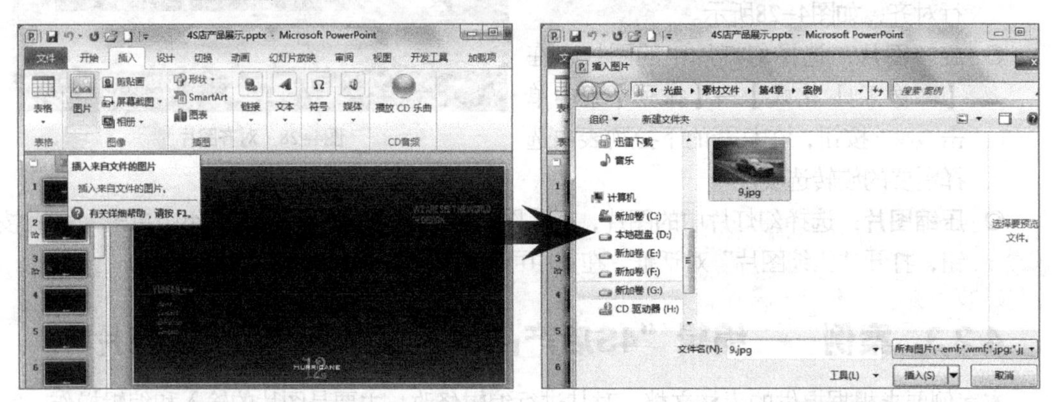

图4-30　插入图片　　图4-31　选择插入的图片

（3）在【图片工具 格式】→【大小】组中单击“剪裁”按钮，图片四周出现8个裁剪点，将鼠标光标移动至上面的裁剪点，按住鼠标左键向下拖动即可对图片进行裁剪，将图片的高度裁剪为“10.19厘米”，如图4-32所示。

（4）将图片向上移动，并在“排列”组中单击 下移一层 按钮，如图4-33所示，将图片移动到文本层下面。

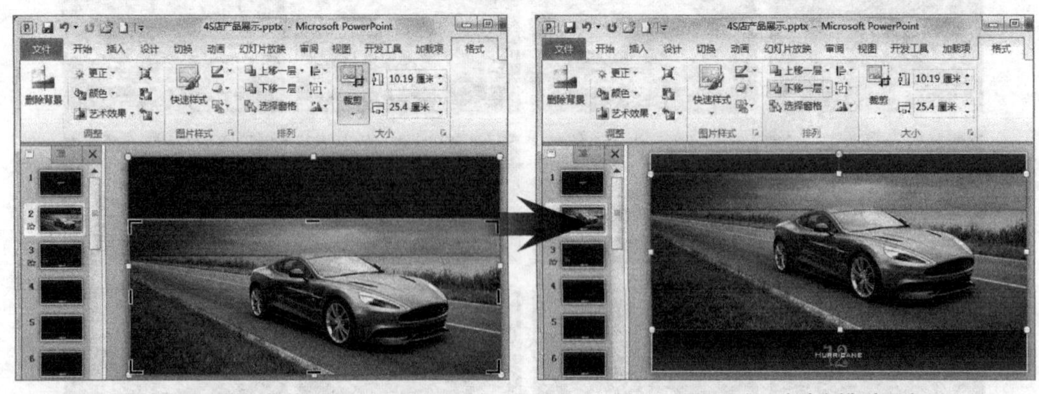

图4-32　裁剪图片　　图4-33　移动和排列图片

（5）按【Ctrl+C】组合键复制该图片，选择第3张幻灯片，按【Ctrl+V】组合键粘贴该图片，然后将图片移动到文本层下面。

（6）在【图片工具 格式】→【调整】组中单击“颜色”按钮，在打开的下拉列表的“重新着色”栏中选择“褐色”选项，如图4-34所示。

（7）选择第4张幻灯片，插入3张素材图片，然后在“大小”组的“高度”数值框中输入“3.49厘米”，将3张图片设置为统一的高度。

（8）同时选择3张图片，在“排列”组中单击对齐按钮，在打开的下拉列表中依次选择“顶端对齐”和“横向分布”选项，如图4-35所示，对齐图片。

图4-34　调整图片颜色

图4-35　对齐图片

（9）在“图片样式”组中单击图片边框按钮，在打开的下拉列表的“主题颜色”栏中选择“白色，背景1，深色5%”选项，如图4-36所示。

（10）在“图片样式”组中单击图片效果按钮，在打开的下拉列表中选择“阴影”选项，在打开的子列表的“外部”栏中选择“右下斜偏移”选项，如图4-37所示。

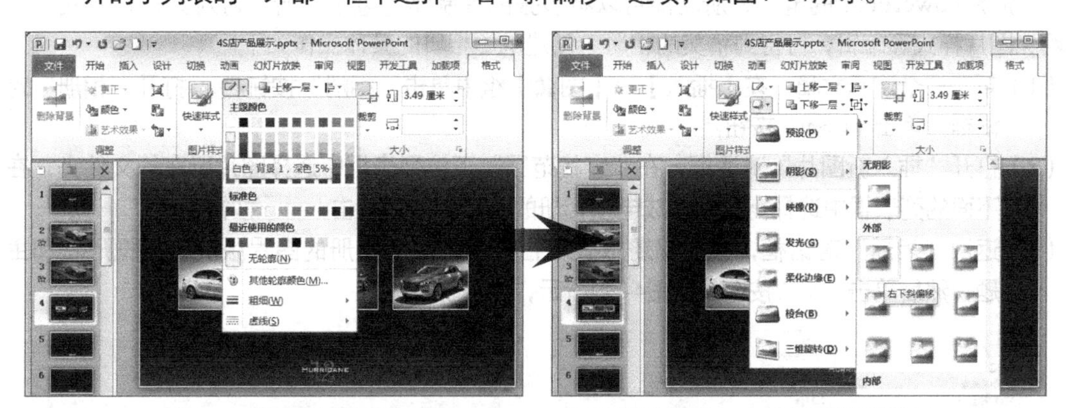

图4-36　设置图片边框　　　　图4-37　设置图片阴影效果

（11）选择第8张幻灯片，插入8张素材图片，并调整图片高度为“1.64厘米”，将图片排列整齐，然后用同样的方法设置图片的边框为“白色，背景1，深色5%”，图片的效果为“阴影，右下斜偏移”，效果如图4-38所示。

（12）在第9、10、11张幻灯片中分别插入一张图片，设置其高度为“4厘米”，并设置相同的图片边框和图片效果。

（13）在第12张幻灯片中插入三张图片，设置其高度为“1.64厘米”，并设置相同的图片边框和图片效果，然后设置排列方式为“左对齐”和“纵向分布”。

（14）将第3张幻灯片中的背景图片复制到除第9、10、11的其他幻灯片中，并将图片移动到文本层下面，如图4-39所示，完成本案例的操作。

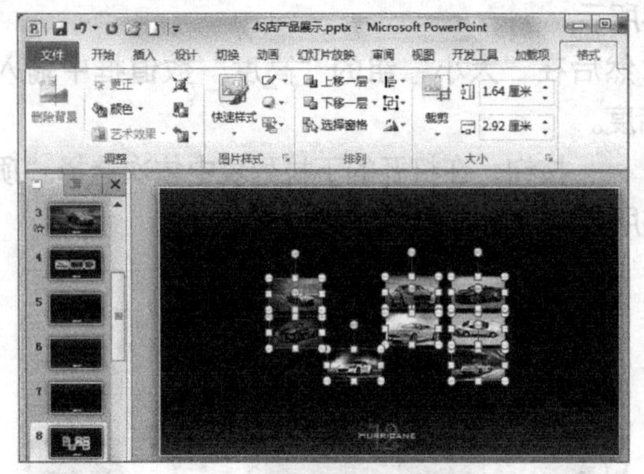

图4-38　插入并编辑图片

图4-39　复制与移动图片

4.3　应用电子相册

PowerPoint 2010具有制作电子相册的相关功能，可以很方便地将各种图片制作成电子相册，而且还可以根据实际需要选择电子相册的主题和图片的排版方式，从而使制作的演示文稿更加个性化。

4.3.1　创建电子相册

应用PowerPoint的电子相册功能可以将多张图片制作为电子相册，再对其进行版式、主题、图片样式等编辑，可得到精美的相册。创建电子相册的具体操作如下。

（1）新建一个演示文稿，在【插入】→【图像】组中单击“相册”按钮，打开“相册”对话框，单击文件/磁盘(F)...按钮。

（2）打开“插入新图片”对话框，在“查找范围”下拉列表框中选择图片所在的文件夹，在下面的列表框中选择需要制作成电子相册的图片，然后单击插入(S)按钮。

（3）返回“相册”对话框，在“相册版式”栏中设置电子相册的图片版式、相框形状和主题，然后单击创建(C)按钮，如图4-40所示，完成操作。

图4-40　创建电子相册

知识提示

在“相册版式”栏的“主题”文本框右侧单击[浏览(B)...]按钮，打开“选择主题”对话框，在其中可以选择电子相册的主题样式。

4.3.2 编辑电子相册

初次创建的电子相册，其中每页的内容都采用默认设置，如果对相册版式、排列方式等不满意，可以进行相册的编辑。编辑电子相册主要在“编辑相册”对话框中进行。在打开的电子相册的【插入】→【图像】组中单击“相册”按钮右侧的下拉按钮，在打开的下拉列表中选择“编辑相册”选项，即可打开“编辑相册”对话框，如图4-41所示，在其中可进行新增图片、更改相册版式、增加文本框和调整图片排列顺序等设置。

图4-41 “编辑相册”对话框

◎ [文件/磁盘(F)...]**按钮**：用于添加图片，其方法与新建相册的方法相同。

◎ **“相册中的图片”列表框**：在其中选择图片后，单击[新建文本框(X)]按钮，可以添加文本框，用以对图片进行说明。

◎ **“所有照片以黑白方式显示”复选框**：单击选中该复选框，则以黑白方式显示相册中的所有图片。

◎ **和按钮**：单击对应按钮，可以向上或向下移动所选图片的位置。

◎ [删除(V)]**按钮**：单击对应该按钮可将所选图片删除。

◎ **和按钮**：单击对应按钮，可以顺时针或逆时针旋转所选图片。

◎ **和按钮**：单击对应按钮，可以提高或降低所选图片的对比度。

◎ **和按钮**：单击对应按钮，可以提高或降低所选图片的亮度。

◎ **“相册版式”栏**：在其中可以更换图片版式、相框形状和主题样式。

知识提示

在编辑电子相册的过程中，可在“编辑相册”对话框的“预览”栏中查看设置后的效果，编辑完成后，单击[更新(U)]按钮，即可将所做的更改应用于电子相册中。

4.3.3 案例——创建“产品相册”演示文稿

本案例要求利用提供的素材图片完成一个产品相册的演示文稿的制作，其中涉及创建和编辑电子相册的操作，完成后的参考效果如图4-42所示。

素材所在位置 光盘:\素材文件\第4章\案例\图片\
效果所在位置 光盘:\效果文件\第4章\案例\产品相册.pptx
视频演示 光盘:\视频文件\第4章\创建“产品相册”演示文稿.swf

图4-42　“产品相册”演示文稿参考效果

设计重点

PowerPoint 2010的电子相册功能其实非常实用，能够非常便捷地制作产品手册类型的商务演示文稿。制作电子相册的重点在于对产品版式、相框形状和主题的设置，还有就是需要对图片进行排序。本案例中是按照汽车的品牌设计的版式，另外，由于图片本身已经进行了编号，所以不需要对图片进行排序。通常产品手册中都是一张幻灯片配一幅图，并配上详细的产品性能参数和说明。

（1）新建一个演示文稿，在【插入】→【图像】组中单击“相册”按钮，如图4-43所示，打开“相册”对话框，单击“文件/磁盘(F)...”按钮。

（2）打开“插入新图片”对话框，在“查找范围”下拉列表框中选择素材文件夹，在下面的列表框中选择需要的图片，然后单击“插入(S)”按钮，如图4-44所示。

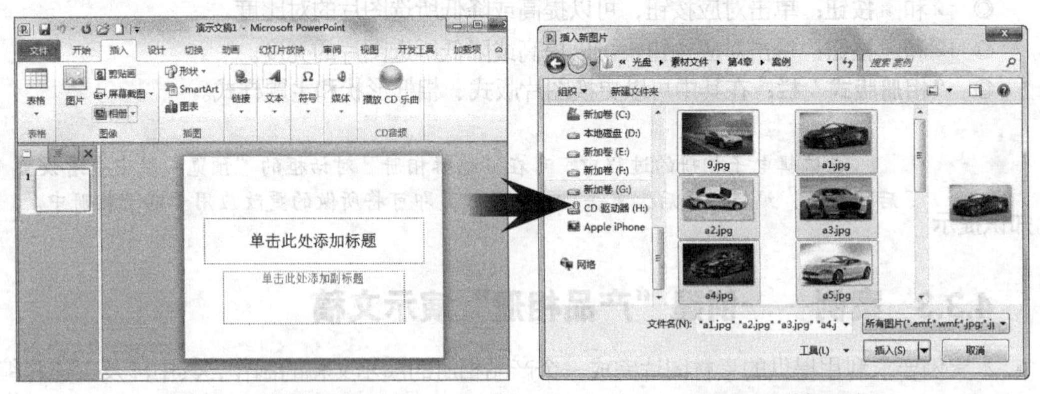

图4-43　创建相册　　　　图4-44　选择图片

（3）返回“相册”对话框，在“相册版式”栏的“图片版式”下拉列表框中选择“2张图片（带标题）”选项，在“相框形状”下拉列表框中选择“居中矩形阴影”选项，在“主题”文本框右侧单击“浏览(B)...”按钮，如图4-45所示。

（4）打开“选择主题”对话框，在列表框中选择“Thatch.thmx”选项，单击“选择”按钮，如图4-46所示。

图4-45　设置相册版式　　　　图4-46　设置主题

（5）返回“相册”对话框，单击创建按钮，创建一个电子相册，在每张幻灯片中输入对应的文本内容，最后保存电子相册，完成本案例的操作。

4.4 图像处理高级技巧

图片在演示文稿中的应用非常广泛，插入了图片的幻灯片更加具有说服力、更专业。PowerPoint 2010具有一定的图像处理能力，下面就介绍一些比较常用的图像处理技巧。

4.4.1 删除图片背景

在演示文稿的制作过程中，图片与背景的搭配非常重要，有时为了使图片与背景搭配合理，需要删除图片的背景。通常可以使用Photoshop等专业图像处理软件删除图片的背景，但PowerPoint 2010也有删除图片背景的功能。

在PowerPoint 2010中删除背景的方法是：在幻灯片中选择需去除背景的图片，在【图片工具 格式】→【调整】组中单击“删除背景”按钮，图片的背景将变为紫红色，拖动鼠标调整控制框的大小，然后在【背景消除】→【优化】组中单击“标记要保留的区域”按钮或“标记要删除的区域”按钮，在图片对应的区域单击，然后在幻灯片空白区域单击，或在【背景消除】→【关闭】组中单击“保留更改”按钮，即可看到图片的背景已删除，如图4-47所示。

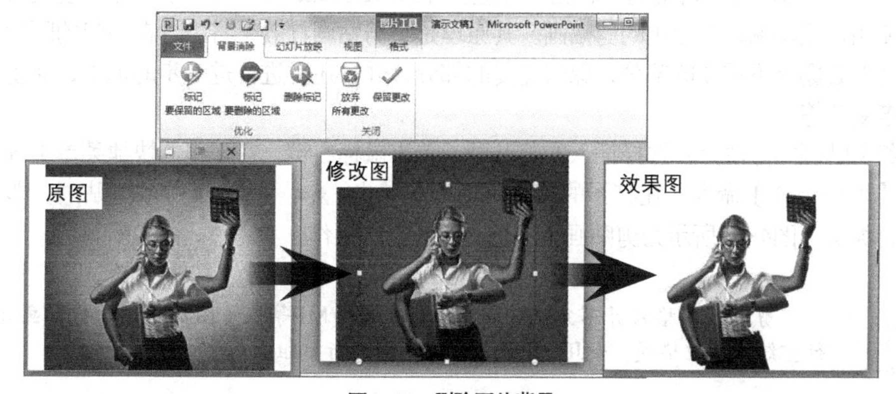

图4-47　删除图片背景

设计技巧

通常只有背景颜色和图像内容都比较简单，图像和背景颜色有较大差别的图片使用PowerPoint删除背景才能得到较好的效果。除此以外，如果图片的背景是一种颜色，则可以使用以下操作进行删除：选择图片，在【图片工具 格式】→【调整】组中单击“颜色”按钮，在打开的列表中选择“设置透明色”选项，然后将鼠标光标移至图片的纯色背景上，此时鼠标光标变为形状，单击鼠标左键即可。

4.4.2 将图片裁剪为形状

为了能让插入在演示文稿中的图片更好地配合内容演示，有时需要让图片随形状的变化而变化。遇到这种情况时，除了使用Photoshop等专业图像处理软件来对图片进行修改外，也可以使用PowerPoint 2010中的裁剪功能来进行。

将图片裁剪为形状的方法是：选择幻灯片中的图片，在【图片工具 格式】→【大小】组中单击“裁剪”按钮下方的按钮，在打开的下拉列表中选择“裁剪为形状”选项，在其子列表中选择需裁剪的形状样式，此时选择的图片将显示为选择的形状样式，如图4-48所示，拖动鼠标调整图片显示即可完成将图形裁剪为形状的操作。

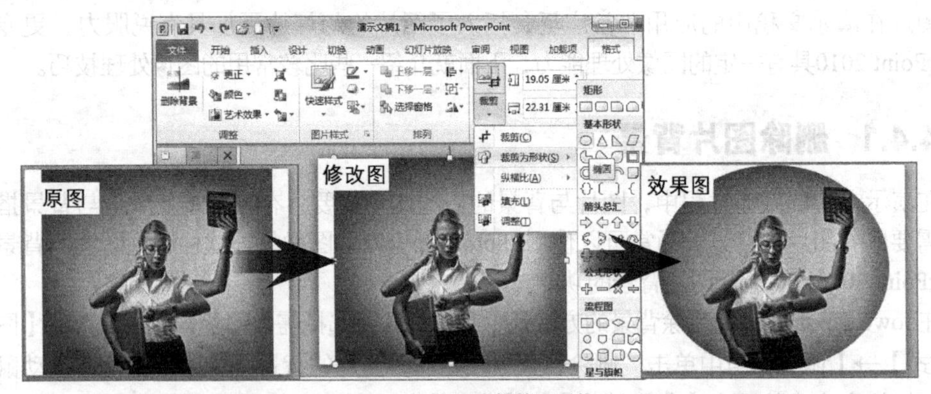

图4-48 将图片裁剪为形状

4.4.3 重组剪贴画

剪贴画是PowerPoint自带的一种图片类型。在PowerPoint 2010中，新增加了重组剪贴画的功能，使用户能够编辑个性化的剪贴画。其原理是将剪贴画打散（将组合在一起的图片分离为多个图片）后删除不需要的部分，保留需要的部分，并且还可进行进一步的加工，如重新填充颜色或渐变色等。

重组剪贴画的方法是：选择插入的剪贴画，单击鼠标右键，在弹出的快捷菜单中选择【组合】→【取消组合】命令，在打开的提示对话框中单击 是(Y) 按钮，打散剪贴画，即可对剪贴画进行编辑，图4-49所示为剪贴画重新填充颜色后的操作。

设计技巧

剪贴画的格式并不完全相同，通常只有WMF等矢量图形格式的剪贴画才能进行重组，其他格式，如JPG和PNG，则不能进行重组。

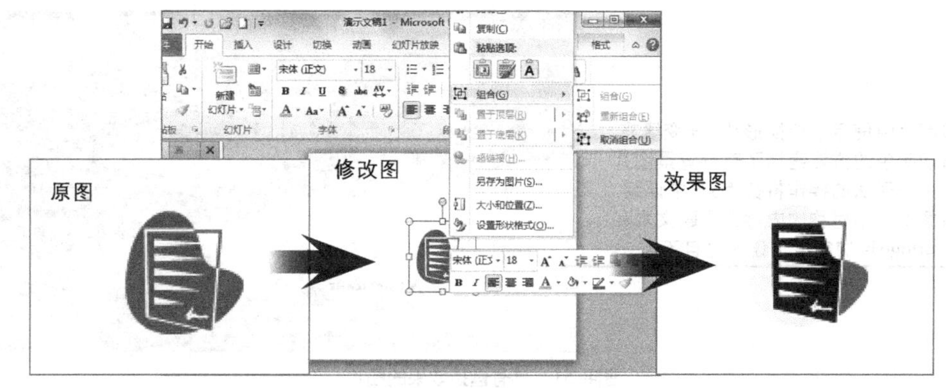

图4-49 重组剪贴画

4.4.4 快速替换图片

这个技巧非常的实用，因为我们在制作演示文稿时，经常可能利用以前制作好的演示文稿作为模板，通过修改文字和更换图片就能制作出新的演示文稿。但在更换图片的过程中，有些图片已经编辑得非常精美，更换图片后，并不一定可以得到同样的效果，这时就可以通过快速替换图片的方法，不但替换了图片，且图片的质感、样式和位置都与原图片保持一致。

快速替换图片的方法是：在幻灯片中选择需要替换的图片，在【图像工具 格式】→【调整】组中单击更改图片按钮，或在该图片上单击鼠标右键，在弹出的快捷菜单中选择“更改图片”命令，打开“插入图片”对话框，选择替换的图片，单击打开(O)按钮即可。如图4-50所示为快速替换图片的前后效果对比，其图片样式、位置和大小也都没有发生变化。

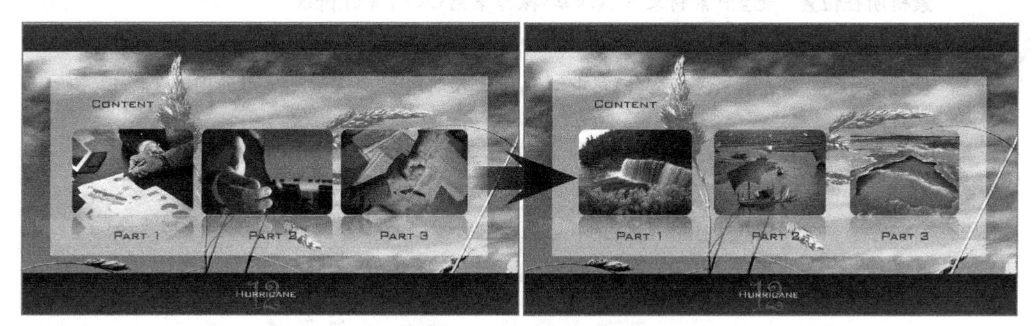

图4-50 快速替换图片

4.4.5 遮挡图片

遮挡图片类似于裁剪图片。裁剪图片和遮挡图片都只保留图片的一部分内容，不同的是，遮挡图片是利用形状来替换图片的一部分内容。遮挡图片的形状可以是矩形、三角形、曲线或者其他形状，甚至是另一张图片。遮挡图片的设计经常运用在广告图片、公司介绍等类型的演示文稿中。使用形状遮挡图片后，通常需要在形状上添加一定的文字，对图片所表达的内容进行解释和说明，其中形状的单一颜色通常能集中观众的注意力，起到很好的强调作用，而遮挡图片后，幻灯片中的背景和文字形成强烈的对比。如图4-51所示为一张具有遮挡效果的图片。

该图片中使用了变换形状+渐变填充透明颜色的方法遮挡了部分背景图片（关于形状的操作将在第5章中详细讲解），不对称的内容让主题文本和公司logo更加突出，让人过目不忘

图4-51 具有遮挡效果的图片

4.5 操 作 案 例

本章操作案例将分别编辑“入职培训.pptx”演示文稿和“二手商品交易.pptx”演示文稿。综合练习本章学习的知识点，将学习到图片处理的相关操作。

4.5.1 编辑“入职培训”演示文稿中的图片

本案例的目标是编辑“入职培训.pptx”演示文稿，在标题页和结束页中插入和编辑图片，主要涉及处理图片的相关操作，最终参考效果如图4-52所示。

素材所在位置　光盘:\素材文件\第4章\操作案例\入职培训.pptx
效果所在位置　光盘:\效果文件\第4章\操作案例\入职培训.pptx
视频演示　　　光盘:\视频文件\第4章\编辑“入职培训”演示文稿中的图片.swf

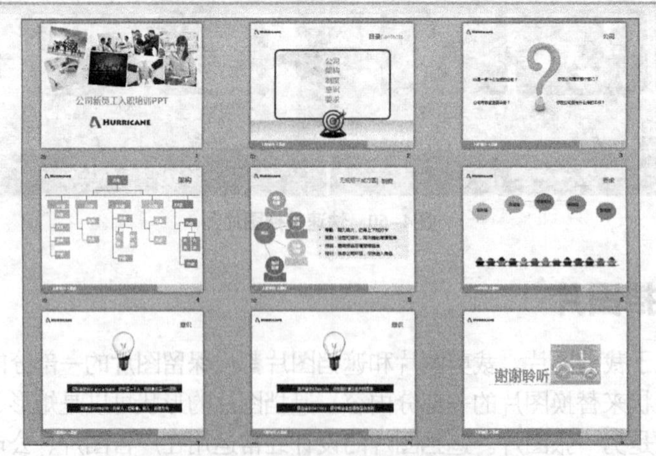

图4-52 “入职培训”演示文稿参考效果

设计重点

本案例的重点在于插入图片和设置图片的样式，其中标题页中插入多张图片，为了突出主题，需要将图片交叉排列。在结束页中插入一个剪贴画，为了配合演示文稿的配色，将剪贴画打散后重新设置颜色。

（1）打开素材文件“入职培训.pptx”演示文稿，打开“插入图片”对话框，将7张素材图片都插入到第一张幻灯片中，并交叉排列。

（2）选择排列好的7张图片，设置图片边框的颜色为“白色，背景1”，粗细为“3磅”，设置图片效果为“阴影、外部，右下斜偏移”。

（3）选择最后一张幻灯片，插入剪贴画“拖拉机”，选择该图片，取消组合，将其中的拖拉机颜色设置为主题颜色“青绿”，然后重新组合该图片，完成整个操作。

4.5.2 编辑“二手商品交易”演示文稿中的图片

本案例的目标是编辑“二手商品交易.pptx”幻灯片中的图片，为某二手商品网站的宣传演示文稿制作一张标题页幻灯片，涉及插入和编辑图片的相关操作，最终参考效果如图4-53所示。

素材所在位置　光盘:\素材文件\第4章\操作案例\二手商品交易.pptx……
效果所在位置　光盘:\效果文件\第4章\操作案例\二手商品交易.pptx
视频演示　光盘:\视频文件\第4章\编辑“二手商品交易”演示文稿中的图片.swf

图4-53 “二手商品交易”演示文稿参考效果

设计重点

本案例的重点在于对于图片的编辑。客户要求幻灯片有极强的吸引力，能够快速抓住观众的眼球。所以在图片的选择上，使用性感曲线的剪影作为背景，并使用奢侈商品的图片吸引观众。另外，使用公司logo和公司的广告语，体现该演示文稿的主题，提升幻灯片的档次，并使用全黑背景，使其具有极高的广告品质。

（1）打开素材文件“二手商品交易.pptx”演示文稿，插入图片“背景.jpg”，将左侧的部分裁剪掉，并将图片放置到幻灯片右侧位置。

（2）插入图片“logo.png”，调整大小，并设置图片样式为“矩形投影”。

（3）插入文本框，输入文本，格式为“Helvetica-Condensed-Light-Light、18、斜体”，颜色分别为“白色，背景1、白色，背景1，深色25%”。

（4）插入另外三张图片（车.jpg、包.jpg、表.jpg），设置高度都为“4厘米”，通过“纵向分布”和“顶端对齐”进行图片的排列对齐，设置图片样式为“柔化边缘椭圆”，并设置图片效果为“映像→紧密映像，接触”，完成本案例的操作。

4.6 习题

（1）打开“母亲节贺卡.pptx”演示文稿，在其中插入并编辑图片，效果如图4-54所示。

素材所在位置　光盘:\素材文件\第4章\习题\母亲节贺卡.pptx
效果所在位置　光盘:\效果文件\第4章\习题\母亲节贺卡.pptx
视频演示　光盘:\视频文件\第4章\编辑“母亲节贺卡”演示文稿.swf

图4-54　“母亲节贺卡”演示文稿参考效果

提示：在幻灯片中插入素材图片，在第1张幻灯片中将素材图片裁剪为“圆形”，然后适当裁剪多余图像，将图片效果设置为“柔化边缘 25磅”；在第2张幻灯片中将图片的样式应用为“旋转，白色”，将图片效果设置为“映像 半映像，接触”。

（2）以创建电子相册的方法制作“创意科技.pptx”演示文稿，再在其中输入文本，然后设置图片样式等，最终效果如图4-55所示。

素材所在位置　光盘:\素材文件\第4章\习题\
效果所在位置　光盘:\效果文件\第4章\习题\创意科技.pptx
视频演示　光盘:\视频文件\第4章\制作“创意科技”演示文稿.swf

图4-55　“创意科技”演示文稿参考效果

提示：将素材图片“1-8”全部插入到新建的电子相册中，设置图片版式为“2张图片（带标题）”，相框形状为“矩形”，主题为“Technic.thmx”。设置第2张幻灯片中两张图片的图片样式为“柔化边缘矩形”，设置第3张幻灯片中两张图片的图片效果为“半映像，接触”，设置第4张幻灯片中两张图片的图片版式为“蛇形图片半透明文本”，设置第5张幻灯片中两张图片的图片版式为“图片重点块”。

第5章 处理演示文稿中的形状

本章将详细讲解在幻灯片中绘制和编辑形状的相关操作，并对线条等一些特殊形状，以及处理形状的一些高级技巧等相关操作进行全面讲解。读者通过学习应能够熟练掌握处理演示文稿中各种形状的操作方法，并使用形状来增加演示文稿的吸引力，增强演示文稿的观赏性。

学习要点

- ◎ 了解线条和常见形状的创意
- ◎ 插入和设置各种形状
- ◎ 调整和修饰各种形状
- ◎ 手绘形状
- ◎ 美化形状

学习目标

- ◎ 了解演示文稿中的各种形状
- ◎ 掌握插入和编辑形状的基本操作
- ◎ 掌握处理形状的常用高级技巧

5.1 了解演示文稿中的形状

演示文稿中的形状包括线条、矩形、圆形、箭头、星形、标注和流程图等，这些形状通常作为项目元素使用在SmartArt图形中，但在很多专业的商务演示文稿中，利用不同的形状和形状组合，往往能制作出与众不同的形状，吸引观众的注意。

5.1.1 演示文稿中的线条

线条是最简单的形状，很多人在制作演示文稿时很少使用线条，更喜欢充满立体感和渐变色的形状；但线条也是最基础的形状，所有的其他形状都是由线条组合而成的。所以，要了解演示文稿中的形状应该首先了解线条的相关知识。如图5-1所示为使用简单的线条制作的不同版式的演示文稿标题页，感受一下线条的魅力。

图5-1 通过线条制作的各种版式标题页

1. 线条的样式

在PowerPoint中，线条不仅仅只有简单的设置，它还有很多美化的手段，包括形状的轮廓、效果和格式等，如图5-2所示。

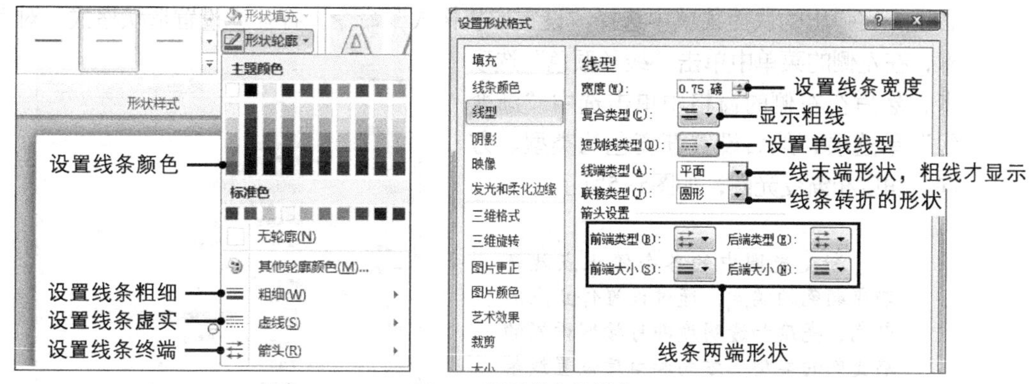

图5-2　设置线条的样式

2. 线条的类型

在PowerPoint的形状列表中提供了一组线条，如图5-3所示，主要可以分为3种类型，绘制前需要先选择一种线条类型，然后进行绘制。

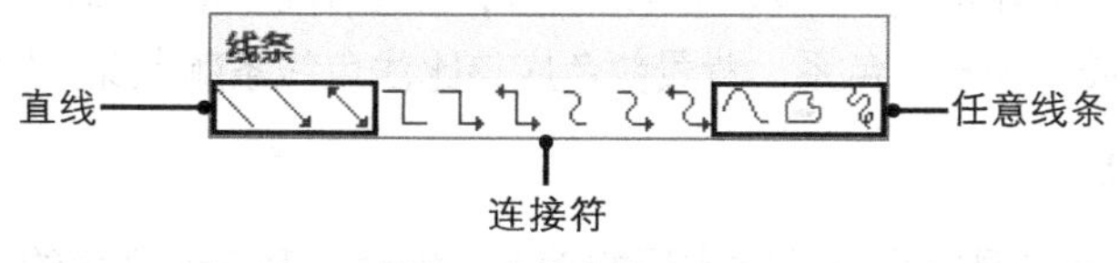

图5-3　线条的类型

◎ **直线**：包括直线、箭头和双箭头3种线型，拖动鼠标即可绘制。

◎ **连接符**：包括曲线连接符和肘形连接符两种线型，每种又分别包含3种形状，也是拖动鼠标进行绘制，可以通过中心的黄色锚点调整线条样式。

◎ **任意线条**：包括曲线、任意多边形和自由曲线3种线型，自由曲线通过拖动鼠标绘制，连续单击即可绘制出曲线，首尾相连则绘制出任意多边形。

3. 线条的特效

线条的特效通常只有阴影、渐变和凹凸3种，如图5-4所示，其制作方法各不相同。

图5-4　线条的特效

◎ **阴影线**：阴影线的制作比较简单，有两种操作方法：一种是在【绘图工具 格式】→【形状样式】组的"快速样式"列表框中选择第二行和第三行任意一种样式；另一种是通过"形状样式"组中单击 形状效果 按钮，在打开的下拉列表中选择"阴影"选项，在打开的子列表中即可选择具体的阴影效果即可。

◎ **渐变线**：渐变线就是从一种颜色逐渐变为另一种颜色的线条，需要在线条上单击鼠标

右键，在弹出的快捷菜单中选择“设置形状格式”命令，打开“设置形状格式”对话框，在左侧的菜单中单击“线条颜色”选项卡，然后在右侧的窗格中单击选中“渐变线”单选项，然后设置渐变色的类型、方向、角度和渐变光圈，如图5-5所示。

图5-5　设置渐变色

知识提示

渐变光圈中的各个停止点就是渐变颜色的端点，通过设置停止点的颜色、亮度和透明度即可按照设置的渐变色的类型、方向和角度设置线条的渐变色。在PowerPoint中还可以对形状、幻灯片背景设置渐变色，其方法与设置线条渐变色类似。

◎ **凹凸线**：在PowerPoint中制作线条的凹凸效果，需要设置背景色，然后将一条深色的线条放在同样大小的另一条浅色线条上方，显示出立体凹凸感。需要注意的是，线条和背景颜色最好为同一色系，背景颜色应该比浅色线条颜色深，比深色线条颜色浅。

4. 线条的功能

在演示文稿中，线条具有多种非常实用的功能，能够提升演示文稿的品质，介绍如下。

◎ **引导观众视线**：线条，特别是箭头，本身就具有引导作用，观众在观看演示文稿时，很容易就被幻灯片中的线条方向所引导，如图5-6所示。

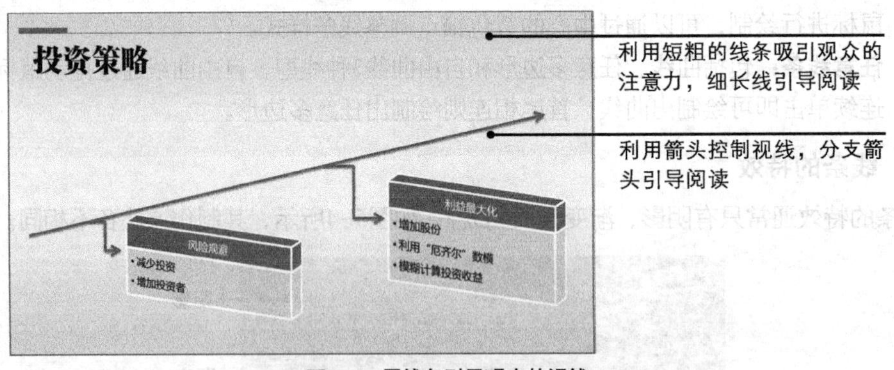

图5-6　用线条引导观众的视线

◎ **划分幻灯片的区域**：在幻灯片中使用长短不同、粗细不同、方向不同和效果不同的线条，都能划分阅读区域，使观众的注意力在不同的区域能够进行不同时间的停留，使观众能够抓住重点，减少非重点内容的阅读量，如图5-7所示。

设计技巧

从设计的角度来看，利用线条划分区域时需要注意以下3点：一是要多看杂志，因为多数杂志是通过线条划分版面的，可以通过看杂志借鉴划分设计；二是要利用线条的特性，设置不同的长短、粗细，多利用虚线，多使用不同类型的线条进行排版；三是组合使用线条，结合幻灯片中的内容和版式，组合不同的线条进行排版，制作出各种变化的效果。

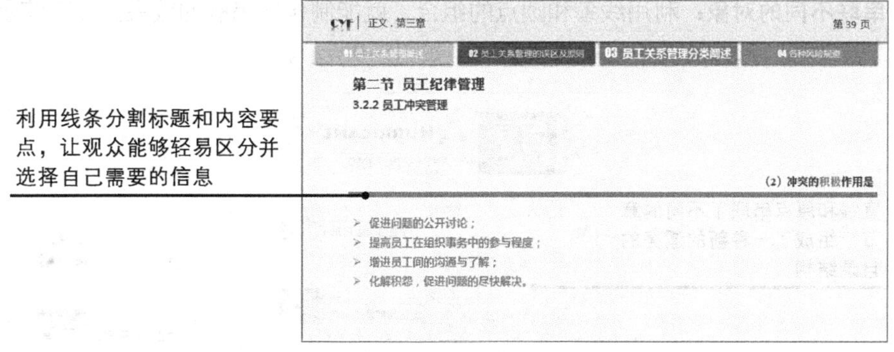

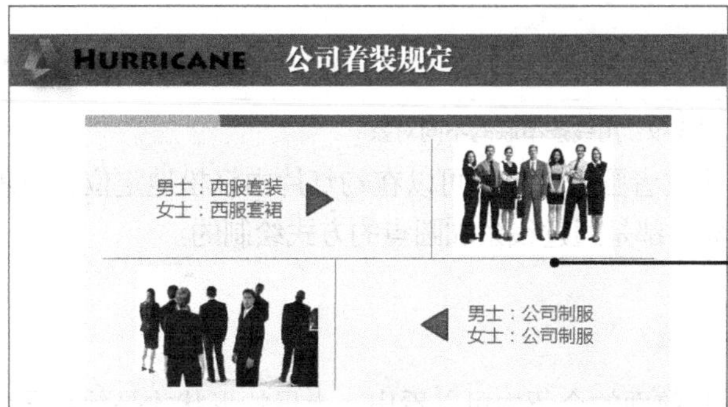

利用线条把版面划分成不对称的阅读区域

图5-7　用线条划分的阅读区域

◎ **改变内容的方向**：把线条方向变化，并与各种图片、文字和形状的效果相结合，就可以在演示文稿中制作出各种连续播放的效果，如图5-8所示。

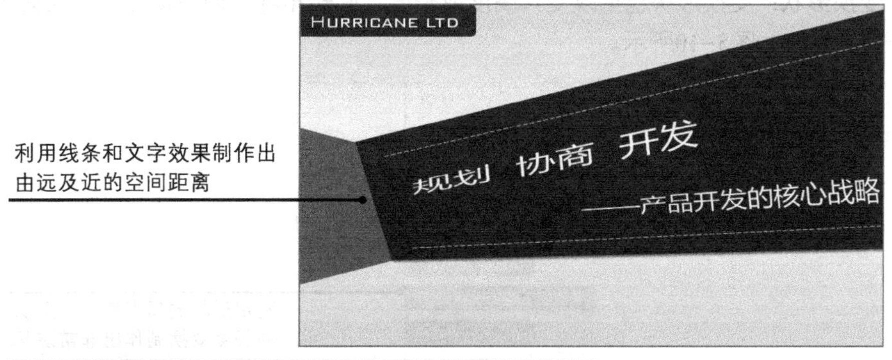

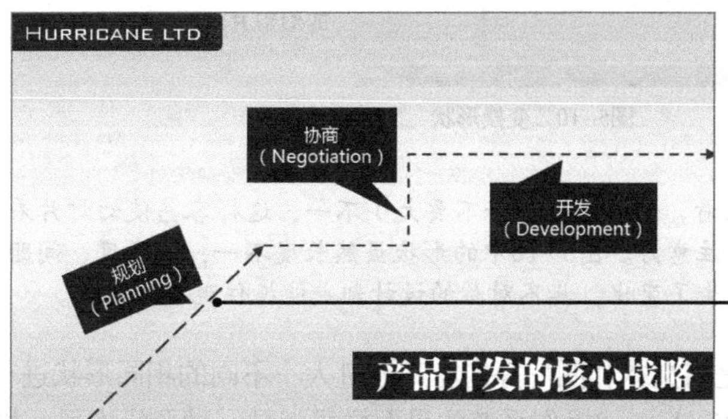

利用线条改变内容的方向，并引导和分割版面

图5-8　用线条改变内容的方向

◎ **串联不同的对象**：利用线条和圆点的组合，就能制作出串联的效果。改变演示文稿的普通排版，通过新的版式增加吸引力，如图5-9所示。

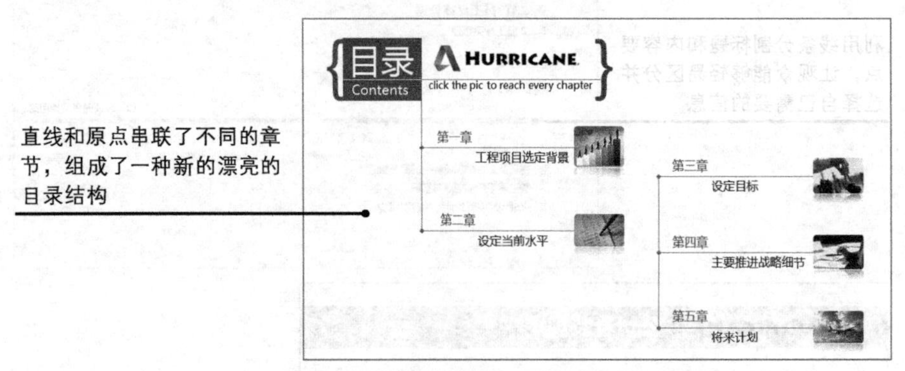

图5-9　用线条串联的不同对象

◎ **标注重点**：利用线条的箭头或者圆点端点，可以在幻灯片中轻松地定位，对重要内容进行标注，本书中所有的标注都是通过线条加圆点的方式绘制的。

5.1.2　形状的创意

演示文稿中不仅仅只有线条，从前面的介绍中可以看出，大量的形状才是使用最多的修饰元素。对于普通用户，仅使用PowerPoint中自带的形状就已经能够满足制作的需要，但对于商务用户，还需要学习一些形状的变形和创意，设计更加精美的形状，来增加演示文稿的吸引力。下面就介绍三种比较常见的形状创意设计方式。

◎ **变换形状**：变换形状包括改变其高度或长度、旋转角度、调整顶点，甚至更改形状的样式等，如图5-10所示。

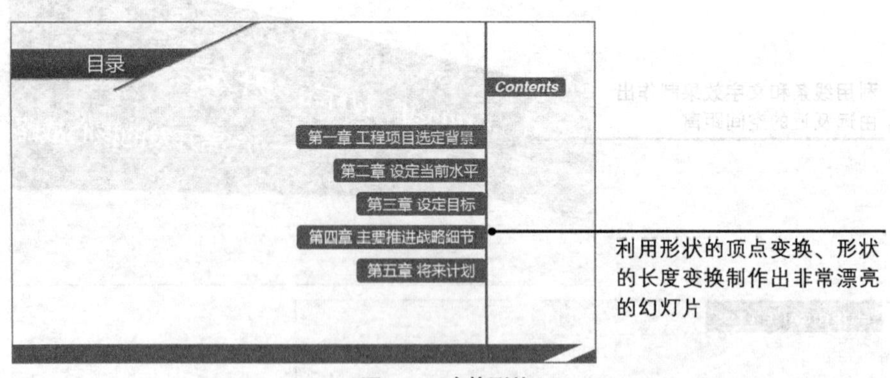

图5-10　变换形状

设计技巧

从设计的角度来看，使用形状最好不要大小不一，这样容易使幻灯片看起来内容复杂，分散观众的注意力。图5-10中的形状虽然长度不一，但高度、间距等都是相同的，虽然长度发生了变化，其不对称的设计却更能抓住观众的视线。

◎ **形状阵列**：形状阵列就是将文本和图片等内容，通过大小不同的相同形状进行排列的一种形状设计方式，如Windows 8操作系统的界面样式就是一种形状阵列。如图5-11

所示，在制作演示文稿时也可以利用这种形状设计方式。

矩形形状阵列将需要展示的内容按照重要程度进行排列，方便用户将注意力集中在主要内容上

图5-11　形状阵列

◎ **利用形状划分版块**：在演示文稿的制作过程中，经常会使用形状来作为幻灯片的背景，通过不同形状的特性来划分演示文稿的内容区域，如图5-12所示。

利用一个五边形将幻灯片划分为两个版块，非常清楚地展示出公司名称和理念

利用五边形、矩形和线条将幻灯片分为两个版块，非常鲜明地指出演示文稿的内容和日期

图5-12　划分版块

5.2　插入并编辑形状

真正精美的形状并不一定是具有酷炫效果的，在幻灯片中插入形状的目的是为了通过形状来吸引观众查看演示文稿中的内容。所以，无论插入的形状是什么，都需要有效地服务于演示文稿的内容，一旦对内容的传递没有用处，就应该直接抛弃。所以，需要大家学会如何在幻灯片中插入并编辑形状的相关操作。

5.2.1 绘制形状

绘制形状主要通过“插入”选项卡中的命令来完成，其具体操作如下。

（1）选择需要绘制自选图形的幻灯片，在【插入】→【插图】组中单击“形状”按钮，在打开的列表中选择一种自选图形样式，如图5-13所示。

（2）将鼠标光标移至幻灯片中，当鼠标光标变为+形状时，按住鼠标左键不放并拖动绘制选择的自选图形样式。

（3）在该图形上单击鼠标右键，在弹出的快捷菜单中选择“编辑文字”命令，在图形中间出现文本插入点，可在其中输入文本，如图5-14所示。

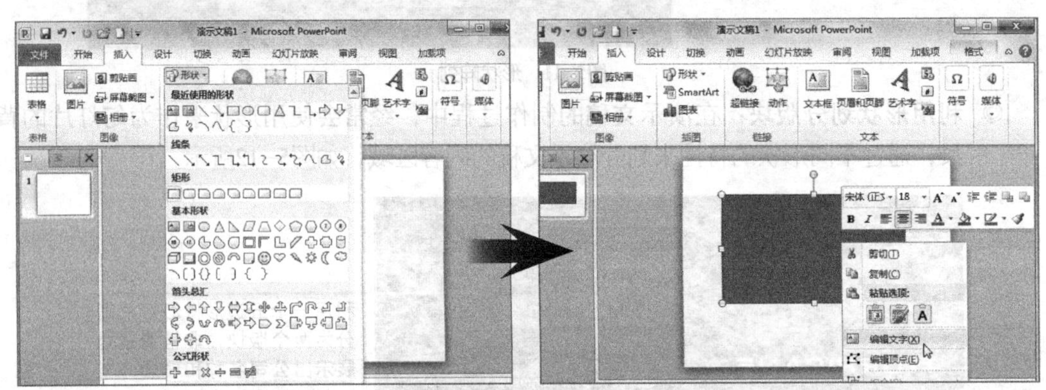

图5-13　选择图形样式　　图5-14　绘制图形

知识提示

在绘制自选图形时，如果要从中心开始绘制图形，则按住【Ctrl】键的同时拖动鼠标；如果要绘制规范的正方形和圆形，则按住【Shift】键的同时拖动鼠标。

5.2.2 设置排序

在同一张幻灯片中绘制两个以上形状时，可能出现形状重叠的现象，最后一个形状将会遮掩住前面形状的重叠部分，如果需要显示前一个形状，就需要对相关形状进行排序。在PowerPoint中，对形状排序的操作与对图片排序的几乎完全相同：选择需要排序的形状，然后在【绘图工具 格式】→【排列】组中单击对应的按钮，然后选择操作即可，包括旋转形状、改变形状的排列顺序和组合形状等，这里不再赘述。

与设置图片排序不同的是，设置形状排序还具有一个特别的组合形状功能，该功能位于【绘图工具 格式】→【组合形状】组中，如图5-15所示。与“排列”组中组合形状功能不同，“组合形状”组中的组合形状功能可以方便地完成几种形状的子交并补运算，从而快速绘制出需要的任意形状。组合后的形状同样可以进行拉伸、填充等普通形状所具备的操作，但需要注意的一点就是，形状的选择先后顺序对于组合形状的最终结果有很大的影响，如图5-16所示为组合形状的参考效果。

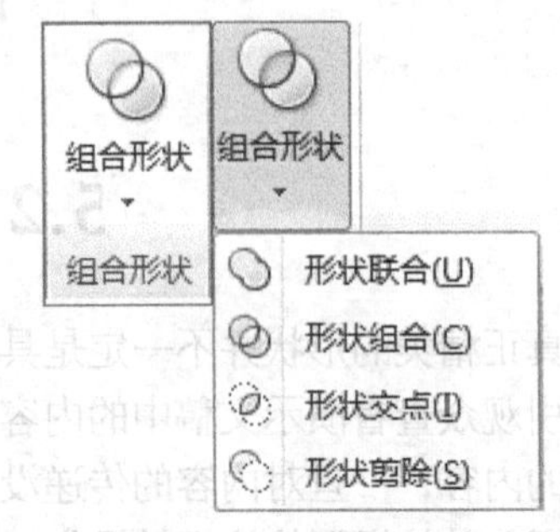

图5-15　组合形状菜单

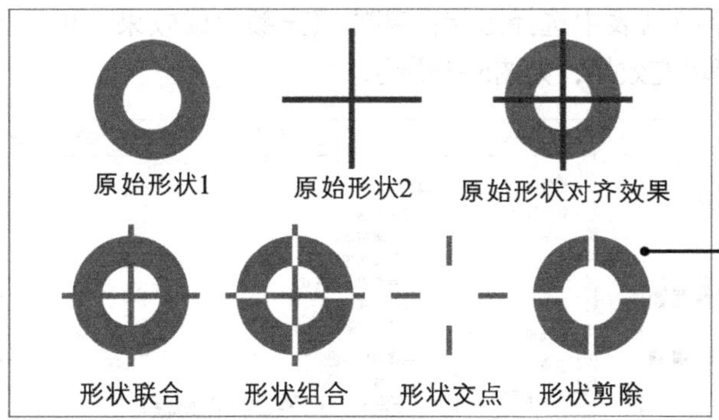

图5-16 组合形状功能效果

5.2.3 编辑形状

绘制形状后，如果发现不合适，则需要对其进行修改调整，都需要通过“绘图工具 格式”选项卡进行，编辑形状的操作包括修改自选图形的形状和大小，以及编辑顶点等。

◎ **基本编辑**：基本编辑包括复制、移动和删除形状等操作，与编辑图片相同。

◎ **修改大小**：拖动形状四周的8个尺寸控制点即可调整其大小。

◎ **修改形状**：选择绘制的形状，在【绘图工具 格式】→【插入形状】组中单击“编辑形状”按钮，在打开的列表中选择“更改形状”选项，在打开的子列表中选择一种图形，可修改当前形状的形状。

◎ **编辑顶点**：选择形状，在【绘图工具 格式】→【插入形状】组中单击“编辑形状”按钮，在打开的列表中选择“编辑顶点”选项，形状的顶点将以黑色小方块的形式显示，将鼠标光标移动到顶点上，鼠标光标变为形状，拖动鼠标即可调整顶点位置，单击鼠标即可完成编辑操作，如图5-17所示。

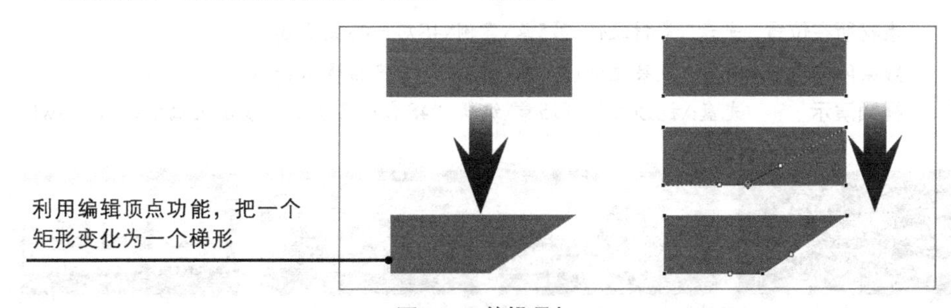

图5-17 编辑顶点

5.2.4 修饰形状

修饰方式主要有更改形状样式、设置形状填充、设置形状轮廓和设置形状效果4种，分别介绍如下。

◎ **更改形状样式**：选择绘制的形状，在【绘图工具 格式】→【形状样式】组的“形状样式”列表中单击按钮，在打开的列表中选择一种形状样式。

◎ **设置形状填充**：选择绘制的形状，在【绘图工具 格式】→【形状样式】组中单击

形状填充 按钮，在打开的下拉列表中选择形状内部的填充颜色或效果，可设置为纯色、渐变色、图片或纹理等填充效果，如图5-18所示。

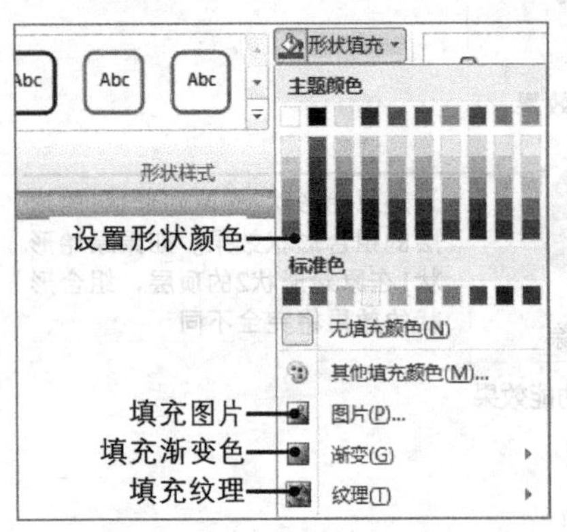

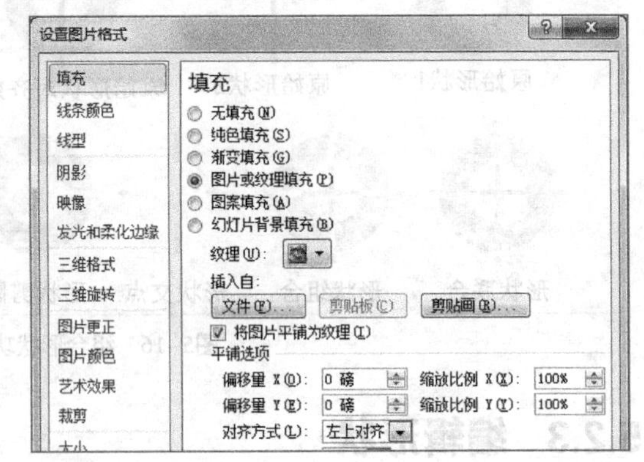

图5-18　设置形状填充

◎ **设置形状轮廓**：选择绘制的形状，在【绘图工具 格式】→【形状样式】组中单击 形状轮廓 按钮，在打开的下拉列表中选择形状外部边框的显示效果，可设置其颜色、宽度及线型，与设置线条的相似。

◎ **设置形状效果**：选择绘制的形状，在【绘图工具 格式】→【形状样式】组中单击 形状效果 按钮，在打开的下拉列表中可选择形状的外观效果，可设置为阴影、发光、映像、柔化边缘、棱台及三维旋转等效果，与设置图片效果相似。

5.2.5 案例——编辑“4S店产品展示”演示文稿中的形状

本案例要求在“4S店产品展示.pptx”演示文稿中进行编辑修改，完成最终的演示文稿，主要是形状的插入和编辑操作。完成后的参考效果如图5-19所示。

素材所在位置　光盘:\素材文件\第5章\案例\4S店产品展示.pptx

效果所在位置　光盘:\效果文件\第5章\案例\4S店产品展示.pptx

视频演示　光盘:\视频文件\第5章\编辑“4S店产品展示”演示文稿中的形状.swf

图5-19　“4S店产品展示”演示文稿最终参考效果

设计重点

本案例的重点在于形状的设计，素材文件为上一章中制作的“4S店产品展示”演示文稿，在上一章中只进行了图片的处理，对应的文本效果并不明显，所以需要对相关的文本和图片添加一个具有透明度的背景形状，增强文本和图片的效果，并在标题页中绘制具有渐变色的线条，使其具有金属效果，既强调了公司名称，也突出渲染了演示文稿的主题。

（1）打开提供的素材文档，选择第4张幻灯片，在【插入】→【插图】组中单击“形状”按钮，在打开的列表的“矩形”栏中选择“矩形”选项，如图5-20所示。

（2）在幻灯片中拖动鼠标绘制矩形，在【绘图工具 格式】→【形状样式】组中单击“形状轮廓”按钮，在打开的下拉列表中选择“无轮廓”选项，如图5-21所示。

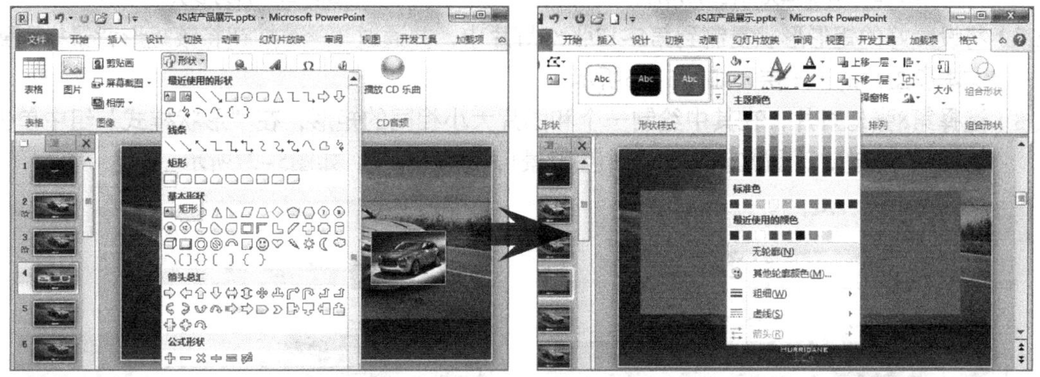

图5-20 选择形状样式　　图5-21 绘制形状并设置轮廓

（3）在“形状样式”组中单击“形状填充”按钮，在打开的下拉列表的“主题颜色”栏中选择“白色,背景1”选项，如图5-22所示。

（4）在绘制的形状上单击鼠标右键，在弹出的快捷菜单中选择“设置形状格式”命令，如图5-23所示。

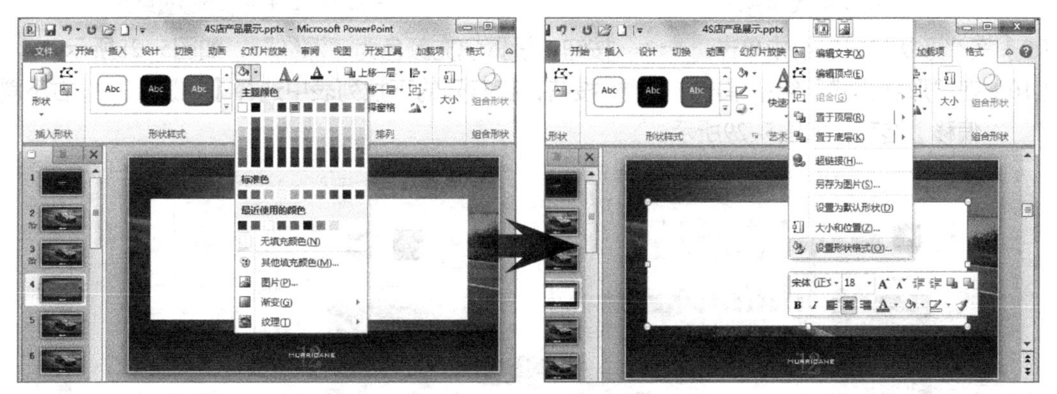

图5-22 设置填充颜色　　图5-23 选择“设置形状格式”命令

（5）打开“设置形状格式”对话框，在“填充”选项卡中单击选中“纯色填充”单选项，在“填充颜色”栏的“透明度”数值框中输入“50%”，单击“关闭”按钮，如图5-24所示。

（6）在“排列”组中连续单击“下移一层”按钮，如图5-25所示，将该矩形背景排列到文本和图片下一层。

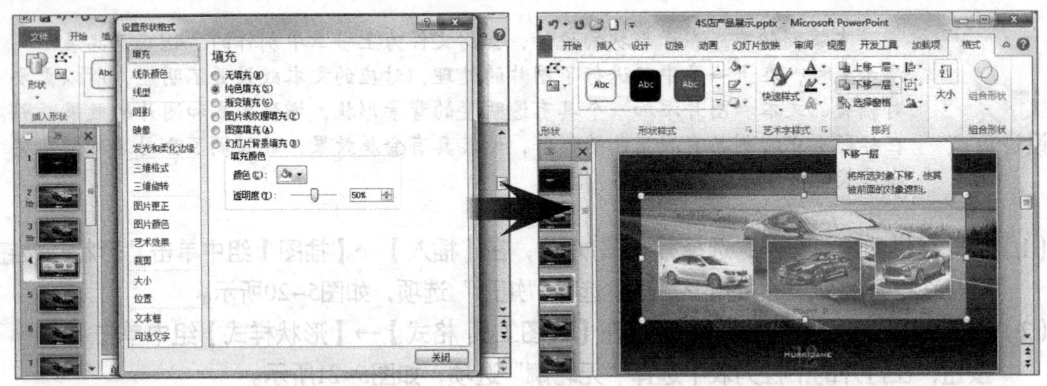

图5-24　设置填充颜色的透明度　　　　图5-25　排列形状

（7）将设置好的矩形形状复制到第5~12张幻灯片中，并通过下移一层按钮将该矩形背景排列到文本和图片的下一层，如图5-26所示。

（8）选择第8张幻灯片，在其中绘制一个和图片大小相同的矩形，在“形状样式”组中单击形状轮廓按钮，设置其轮廓为“白色,背景1，深色5%”，如图5-27所示。

图5-26　复制形状

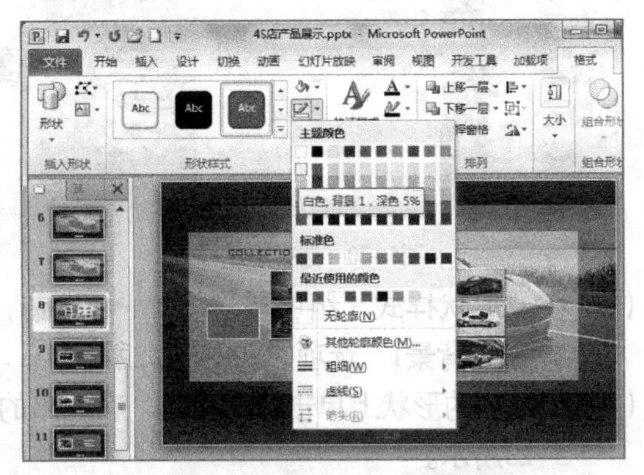

图5-27　绘制形状并设置轮廓

（9）在“形状样式”组中单击形状填充按钮，设置填充颜色为“深红”，如图5-28所示。

（10）在“形状样式”组中单击形状效果按钮，在打开的下拉列表中选择【阴影】→【右下斜偏移】选项，如图5-29所示。

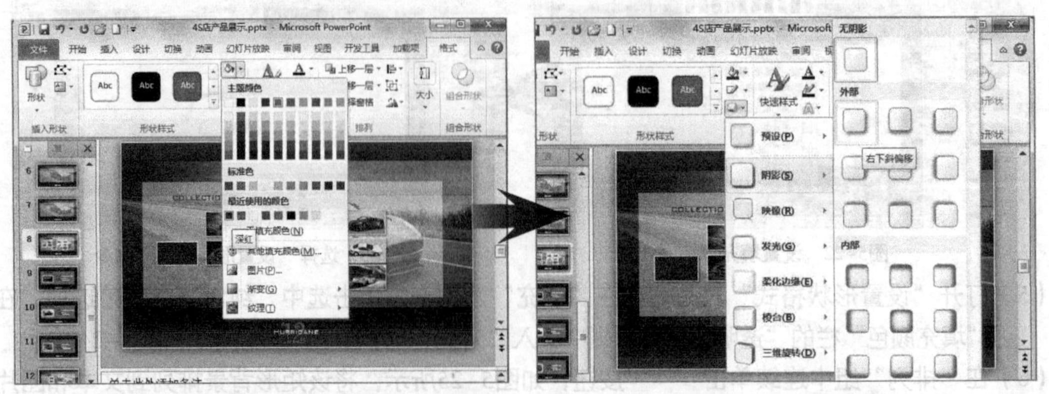

图5-28　设置形状填充颜色　　　　图5-29　设置形状效果

（11）在“形状样式”组中单击形状轮廓按钮，在打开的下拉列表选择“粗细”选项，在打开

的子列表中选择“0.75磅”选项，如图5-30所示。

（12）将该形状复制3个放置到幻灯片的其他位置，如图5-31所示。

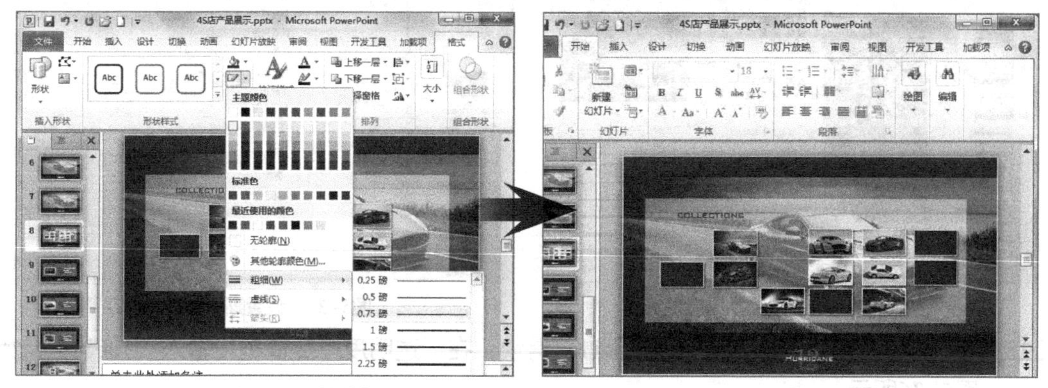

图5-30　设置形状轮廓粗细　　　　图5-31　复制形状

（13）选择第9张幻灯片，使用与前面相同的方法绘制矩形形状，设置其填充颜色为“黑色,文字1,淡色50%”，透明度为“50%”，轮廓颜色为“白色,背景1,深色5%”，轮廓粗细为“0.25磅”，形状效果为“阴影，右下斜偏移”，然后复制两个形状，将这3个形状都排列到文本的下一层，如图5-32所示。

（14）将设置好的矩形形状复制到第10~12张幻灯片中，并单击下移一层按钮将该矩形背景排列到文本和图片的下一层。

（15）选择第1张幻灯片，在【插入】→【插图】组中单击“形状”按钮，在打开的列表的“线条”栏中选择“直线”选项，如图5-33所示。

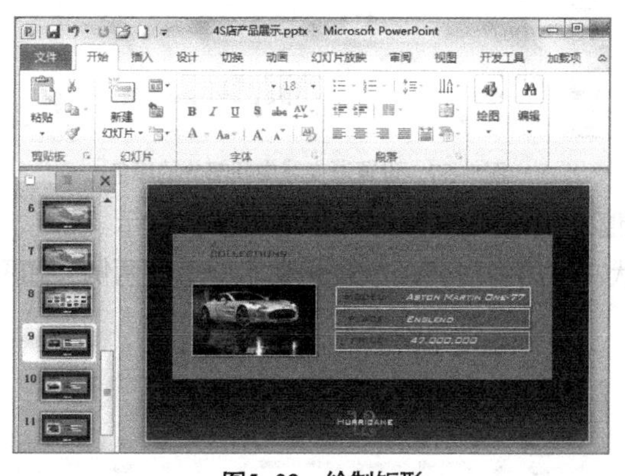

图5-32　绘制矩形

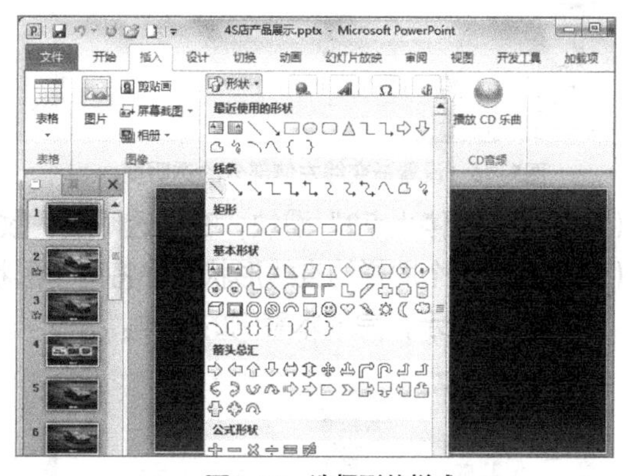

图5-33　选择形状样式

（16）在幻灯片中按住【Shift】键拖动鼠标绘制直线，在【绘图工具 格式】→【形状样式】组中单击形状轮廓按钮，在打开的下拉列表的“主题颜色”栏中选择“白色,背景1”选项；继续单击形状轮廓按钮，在打开的下拉列表中选择“粗细”选项，在打开的子列表中选择“6磅”选项，如图5-34所示。

（17）在绘制的线条上单击鼠标右键，在弹出的快捷菜单中选择“设置形状格式”命令，打开“设置形状格式”对话框，单击“线条颜色”选项卡，单击选中“渐变线”单选项，在“方向”下拉列表中选择“线性向右”选项，如图5-35所示。

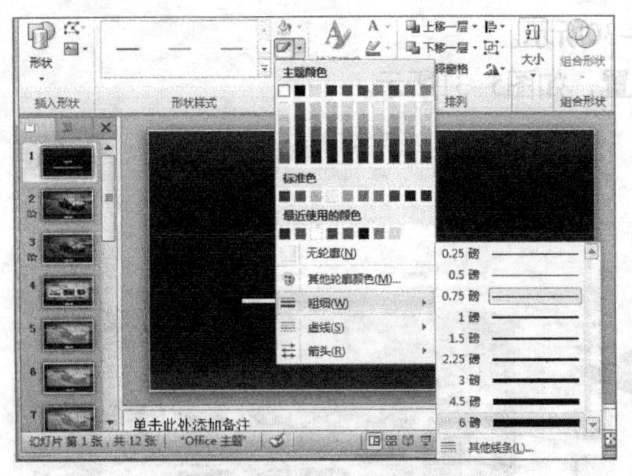

图5-34　绘制直线并设置轮廓

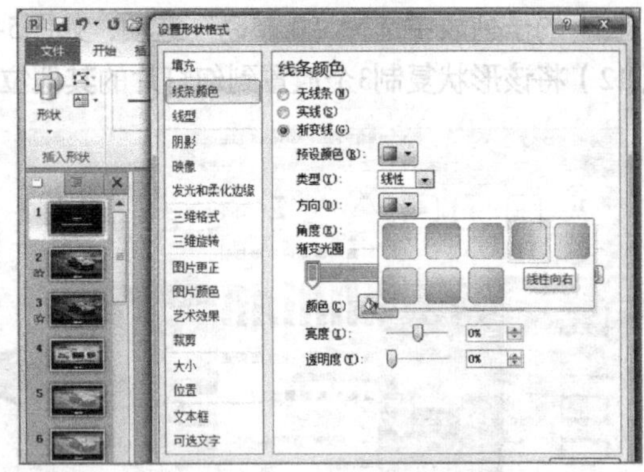

图5-35　设置渐变线方向

（18）在“渐变光圈”栏中单击“停止点1”滑块，在“透明度”数值框中输入“100%”，如图5-36所示。

（19）单击“停止点2”滑块，在“颜色”下拉列表中设置颜色为“白色,背景1”，如图5-37所示。

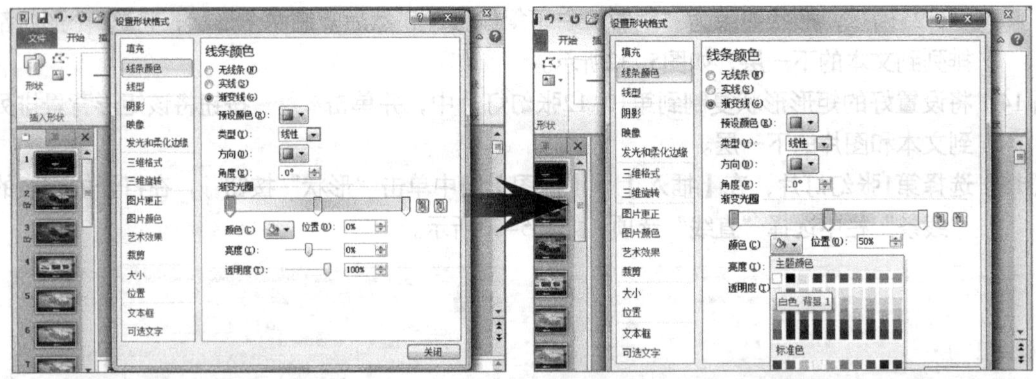

图5-36　设置渐变线左侧部分的透明度

图5-37　设置渐变线中间部分的颜色

（20）单击“停止点3”滑块，在“透明度”数值框中输入“100%”，如图5-38所示。

（21）复制一个同样的直线形状，并将两个形状左右居中对齐，放置到文本的上下两侧，如图5-39所示，完成本案例的操作。

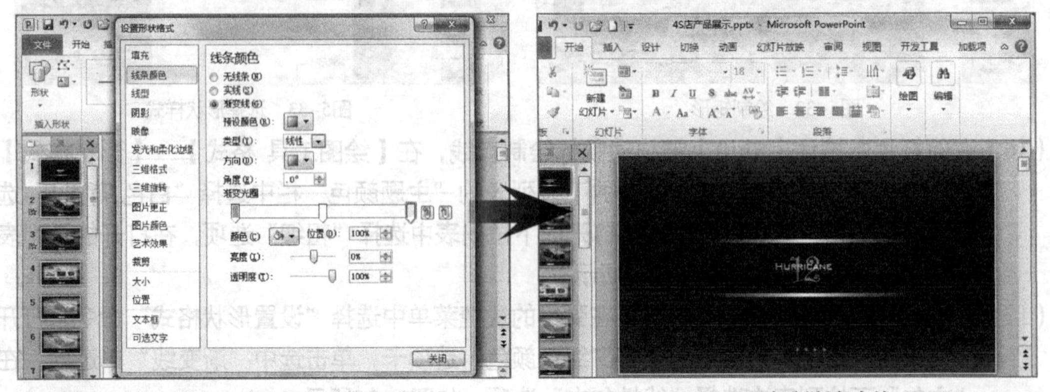

图5-38　设置渐变线右侧部分的透明度

图5-39　复制渐变直线

5.3 处理形状高级技巧

形状在演示文稿中的应用非常广泛，形状的加入通常会使演示文稿更加精美，制作出的幻灯片更加吸引眼球。下面就介绍一些比较常用的形状处理技巧。

5.3.1 手绘形状

手绘形状是通过自由曲线绘制的。选择该形状后，按住鼠标左键拖动，PowerPoint会自动记录鼠标的移动轨迹，并绘制出轨迹的线条，然后组成形状。通常手绘需要较多的练习，才能绘制出满意的形状。一些复杂的形状，则可以通过手绘简单的形状，然后进行组合和叠加得到。当然，如果条件允许，可以使用绘图板进行手动绘制形状，如图5-40所示。

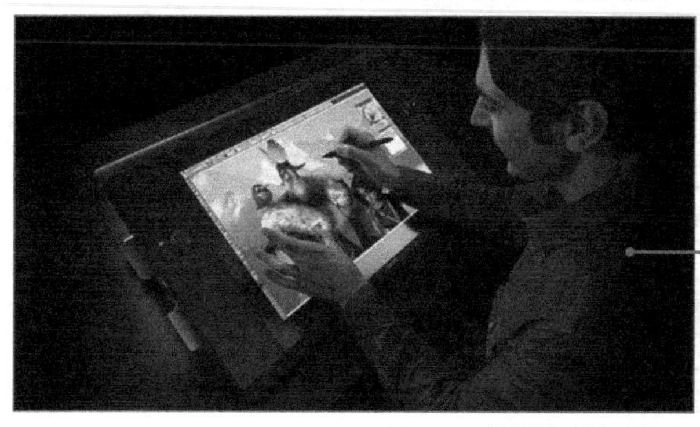

直接在绘图板上绘制形状，并自动作为图片保存到计算机中，更加方便，效果更好

图5-40 使用绘图板手绘形状

5.3.2 手工阴影

虽然PowerPoint中已经为形状预设了多种阴影效果，但仍然有一些阴影效果无法实现，这时就可以利用形状的色彩变化手工制作阴影，如图5-41所示。其方法非常简单，就是在目标形状的周围再绘制一个同色系但颜色更深的形状，自然形成阴影的形状。

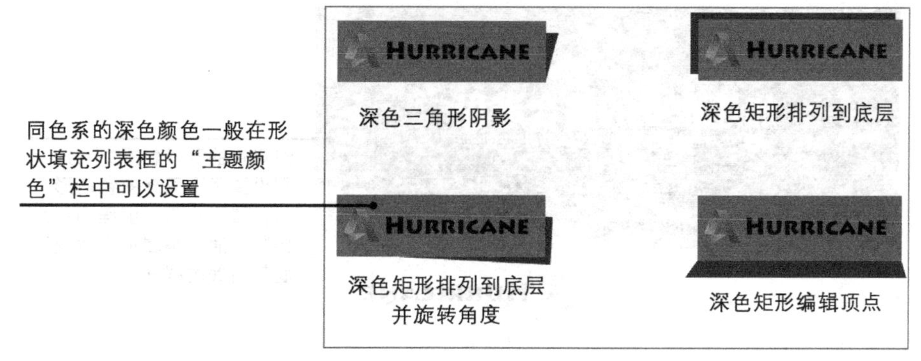

图5-41 手工设置的形状阴影

5.3.3 单色渐变

在形状中填充渐变色可以使形状变得富有层次，特别是使用单一颜色设置的渐变背景，在

现在的广告设计和演示文稿设计中更加常见。其方法是：在幻灯片中绘制一个矩形，然后填充中心辐射的单色，如图5-42所示。

渐变色为射线的中心辐射，停止点1的颜色比停止点2浅，制作出具有商务效果的幻灯片背景

同样的渐变色形状，不同的文本位置和设置，制作出现代感极强的幻灯片

图5-42　利用单色渐变绘制形状颜色

5.3.4　曲线形状

在演示文稿中，使用曲线形状作为幻灯片的页面背景或修饰，可以增加演示文稿的生动性，使演示文稿具有更强的设计感，更具商业气质。如图5-43所示为使用曲线形状作为背景制作的幻灯片。

幻灯片的背景包括3个分别设置了不同渐变色的形状，该形状为“流程图：文档”，通过编辑顶点改变了底部曲线的样式

图5-43　利用曲线形状制作的幻灯片背景

知识提示　PowerPoint中常用的曲线形状主要是波形和双波形两种。另外，也可以通过绘制曲线，然后增加曲线的宽度来绘制曲线形状，如图5-44所示。

利用曲线绘制形状，并设置透明色为“50%”，然后复制曲线，并垂直翻转，得到两个对称的曲线

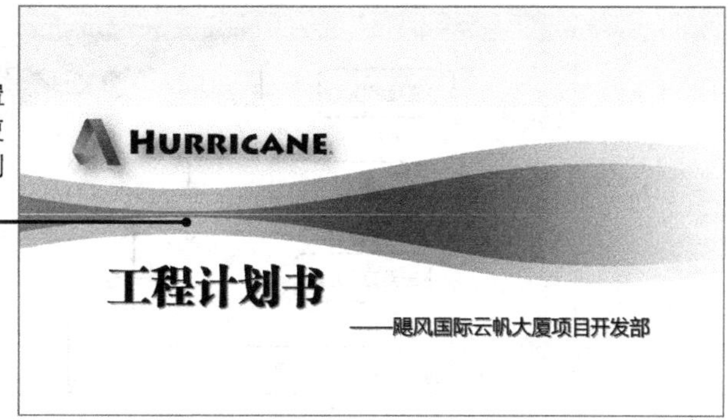

图5-44 利用曲线绘制的形状

设计技巧

从设计的角度来看，使用曲线形状制作的幻灯片非常符合演示文稿版式设计的要求，因为只要将曲线形状进行宽度、长度、大小或者方向变化，或者适当改变所有曲线形状的配色，就很容易制作出演示文稿的其他幻灯片版式。如图5-45所示就是根据图5-44中曲线形状设计，降低了上面曲线形状的高度，增加了下面曲线形状高度后，设计出的新幻灯片版式。

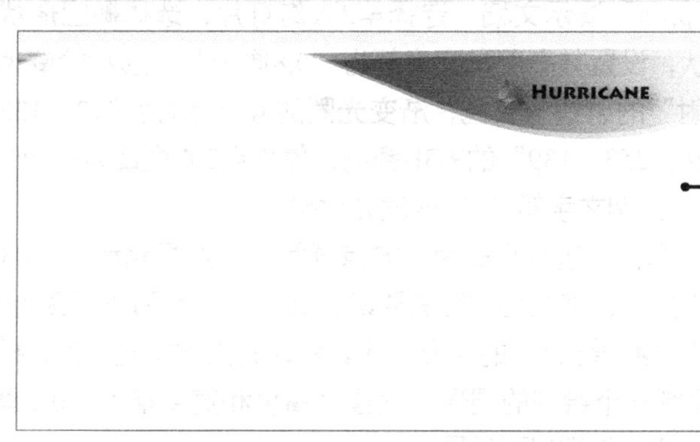

图5-44所示的幻灯片非常适合用做演示文稿的标题或结尾页，而本幻灯片则作为该演示文稿的内容页，两张幻灯片就可以组合成一个演示文稿模板

图5-45 变化曲线形状后的幻灯片

5.4 操作案例

本章操作案例将分别编辑“工程计划书.pptx”演示文稿和“唇膏新品宣传.pptx”演示文稿，综合练习本章学习的知识点，将其应用到形状处理的操作中。

5.4.1 编辑“工程计划书”演示文稿

本案例的目标是编辑“工程计划书.pptx”演示文稿，制作一张目录幻灯片，主要涉及形状处理的相关操作，最终参考效果如图5-46所示。

素材所在位置 光盘:\素材文件\第5章\操作案例\工程计划书.pptx
效果所在位置 光盘:\效果文件\第5章\操作案例\工程计划书.pptx
视频演示 光盘:\视频文件\第5章\编辑“工程计划书”演示文稿.swf

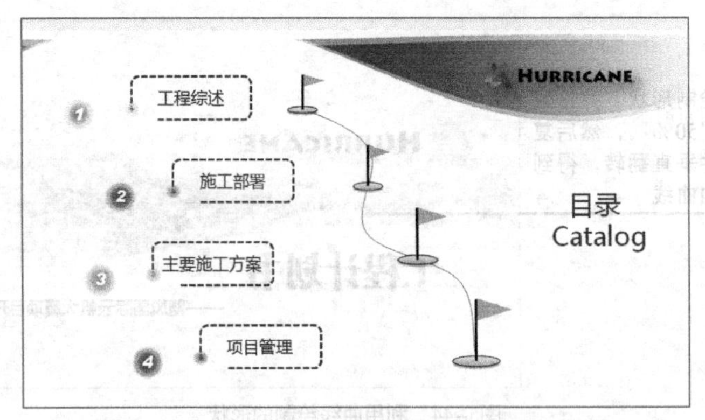

图5-46 “工程计划书”演示文稿目录幻灯片参考效果

设计重点

本案例的重点在于为形状设置渐变色和绘制曲线。由于该演示文稿幻灯片中的背景颜色比较丰富，所以以这些颜色为主要配色，用于设置各种渐变色。用不同颜色的形状来引导目录内容，并通过绘制曲线，对应每一个目录的节点，达到加强观众印象的效果。

（1）打开素材文件“工程计划书.pptx”演示文稿，选择第2张幻灯片，选择椭圆形状，按住【Shift】键绘制一个正圆形状，设置其高度和宽度都为“0.8厘米”，形状轮廓为“无轮廓”，填充颜色为“中心辐射”的射线渐变色，渐变光圈的停止点1为“72，133，71”的RGB颜色，停止点2为“226，253，139”的RGB颜色，停止点2的位置为“80%”，形状效果为“橄榄色，8 pt发光，强调文字颜色3”的发光效果。

（2）在该圆形形状右侧插入一个文本框，边框样式为“方点虚线”，边框颜色为“83，74，88”的RGB颜色，在其中输入文本，格式为“微软雅黑、18”，颜色和边框颜色一致。

（3）绘制一个填充色和轮廓都为“白色,背景1”的矩形，将其移动到文本框左下角，排列到顶层，遮盖部分文本框边框；复制一个绘制的圆形，设置其高度和宽度都为“0.2厘米”，将其移动到文本框边框的左下角，并排列到顶层。

（4）用同样的方法制作另外3个目录形状，第2个圆形的渐变光圈的停止点1为“31，73，125”的RGB颜色，停止点2为“154，186，238”的RGB颜色，形状效果为“蓝色，8 pt发光，强调文字颜色1”的发光效果。

（5）第3个圆形的渐变光圈的停止点1为“255，135，0”的RGB颜色，停止点2为“241，204，111”的RGB颜色，形状效果为“橙色，8 pt发光，强调文字颜色6”的发光效果。

（6）第4个圆形的渐变光圈的停止点1为“192，0，0”的RGB颜色，停止点2为“225，162，173”的RGB颜色，形状效果为“红色，8 pt发光，强调文字颜色2”的发光效果。

（7）绘制一个椭圆，形状样式为“细微效果-黑色,深色1”，在椭圆上绘制一条直线，颜色为“黑色,文字1”，粗细为“2.25磅”，在直线右上侧绘制一个等腰三角形，颜色设置为“浅绿”，轮廓为“无轮廓”，将形状向右旋转90度，并将这3个形状组合在一起。

（8）绘制一条曲线，将前面组合的形状复制3个，调整大小后放置到曲线上。

（9）在幻灯片右侧插入文本框，输入文本，格式为“微软雅黑、28”，颜色和前面的文本颜色一致。最后在前面绘制的圆形中输入文本，格式为“Arial Black、白色,背景1”，保存演示文稿，完成本案例的操作。

5.4.2 编辑“唇膏新品宣传”演示文稿

本案例的目标是新建“唇膏新品宣传.pptx”演示文稿，利用形状和线条制作演示文稿的标题页和内容页，主要涉及形状处理的相关操作，最终参考效果如图5-47所示。

素材所在位置	光盘:\素材文件\第5章\操作案例\唇膏新品宣传.pptx
效果所在位置	光盘:\效果文件\第5章\操作案例\唇膏新品宣传.pptx
视频演示	光盘:\视频文件\第5章\编辑“唇膏新品宣传”演示文稿.swf

图5-47 “唇膏新品宣传”演示文稿参考效果

设计重点

本案例的重点在于形状特效的制作，并根据图片的颜色，设置整个演示文稿的主题颜色。本演示文稿因为是唇膏宣传，并根据宣传的主题，在标题幻灯片中利用裁剪图片、绘制形状和设置形状的效果来制作出图片的撕纸效果，将图片中人物的嘴唇撕掉，吸引观众对主题的联想和注意。

（1）打开素材文件“唇膏新品宣传.pptx”演示文稿，在第1张幻灯片中绘制一个矩形，完全遮盖整张幻灯片，设置形状轮廓为“无轮廓”，设置形状填充为“162,188,30”的RGB颜色。

（2）在第1张幻灯片中插入图片“广告.jpg”，先从下向上将人物嘴唇裁剪掉，然后再插入一张该图片，从上向下将人物嘴唇裁剪掉。

（3）在裁剪掉的图片和背景颜色形状的边缘使用自由曲线工具绘制两个形状，完全覆盖住两个边缘区域，然后设置这两个形状的轮廓为“无轮廓”，形状填充为“白色，背景1”。

（4）将上面一个白色形状的形状效果设置为“向下偏移”的阴影，将下面一个白色形状的形状效果设置为“向上偏移”的阴影。

（5）在撕纸背景中插入一个文本框，输入文本，格式为“方正粗倩简体、44”，艺术字样式为“填充-白色,阴影”；在文本框下面绘制一条直线，颜色为“白色，背景1”，粗细为“1.5磅”，虚线为“划线-点”；继续在直线下面插入一个文本框，输入文本，格式为“微软雅黑、18”；在上面的图片中输入文本，格式为“Alison、18”。

（6）将第1张幻灯片中的上面图片和形状复制到第2张幻灯片中，并通过鼠标调整其高度，设置图片的颜色饱和度为“66%”，柔化为“50%”。

（7）在幻灯片左上角插入文本框，输入文本，格式为“方正粗倩简体、44、文字阴影”；绘制圆角矩形，颜色与第1张幻灯片中的矩形相同，形状效果为“向下偏移”的阴影。

（8）绘制两条与矩形颜色相同的直线，粗细为“0.75磅”，箭头为“箭头样式11”，在矩形右上角插入一个文本框，输入““”，格式为“DotumChe、138”，完成本案例的操作。

5.5 习题

（1）打开“精装修设计方案.pptx”演示文稿，利用前面讲解的形状处理的相关知识对其内容进行编辑，制作一个目录幻灯片，最终效果如图5-48所示。

素材所在位置	光盘:\素材文件\第5章\习题\精装修设计方案.pptx
效果所在位置	光盘:\效果文件\第5章\习题\精装修设计方案.pptx
视频演示	光盘:\视频文件\第5章\编辑“精装修设计方案”演示文稿.swf

图5-48 “精装修设计方案”演示文稿参考效果

提示：先插入背景图片，设置艺术效果为“虚化”，然后绘制形状和输入文本，可以先绘制两个圆形并将其居中对齐，底层的圆形需要设置“50%”的透明度，左上角的圆环是利用圆形更改形状成“空心弧”，然后调整角度，旋转形状而成的。

（2）打开“案例分析.pptx”演示文稿，在其中通过插入线条和形状，设计不同的标题页样式，要求除如图5-49所示的样式外，再自由创意制作4种以上的标题页样式。

素材所在位置	光盘:\素材文件\第5章\习题\案例分析.pptx
效果所在位置	光盘:\效果文件\第5章\习题\案例分析.pptx
视频演示	光盘:\视频文件\第5章\编辑“案例分析”演示文稿.swf

图5-49 “案例分析”演示文稿参考效果

第6章 PowerPoint排版设计

本章将详细讲解对演示文稿中的幻灯片进行布局和背景配色的相关操作，并对如何设计和制作幻灯片母版进行全面讲解。读者通过学习应能够熟练掌握演示文稿的外观设计的各种操作方法，通过设置幻灯片版式、改变幻灯片背景、为幻灯片配色，使幻灯片更加美观，给予观众更多的视觉享受。

学习要点

◎ 了解演示文稿的各种结构
◎ 设置幻灯片页面
◎ 应用主题和模板
◎ 设置幻灯片背景
◎ 制作各种类型的母版
◎ 使用网格线和格式刷
◎ 快速排版

学习目标

◎ 掌握幻灯片布局与版式的基本操作
◎ 掌握幻灯片主题设置的基本操作
◎ 掌握制作幻灯片母版的操作方法
◎ 掌握排版设计的一些高级技巧

6.1 熟悉商务演示文稿的基本结构

制作演示文稿的过程类似于盖房子，坚实的基本结构是整个演示文稿的基础。所以，我们在了解了前面介绍的文本、图片和形状这些演示文稿的组成因素后，应该开始学习演示文稿的基本结构。下面将详细介绍演示文稿的结构图、常见的结构模式和常见的结构导航等知识。

6.1.1 结构图

结构图就是整个演示文稿的框架，在制作演示文稿前，首先需要在大脑中或在纸上绘制出演示文稿的结构草图，通常结构草图会按照树状结构排列。如图6-1所示为最常用的演示文稿结构图，大家可以按照演示文稿的简繁增加或删减内容项目。

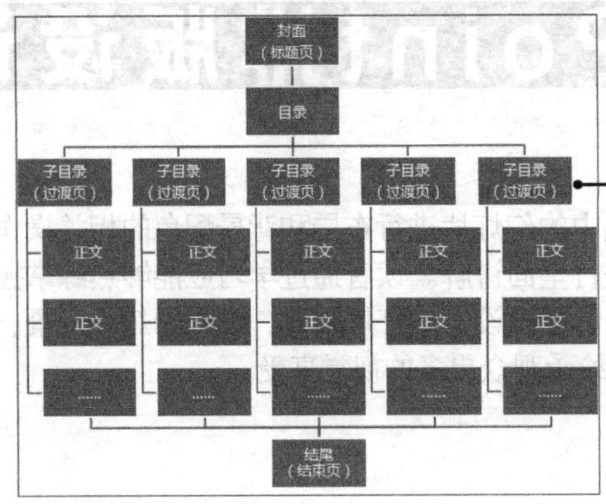

图6-1 演示文稿常用结构

6.1.2 结构模式

在商务演示文稿的结构模式中，最常用的主要有以下6种。

◎ **陈述介绍模式**：其主要是运用描述说明的方法，针对某种产品、原理、方案、项目，按照步骤进行分析，力求让观众全面了解该演示文稿叙述的内容。其特点是中规中矩、清晰明了，适合制作公司简介、产品介绍、方案说明、项目发布等类型的演示文稿。

◎ **对象罗列模式**：其主要是运用图片或者文字介绍的方式，在演示文稿的目录页后面直接把所有内容按照一定的顺序全部罗列出来，通常运用在内容比较单一，没有逻辑上的递进关系，主要是并列关系的演示文稿内容中，适合制作工作汇报、成果展示、产品介绍、部门信息汇总等类型的演示文稿。

◎ **故事引导模式**：其主要是按照一定的线索或者演示者的思路变化来叙述故事，引导演示文稿的内容，特点是轻松、煽情，通过调动观众的情绪来吸引其注意，适合制作公司会议、客户聚会、新品发布等类型的演示文稿。

◎ **提问分析模式**：其主要是运用提出问题的方法，针对某些特定的问题，层层分析、层层递进，展开整个演示文稿的内容。其结构通常是提出问题——分析问题——提出解决方案——解决问题，适合制作咨询报告、项目分析、方案介绍等类型的演示文稿。

◎ **自由抒情模式**：其主要是没有结构的限制，按照设计者自由的思路来分析和表达演示文稿的内容，特点是具有极强的感染力，在视觉和听觉上能强烈震撼观众，适合制作产品发布、商业广告、公益活动等类型的演示文稿。

◎ **累积渲染模式**：其主要是在演示文稿中不断重复和强调某项内容，而简单设计其他内容，特点是结构简化、节奏感强，通过不断强化核心内容来调动观众的注意力，适合制作各种宣传类型的演示文稿。

设计技巧

在商务演示文稿的制作过程中，这6种模式并不是绝对的，有可能是两三种模式混合在一起设计的结构。这些都不是最重要的，最重要的一点就是演示文稿的结构模式设计必须满足客户的需要，必须满足观众的需要。

6.1.3 结构导航

导航系统就是演示文稿中目录页和过渡页组成的结构分布系统，作用是方便用户观看，帮助观众了解内容的逻辑结构，常用的结构导航主要有以下几种。

◎ **常规导航**：这种结构导航主要采用“目录+章节标题”的形式，如图6-2所示。其特点是清晰直观、制作方便，但缺乏新意，适用于比较正式和严谨的场合，如制作政府工作报告、学术研究、投标方案等类型的演示文稿。

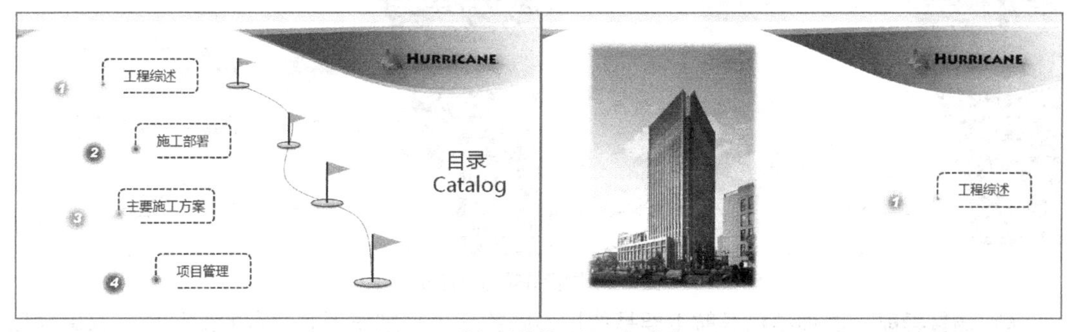

图6-2 常规导航的目录页和过渡页

◎ **网页导航**：这种结构导航采用网页目录结构形式，将演示文稿中的幻灯片制作成网页形式，单击相应的链接即可进入不同的内容页，如图6-3所示。其特点是主题明确、跳转方便，但背景比较单一，同样适用于制作公司简介、政府公文等类型的演示文稿。

图6-3 网页导航的内容页

◎ **图表导航**：这种结构导航主要是常规导航的一种变形，将常规的目录制作成图表、图形或者形状的样式，同样具有一个目录页和多个过渡页，图6-4就是一种图表导航。其特点是形象、生动和美观。

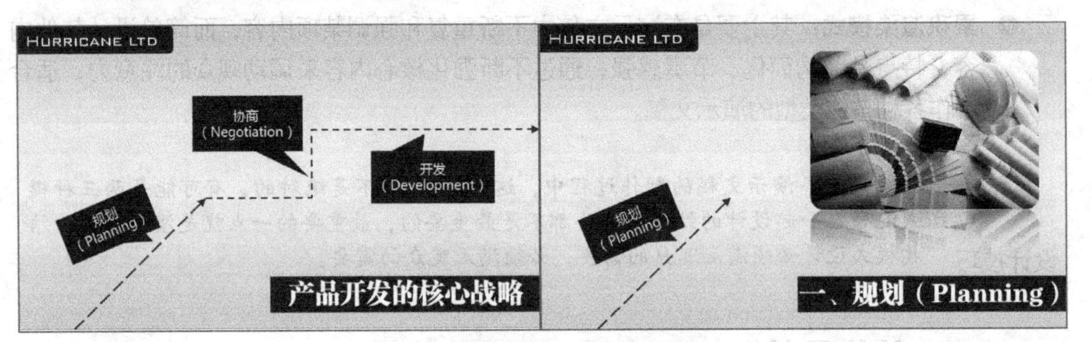

图6-4　图表导航的目录页和过渡页

◎ **同步导航**：这种结构导航主要是将目录系统和内容页合并在一起，在同一张幻灯片中实现目录的跳转与内容的阅读，图6-5就是一种同步导航。其特点是直观，能迅速查找并跳转内容幻灯片，但由于目录会侵占内容空间，不适合内容复杂的演示文稿，且对动画和幻灯片版式的设计要求较高。

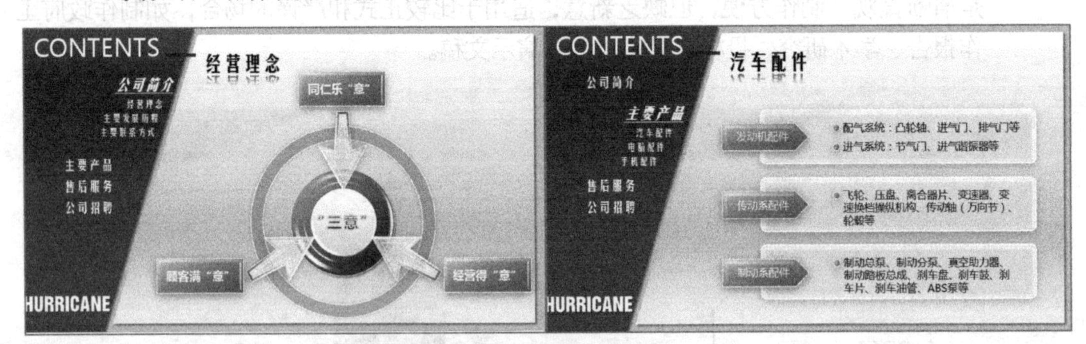

图6-5　同步导航的内容页

◎ **场景导航**：这种结构导航主要是使用不同的场景来制作不同内容的幻灯片，这里的场景可以是图片、形状，甚至是各种组合，如图6-6所示。场景导航主要适用于内容较复杂的演示文稿，不一定需要总目录，但每部分都需要有过渡页，且每部分的过渡页和内容页的风格需要统一。

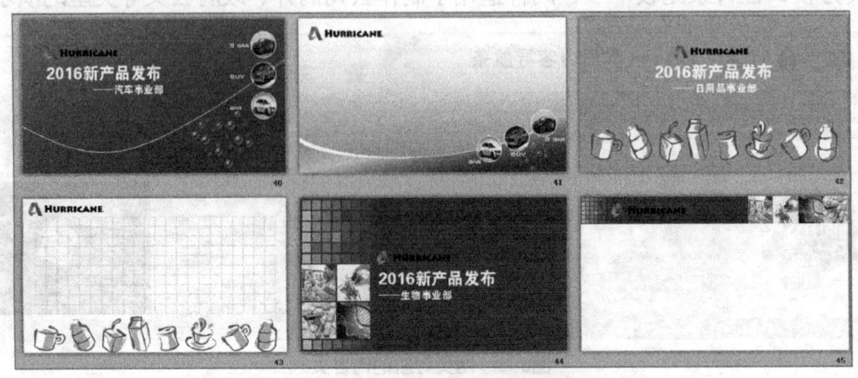

图6-6　3个不同场景导航的过渡页和内容页

◎ **背景导航**：这种结构导航主要是由单一图片或背景，或者不同图片、不同背景组成，没有目录和过渡页，只有标题页、结尾页和内容页3种幻灯片，如图6-7所示。其特点是展现的内容非常专业、唯美，有极强的感染力，但也可能由于画面过于单调，造成页面切换不明显，导致观众注意力的丧失。

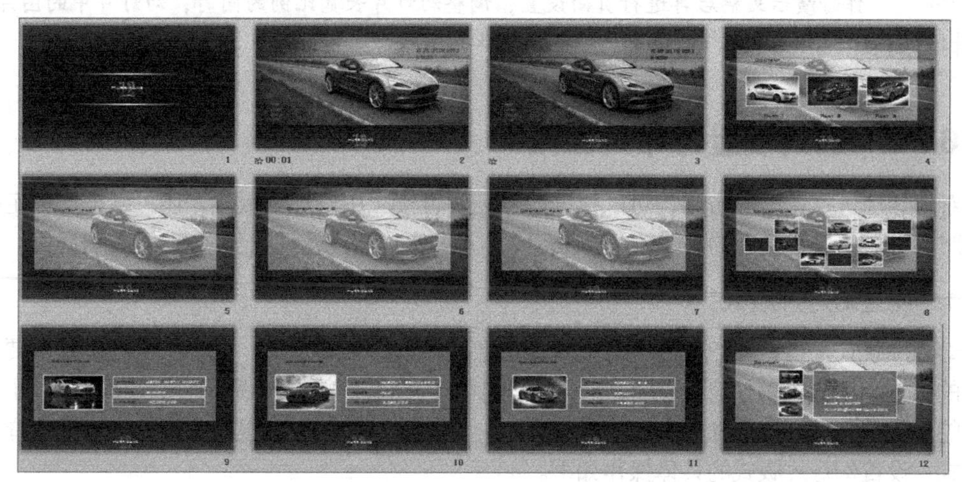

图6-7 使用单一图片背景的演示文稿

6.2 设置演示文稿排版

幻灯片中可以同时包含文本、表格、图片、动画、声音等多种不同类型的对象，各对象之间只有进行合理的布局和排版，才能将幻灯片的内容准确地传达出来。

6.2.1 页面设置

这里的页面设置是指幻灯片页面的长宽比例，也就是通常所说的页面版式。PowerPoint中默认的幻灯片长宽比例为4:3，但现在演示文稿的放映通常都是通过投影或者大屏显示器进行，这些设备通常显示比例都是16:10或者16:9的宽屏，如图6-8所示为分别使用两种长宽比例制作的幻灯片放映的效果对比。由于两种幻灯片都是使用宽屏显示器进行放映，可以看出使用4:3比例制作的幻灯片两侧将显示两条黑边。

图6-8 不同长宽比例的幻灯片的放映效果

设置幻灯片页面的操作非常简单，只需要在PowerPoint操作界面的【设计】→【页面设置】组中单击“页面设置”按钮，打开“页面设置”对话框，在“幻灯片大小”下拉列表框中选择一种长宽比例即可。

设计技巧

需要注意的是，进行页面设置应该是创建演示文稿后的第一步操作，如果在制作好演示文稿后再进行页面设置，调整幻灯片长宽比例的同时，幻灯片中的图片、形状和文本框等对象也会随比例发生相应的拉伸变化。

6.2.2 版式设置与布局原则

对幻灯片进行合理的布局，可以根据内容需要直接应用幻灯片版式，还可以按照一定的原则，对各种对象进行合理的安排。

1. 设置幻灯片版式

幻灯片版式是指一张幻灯片中的文本、图像等元素的布局方式，它定义了幻灯片上要显示内容的位置和格式设置信息。选择同一种版式制作的幻灯片略显单调，PowerPoint提供了多种预设的版式，包括“标题和内容”“两栏内容”“比较”等，可以根据不同的内容而选择不同的版式。设置幻灯片版式的具体操作如下。

（1）新建演示文稿，在【开始】→【幻灯片】组中单击版式按钮。

（2）在“Office主题”下拉列表框中选择需要的版式，即可将其应用于当前幻灯片，如图6-9所示。

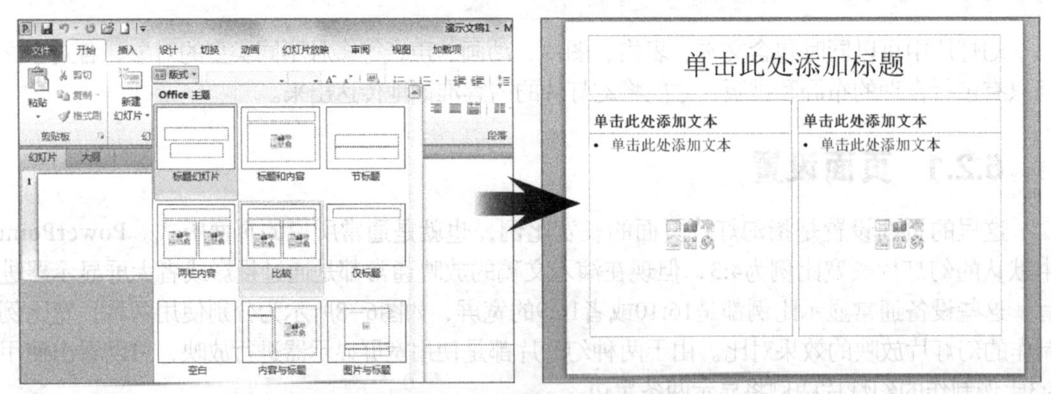

图6-9 设置幻灯片版式

知识提示

在制作幻灯片内容之前就应选择好版式，在选择时应根据幻灯片中的内容来确定。如果幻灯片中全是文字，则选择文字版式；如果有其他对象，则应根据对象的类型选择不同的版式。如果幻灯片的内容有所改变，需要修改版式时，可以重新单击版式按钮，在打开的下拉列表框中选择新的版式。

2. 幻灯片布局的原则

存在于幻灯片中的对象有文本、表格、图片、声音、动画等，要将这些对象进行合理的布局，就需要注意以下几个原则。

◎ **均衡统一**：同一演示文稿中各张幻灯片的标题文本、图片等的位置及页边距大小等应

尽量统一，一张幻灯片中应尽量保持幻灯片上下、左右各部分内容量的均衡，背景与配色也应和谐统一。

◎ **有机结合**：幻灯片中的文本、图片、表格、图表等对象应有机地结合在一起，相互配合以传达信息，但同一张幻灯片中各对象的数量也不宜过多，以避免累赘。

◎ **强调主题**：对于幻灯片中要表达的核心内容，以及演示文稿最后的结论部分，应通过字体、颜色、样式等方式进行强调，以引起观众的注意。

◎ **内容精简**：普通人在短时间内可接收并记忆的最大信息量约为7条，因此在一张幻灯片中，文本最好不要超过7行，尽量精简其内容，做到言简意赅，以利于观众接受。

6.2.3 应用模板

模板是一张幻灯片或一组幻灯片的图案或蓝图，其后缀名为.potx。模板可以包含版式、主题颜色、主题字体、主题效果和背景样式，甚至还可以包含内容，如图6-10所示。用户可以通过修改模板中的内容和图片，直接保存为自己的演示文稿。

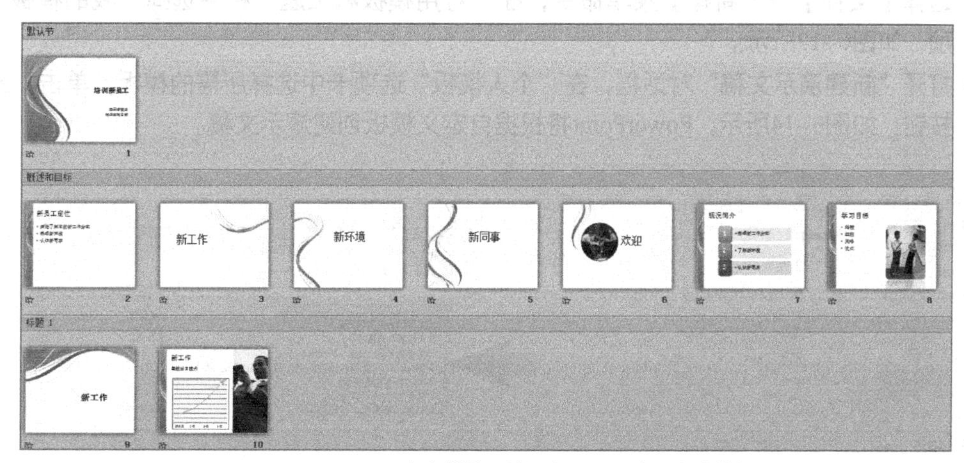

图6-10 PowerPoint中自带的"培训新员工"演示文稿模板

1. 创建模板

PowerPoint中自带了很多演示文稿模板，可以直接利用这些模板创建演示文稿，相关操作在第2章中已经讲解过了，这里不再赘述。PowerPoint也支持将制作好的演示文稿保存为模板文件，其具体操作如下。

（1）打开制作好的演示文稿，选择【文件】→【保存并发送】菜单命令，在打开的页面"文件类型"栏中选择"更改文件类型"选项，在"更改文件类型"栏中双击"模板"选项，如图6-11所示。

（2）打开"另存为"对话框，在"保存范围"下拉列表框中选择模板的保存位置，单击 保存(S) 按钮，如图6-12所示，即可完成创建PowerPoint模板的保存。

知识提示

创建的PowerPoint模板文件可以保存在任何地方，但如果要使用创建的模板制作演示文稿，则需要将该模板复制到C:\Documents and Settings\Administrator\Application Data\Microsoft\Templates文件夹中。

图6-11　创建模板　　　　图6-12　保存模板

2. 使用模板

使用自己创建的模板来制作演示文稿，其具体操作如下。

(1) 选择【文件】→【新建】菜单命令，在“可用模板和主题”栏中选择“我的模板”选项，如图6-13所示。

(2) 打开“新建演示文稿”对话框，在“个人模板”选项卡中选择所需的模板，单击 确定 按钮，如图6-14所示，PowerPoint将根据自定义模板创建演示文稿。

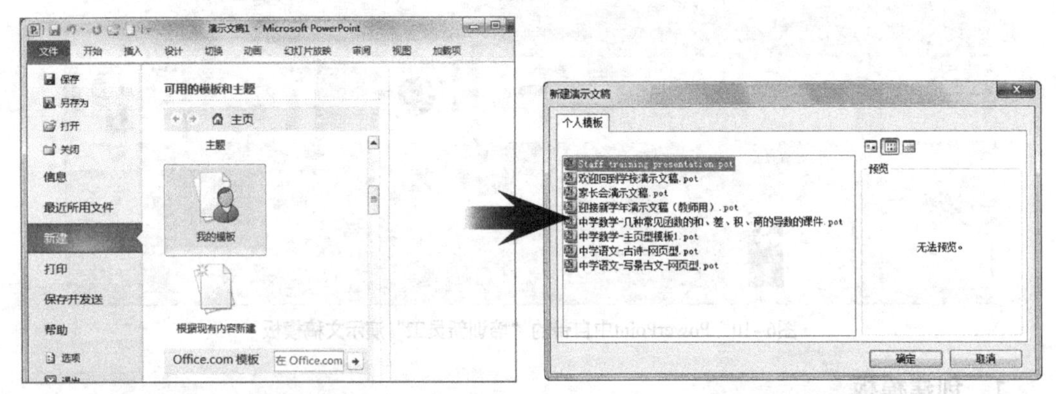

图6-13　选择创建模式　　　　图6-14　选择模板

6.2.4 应用主题

主题是由颜色、字体和背景效果这3个部分组成的，与模板的最大区别是主题中没有包含图片、文字、图表、表格、动画等对象。

1. 主题三要素和应用对象

主题的应用对象可以是单张的幻灯片，也可以是所有的幻灯片。通过设置主题，可以快速地批量改变幻灯片中的配色、字体和图形特效，形成统一的幻灯片风格。通常将主题颜色、主题字体和主题效果三项称为“主题三要素”，其设置界面如图6-15所示。主题三要素的主要功能介绍如下。

◎ **主题颜色**：设置不同的主题颜色可以改变演示文稿的配色方案，同时会影响到使用主题颜色的所有对象的颜色。

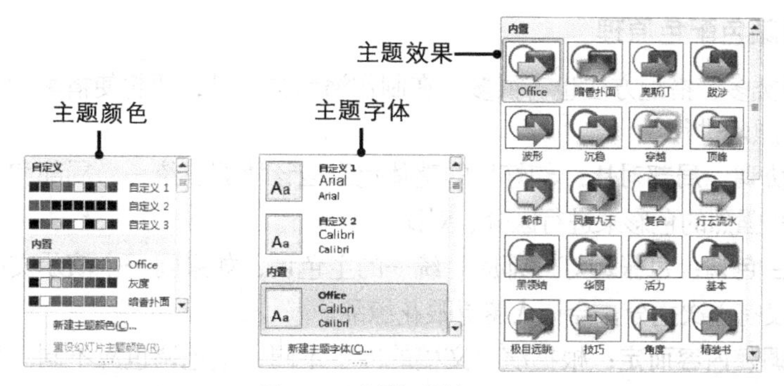

图6-15 主题三要素

◎ **主题字体：**设置所有幻灯片中标题占位符和内容占位符中的中英文字体样式。

◎ **主题效果：**设置不同的主题效果，改变幻灯片中各种效果的样式。

幻灯片中的背景样式也是主题的要素之一，且主题最有价值的功能就是快速统一演示文稿中所有幻灯片的背景色或背景图片。所以，设置幻灯片的背景样式的相关知识将在6.2.5小节中单独讲解。

2. 应用主题

PowerPoint 2010为用户提供了多种主题样式，这些主题样式将实现一步设置幻灯片的背景、文本配色等，其具体操作如下。

（1）打开演示文稿，选择一张幻灯片，在【设计】→【主题】组中单击“主题样式”列表框右侧的“其他”按钮，展开“主题样式”列表框，显示PowerPoint内置和来自Office.com的所有主题样式。

（2）若将主题应用于所有幻灯片，直接单击主题样式，或者在该主题样式上单击鼠标右键，在弹出的快捷菜单中选择“应用于所有幻灯片”命令；如果选择“应用于选定幻灯片”命令，则该主题只应用于当前幻灯片，如图6-16所示。

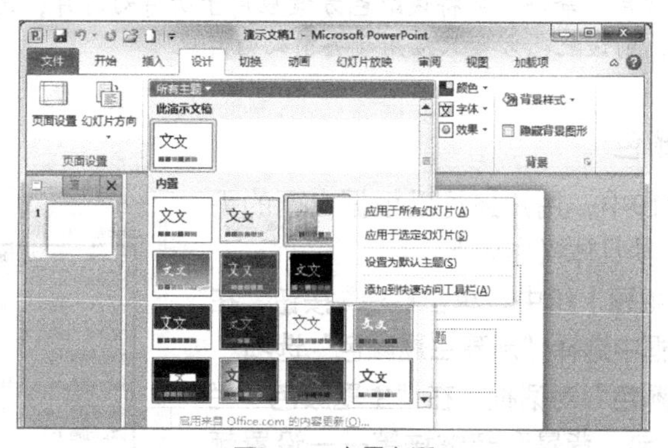

图6-16 应用主题

PowerPoint中内置了很多主题，商务演示文稿可以借鉴其中的配色和版式设计，修改其中的主题元素，并添加辨识度极高的图片、形状或者公司logo，设计出符合商务需求的演示文稿。

3. 主题颜色配色原理

颜色的种类多，搭配方法也有很多。在制作演示文稿时，要想使搭配的颜色和谐统一，可参照以下几个原理进行。

◎ **总体协调，局部对比：**幻灯片的整体色彩应该协调、统一，局部和小范围的地方可以用一些强烈的色彩来进行区分、对比。

◎ **明确主色调：**每张幻灯片都应有统一的主色调，如果同一个演示文稿中运用太多的颜色，没有主次之分，会让人感觉眼花缭乱。

◎ **主色调随内容而定：**根据演示文稿的内容不同，主色调也应不同。如科技以蓝色为主色调；政治最好以红色为主色调；生物以绿色为主色调等。

◎ **尽量使用邻近色：**邻近色更易产生层次感，并使整体颜色更和谐，如深蓝、蓝色和浅蓝的搭配使用，黄色、橙色的搭配使用。用邻近色制作的演示文稿给人正式、严谨的感觉，使整个演示文稿看起来比较协调。

◎ **加强背景与内容的对比度：**为了突显内容，应尽量使背景色和内容的颜色有较高的对比度，深色背景用浅色的文字，浅色背景用深色文字。不仅是文字，图表中各对象之间都需要用对比度较大的颜色来进行区分。

4. 应用主题颜色

PowerPoint 2010提供的主题样式中都有固定的配色方案，但主题样式有限，并不能完全满足演示文稿的制作需求，这时可通过应用主题颜色，快速解决配色问题，其具体操作如下。

（1）首先需要为演示文稿应用一种主题样式，然后在【设计】→【主题】组中单击颜色按钮。

（2）打开下拉列表框，当鼠标光标移动到配色方案选项上时，在幻灯片中可预览其效果，选择该选项即可为所有幻灯片应用该配色方案。

知识提示

选择一种配色方案后，在其上单击鼠标右键，在弹出的快捷菜单中选择“应用于所有幻灯片”命令，则将该配色方案应用于所有幻灯片；选择“应用于选定幻灯片”命令，则该配色方案只应用于当前幻灯片。

5. 自定义主题颜色

在PowerPoint 2010中，用户还可以根据自己的需要，自定义主题颜色，其具体操作如下。

（1）在【设计】→【主题】组中，单击颜色按钮，在打开的下拉列表框中选择“新建主题颜色”选项。

（2）打开“新建主题颜色”对话框，在“主题颜色”栏中为幻灯片中文字、背景和超链接等一一设置颜色，并在右边的“示例”栏中预览效果，然后在下方的“名称”文本框中输入该主题配色方案的名称，最后单击保存(S)按钮，如图6-17所示，保存方案的同时也将其应用到当前演示文稿中。

图6-17　自定义主题颜色

6. 自定义主题字体

应用主题字体的操作与应用主题颜色相似，在【设计】→【主题】组中，单击 字体 按钮，在打开的下拉列表框中选择一种主题字体样式即可。当然，也可以根据客户的需要，自定义主题字体，其具体操作如下。

（1）在【设计】→【主题】组中，单击 字体 按钮，在打开的下拉列表框中选择“新建主题字体”选项。

（2）打开“新建主题字体”对话框，在“西文”和“中文”栏中分别设置标题和正文的字体，然后在“名称”文本框中输入该主题字体的名称，最后单击 保存(S) 按钮，如图6-18所示，保存方案的同时也将其应用到当前演示文稿中。

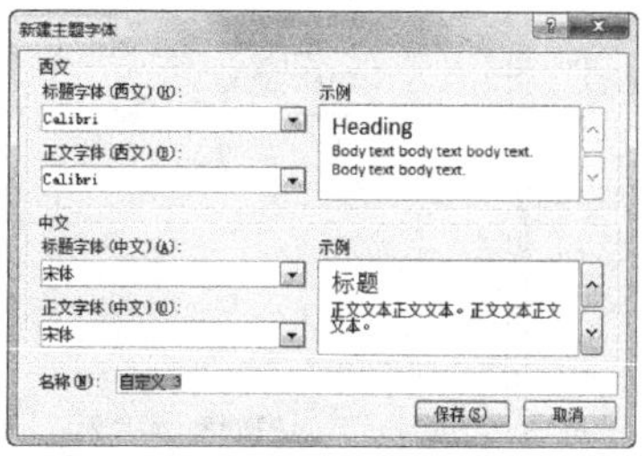

图6-18 自定义主题字体

6.2.5 设置背景样式

设置背景样式也就是设置演示文稿中所有幻灯片的背景，在PowerPoint 2010中设置背景样式也分为应用系统背景和自定义背景两种方式。

1. 应用系统背景

PowerPoint 2010提供的系统背景比较简单，直接选择应用即可，其具体操作如下。

（1）选择演示文稿中的一张幻灯片，在【设计】→【背景】组中，单击 背景样式 按钮。

（2）打开下拉列表框，当鼠标光标移动到背景样式选项上时，在幻灯片中可预览其效果，选择该选项即可为所有幻灯片应用该背景样式，如图6-19所示。

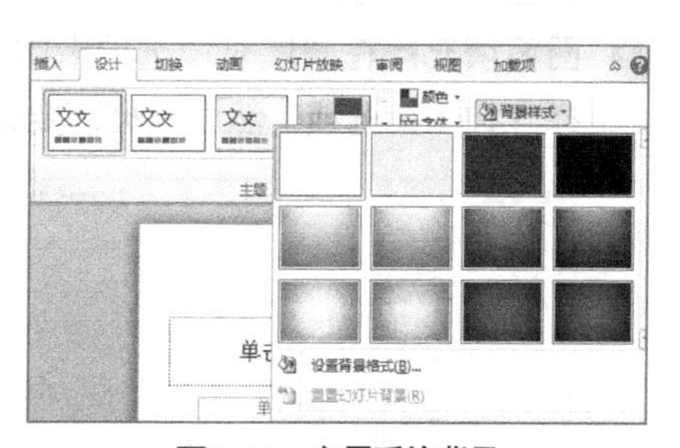

图6-19 应用系统背景

2. 自定义背景

在幻灯片中如果只用纯色作为背景，有时会显得单调，这时用户可根据需求自定义背景，既可选择纯色或渐变色，也可选择纹理或图案等作为背景，甚至还可以选择计算机中的任意图片作为背景，使整个画面更丰富。其方法为：在【设计】→【背景】组中单击 背景样式 按钮，在打开的下拉列表框中选择“设置背景格式”选项，打开“设置背景格式”对话框，默认选择“填充”选项卡，在该选项卡中选择所需的填充效果进行设置。

“设置背景格式”对话框中各填充效果设置方法如下。

◎ **纯色填充**：该种背景填充效果只能选择一种填充色，在“设置背景格式”对话框“填充”选项卡中单击选中“纯色填充”单选项，再在“填充颜色”栏中单击“颜色”按钮，在打开的列表中选择一种颜色；另外，在“填充颜色”栏中拖动“透明度”滑块或者在右侧的数值框中输入透明度值，还可设置填充色的透明度，如图6-20所示。

◎ **渐变填充**：渐变色是指由两种或两种以上的颜色分布在画面上，并均匀过渡。在“填充”选项卡中单击选中“渐变填充”单选项，可以为幻灯片设置渐变色的背景。包括

设置渐变的预设颜色、类型、方向、角度、颜色、亮度和透明度等，如图6-21所示。

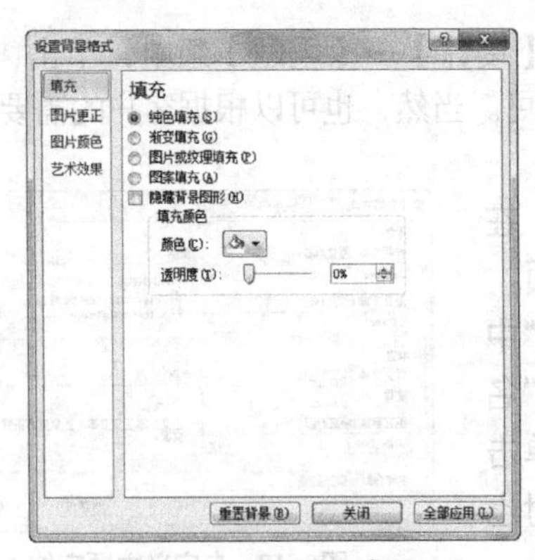

图6-20 设置纯色背景

图6-21 设置渐变色背景

◎ **图片或纹理填充**：在“填充”选项卡中单击选中“图片或纹理填充”单选项，单击“纹理”按钮，在打开的列表中选择一种纹理作为幻灯片背景；在“插入自”栏中通过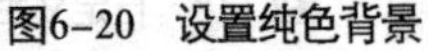按钮和剪贴画按钮，可以选择插入文件中的图片或剪贴画作为幻灯片背景。当选择纹理填充时，系统会自动选中“将图片平铺为纹理”复选框，在“平铺选项”栏中可对偏移量、缩放比例、对齐方式、镜像类型、透明度等进行详细的设置，如图6-22所示。

◎ **图案填充**：在“填充”选项卡中单击选中“图案填充”单选项，在下面的列表框中选择一种图案选项，然后根据需要设置图案的前景色和背景色即可，如图6-23所示。

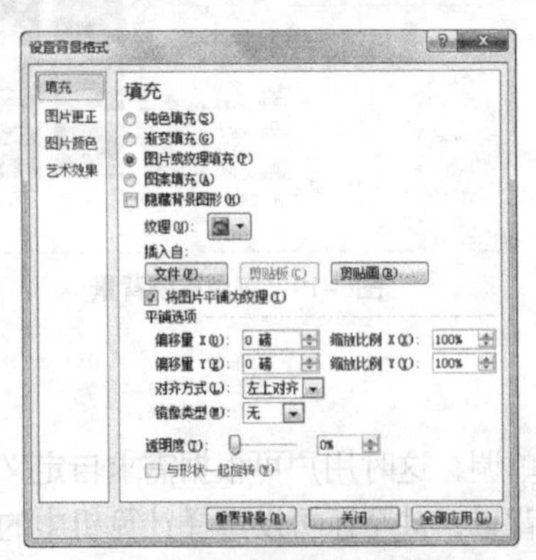

图6-22 设置纹理和图片背景

图6-23 设置图案填充

知识提示

在“设置背景格式”对话框中设置背景填充效果后，单击“关闭”按钮则只在当前幻灯片中应用设置的背景填充效果，单击“全部应用”按钮则对演示文稿中的所有幻灯片都应用设置的背景填充效果。

6.2.6 案例——制作“新工作报告”演示文稿

本案例要求根据提供的素材文档，制作出新的模板文件，主要涉及使用和保存模板，设置主题颜色、主题字体和背景样式等操作。完成后的参考效果如图6-24所示。

素材所在位置 光盘:\素材文件\第6章\案例\工作报告.potx
效果所在位置 光盘:\效果文件\第6章\案例\新工作报告.potx
视频演示 光盘:\视频文件\第6章\制作“新工作报告”演示文稿.swf

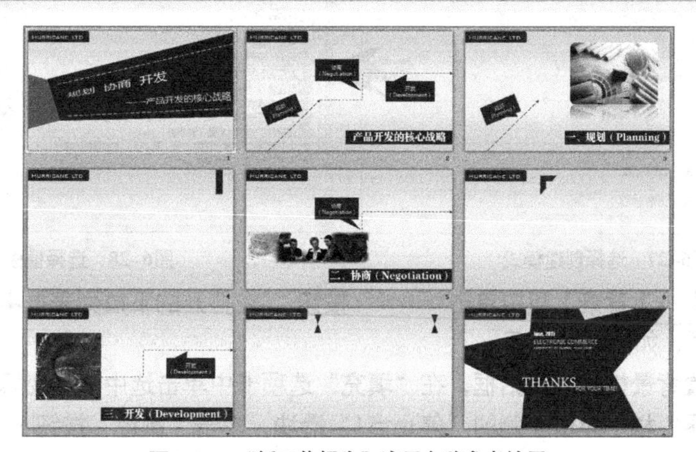

图6-24 “新工作报告”演示文稿参考效果

设计重点

本案例的重点在于演示文稿排版中的主题颜色、字体和背景样式的设置，并通过这些设置，制作出一个新的演示文稿模板。该模板包括标题页、目录页、过渡页、内容页和结束页，并使用图表导航和场景导航结合的模式。如果用户需要更多的场景，可以利用简单的形状来制作具有统一风格的过渡页和内容页。

（1）打开“工作报告.pptx”演示文稿，选择【文件】→【另存为】菜单命令，如图6-25所示。

（2）打开“另存为”对话框，在“文件名”文本框中输入“工作报告”，在“保存类型”下拉列表框中选择“PowerPoint模板（*.potx）”选项，单击 保存(S) 按钮，如图6-26所示，将该演示文稿保存为模板，并保存到系统默认的模板文件夹中。

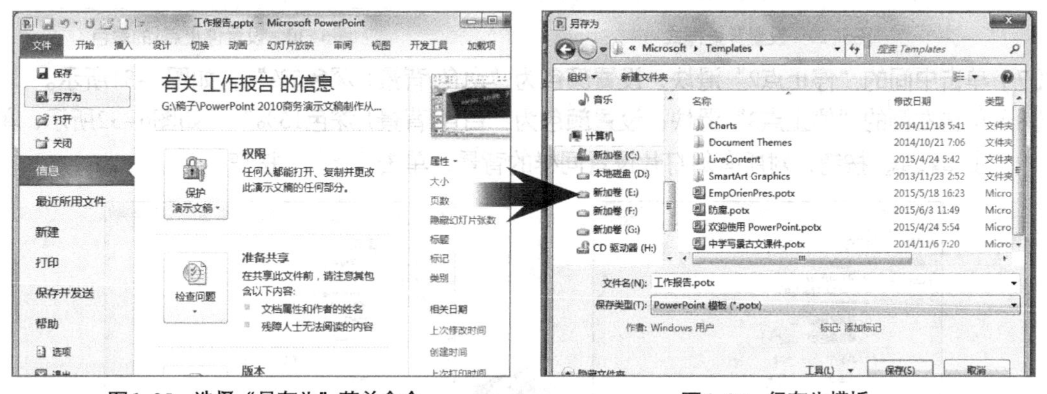

图6-25 选择“另存为”菜单命令　　图6-26 保存为模板

（3）重新启动PowerPoint 2010，选择【文件】→【新建】菜单命令，在“可用模板和主题”栏中选择“我的模板”选项，如图6-27所示。

（4）打开“新建演示文稿”对话框，在“个人模板”选项卡中选择“工作报告”选项，单击 确定 按钮，如图6-28所示，创建新的演示文稿。

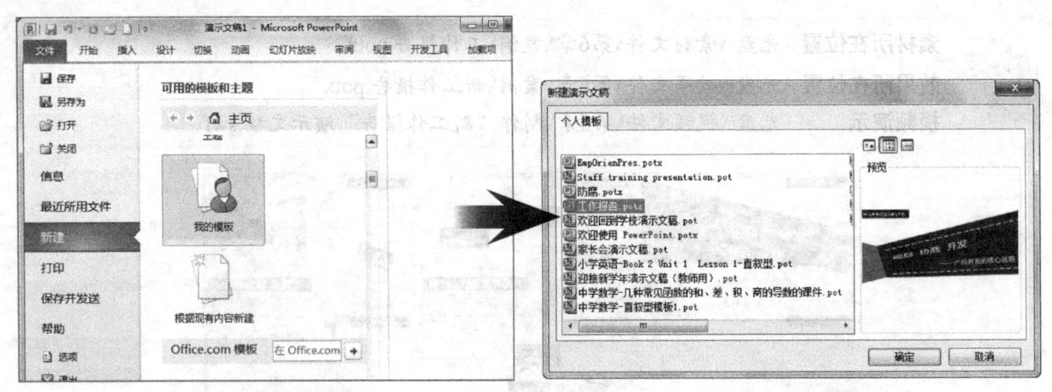

图6-27　选择创建模式　　　　图6-28　选择模板

（5）在【设计】→【背景】组中单击 背景样式 按钮，在打开的下拉列表框中选择“设置背景格式”选项，如图6-29所示。

（6）打开“设置背景格式”对话框，在“填充”选项卡中单击选中“渐变填充”单选项，在“渐变光圈”栏中单击左侧的“停止点1”滑块，单击“颜色”按钮，在打开的列表中选择“白色,背景1,深色15%”选项，如图6-30所示。

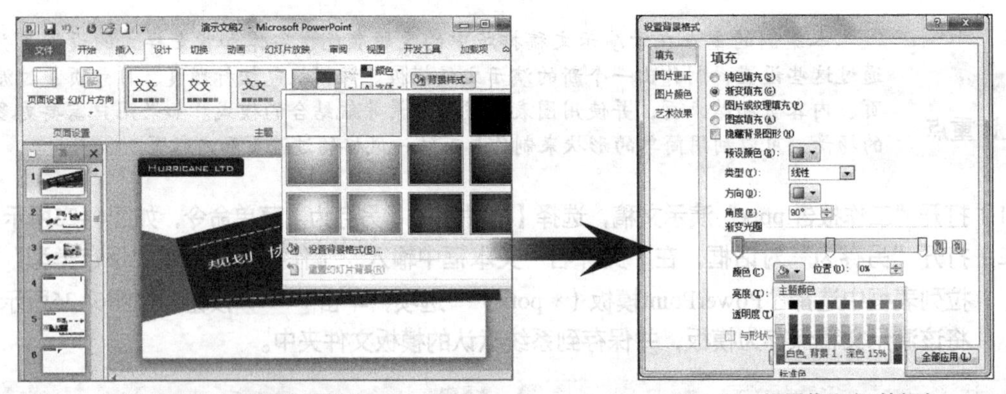

图6-29　设置背景样式　　　　图6-30　设置停止点1的颜色

（7）单击中间的“停止点2”滑块，设置颜色为“白色,背景1,深色5%”，如图6-31所示。

（8）单击右侧的“停止点3”滑块，设置颜色为“白色,背景1,深色15%”，如图6-32所示，单击 全部应用(L) 按钮，对所有幻灯片设置同样的背景，单击 关闭 按钮。

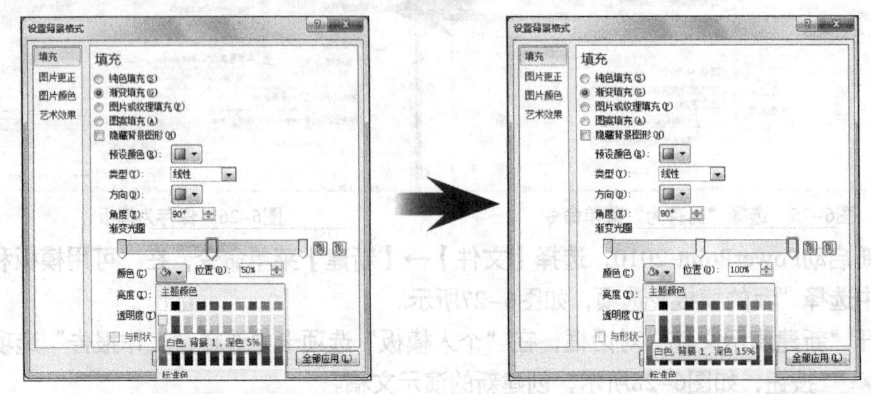

图6-31　设置停止点2的颜色　　　　图6-32　设置停止点3颜色

（9）在“主题”组中单击 字体 按钮，在打开的下拉列表框中选择“新建主题字体”选项，如图6-33所示。

（10）打开“新建主题字体”对话框，在“西文”栏的“标题字体”和“正文字体”下拉列表框中都选择“微软雅黑”选项，在“中文”栏的“标题字体”下拉列表框中选择“方正粗宋简体”选项，在“正文字体”下拉列表框中选择“微软雅黑”选项，单击 保存(S) 按钮，如图6-34所示。

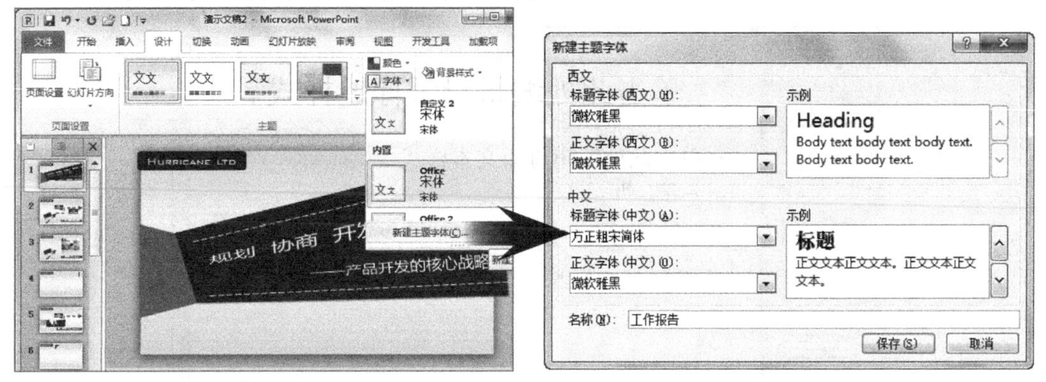

图6-33 “新建主题字体”选项　　　　图6-34 设置主题字体

（11）选择内容页幻灯片，在标题占位符和内容占位符中即可看到字体已经发生了变化，如图6-35所示。

（12）选择【打开】→【保存】菜单命令，打开“另存为”对话框，在“文件名”文本框中输入“新工作报告”，在“保存类型”下拉列表框中选择“PowerPoint模板（*.potx）”选项，单击 保存(S) 按钮，如图6-36所示，完成本案例的操作。

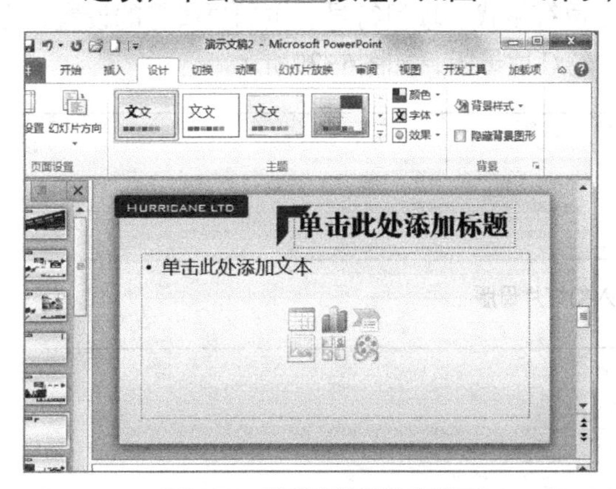

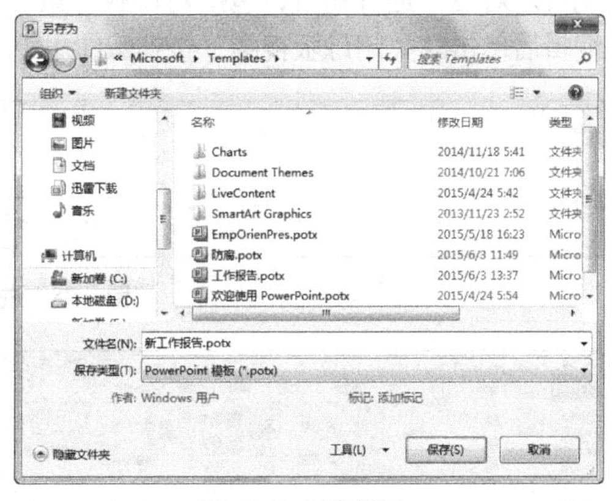

图6-35 设置字体后的内容页　　　　图6-36 保存模板

6.3 制作母版

母版是存储了演示文稿中所有幻灯片主题或页面格式的幻灯片视图或页面，用它可以制作演示文稿中的统一标志、文本格式、背景、颜色主题以及动画等，快速制作出多张版式相同的幻灯片，可极大地提高工作效率。

6.3.1 进入和退出幻灯片母版

幻灯片母版是模板的一部分，它是存储有关应用的设计模板信息的幻灯片，包括字形、占位符大小或位置、背景设计和配色方案等，可以直接在母版的基础上快速制作出多张具有相同风格的幻灯片。如图6-37所示为幻灯片母版视图，第1张幻灯片就是该演示文稿的普通幻灯片的母版，第2张幻灯片则是该演示文稿标题幻灯片的母版，其他幻灯片则是不同版式、不同内容的幻灯片母版。设置幻灯片母版时，通常只设置第1张和第2张幻灯片的母版样式。

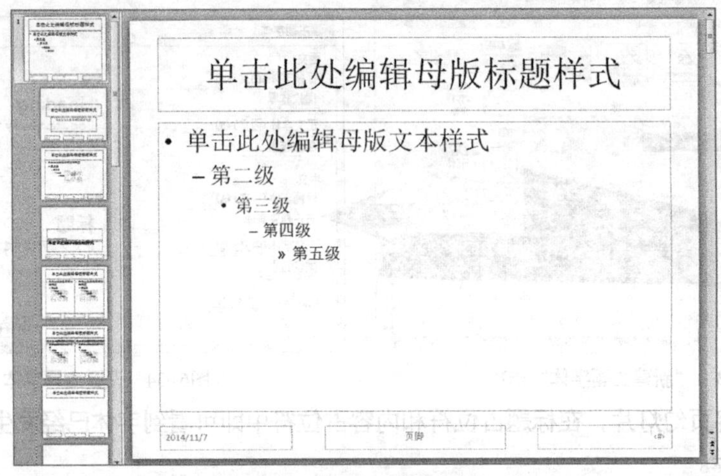

图6-37 幻灯片母版视图

进入幻灯片母版的方法为：在【视图】→【母版视图】组中单击“幻灯片母版”按钮就可进入幻灯片母版视图，并出现“幻灯片母版”选项卡及其功能区，如图6-38所示。接下来就可以对母版进行编辑，包括对母版背景、占位符格式、项目符号、页眉页脚等的设置，完成编辑后单击“关闭母版视图”按钮即可退出幻灯片母版，如图6-39所示。

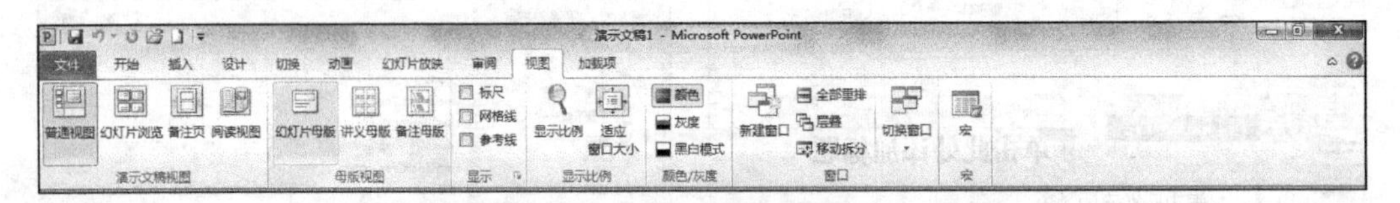

图6-38 进入幻灯片母版

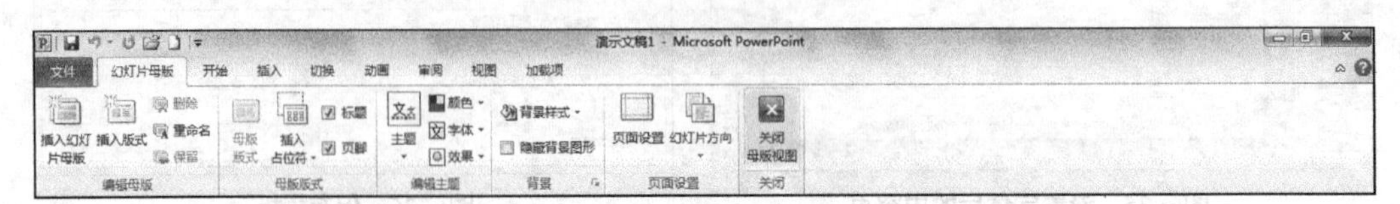

图6-39 退出幻灯片母版

6.3.2 制作幻灯片母版

制作幻灯片母版的操作主要包括设置背景、占位符、文本和段落格式、页眉和页脚等。

1. 设置母版背景

若要为所有幻灯片应用统一的背景，可在幻灯片母版中进行设置，设置的方法和设置单张

幻灯片背景的方法类似，其具体操作如下。

（1）进入幻灯片母版视图，选择需要设置背景的幻灯片。

（2）在【幻灯片母版】→【背景】组中单击 背景样式 按钮，在打开的下拉列表框中选择任意一种系统背景样式即可；若要自定义背景样式，则选择“设置背景格式”选项，在打开的“设置背景格式”对话框中进行设置。

知识提示 自定义幻灯片母版的背景样式也可以设置纯色填充、渐变填充和图片或纹理填充等多种背景效果，其具体操作方法与自定义设置幻灯片背景完全相同，这里不再赘述。

2. 设置占位符

课件中各张幻灯片的占位符是固定的，如果要逐一更改占位符格式，既费时又费力，这时就可以在幻灯片母版中预先设置好各占位符的位置、大小、字体、颜色等格式，使幻灯片中的占位符都自动应用该格式。设置占位符的大小和位置的操作在第3章中已经介绍过，这里不再赘述。设置占位符中文本的大小、字体、颜色和段落格式的方法也与设置文本的相同，唯一不同之处在于幻灯片母版中的占位符中没有输入文本，设置格式时需要单击占位符，保持占位符的选择状态，即可进行文本格式的设置。设置完成后，退出幻灯片母版视图，在幻灯片的占位符中输入文本，即可直接应用在幻灯片母版中设置的占位符格式。图6-40即为设置了幻灯片母版中标题占位符的格式，在幻灯片中输入文本后的效果。

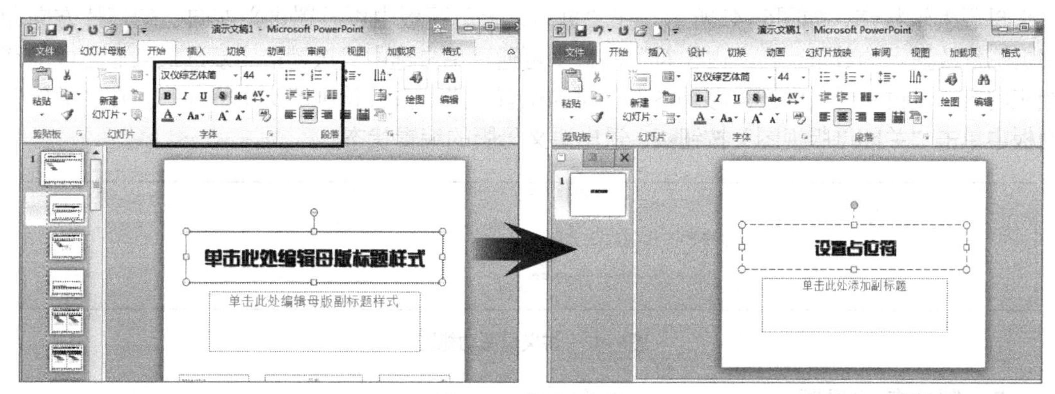

图6-40 设置占位符

3. 设置页眉和页脚

在幻灯片母版中还可以为幻灯片添加页眉页脚，包括日期、时间、编号和页码等内容，其具体操作如下。

（1）进入幻灯片母版视图，单击“插入”选项卡，在其中的“文本”组中单击“页眉和页脚”按钮。

（2）在打开的“页眉和页脚”对话框中单击选中“日期和时间”复选框设置日期和时间；单击选中“幻灯片编号”复选框设置幻灯片的编号；单击选中“页脚”复选框，在下方的文本框中输入文字，将其设置为页脚，最后单击 应用(A) 按钮完成设置，如图6-41所示。

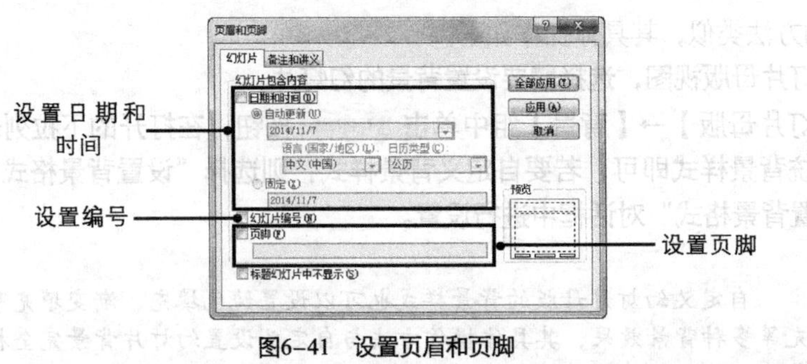

图6-41　设置页眉和页脚

知识提示

在“页眉和页脚”对话框中单击选中“自动更新”单选项，页脚显示的日期将每天变化，与计算机上的时间相同；若单击选中“固定”单选项，则可在下方的文本框中输入一个固定的时间，不会根据日期而变化。若是在标题幻灯片中不显示页眉和页脚，则需要单击选中“标题幻灯片中不显示”复选框。

4. 制作讲义母版

讲义是为方便演讲者在演示演示文稿时使用的纸稿，纸稿中显示了每张幻灯片的大致内容、要点等。讲义母版就是设置该内容在纸稿中的显示方式，制作讲义母版主要包括设置每页纸张上显示的幻灯片数量、排列方式以及页面和页脚的信息等。

制作讲义母版的方法为：在【视图】→【母版视图】组中单击“讲义母版”按钮，进入讲义母版编辑状态，如图6-42所示。在“页面设置”面板中可设置讲义方向、幻灯片方向和每页幻灯片显示的数量，在“占位符”面板中可通过单击选中或撤销选中复选框来显示或隐藏相应内容，在讲义母版中还可移动各占位符的位置、设置占位符中的文本样式等。在“关闭”面板中单击“关闭母版视图”按钮，退出讲义母版的编辑状态。

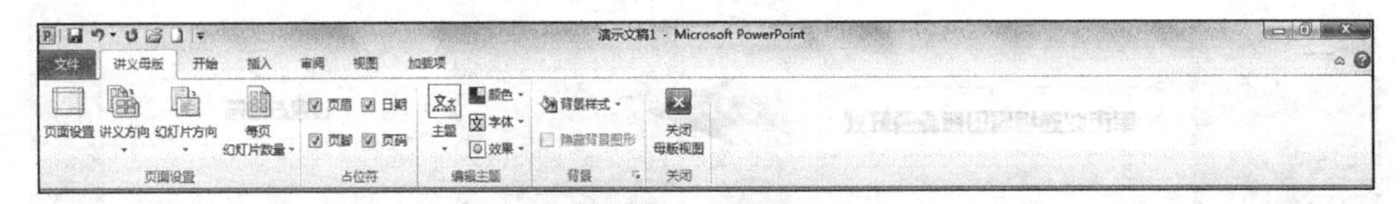

图6-42　讲义母版功能区

5. 制作备注母版

备注是指演讲者在幻灯片下方输入的内容，根据需要可将这些内容打印出来。要想使这些备注信息显示在打印的纸张上，就需要对备注母版进行设置。

制作备注母版的方法为：在【视图】→【母版视图】组中单击“备注母版”按钮，进入备注母版编辑状态，如图6-43所示。其设置方法与讲义母版以及幻灯片母版相同。

图6-43　备注母版功能区

6.3.3 案例——制作“飓风国际专用”幻灯片母版

本案例要求制作一个某企业专用的幻灯片母版，其中涉及制作幻灯片母版的相关操作，完成后的参考效果如图6-44所示。

素材所在位置 光盘:\素材文件\第6章\案例\

效果所在位置 光盘:\效果文件\第6章\案例\飓风国际专用.pptx

视频演示 光盘:\视频文件\第6章\制作“飓风国际专用”幻灯片母版.swf

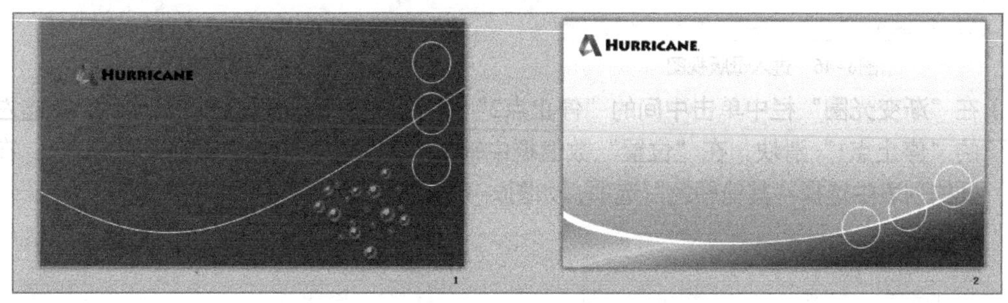

图6-44 “飓风国际专用”演示文稿参考效果

设计重点 本案例的重点在于如何制作母版，特别是在母版中设置背景样式，插入各种样式的占位符，如文本、图片等。特别需要注意的是，在设置了对象后，为了查看效果，需要退出幻灯片母版视图，在普通视图中显示。

（1）新建演示文稿，在【设计】→【页面设置】组中单击“页面设置”按钮，打开“页面设置”对话框，在“幻灯片大小”下拉列表框中选择“全屏显示（16:9）”选项，如图6-45所示。

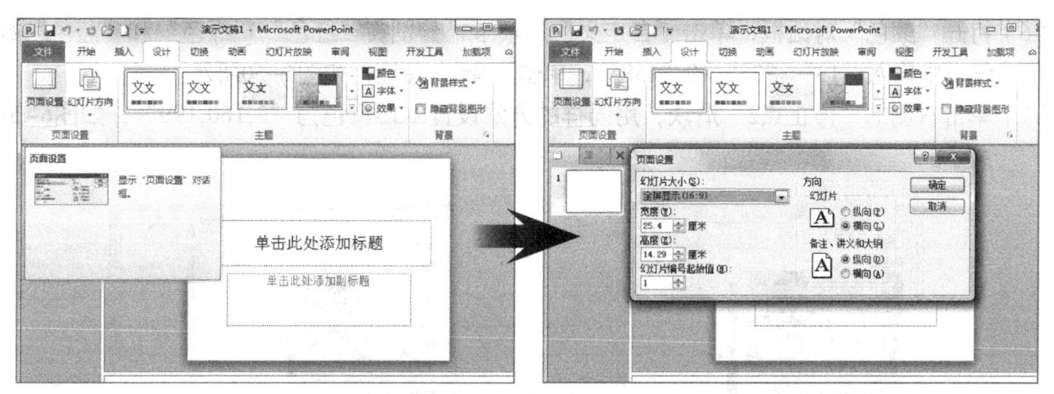

图6-45 设置页面

（2）在【视图】→【母版视图】组中单击“幻灯片母版”按钮，如图6-46所示。

（3）在母版视图中选择第2张幻灯片，并删除占位符，在【幻灯片母版】→【背景】组中单击 背景样式 按钮，在打开的下拉列表框中选择“设置背景格式”选项，如图6-47所示。

（4）打开“设置背景格式”对话框，单击选中“渐变填充”单选项，单击“方向”按钮，在打开的列表中选择“线性对角-右下到左上”选项，如图6-48所示。

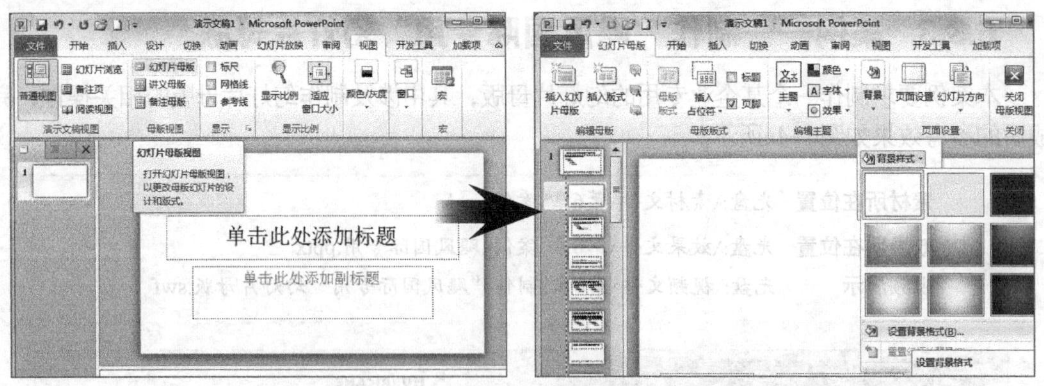

图6-46 进入母版视图　　　　图6-47 设置背景格式

（5）在“渐变光圈”栏中单击中间的“停止点2”滑块，按【Delete】键将其删除，单击左侧的“停止点1”滑块，在“位置”数值框中输入“22%”，单击“颜色”按钮，在打开的列表中选择“其他颜色”选项，如图6-49所示。

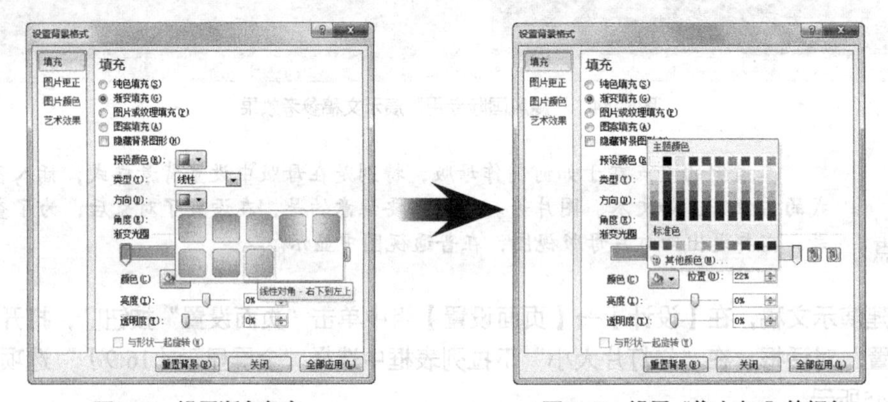

图6-48 设置渐变角度　　　　图6-49 设置“停止点1”的颜色

（6）打开“颜色”对话框，单击“自定义”选项卡，分别在“红色”“绿色”和“蓝色”数值框中输入“13”“75”和“158”，单击 确定 按钮，如图6-50所示。

（7）单击右侧的“停止点2”滑块，用同样的方法设置RGB颜色为“2,160,199”，如图6-51所示。

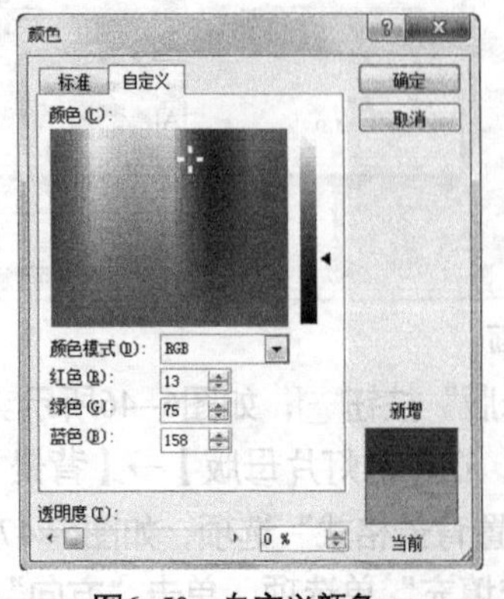

图6-50 自定义颜色

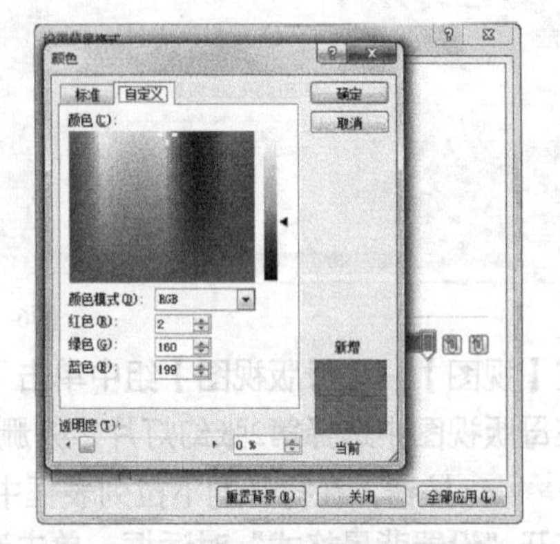

图6-51 设置“停止点2”的颜色

（8）将素材文件夹中的“Logo.png”和“气泡.png”图片复制到幻灯片中，并调整大小和位

置，效果如图6-52所示。

（9）绘制一条曲线，并设置曲线的形状轮廓为“白色,背景1”，粗细为“0.75磅”，如图6-53所示。

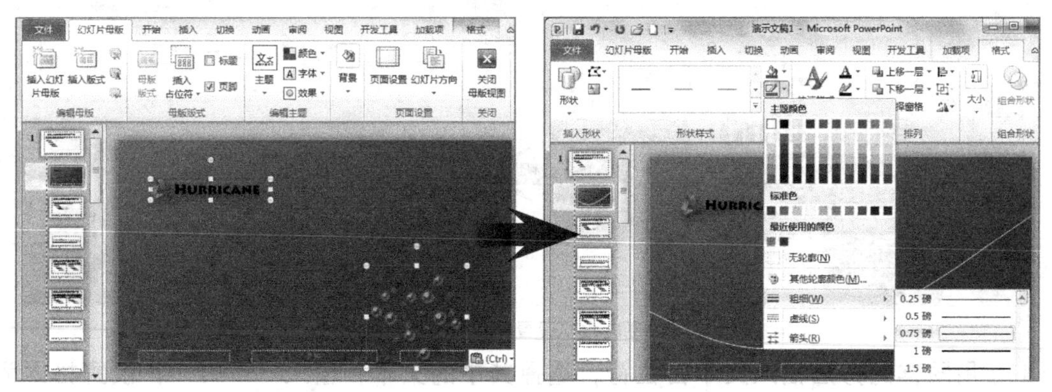

图6-52 插入图片　　　　图6-53 绘制形状

（10）在【幻灯片母版】→【母版版式】组中单击选中“标题”复选框，显示“标题”占位符，设置占位符的文本格式为“方正大黑简体、44、文本左对齐、白色”，并调整占位符的位置和大小，如图6-54所示。

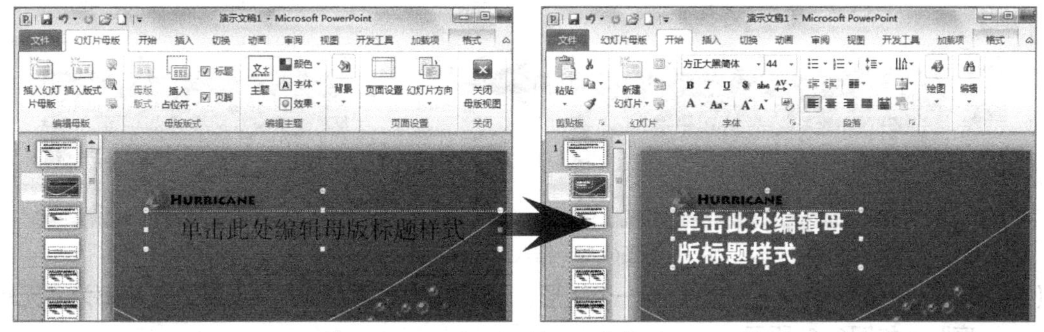

图6-54 设置标题占位符

（11）在【幻灯片母版】→【母版版式】组中单击“插入占位符”按钮，在打开的下拉列表中选择“图片”选项，在幻灯片中绘制图片占位符，然后将占位符的形状更改为“椭圆”，如图6-55所示。

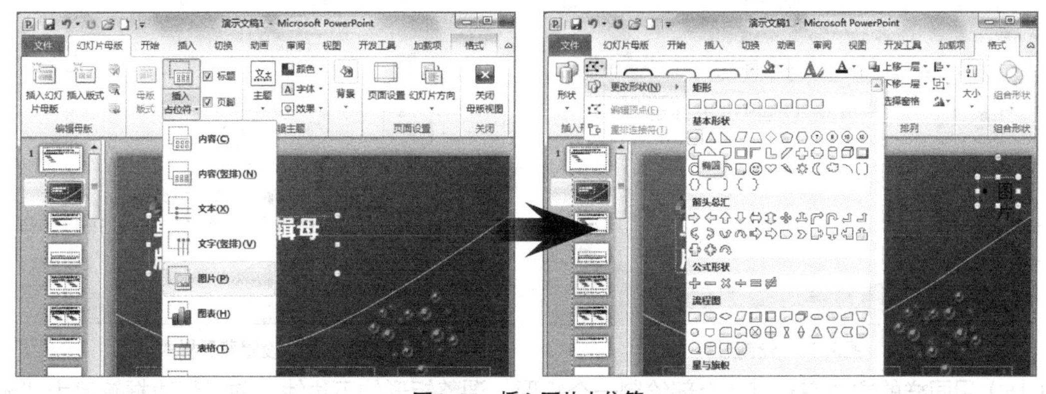

图6-55 插入图片占位符

（12）调整图片占位符的大小，并设置边框轮廓为“白色，背景1”，粗细为“0.25磅”，并将其复制为两个，排列对齐，如图6–56所示。

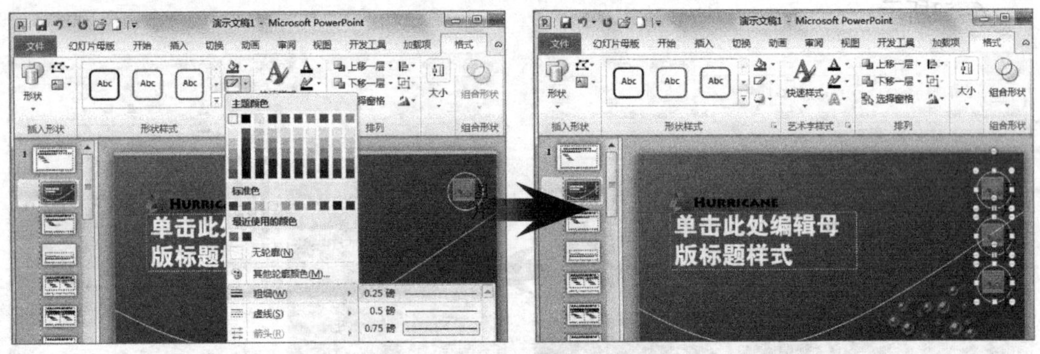

图6–56　设置图片占位符

（13）用同样的方法插入文本占位符，选择其中的文本，输入“CKJ”，设置格式为“BankGothic Md BT、18、白色”，并将其复制为两个，排列对齐，如图6–57所示，然后在【幻灯片母版】→【编辑母版】组中单击“插入版式”按钮。

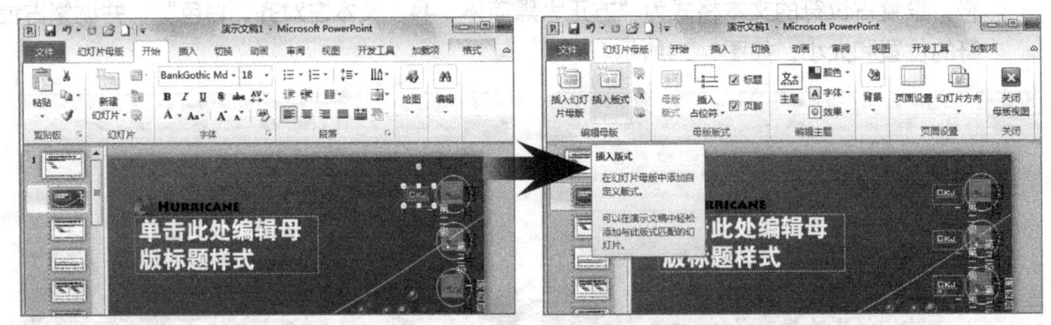

图6–57　插入文本占位符

（14）新建一张幻灯片，在其中绘制一个矩形，调整矩形的上边线，并设置边框轮廓为“无轮廓”，如图6–58所示。

（15）为该形状设置渐变填充背景，颜色设置与上一幻灯片一样，然后在渐变光圈的“50%”位置处单击，增加一个颜色滑块，如图6–59所示，设置其颜色为“194，209，237”。

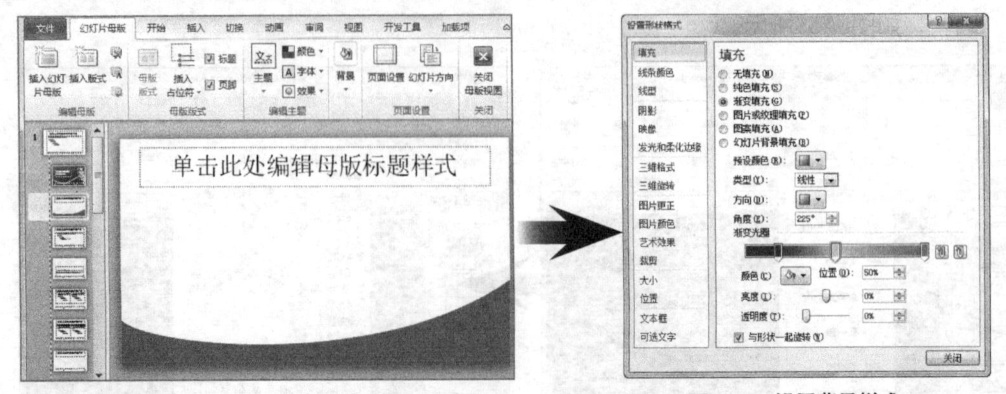

图6–58　绘制形状　　　　图6–59　设置背景样式

（16）用同样的方法在幻灯片上部绘制一个矩形，调整矩形的下边线，并设置边框轮廓为“无

轮廓”，如图6-60所示。

（17）为该形状设置渐变填充背景，方向为“线性向上”，两个停止点的颜色分别为“2，160，199”和“白色，背景1”，如图6-61所示。

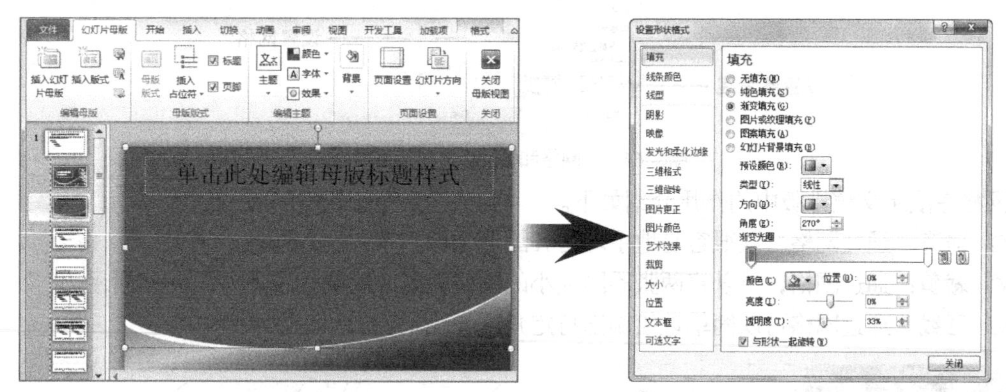

图6-60 绘制形状　　　　图6-61 设置背景样式

（18）将“Logo.png”图片和上一章幻灯片中的图片占位符和文本占位符都复制到这张幻灯片中，并调整位置，如图6-62所示。

（19）单击“关闭母版视图”按钮退出幻灯片母版视图，按【Enter】键即可创建一张内容幻灯片，选择第1张幻灯片，在【开始】→【幻灯片】组中单击“版式”按钮，在打开的列表框中选择“标题幻灯片”选项，如图6-63所示，即可为该幻灯片应用标题母版，然后保存演示文稿，完成本案例的操作。

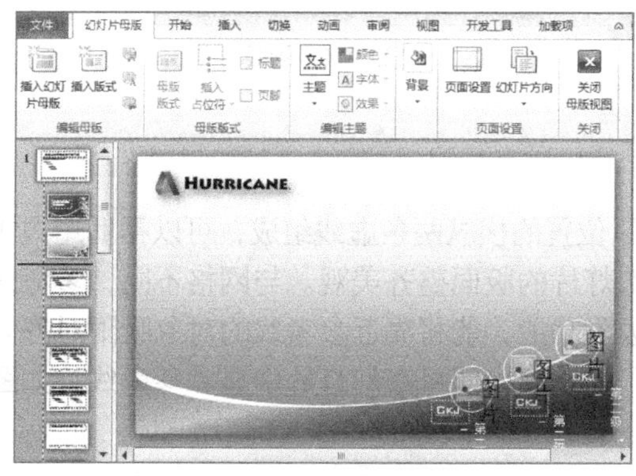

图6-62 复制对象

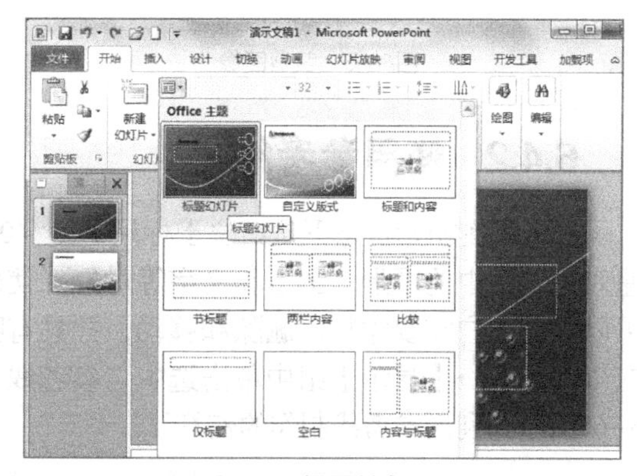

图6-63 设置版式

6.4 排版设计高级技巧

前面介绍的是演示文稿排版设计的基本操作，下面介绍一些非常实用的快速排版技巧，帮助大家在实际操作中提高演示文稿排版的效率。

6.4.1 使用网格线

网格线是坐标轴上刻度线的延伸，并穿过幻灯片区域，即在编辑区显示的用来对齐图像或文本的辅助线条。在幻灯片中单击鼠标右键，在弹出的快捷菜单中选择“网格和参考线”命

令，打开“网格和参考线”对话框，在其中即可设置网格，如图6-64所示。

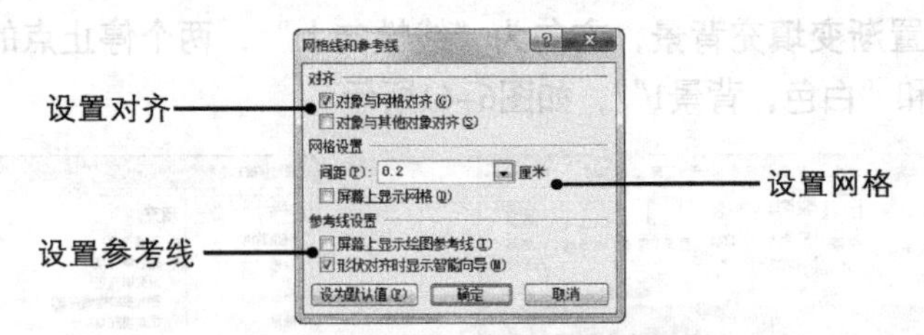

图6-64　“网格和参考线”对话框

网格在演示文稿排版中的作用介绍如下。

◎ **对齐**：通过网格可以很容易地手动对齐图形图像。

◎ **裁剪**：通过网格，可以将两张不同大小的图像裁剪成同样大小，如图6-65所示。

◎ **画线**：通过网格可以简单地绘制出特定角度的线条，如图6-66所示。

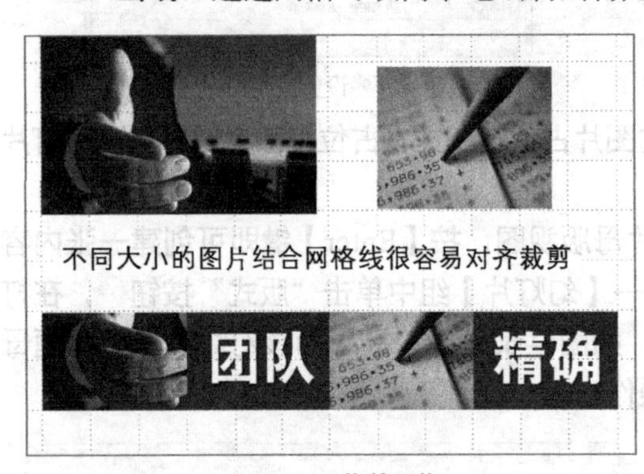

图6-65　裁剪图像

图6-66　画线

6.4.2　使用参考线

参考线在初始状态下是由位于标尺刻度“0”位置的横纵两条虚线组成，可以帮助用户快速对齐页面中的图形、图形和文字等对象，使幻灯片的版面整齐美观。与网格不同，参考线可以根据用户需要添加、删除和移动，并具有吸附功能，能将靠近参考线的对象吸附对齐。在【视图】→【显示】组中单击选中“参考线”复选框，即可在幻灯片中显示参考线，如图6-67所示为利用参考线制作的幻灯片。

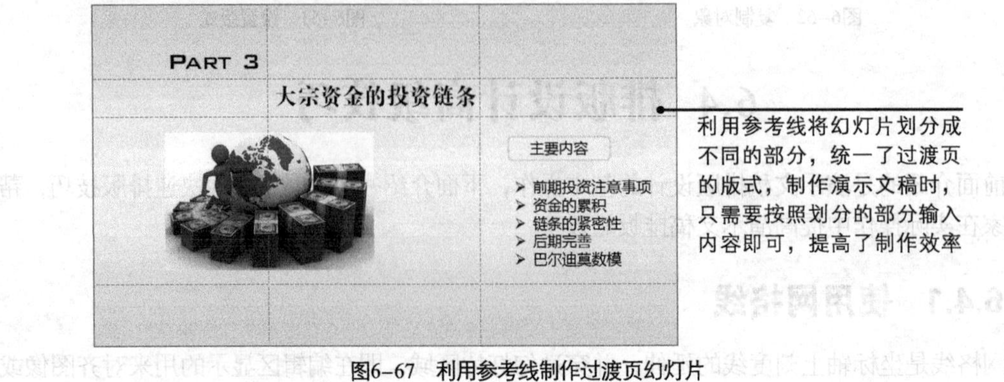

图6-67　利用参考线制作过渡页幻灯片

知识提示

利用鼠标拖动的方式即可移动参考线，按住【Ctrl】键拖动即可复制参考线。另外，无论是参考线还是网格，在进行演示文稿放映时都不会显示。

6.4.3 使用格式刷

在演示文稿进行排版时，经常会遇到某一个形状或者图片的样式与整个演示文稿的风格不同的情况。如果样式的设置比较复杂，单独设置会浪费大量的时间，利用格式刷则可以非常简单、迅速地将一个对象的样式复制到另一个对象中。

格式刷的操作方法为：选择要引用格式的对象，在【开始】→【剪贴板】组中单击格式刷按钮，鼠标光标变为形状，在需要应用新格式的对象上单击即可。使用格式刷复制格式可以在同一张幻灯片中进行，也可以在不同的幻灯片中进行，甚至可以在不同演示文稿中进行，但只能在同一种类型的对象中使用格式刷，如使用格式刷复制字体格式，使用格式刷复制形状格式等。文字和形状、形状和图片、图片和文字间则不能使用格式刷复制格式。如图6-68所示为使用格式刷复制形状和图片格式的前后对比效果。

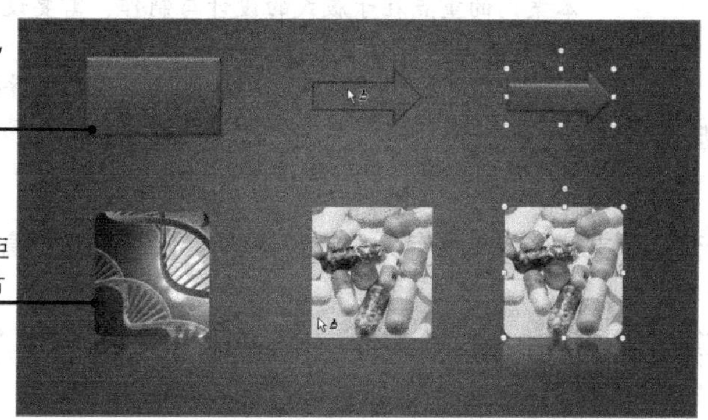

图6-68 使用格式刷复制格式

6.5 操作案例

本章操作案例将分别制作“销售报告.pptx”演示文稿模板和“工程计划.pptx”演示文稿母版，综合练习本章学习的知识点，将学习到排版设计的具体操作。

6.5.1 制作“销售报告”演示文稿模板

本案例的目标是制作“销售报告”演示文稿，将其制作成专业的商业演示文稿模板，主要涉及模板版式设计的相关操作，最终参考效果如图6-69所示。

素材所在位置 光盘:\素材文件\第6章\操作案例\
效果所在位置 光盘:\效果文件\第6章\操作案例\销售报告.potx
视频演示 光盘:\视频文件\第6章\制作“销售报告”演示文稿模板.swf

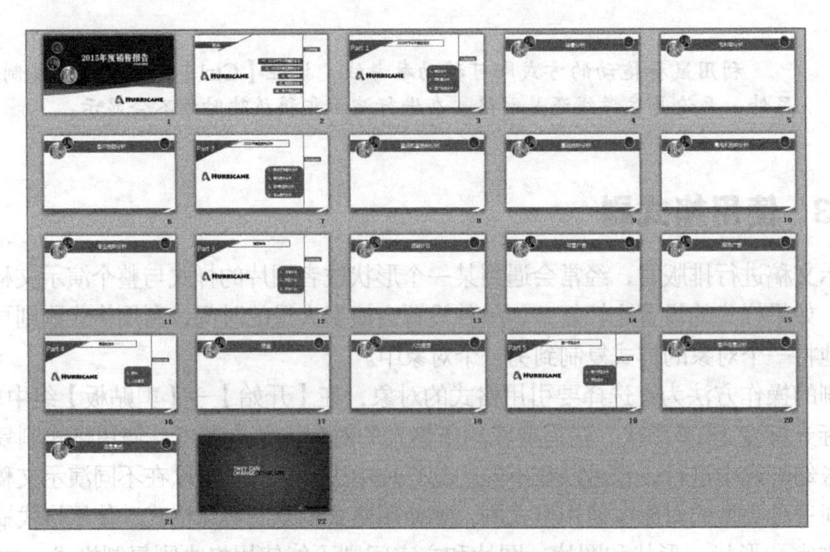

图6-69 “销售报告”演示文稿参考效果

设计重点

本案例的重点在于版式的设计与制作，需要设计标题、目录、过渡、内容和结尾5张幻灯片。由于销售报告中需要大量的图表和数据，所以在内容页的设计中保留了大量的空间，用于保存数据和图表。在结构导航上采用的是常规导航和图表导航相结合的模式，这样便于保持观众对于演示文稿中主要内容的注意，保证观众能够认真观看并接受演示文稿中的内容。

（1）新建演示文稿，将其保存为“销售报告.potx”演示文稿，将幻灯片大小设置为“全屏显示（16:9）”。

（2）在第1张幻灯片中绘制3个矩形，交叉排列，设置边框为“无边框”，填充颜色分别为，渐变色-线性向上“（113，161，220）和（深蓝，文字2）”；渐变色-线性对角-右上到左下“（113，161，220）和（深蓝，文字2）”；纯色“深蓝，文字2，25%”。

（3）插入3张图片，将其裁剪为椭圆形，边框为“白色、2.25磅”，插入logo，样式为“矩形投影”，插入两个文本框，格式分别为“方正粗宋简体、44”和“微软雅黑、14”。

（4）新建幻灯片，插入矩形“中等效果-蓝色，强调颜色1”，编辑顶点，输入文本“微软雅黑、24、文字阴影”，在矩形斜边上绘制直线“中等线-强调颜色1”，在左中部复制logo，在下部绘制矩形“蓝色，强调文字颜色1”，并在矩形右侧绘制斜纹形状“白色，背景1”；在右侧绘制一条直线“3磅”，在直线右侧绘制圆角矩形“无边框”，输入文本“Helvetica-BoldOblique、18”，在直线左侧绘制圆角矩形“无边框”，输入文本“微软雅黑、18”，第一个圆角矩形为“中等效果-蓝色，强调颜色1、文字阴影”。

（5）新建过渡页幻灯片，将目录页的有关内容复制到其中，在左上角绘制三角形“中等效果-蓝色，强调颜色1”，输入文本“微软雅黑、36、文字阴影、文本左对齐”；利用网格线绘制一个矩形“无填充颜色”，并编辑顶点，输入文本“微软雅黑、18、黑色”；在右侧对应的圆角矩形中输入文本。

（6）新建内容页幻灯片，复制标题页中图片和目录页下部的形状，在上部绘制矩形“无边框、蓝色，强调文字颜色1”，输入文本“微软雅黑、28、白色”，调整图片和形状。

（7）通过复制幻灯片来制作其他过渡页和内容页，最后新建结尾页幻灯片，复制logo，调整

大小并移动到右下角；插入两个文本框，输入文本“微软雅黑、28、加粗”，设置背景样式为“射线-中心辐射、（蓝色，强调文字颜色1）和（深蓝，文字2）”，保存文件为模板，完成本案例的操作。

6.5.2 制作“工程计划”演示文稿母版

本案例的目标是制作“工程计划.pptx”演示文稿母版，需要将提供的素材图片设置为幻灯片母版的背景，并对母版中的几种幻灯片进行编辑，涉及进入与退出幻灯片母版、编辑幻灯片主题、设置页面和页脚、设置图片和文本格式等操作，最终参考效果如图6-70所示。

素材所在位置　光盘:\素材文件\第6章\操作案例\
效果所在位置　光盘:\效果文件\第6章\操作案例\工程计划.pptx
视频演示　光盘:\视频文件\第6章\制作“工程计划”演示文稿母版.swf

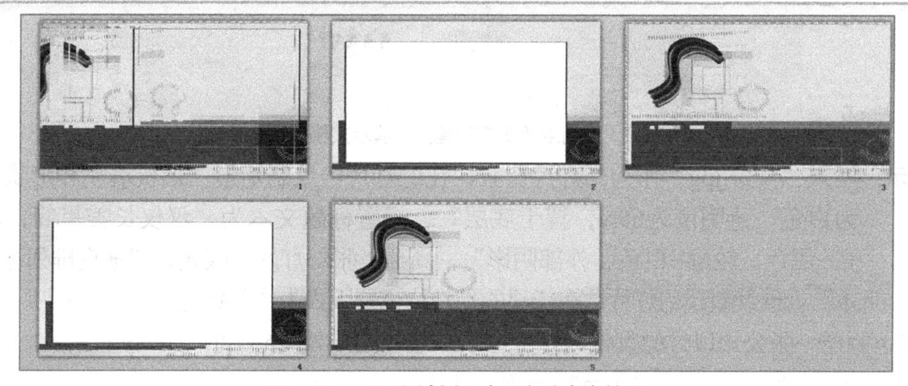

图6-70 “工程计划”演示文稿参考效果

（1）新建演示文稿，设置大小，进入母版模式，将素材图片“背景.tif”设置为标题幻灯片的背景，将素材图片“背景1.tif”设置为其他幻灯片的背景。设置幻灯片日期为“自动更新”，并设置日期的格式，进行幻灯片编号，输入页眉和页脚“黑色、微软雅黑”。

（2）设置标题页中的标题占位符格式为“微软雅黑，40，深蓝、文字2、深色50%，文本左对齐”和副标题占位符格式为“微软雅黑，20，水绿色、强调文字颜色5、淡色60%，文本左对齐”。

（3）设置内容页中的标题占位符格式为“微软雅黑，40，黑色，文本左对齐”和内容占位符格式为“微软雅黑、24、黑色、文本左对齐”。

（4）插入版式，在标题占位符下面的左侧绘制图片占位符，右侧绘制内容占位符。

（5）插入版式，将素材图片“背景2.tif”设置为该版式幻灯片的背景，设置标题占位符格式为“水绿色、强调文字颜色5、淡色60%”，在幻灯片右上角插入内容占位符，退出母版视图。

（6）新建3张幻灯片，两张版式为“1-自定义版式”，一张为“自定义版式”，保存文档，完成本案例的操作。

6.6 习题

（1）新建演示文稿，利用前面讲解的演示文稿版式设计的相关知识制作出“商业历史文物

鉴赏.pptx”演示文稿模板，最终效果如图6-71所示。

素材所在位置	光盘:\素材文件\第6章\习题\背景.jpg
效果所在位置	光盘:\效果文件\第6章\习题\商业历史文物鉴赏.pptx
视频演示	光盘:\视频文件\第6章\制作“商业历史文物鉴赏”演示文稿模板.swf

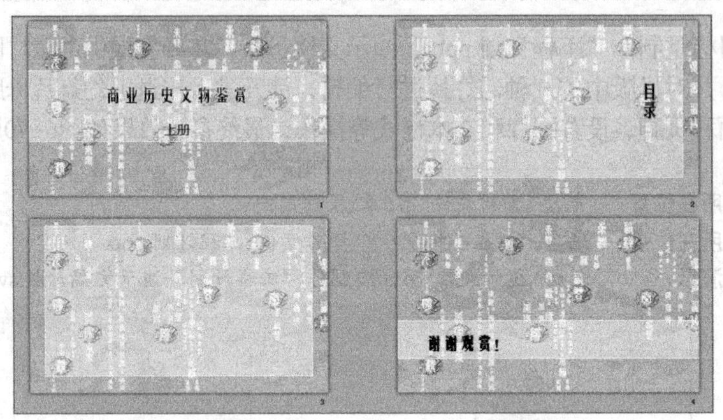

图6-71 “商业历史文物鉴赏”演示文稿参考效果

提示： 插入“背景.jpg”作为幻灯片背景，在幻灯片中绘制矩形“形状填充和形状轮廓都为白色，透明度为60%，置于底层”，设置标题文本为“汉仪长美黑简，渐变填充-黑色、轮廓-白色、外部阴影”。新建一张幻灯片，版式为“垂直排列标题与文本”。继续新建幻灯片，在新建的幻灯片设置版式为“节标题”。

（2）制作一张公司口号的宣传幻灯片母版，最终效果如图6-72所示。

素材所在位置	光盘:\素材文件\第6章\习题\
效果所在位置	光盘:\效果文件\第6章\习题\公司口号.pptx
视频演示	光盘:\视频文件\第6章\制作“公司口号”演示文稿母版.swf

图6-72 “公司口号”演示文稿参考效果

提示： 新建演示文稿，设置幻灯片大小，进入母版视图，选择标题页，删除占位符，插入4个矩形“蓝色、橙色和RGB（89，89，89）”，插入3个文本框“汉仪综艺简体、199”，插入内容占位符“Raleway、28、加粗、白色”和“HelveticaInserat-Roman-SemiB、28、文字阴影、白色”，绘制曲线“3磅、阴影-右下斜偏移”，绘制一个形状遮住曲线上半部，插入3个图片占位符，排列好所有对象。

第7章 添加表格和图表

本章将详细讲解在演示文稿中插入和编辑表格和图表的相关操作，并对美化表格和图表进行全面讲解。读者通过学习应能够熟练掌握处理演示文稿中表格和图表的各种方法，通过添加表格和图表，使演示文稿中各数据信息之间的关系或对比更明显、更直观，也更利于观众理解各种数据信息。

学习要点

◎ 创建表格和图表
◎ 编辑表格和图表
◎ 设置表格和图表的样式
◎ 设置表格中文本格式
◎ 设置图表各元素的样式
◎ 快速导入表格
◎ 选择合适的图表类型

学习目标

◎ 掌握表格处理的基本操作
◎ 掌握图表处理的基本操作
◎ 掌握表格和图表设计的高级技巧

7.1 创建并美化表格

表格是演示文稿中非常重要的一种数据显示工具，用好表格是提升演示文稿设计质量和效率的最佳途径之一。下面就来介绍在演示文稿中创建并美化表格的相关知识。

7.1.1 创建表格

在PowerPoint 2010中可以通过插入表格和手动绘制表格两种方式来创建表格，下面分别进行介绍。

1. 插入表格

插入表格是一种直接插入指定行列数的表格，主要有下面两种方式。

◎ **通过“插入表格”列表插入：**选择所需插入表格的幻灯片，在【插入】→【表格】组中单击“表格”按钮，在打开的“插入表格”下拉列表栏中拖动鼠标选择插入的行数和列数，如图7-1所示。

◎ **通过“插入表格”对话框插入：**选择所需插入表格的幻灯片，在【插入】→【表格】组中单击“表格”按钮，在打开的下拉列表中选择“插入表格”选项，或者在内容占位符中单击“插入表格”按钮，都将打开“插入表格”对话框，在其中的“列数”和“行数”数值框中输入要插入表格的行数和列数，单击确定按钮即可插入对应的表格，如图7-2所示。

图7-1 通过“插入表格”列表插入表格

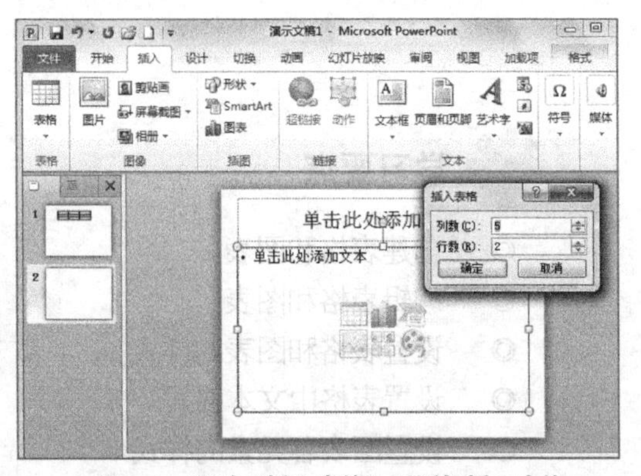

图7-2 通过“插入表格”对话框插入表格

2. 手动绘制表格

在幻灯片中还可手动绘制表格，其具体操作如下。

（1）选择所需插入表格的幻灯片，在【插入】→【表格】组中单击“表格”按钮，在打开的下拉列表中选择“绘制表格”选项。

（2）鼠标光标将变为铅笔形状，在幻灯片中按住鼠标左键并拖动，绘制表格的外边界，如图7-3所示。

（3）在显示出来的“表格工具 设计”选项卡的“绘图边框”组中单击“绘制表格”按钮，鼠标光标再次变为铅笔形状，移动鼠标光标到表格当中，按住鼠标左键并拖动，绘制单

元格的边框线，如图7-4所示。

图7-3 绘制表格边框

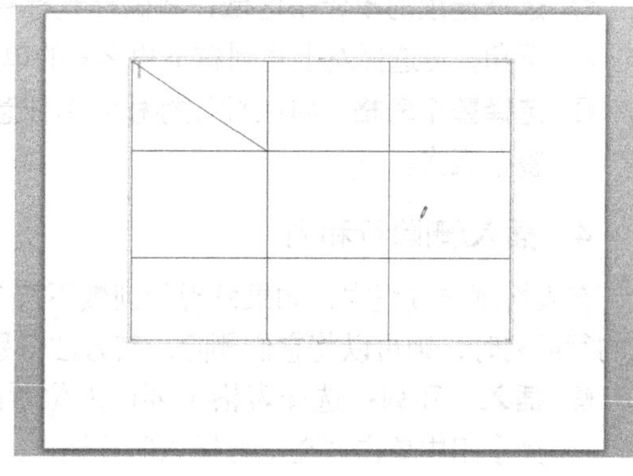

图7-4 绘制表格

知识提示

单击“绘图边框”组中的“擦除”按钮，鼠标光标将变为橡皮形状，将其移动到要擦除的表格框线上，然后单击鼠标左键，即可将该框线删除。

7.1.2 编辑表格

刚创建到幻灯片中的表格是各行各列均匀分布的，我们可以对表格进行编辑，以满足创建不同类型表格的需要。

1. 认识“表格工具 布局”选项卡

创建表格后，在PowerPoint 2010的工作界面中会显示“表格工具”选项卡，其中包含了“设计”和“布局”两个选项卡，通过“布局”选项卡中的选项可对表格进行各种编辑操作，如图7-5所示。

图7-5 “表格工具 布局”选项卡功能区

2. 在表格中输入文本

在表格中输入文本的方法非常简单：创建表格后，将文本插入点定位到需输入文本的单元格中即可输入所需的文本。设置表格中的文本格式与在幻灯片中的设置方法相同。

3. 选择单元格

要对表格进行编辑，首先需要选择相应的单元格，下面将介绍单元格的选择方法。

- ◎ **选择单个单元格**：将鼠标光标移动到表格中单元格的左端线上，当鼠标光标变为↗形状时，单击鼠标即可。
- ◎ **选择整行或整列**：将鼠标光标移动到表格边框左边线的左侧或右边线的右侧，当鼠标光标变为➡或⬅形状时，单击鼠标选择该行；将鼠标光标移到表格边框上边线的上方或

下边线的下方，当鼠标光标变为⬇或⬆形状时，单击鼠标选择该列。

◎ **选择连续的单元格区域**：将鼠标光标移到需选择的单元格区域左上角，拖动鼠标到右下角，可选择左上角到右下角之间的单元格区域。

◎ **选择整个表格**：将鼠标光标移动到任意单元格中单击，再按【Ctrl+A】组合键可选择整个表格。

4. 插入/删除行和列

在表格制作过程中，如果发现行列数不符合实际需要时，可以插入行或列；如果出现有多余的行或列时，则可以将它们删除。其方法分别介绍如下。

◎ **插入行和列**：选择表格中要插入位置的上（或下）一行或列，在【布局】→【行和列】组中单击“在上方插入”按钮、“在下方插入”按钮、“在左侧插入”按钮或“在右侧插入”按钮进行插入。

◎ **删除行和列**：选择需要删除的行或列，单击【布局】→【行和列】组中单击“删除”按钮，在打开的下拉列表中选择“删除列”或“删除行”选项即可。

知识提示

在表格中选择某行或某列后，按【Delete】键或者【BackSpace】键，只能删除其中的内容，而不能删除该行或列。

5. 合并/拆分单元格

在制作表格的过程中，常常需要使用不同大小的单元格，这时可以通过合并或拆分单元格来实现。其方法分别介绍如下。

◎ **合并单元格**：选择需要合并的几个单元格，单击鼠标右键，在弹出的快捷菜单中选择“合并单元格”命令，或者在【布局】→【合并】组中单击“合并单元格”按钮即可将几个单元格合并为一个单元格。

◎ **拆分单元格**：选择需要拆分的单元格，单击【布局】→【合并】组中单击“拆分单元格”按钮，打开“拆分单元格”对话框，在“列数”和“行数”数值框中输入需要的数值，然后单击确定按钮，即可将一个单元格分为几个。

6. 调整行高和列宽

当在单元格中输入的内容太多时，表格会自动改变该行的高度来满足需求，这时就需要调整表格的行高和列宽，使表格的布局更加和谐美观，可以使用以下几种方法。

◎ 将鼠标光标移到表格外边框的控制点上，当其变为双向箭头⇔、⤢、⇕、⤡形状时，按住鼠标左键并拖动可以改变整个表格的行高或列宽。

◎ 将鼠标光标移到表格的内部边框线上，当其变为÷或⫲形状时，按住鼠标左键并拖动可以改变所选择的内部线附近单元格所在的行高或列宽。

◎ 选择单元格后，在【表格工具 布局】→【单元格大小】组中的“行高”和“列宽”数值框中设置行高和列宽的值；若单击分布行和分布列按钮，可以使表格内所有单元格的行高或列宽相同。

7.1.3 美化表格

幻灯片中的表格颜色、样式及文本格式都会影响幻灯片的整体效果，因此在输入完表格内容后，还需要对表格进行美化，使幻灯片更加美观。

1. 美化边框和底纹

设置表格的边框和底纹样式可以使表格的轮廓更加鲜明，也可以使表格看起来更加专业。

在选择表格后，可以通过“表格工具 设计”选项卡中的选项对表格的边框、底纹进行设置，如图7-6所示。在功能区中的“表格样式”组中有一个外观样式列表，包含了许多设计好边框和底纹颜色的样式，可直接选择应用。

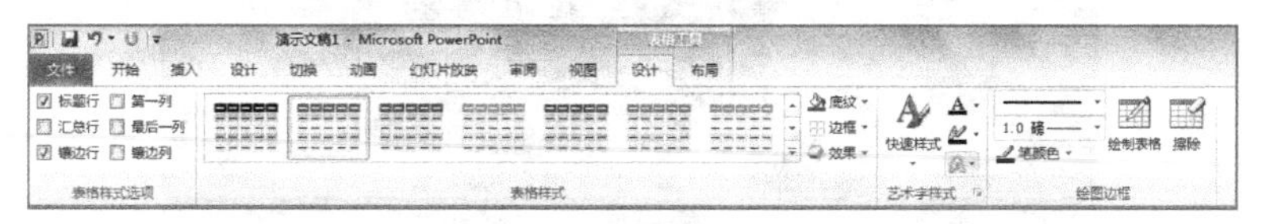

图7-6 “表格工具 设计”选项卡功能区

我们还可以根据需要自定义表格的边框和底纹，其操作方法与前面图片和图形的操作方法基本相同，这里就不再赘述。

知识提示

在“底纹”列表中选择“纯色、图片、渐变或纹理”选项，是将表格中的每个单元格都填充上相应效果。如果选择“表格背景”选项，在其中选择的背景色将显示在应用于单元格的填充色的下面。所以，边框和底纹并不只是针对整个表格，对表格中的部分单元格也可以进行设置。

2. 设置表格效果

对表格也可设置一些特殊效果，如单元格凹凸、阴影及映像等效果，其具体操作如下。

（1）选择需要设置效果的表格，单击“表格工具 设计”选项卡。

（2）在“表格样式”组中单击 效果 按钮，在打开的下拉列表中选择效果样式，可设置为单元格凹凸效果、阴影效果和映像效果。

3. 设置文本效果

文本是表格中的重要内容，同样需要对其进行一定的格式设置。首先要在表格中选择需要设置的文本，或选择该文本所在的单元格，接下来便可以进行格式的设置操作了。下面对常用格式设置方法进行介绍。

◎ **设置字体格式：**选择文本后，浮动工具栏会自动出现，我们可通过其中的选项设置文本的字体、字号、颜色等格式，如图7-7所示。

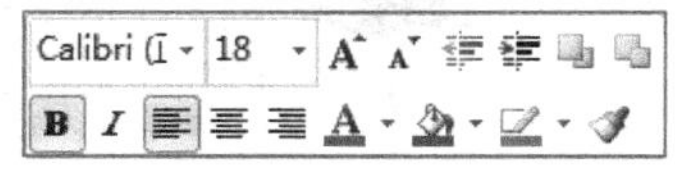

图7-7 设置字体等格式的浮动工具栏

◎ **设置文本为艺术字样式：**在【表格工具 设计】→【艺术字样式】组中可设置艺术字的样式、填充颜色、轮廓样式及艺术字效果。

◎ **设置对齐方式：**在【表格工具 布局】→【对齐方式】组中设置文本在单元格中的对齐方式。

7.1.4 案例——制作“相亲活动方案策划”演示文稿标题页

本案例要求制作一张演示文稿标题页，主要是通过处理表格的各种操作来完成幻灯片的设计。完成后的参考效果如图7-8所示。

素材所在位置 光盘:\素材文件\第7章\案例\背景.jpg

效果所在位置 光盘:\效果文件\第7章\案例\相亲活动方案策划.pptx

视频演示 光盘:\视频文件\第7章\制作“相亲活动方案策划”演示文稿标题页.swf

图7-8 “相亲活动方案策划”演示文稿参考效果

设计重点

本案例的重点在于表格的处理和设计，主要是在表格中设置背景图片，并利用表格的特性，为表格设置边框线，并合并单元格和设置背景。对于一些追求完美的读者，可以插入更加细密的表格，然后在不同单元格中插入象征爱情的图片，拼贴成上图中的“心形”云彩，并适当设置透明度，这样制作的标题页将更精美。

（1）新建演示文稿，并将其以“相亲活动方案策划.pptx”为名进行保存，然后在【设计】→【页面设置】组中将幻灯片的大小设置为“全屏显示（16:9）”，删除幻灯片中的两个标题占位符，如图7-9所示。

（2）在【插入】→【表格】组中单击“表格”按钮，在打开的下拉列表的“插入表格”栏中拖动鼠标选择插入的行数和列数，这里选择“10×5”表格，如图7-10所示。

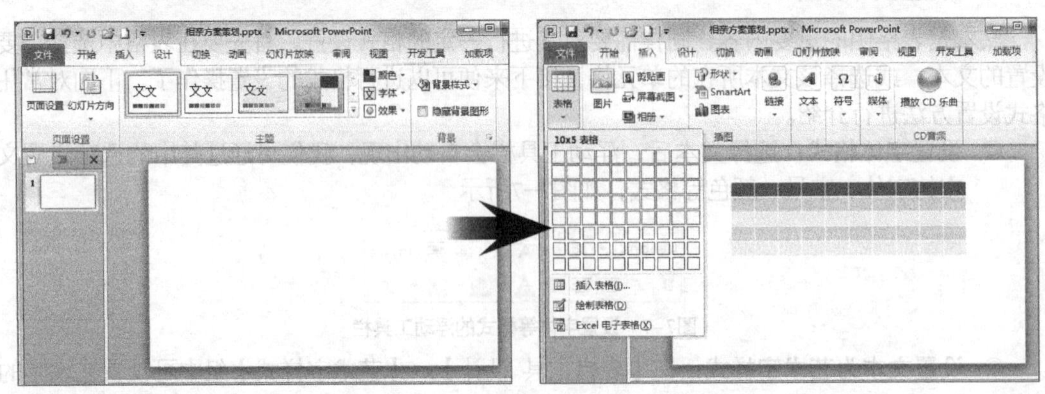

图7-9 新建演示文稿并设置版式大小　　图7-10 插入表格

（3）拖动表格的边框来调整表格的大小，调整后的效果如图7-11所示。

（4）在【表格工具 设计】→【表格样式】组中单击底纹按钮，在打开的下拉列表中选择“背景表格”选项，在打开的子列表中选择“图片”选项，如图7-12所示。

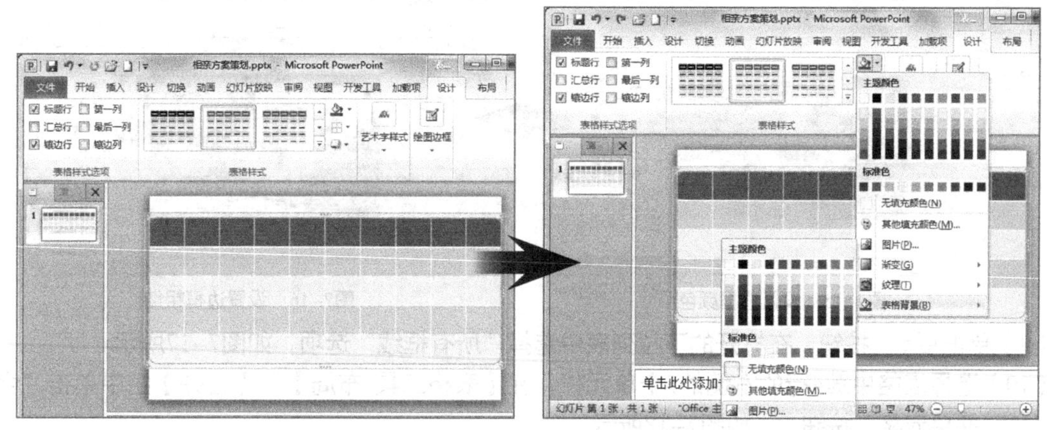

图7-11 调整表格大小　　图7-12 设置表格背景

知识提示

设置表格背景和设置表格的底纹是两种完全不同的操作。设置表格背景是将图片或者其他颜色完全铺垫在表格的底部，包括边框在内；而设置表格的底纹则是将图片或者其他颜色分别铺垫在表格的所有单元格内，不包括边框。

（5）打开“插入图片”对话框，选择素材图片，单击插入(S)按钮，如图7-13所示。

（6）继续单击底纹按钮，在打开的下拉列表中选择“无填充颜色”选项，如图7-14所示。

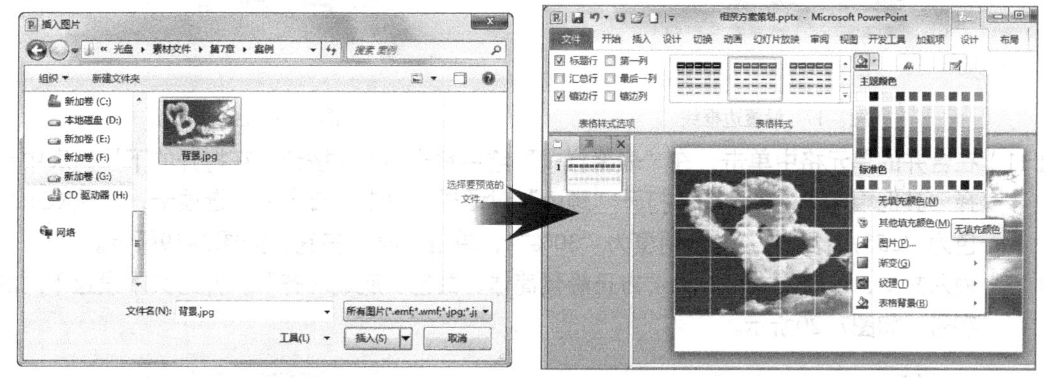

图7-13 选择背景图片　　图7-14 显示背景图片

知识提示

通常通过“插入表格”栏插入的表格都已经自带了表格样式或底纹，如果为表格设置表格背景，无论是图片还是其他填充颜色，通常无法显示出来，需要将表格的底纹设置为“无填充颜色”，才能显示出设置的表格背景。

（7）在“绘图边框”组中单击笔颜色按钮，在打开的下拉列表中选择“白色，背景1”选项，如图7-15所示。

（8）在“绘图边框”组中单击“笔划粗细”列表框右侧的按钮，在打开的下拉列表中选择“2.25磅”选项，如图7-16所示。

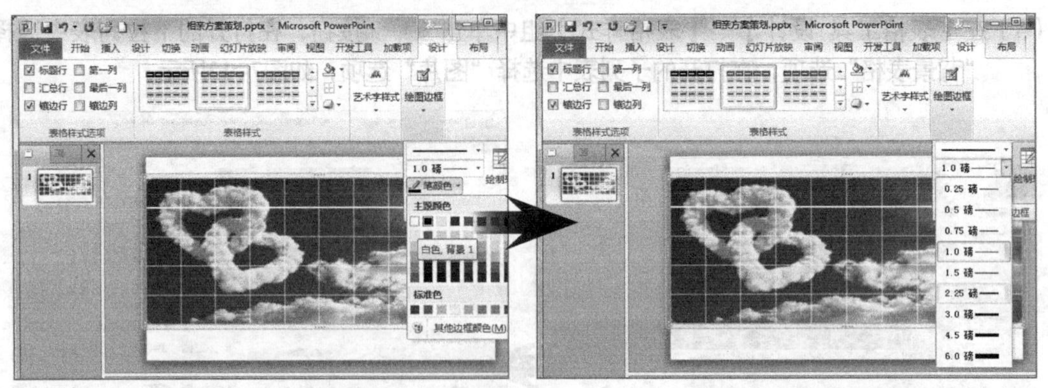

图7-15　设置边框颜色　　　　图7-16　设置边框粗细

（9）单击田边框按钮，在打开的下拉列表中选择“所有框线”选项，如图7-17所示。

（10）选择表格中第4行的右侧的5个单元格，在【表格工具 布局】→【合并】组中单击“合并单元格”按钮，如图7-18所示。

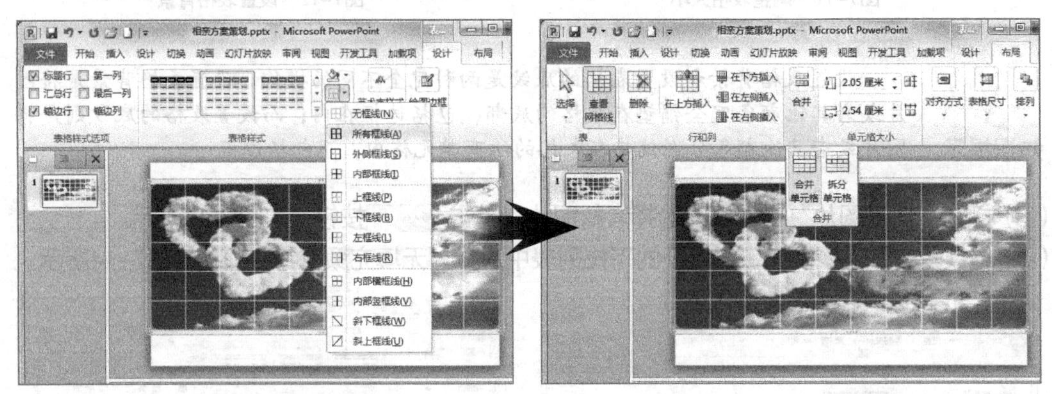

图7-17　设置边框线　　　　图7-18　合并单元格

（11）在合并的单元格中单击，在“表格样式”组中单击底纹按钮，在打开的下拉列表中选择“其他填充颜色”选项，打开“颜色”对话框，单击“自定义”选项卡，设置RGB颜色为“255，0，100”，透明度为“30%”，单击确定按钮，如图7-19所示。

（12）输入文本，设置文本格式为“方正静蕾简体、白色、底端对齐”，并为文本设置不同的字号，如图7-20所示。

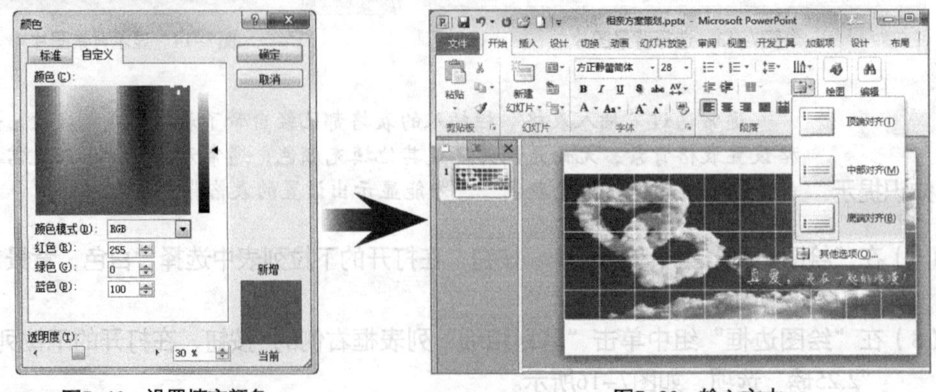

图7-19　设置填充颜色　　　　图7-20　输入文本

（13）在表格的右下侧插入文本框，输入文本，格式为“微软雅黑、16”，保存文件，完成本案例的制作。

7.2 输入并编辑图表

为了使各数据之间的关系或对比更直观、更明显，还可以使用PowerPoint提供的图表功能，在幻灯片中添加图表，并对图表进行一定的编辑操作，使幻灯片的外观更加丰富。本小节将详细讲解幻灯片中图表的处理方法，如插入图表、编辑图表和设置图片布局等。

7.2.1 插入图表

在PowerPoint 2010中，使用图表可根据复杂数据的比例来显示其对应关系。在PowerPoint 2010中插入图表主要有两种方法。

◎ **通过功能区插入：**选择需要插入图表的幻灯片，在【插入】→【插图】组中单击“图表”按钮，打开“插入图表”对话框，在左侧的窗格中选择一种图表类型，在右侧的列表框中选择一种图表，然后单击 确定 按钮，如图7-21所示。在该幻灯片中即可显示创建的图表，同时，系统将自动启动Excel 2010，在蓝色框线内的相应单元格中输入需在图表中表现的数据，如图7-22所示。

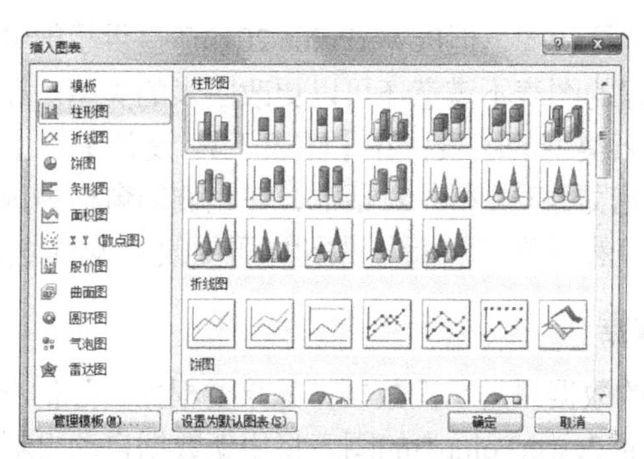

图7-21 “插入图表”对话框

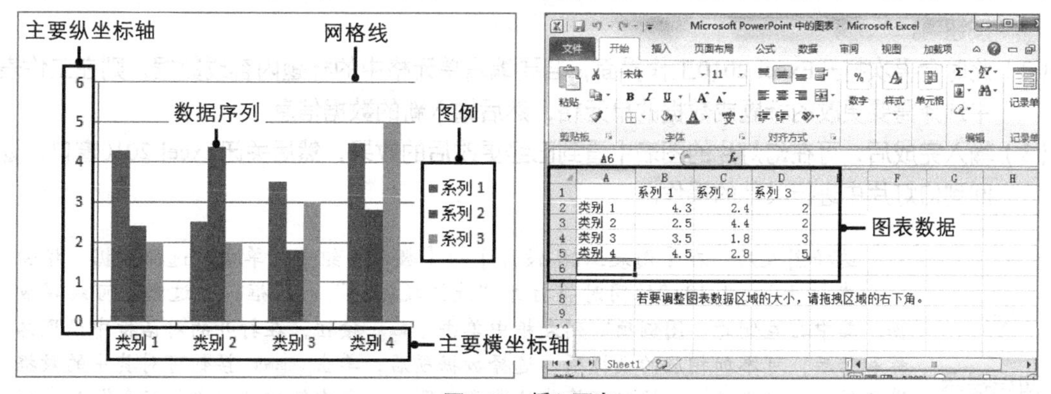

图7-22 插入图表

◎ **通过占位符插入：**选择内容幻灯片，单击占位符中的“插入图表”按钮，打开“插入图表”对话框，后面的操作与通过功能区插入相同。

知识提示

在PowerPoint 2010中选择的图表类型不同，使用Excel 2010编辑的数据多少也不相同。其中蓝色的框线内的数据为显示在图表中的数据，当在蓝色框线外的单元格中输入数据后，蓝色框线会自动改变其范围。

7.2.2 编辑图表

编辑图表的操作主要包括调整图表的位置和大小、更改图表类型、编辑图表中的数据、更改图表布局和更改图表样式等，下面分别进行讲解。

1. 调整图表位置和大小

默认情况下，创建的图表位置和大小不一定符合制作者的需求，这就需要改变图表的位置和大小。其调整方法非常简单，与幻灯片中的其他对象的操作相似，分别介绍如下。

◎ **调整图表位置**：单击选择图表，这时将出现一个文本框样式的边框将图表框住，将鼠标光标移到该边框上，当其变为✣形状时按住鼠标左键拖动可将其移动到其他位置。

◎ **调整图表大小**：选择图表后，将鼠标移到图表的控制点上，当鼠标光标变为⇔、⤢、⇕、⤡形状时，按住鼠标进行拖动可改变图表大小。

2. 更改图表类型

系统默认插入的图表为柱状图，但PowerPoint 2010还提供了很多图表类型，如折线图、饼图、股价图等，如果对创建的图表不满意还可以更改图表的类型。在幻灯片中更改图表类型的方法为：选择需要改变图表类型的图表，在【图表工具 设计】→【类型】组中单击“更改图表类型”按钮，打开“更改图表类型”对话框，在左侧的窗格中选择一种图表类型，在右侧的列表框中选择一种图表，然后单击确定按钮即可更改图表的类型。

3. 编辑图表中的数据

插入了图表后，其中的数据只是示例数据，如果要根据实际情况编辑图表中的数据，只需在Excel表格中进行编辑，而PowerPoint中的图表将用新数据自动更新，其具体操作如下。

(1) 选择需要进行数据编辑的图表，在【图表工具 设计】→【数据】组中单击“编辑数据”按钮。

(2) 此时会再次打开Excel 2010工作界面，若要编辑单元格中的标题内容或数据，则在工作表中选择需要更改的标题或数据的单元格，然后输入新的数据信息。

(3) 输入完成后，可在幻灯片的图表中看到已经更改后的效果，然后关闭Excel 2010窗口，返回到幻灯片中进行其他的操作。

知识提示

选择图表后，在【图表工具 设计】→【数据】组中，单击“选择数据”按钮，在打开Excel 2010的同时将打开“选择数据源”对话框，通过它也可编辑数据。其中在左侧的“图例项”列表框中单击添加(A)按钮，在打开的对话框中设置名称和值后，可添加相应的数据项。选择数据项后，单击编辑(E)按钮可对其中的数据进行编辑，单击删除(R)按钮可将其从图表中删除。在右侧的“水平轴标签”列表框中单击添加(A)按钮，也可编辑其中的数据，如图7-23所示。

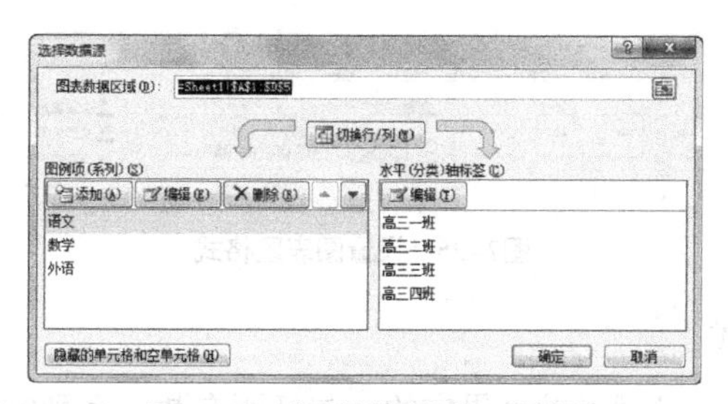

图7-23 “选择数据源”对话框

4. 更改图表布局

创建图表后，图表将应用系统默认的布局方式，图表中的元素按特定的排列顺序在图表中显示，如果对该布局不满意，可以更改图表的布局。其方法分别介绍如下。

◎ **快速布局**：选择需要更改的图表，在【图表工具 设计】→【图表布局】组中包含多种预定义的布局样式，直接选择需要的布局样式即可。

◎ **手动调整布局**：将鼠标指针移动到图表中，单击鼠标左键，选择一个图表元素，可改变其位置和大小。

知识提示

对于图表中的某些元素，可手动改变其位置或大小，如标题、图表区、图例、数据标签，而其他元素则不能手动改变其位置或大小。

5. 更改图表样式

创建图表后，图表会应用系统默认的样式，可以根据需要对其进行更改。选择需要更改样式的图表后，在【图表工具 设计】→【图表样式】组中选择需要的图表样式，如图7-24所示。

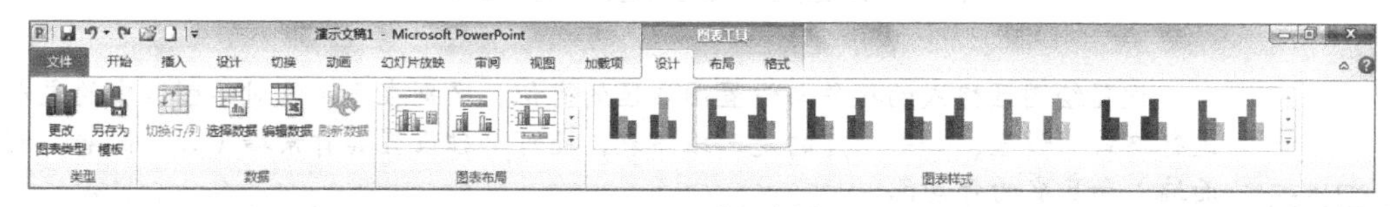

图7-24 更改图表样式

7.2.3 设置图表布局

设置图表布局主要是对图表中各元素的格式设置，包括设置各元素的颜色、形状以及文本格式等。

1. 设置图表区格式

图表区即是整个图表及其全部元素的背景界面，可设置其背景色以及图表区中的文本格式。单击幻灯片中的图表，在【图表工具 格式】→【当前所选内容】组中的“图表元素”下拉列表框中选择“图表区”选项，然后就可以进行图表区格式的设置。其方法分别介绍如下。

◎ **设置形状样式**：在“形状样式”组中设置图表区的背景填充色、轮廓及效果。

◎ **设置文本格式**：在【开始】→【字体】组中可设置图表区中文本的字体格式，还可以在【图表工具 格式】→【艺术字样式】组中设置文本的艺术字效果，如图7-25所示。

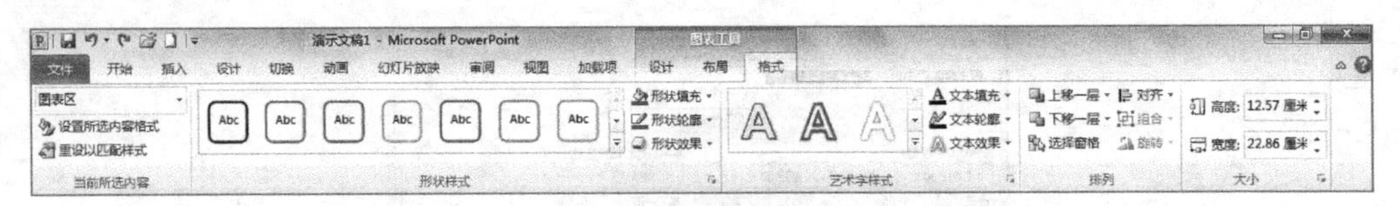

图7-25　设置图表区格式

2. 设置绘图区格式

在二维图表中，绘图区是通过轴来界定的，包括所有数据系列的背景；在三维图表中，绘图区是通过轴来界定的包括所有数据系列、分类名、刻度线标志和坐标轴标题的背景。在默认情况下，绘图区的背景颜色同图表区的一样，都为白色，为了突出绘图区，可以重新设置其背景的颜色、样式及效果，其具体操作如下。

（1）单击幻灯片中的图表，在“图表元素”下拉列表中选择“绘图区”选项。

（2）在【图表工具 格式】→【形状样式】组中设置绘图区的背景填充色、轮廓及效果，效果如图7-26所示。

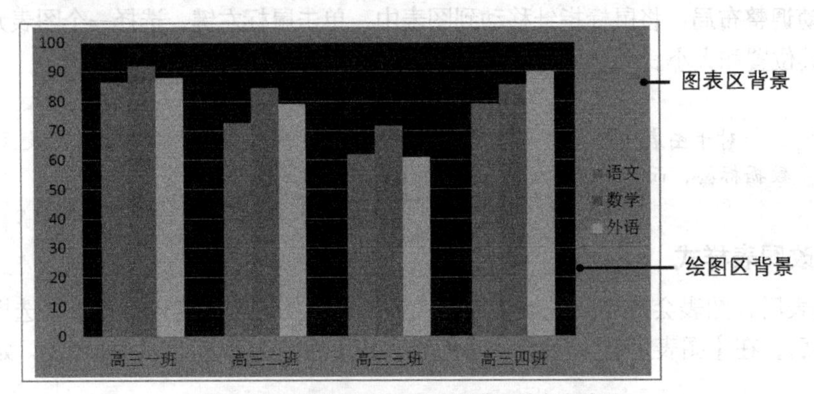

图7-26　设置绘图区和图表区背景的参考效果

知识提示

设置绘图区格式的操作与设置图表区的类似，区别在于不能对绘图区中的文本进行格式的设置，如果创建的是三维图表，还可单独设置其背景墙（含背面墙、侧面墙）和基底的背景色。

3. 设置数据序列格式

数据系列是图表中的重要元素，它使各组数据呈图形化显示，如图表中的柱形、饼形等图形，并且以不同的颜色进行区分。设置数据系列格式包括对形状、形状样式等的设置，可通过“设置数据系列格式”对话框来实现。其方法为：选择幻灯片中图表中某种数据系列的图形，单击鼠标右键，在弹出的快捷菜单中选择“设置数据系列格式”命令，打开“设置数据系列格式”对话框，在左侧的窗格中单击对应的选项卡，在右侧的窗格中进行相应的设置即可，如图7-27所示。

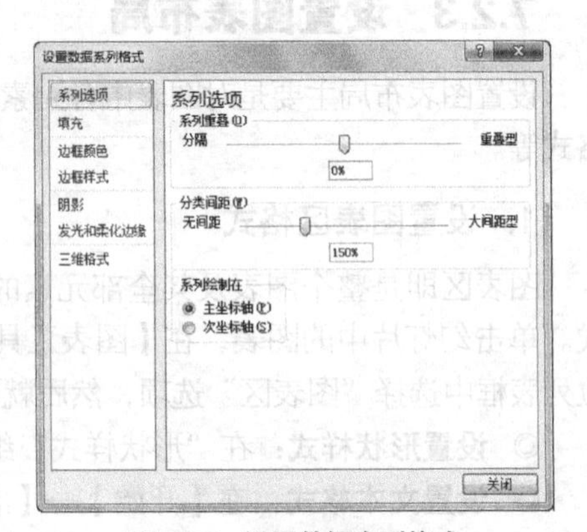

图7-27　设置数据序列格式

知识提示

将图表中各系列设置为不同的格式及效果，能够使数据形成更强烈的对比，更加突出图表所表达的内容。不同类型的图表，其数据系列的形状各不相同，所能设置的格式也各不相同。

4. 设置图例格式

图例是图表中对数据系列的具体说明，同时还包含用于标识图表中的数据系列或分类指定的图案或颜色，能使观看者对图表一目了然。

◎ **应用已有的图例格式**：选择图表，在【图表工具 布局】→【标签】组中单击“图例”按钮，在打开的下拉列表中选择一种图例样式。

◎ **自定义图例格式**：在【图表工具 布局】→【标签】组中单击“图例”按钮，在打开的下拉列表中选择“其他图例选项”，打开“设置图例格式”对话框，在其中可设置图例的位置和填充颜色、边框和效果等，如图7-28所示。

◎ **通过浮动工具栏设置图例格式**：在图例上单击鼠标右键，显示浮动工具栏，可设置图例文本的字体格式，如图7-29所示。

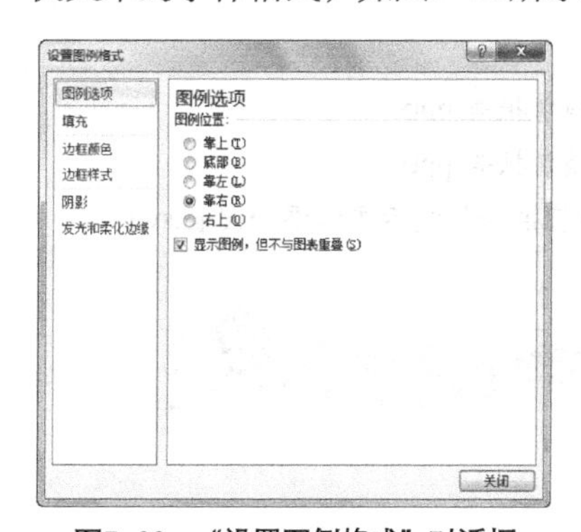

图7-28 “设置图例格式”对话框

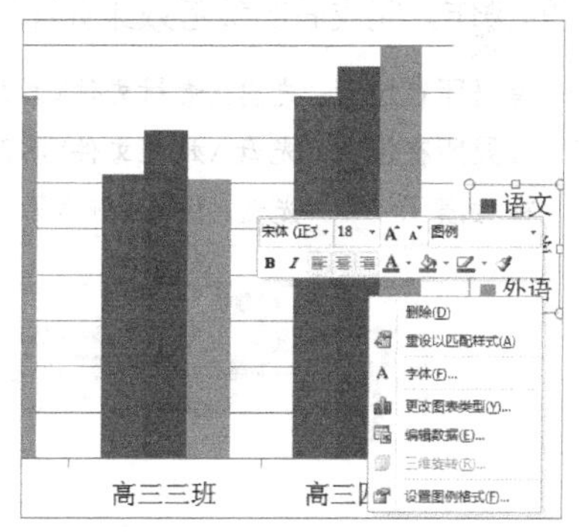

图7-29 浮动工具栏

5. 设置网格线格式

网格线可以具体显示图表中数据系列的数值，可分为主要横网格线和主要纵垂直网格线两种类型。

◎ **应用已有的网格线格式**：选择图表，在【图表工具 布局】→【坐标轴】组中单击“网格线”按钮，在打开的下拉列表中选择一种网格线和网格线样式。

◎ **自定义网格线格式**：在图表中选择一条网格线，单击鼠标右键，在弹出的快捷菜单中选择“设置网格线格式”命令，打开“设置主要网格线格式”对话框，在其中可以设置网格线的线型和线条颜色，如图7-30所示。

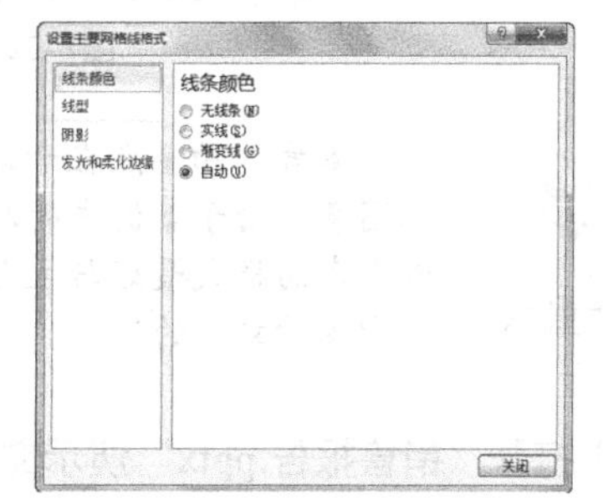

图7-30 “设置主要网格线格式”对话框

6. 设置坐标轴格式

图表中通常有对数据进行度量和分类的坐标轴，为图表设置坐标轴格式能够使图表看起来更加鲜明，也有助于观看者理解该图表。

◎ **应用已有的坐标轴格式**：选择图表，在【图表工具 布局】→【坐标轴】组中单击“坐标轴”按钮，在打开的下拉列表中选择一种坐标轴和坐标轴样式。

◎ **自定义坐标轴格式**：在图表中选择一条坐标轴，单击鼠标右键，在弹出的快捷菜单中选择“设置坐标轴格式”命令，打开“设置坐标轴格式”对话框，在其中可以设置坐标轴的类型、标签格式、刻度线格式、对齐方式等，如图7-31所示。

图7-31 “设置坐标轴格式”对话框

7.2.4 案例——为“销售报告”演示文稿添加图表

本案例要求为提供的素材演示文稿添加图表，并设置图表的格式，其中涉及插入、编辑和美化图表的操作。完成后的参考效果如图7-32所示。

素材所在位置 光盘:\素材文件\第7章\案例\销售报告.pptx

效果所在位置 光盘:\效果文件\第7章\案例\销售报告.pptx

视频演示 光盘:\视频文件\第7章\为“销售报告”演示文稿添加图表.swf

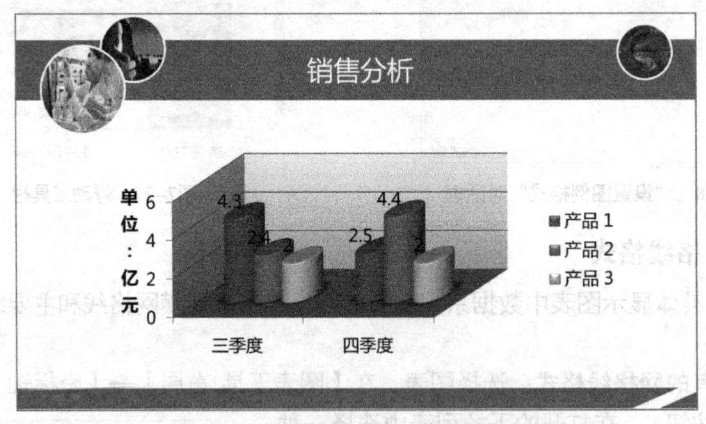

图7-32 “销售报告”演示文稿参考效果

设计重点

本案例的重点在于幻灯片中的图表的各种操作，包括插入图表、编辑图表和美化图表。由于案例中的演示文稿已经设置好版式和主题，并有相关的主题配色，所以图表的样式最好与主题统一，需要设定同样的颜色系，并根据主题字体来设置图表中各种文本的字体。

（1）打开“销售报告.pptx”演示文稿，选择第4张幻灯片，在【插入】→【插图】组中单击“图表”按钮，打开“插入图表”对话框，在左侧的窗格中单击“柱形图”选项卡，在右侧的列表框中选择“簇状圆柱图”选项，单击“确定”按钮，如图7-33所示。

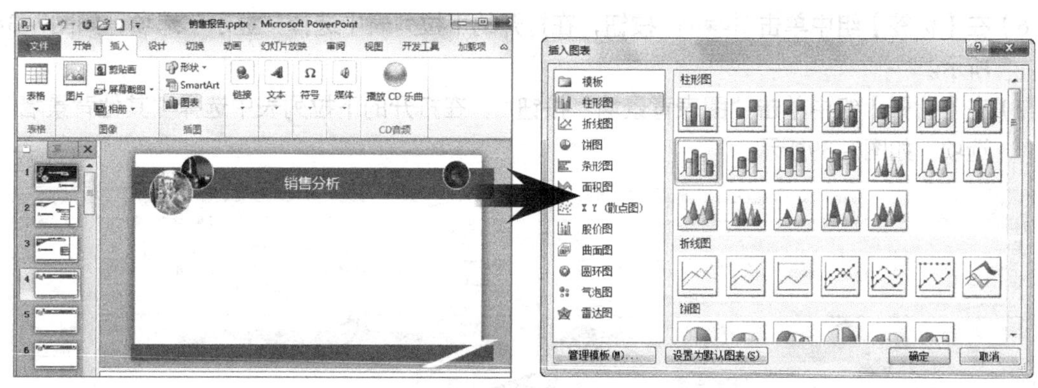

图7-33 插入图表

（2）在打开的Excel 2010工作窗口中编辑图表对应的数据，如图7-34所示。

（3）在幻灯片中调整图表的大小，然后在【图表工具 设计】→【图表布局】组中，单击“快速样式”按钮，在打开的下拉列表中选择“样式27”选项，如图7-35所示。

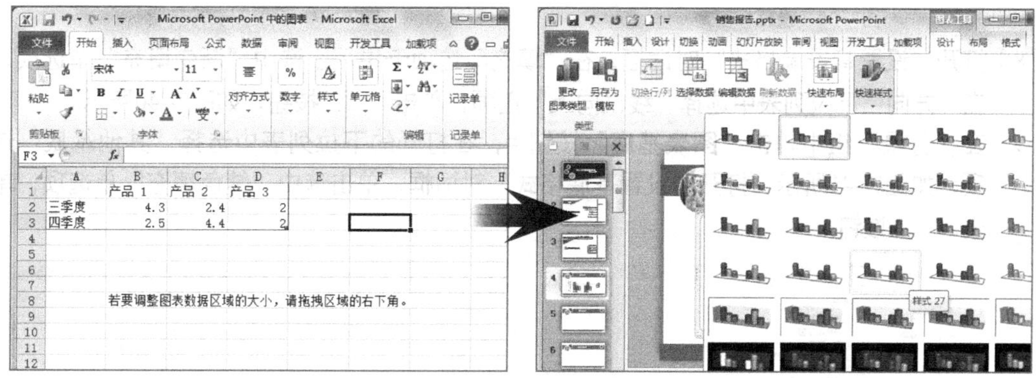

图7-34 编辑数据

图7-35 设置图表样式

（4）调整图表大小，在“图表布局”组中单击“快速布局”按钮，在打开的下拉列表中选择“布局10”选项，如图7-36所示。

（5）在【图表工具 布局】→【标签】组中单击“坐标轴标题”按钮，在打开的下拉列表中选择“主要纵坐标轴标题”选项，在打开的子列表中选择“竖排标题”选项，如图7-37所示，然后在标题文本框中输入标题。

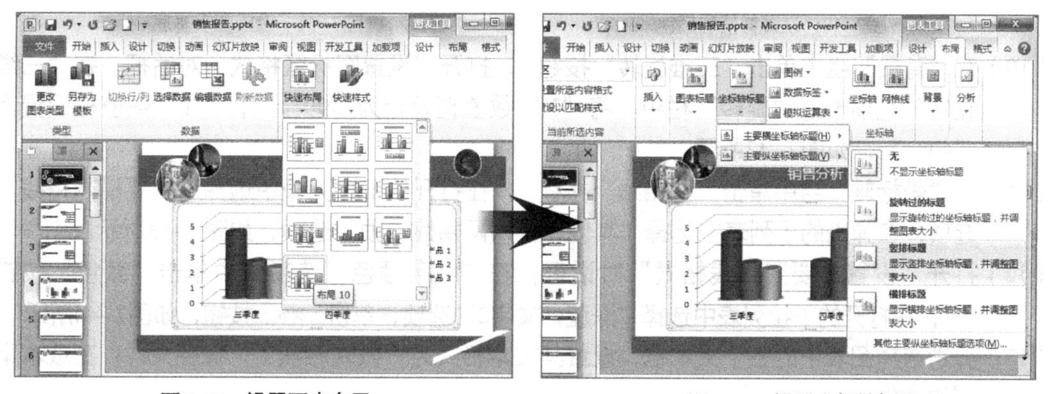

图7-36 设置图表布局

图7-37 设置坐标轴标题

（6）在【标签】组中单击数据标签按钮，在打开的下拉列表中选择“显示”选项，如图7-38所示。

（7）在【背景】组中单击“图表背景墙”按钮，在打开的下拉列表中选择“其他背景墙”选项，如图7-39所示。

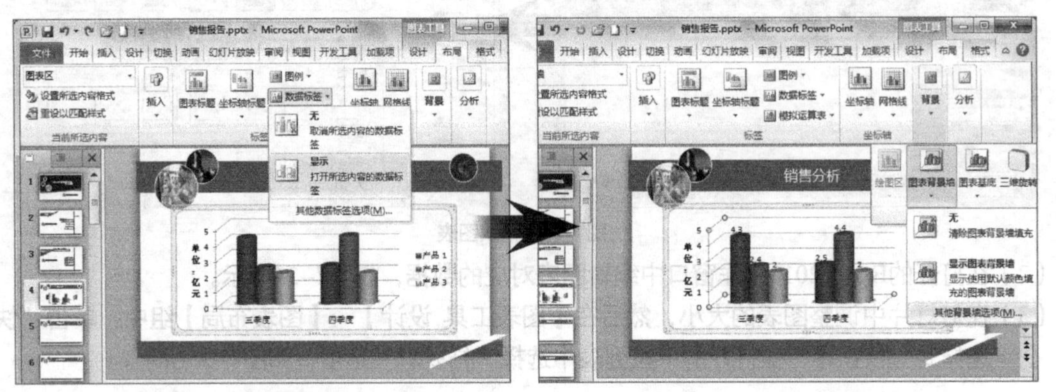

图7-38　设置标签　　　　图7-39　设置图表背景墙

（8）打开“设置背景墙格式”对话框，在“填充”选项卡中单击选中“渐变填充”单选项，在“方向”下拉列表中选择“线性向上”选项，单击关闭按钮，如图7-40所示。

（9）在“背景”组中单击“图表基底”按钮，在打开的下拉列表中选择“其他基底”选项，如图7-41所示，打开“设置基底格式”对话框，单击选中“纯色填充”单选项，单击关闭按钮。

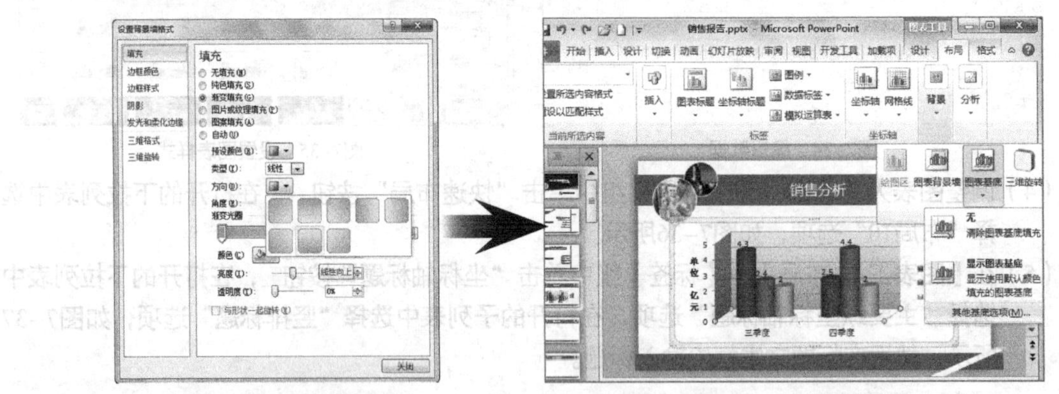

图7-40　设置背景墙颜色　　　　图7-41　设置图表基底

（10）在“背景”组中单击“三维旋转”按钮，打开“设置图标区格式”对话框，在“三维旋转”选项卡的“旋转”栏中，将“X”数值框设置为“90°”，“Y”数值框设置为“40°”，如图7-42所示。

（11）在“坐标轴”组中单击“网格线”按钮，在打开的下拉列表中选择“主要横网格线”选项，在弹出的子列表中选择“其他主要横网格线选项”选项，如图7-43所示。

（12）打开“设置主要网格线格式”对话框，在“线条颜色”选项卡中单击“颜色”按钮，在打开的下拉列表中选择“深蓝，文字2”选项，单击关闭按钮，如图7-44所示。

（13）分别选择图表中的各个文本框，设置其文本格式为“微软雅黑”，保存文件，完成本案例的制作。

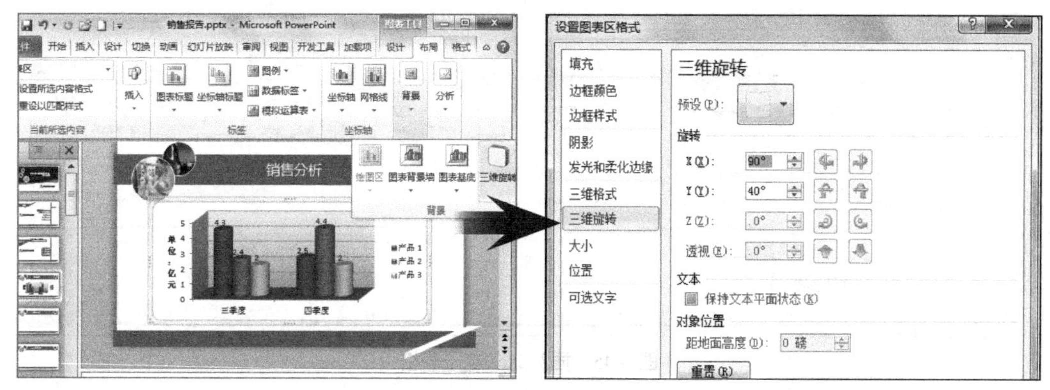

图7-42 设置三维旋转

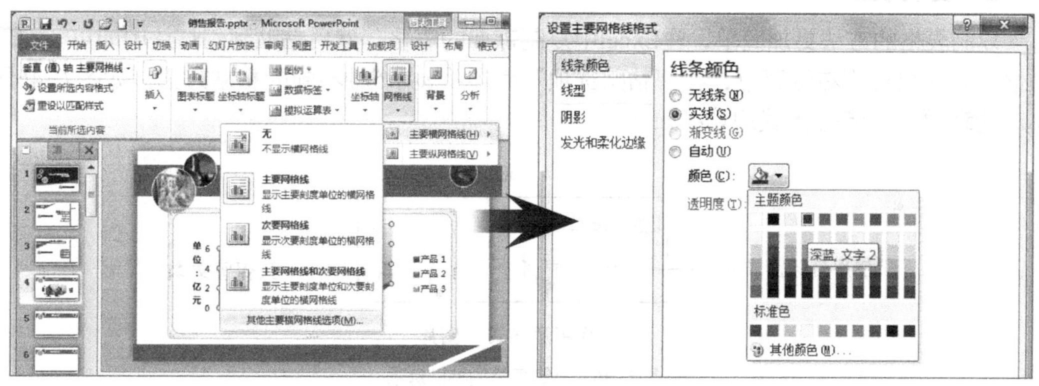

图7-43 设置网格线

图7-44 设置网格线颜色

7.3 表格和图表设计高级技巧

PowerPoint中自带了很多种样式的表格和图表，基本能够满足用户的正常需要。下面就介绍一些制作表格和图表的常用技巧，帮助大家提高演示文稿的制作水平。

7.3.1 快速导入表格

Excel是一款专业的表格制作软件，制作演示文稿的时候，通常都是直接导入Excel表格使用。下面就介绍常用的3种导入Excel表格的方法。

1. 插入表格

除了插入表格和绘制表格外，在幻灯片中还可以创建Excel电子表格。在【插入】→【表格】组中单击“表格”按钮，在打开的下拉列表的“插入表格”栏中选择“Excel电子表格”选项，即可插入Excel电子表格，如图7-45所示。

在PowerPoint的界面中将显示Excel程序的功能区，接下来便可以对表格进行编辑操作了。就如同在Excel程序中编辑一样，完成后在幻灯片的空白位置单击鼠标即可返回到PowerPoint的工作界面。若要再次编辑Excel电子表格，则双击幻灯片中的表格即可。

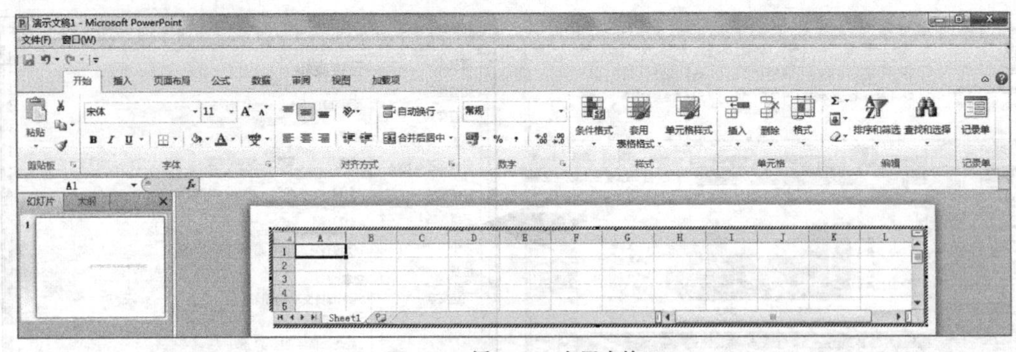

图7-45　插入Excel电子表格

2. 复制表格

复制表格的方法更加简单，在Excel中复制需要的表格，然后粘贴到幻灯片中即可。在粘贴之前，如果使用右键菜单，在“粘贴选项”栏中将显示5种不同的粘贴方式，如图7-46所示。这5种不同的粘贴方式的功能如下。

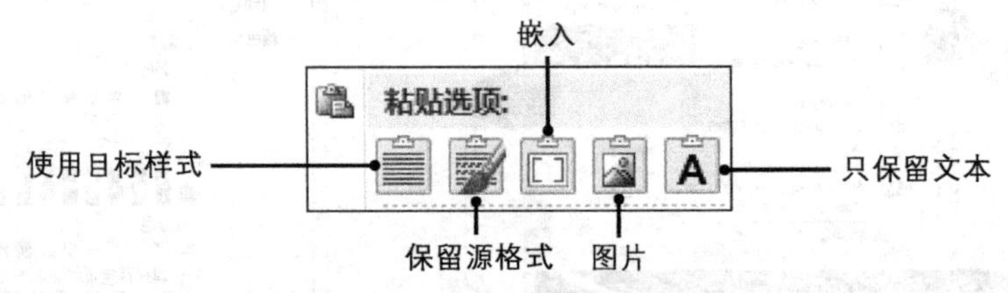

图7-46　复制表格的粘贴选项

◎ **使用目标样式（默认选项）**：这种粘贴方式会把Excel表格转换成PowerPoint所使用的表格，并自动套用主题字体和颜色，是默认的粘贴模式。

◎ **保留源格式**：这种粘贴方式会把Excel表格转换成PowerPoint所使用的表格，但会保留原来在Excel中设置的字体、颜色和线条等格式。

◎ **嵌入**：这种粘贴方式从外观上与保留源格式完全相同，根本的区别在于双击粘贴的表格，会进入Excel编辑模式，在Excel软件环境中编辑表格。

◎ **图片**：这种粘贴方式会在幻灯片中生成一张图片，图片显示内容与Excel中的表格完全一致，但无法对其中的内容进行编辑。

◎ **只保留文本**：这种粘贴方式把Excel表格转换为幻灯片中的段落文本框，不同列之间用空格隔开，数据格式自动套用幻灯片的主题格式。

3. 超链接表格

在幻灯片中选择连接对象，可以是文本、文本框、图片或者形状等。单击鼠标右键，在弹出的快捷菜单中选择“超链接”命令，打开“插入超链接”对话框，在其中选择需要链接的Excel表格文件，单击 确定 按钮，如图7-47所示。在播放演示文稿时，单击该超链接，即可通过外部的Excel程序打开该目标表格。

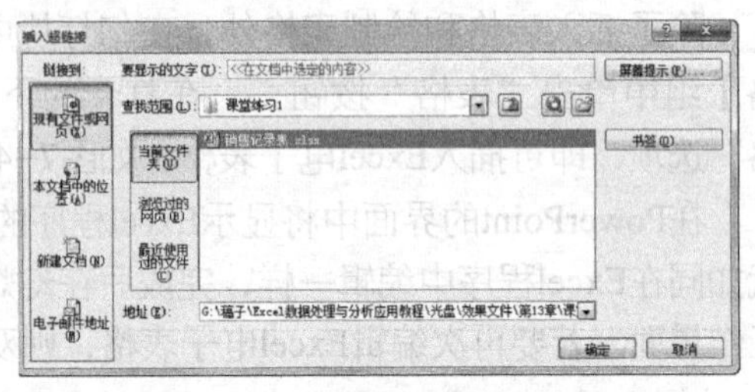

图7-47　“插入超链接”对话框

7.3.2 表格排版

表格的组成要素很多，包括长宽、边线、空行、底纹和方向等，通过改变这些要素，可以创造出不同的表格版式，从而达到美化表格的目的。而在现实商务演示文稿的制作中，我们通常都需要根据客户的要求制作出不同版式的表格。下面就介绍几种现实中常用的表格排版方式。

◎ **全屏排版**：使表格的长宽与幻灯片大小完全一致，如图7-48所示。

飓风国际员工退休金发放待遇缴费年限规定

2015年最新规定

退休金发放年限	公司工作年限	累计缴纳社保年限	享受待遇
2014	20	10	全额退休金+基本医疗保险+重大疾病保险（50万由公司代买）+0.01公司股份
2015	21	11	
2016	22	12	
2017	23	13	
2018	24	14	
2019	25	15	

欠款员工退休时不满缴费年限的，需继续缴费至规定年限：

享受待遇不包括公司股份和重大疾病保险；

如果工作年限没有达标的，退休金将减少到80%，且不享受公司股份和重大疾病保险

观看左图幻灯片时，表格的底纹和线条刚好成为阅读的引导线，比普通表格更加吸引观众的注意力

图7-48　表格的全屏排版

◎ **开放式排版**：开放式就是擦除表格的外侧框线和内部的竖线或者横线，使表格由单元格组合变成行列组合，如图7-49所示。

右图的表格排版会让观众自动延线条进行，由于没有边框，观看时就没有停顿，连续性很强

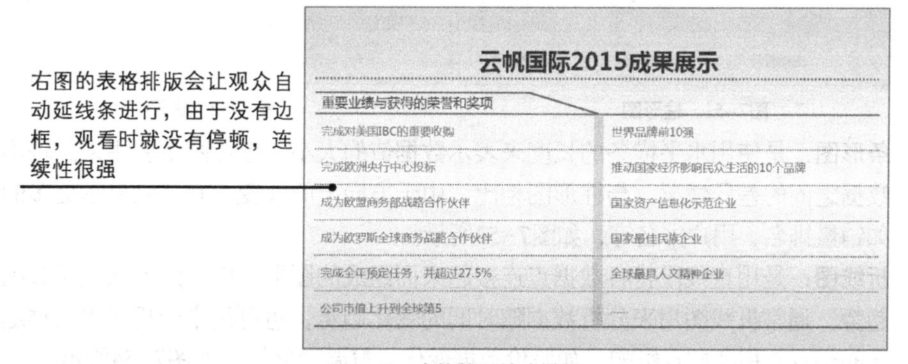

云帆国际2015成果展示

重要业绩与获得的荣誉和奖项	
完成对美国IBC的重要收购	世界品牌前10强
完成欧洲央行中心投标	推动国家经济影响民众生活的10个品牌
成为欧盟商务部战略合作伙伴	国家资产信息化示范企业
成为欧罗斯全球商务战略合作伙伴	国家最佳民族企业
完成全年预定任务，并超过27.5%	全球最具人文精神企业
公司市值上升到全球第5	……

图7-49　表格的开放式排版

◎ **竖排式排版**：利用与垂直文本框相同的排版方式排版表格，如图7-50所示。

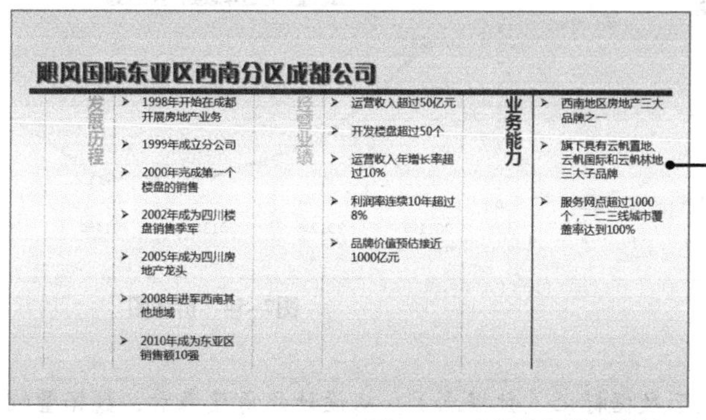

左图中表格的竖排与横排的搭配，非常清楚地显示了重点内容，利用标题和引导线的不同颜色，增加了表格的观赏性，吸引了观众的注意

图7-50　表格的竖排式排版

◎ **无表格版式**：无表格版式只是不显示表格的底纹和边框线，但是可以利用表格进行版面的划分和幻灯片内容的定位，功能和参考线与网格线相同。在很多平面设计中，如网页的切片，杂志的排版等，都采用了无表格版式。

7.3.3 选择合适的图表类型

图表的功能是以图形的方式来展示数据的规律、关系和趋势，而图表的类型很多，制作时应根据数据本身的规律和数据展示的目的来选择合适的图表类型。下面对常用的表格类型进行介绍。

◎ **柱形图**：是默认图表类型，通常用来描述不同时期数据的变化情况或描述不同类别数据之间的差异，也可以同时描述不同时期、不同类别数据的变化和差异，如各种销售数据、业绩数据等，如图7-51所示。

◎ **饼图和圆环图**：通常都是显示一组数据系列在整体中所占比例或者份额，如市场份额、经营收入结构等，如图7-52所示。

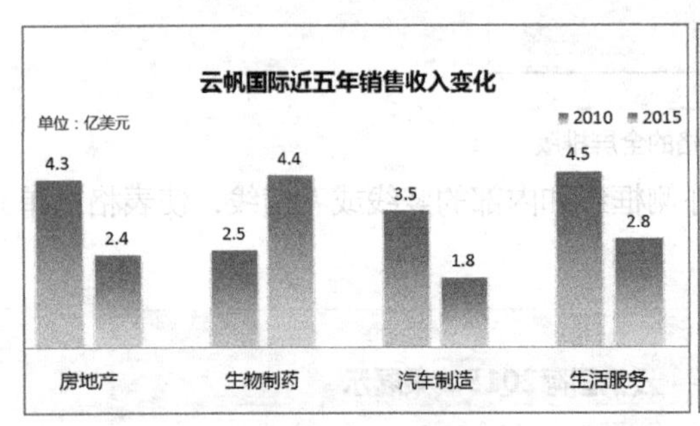

图7-51　柱形图

图7-52　饼图

◎ **条形图**：是使用水平横条的长度来表示数据值的大小。条形图主要用来比较不同类别数据之间的差异情况。与柱形图相比，由于方向上的改变，它可以显示更多的项目，如销量排名、用户排名等，如图7-53所示。

◎ **折线图**：是用直线段将各数据点连接起来而组成的图形，以折线方式显示数据的变化趋势。通常折线图用来分析数据随时间的变化趋势，也可用来分析多组数据随时间变化的相互作用和相互影响，如股价数据变化、气温变化等，如图7-54所示。

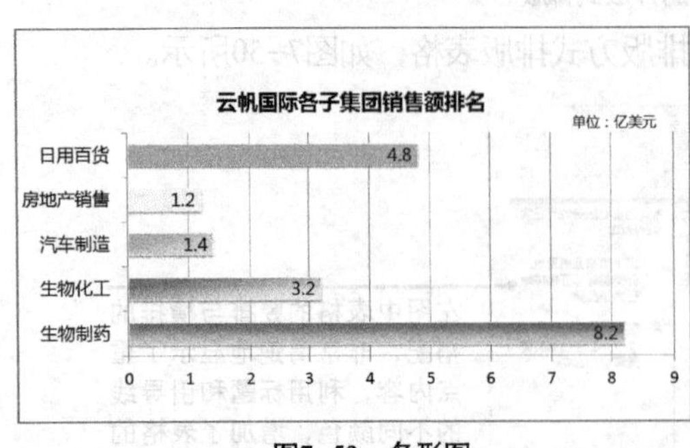

图7-53　条形图

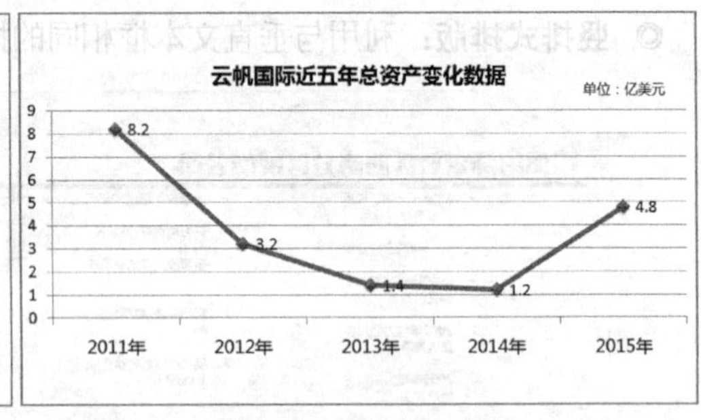

图7-54　折线图

设计技巧

折线图上可以显示数据标记（数据点）。从设计的角度来看，数据量较少时可以采用数据标记的形式；数据量较大时则更适合平滑曲线。

◎ **散点图和气泡图**：用于展现两组或者3组数据间的相关性和分别特性，数据来源于统计、科学或工程。气泡图是在散点图两组数据的基础上，增加一组数据进行3个维度上的关系分析，如图7-55所示。

◎ **雷达图**：由一组坐标轴和3个同心圆构成，每个坐标轴代表一个指标，主要用来进行多指标体系分析的专业图表，如图7-56所示。

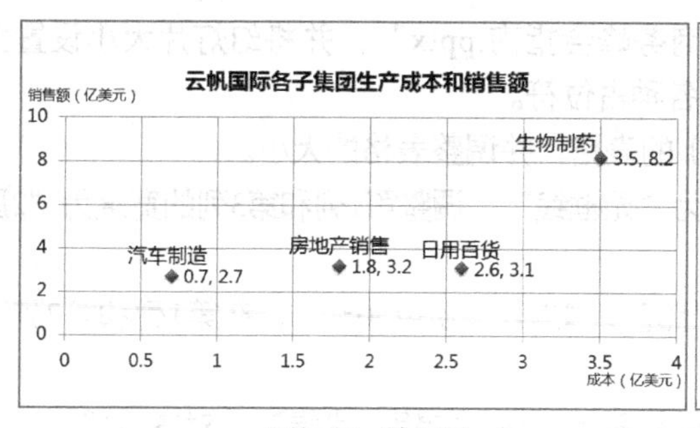

图7-55 散点图

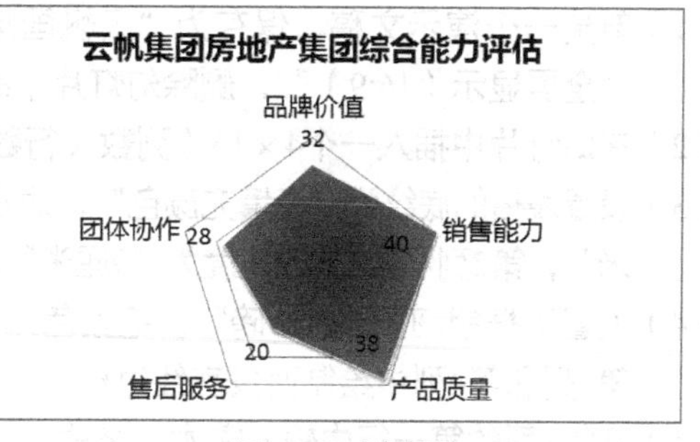

图7-56 雷达图

7.4 操作案例

本章操作案例将制作“云帆国际商务峰会指南.pptx”演示文稿目录页和为“LT系列销量预测.pptx”演示文稿制作图表。综合练习本章学习的知识点，巩固表格和图表制作的具体操作。

7.4.1 制作“云帆国际商务峰会指南”演示文稿目录页

本案例的目标是制作“云帆国际商务峰会指南.pptx”演示文稿的目录页，主要涉及利用表格来进行幻灯片排版的相关操作，最终参考效果如图7-57所示。

素材所在位置 光盘:\素材文件\第7章\操作案例\Logo.png
效果所在位置 光盘:\效果文件\第7章\操作案例\云帆国际商务峰会指南.pptx
视频演示 光盘:\视频文件\第7章\制作“云帆国际商务峰会指南”演示文稿目录页.swf

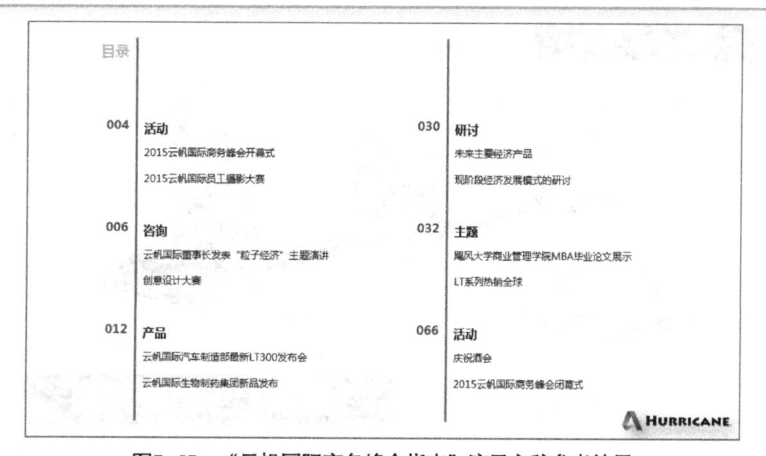

图7-57 “云帆国际商务峰会指南”演示文稿参考效果

设计重点

本案例是制作一个演示文稿的目录页，由于本演示文稿是一个商务会议的指南，所以应该基本显示所有项目的内容所对应的页面。如果使用目录页加过渡页的方式明显不适合本案例，所以采用目前最流行的无表格版式对目录页的内容进行排版，并加入公司标志，简单明了，非常适合指南、规定、简介类型的演示文稿目录页的版式设置。

（1）新建一个演示文稿，保存为“云帆国际商务峰会指南.pptx”，并将幻灯片大小设置为“全屏显示（16:9）”，删除幻灯片中的各种占位符。

（2）在幻灯片中插入一个4×15（列数×行数）的表格，并调整表格的大小。

（3）设置表格的底纹为“无填充颜色”，边框为“无框线”，调整第1列和第3列的宽度为“2厘米”，第2列和第4列的宽度为“9厘米”。

（4）设置边框粗细为“2.25磅”，笔颜色为“黑色，文字1，淡色50%”，在第1列和第2列，第3列和第4列中绘制两条直线边框。

（5）在第1列的第一行中输入文本，格式为“微软雅黑、14、加粗、浅绿”，对齐方式为“文本右对齐、底端对齐”；在第1列和第3列的第4、8、12行中输入文本，格式为“微软雅黑、12、加粗、深红”，对齐方式为“文本右对齐、顶端对齐”。

（6）在第2列和第4列的第4、8、12行中输入文本，格式为“微软雅黑、12、加粗、黑色”，对齐方式为“文本左对齐、底端对齐”；在第2列和第4列的第5、6、9、10、13、14行中输入文本，格式为“微软雅黑、10、黑色”，对齐方式为“文本左对齐、垂直居中”。

（7）在右下角插入素材图片，设置图片样式为“矩形投影”，完成本案例的操作。

7.4.2 为“LT系列销量预测”演示文稿制作图表

本案例的目标是为“LT系列销量预测.pptx”演示文稿制作图表，主要是利用形状来制作图表效果，最终参考效果如图7-58所示。

效果所在位置　光盘:\效果文件\第7章\操作案例\LT系列销量预测.pptx

视频演示　光盘:\视频文件\第7章\为“LT系列销量预测”演示文稿制作图表.swf

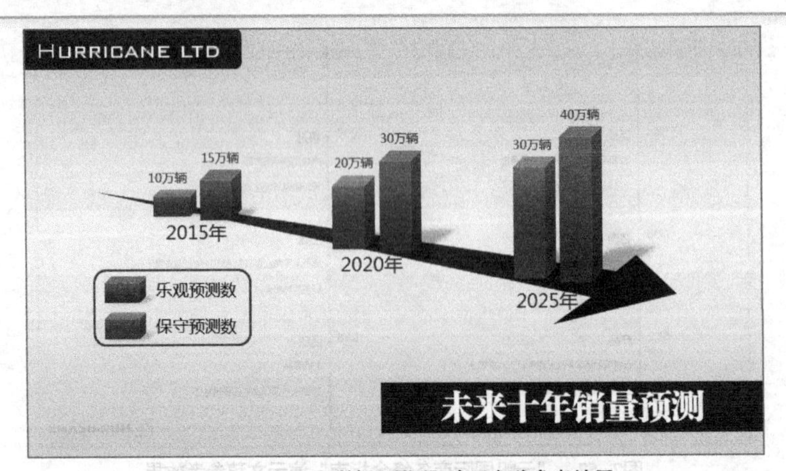

图7-58　“LT系列销量预测”演示文稿参考效果

设计重点

本案例中其实并没有用到前面介绍的添加图表的相关操作，但对于在演示文稿中添加图表又非常重要。其重点是利用绘制形状来制作特殊的图表。虽然PowerPoint中自带了很多图表样式，但仍然不能满足客户的一些特殊需求。制作出个性化的图表，才能吸引观众的注意，达到突出演示文稿内容，强调数据信息的目的。

（1）新建一个演示文稿，保存为“LT系列销量预测.pptx”，并将幻灯片大小设置为“全屏显示（16:9）”，删除幻灯片中的各种占位符。

（2）设置幻灯片背景颜色为渐变填充“线性向上”，停止点1和3为“白色，背景1，深色15%”；停止点2为“白色，背景1，深色5%”，位置为“50%”。

（3）在幻灯片左上角绘制一个圆角矩形，填充颜色为“深蓝，文字2，深色25%”，输入文本“BankGothic Lt BT、24、白色”；在右下角绘制矩形，填充颜色为“深蓝，文字2，深色25%”，输入文本格式为“方正粗宋简体、32、白色”。

（4）利用任意多边形工具绘制一个从左向右的箭头，使其具有立体的效果，为其填充渐变色“线性对角-左上到右下”，停止点1的RGB值为“13，75，158”；停止点2的RGB值为“深蓝，文字2，深色50%”，形状轮廓为“无轮廓”。

（5）在箭头上绘制一个立方体形状，为其填充渐变色“线性向下”，停止点1为“深蓝，文字2，淡色40%”；停止点2的RGB值为“13，75，158”，形状轮廓为“无轮廓”。

（6）复制一个立方体形状，重新填充渐变色，停止点1的RGB值为“红色，强调文字颜色2，淡色40%”；停止点2的RGB值为“深红”，位置为“70%”，调整立方体的高度。

（7）复制这两个立方体到绘制箭头的中间和左侧位置，并调整立方体的高度，绘制一个圆角矩形，设置填充颜色为“无填充颜色”，复制两个立方体到该圆角矩形中，大小为一致，并插入两个文本框，输入文本格式为“微软雅黑、16、黑色”。

（8）在每个立方体的上方插入一个文本框，输入文本格式为“微软雅黑、12”，文本的颜色和对应立方体停止点2的颜色一致；再在3组立方体下方都插入一个文本框，输入文本格式为“微软雅黑、18”，字体颜色的RGB值为“13，75，158”，完成本案例的操作。

7.5 习题

（1）打开“新产品发布手册.pptx”演示文稿，利用前面讲解的添加表格的相关知识对其内容进行编辑，制作一个目录页，最终效果如图7-59所示。

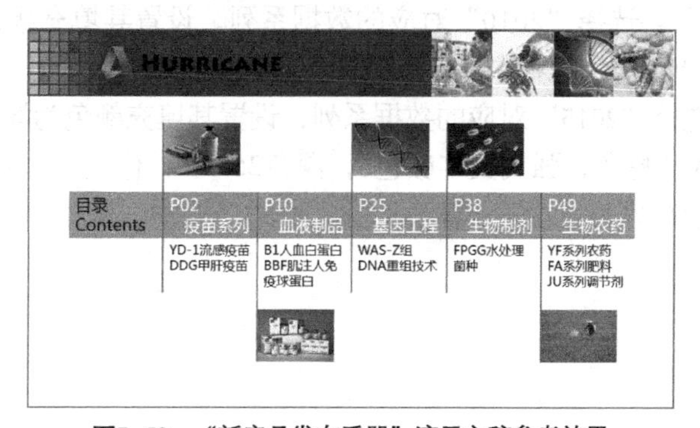

图7-59　“新产品发布手册”演示文稿参考效果

素材所在位置	光盘:\素材文件\第7章\习题\
效果所在位置	光盘:\效果文件\第7章\习题\新产品发布手册.pptx
视频演示	光盘:\视频文件\第7章\编辑"新产品发布手册"演示文稿目录页.swf

提示：在第2张幻灯片中插入一个6×9的表格，设置表格没有框线和填充颜色，为第4行表格设置底纹"深蓝，文字2，淡色60%"，在其中输入文本"微软雅黑、18"，分别在每列中合并第5行和第6行的单元格，输入文本"微软雅黑、14"，在列与列间绘制框线，粗细为"1.5磅"，颜色为"白色，背景1，深色50%"，将素材图片插入到幻灯片中，调整高度为"2厘米"，宽度为"3厘米"，分别设置顶端对齐和底端对齐。

（2）打开"LT系列销量.pptx"演示文稿，在其中插入图表，用图表来显示该产品近5年的销量变化情况，最终效果如图7-60所示。

素材所在位置	光盘:\素材文件\第7章\习题\LT系列销量.pptx
效果所在位置	光盘:\效果文件\第7章\习题\LT系列销量.pptx
视频演示	光盘:\视频文件\第7章\为"LT系列销量"演示文稿添加图表.swf

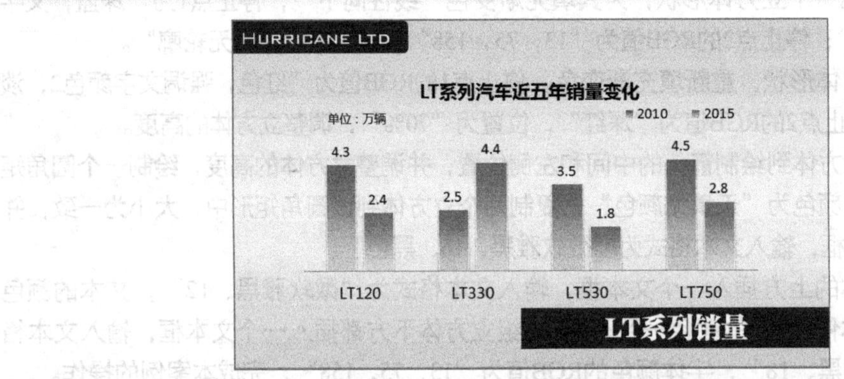

图7-60 "LT系列销量"演示文稿参考效果

提示：打开演示文稿，在幻灯片中插入簇状柱形图，在Excel中设置数据系列为"2010"和"2015"，对应的产品有"LT120" "LT330" "LT530"和"LT750"，图表布局为"布局2"，图表样式为"样式10"，所有文本字体为"微软雅黑"。将图例移动到表格右侧，在左侧插入文本框，输入文本，输入图表标题，数据标签为"数据标签外"。选择"2010"对应的数据系列，设置其填充颜色为渐变色"线性向下"，停止点1为"深蓝，文字2，淡色40%"；停止点2为"深蓝，文字2，淡色80%"。选择"2015"对应的数据系列，设置其填充颜色为渐变色"线性向下"，停止点1为"橙色，强调文字颜色6，深色25%"；停止点2为"橙色，强调文字颜色6，淡色60%"。

第8章 添加SmartArt图形

本章将详细讲解在演示文稿中插入和编辑SmartArt图形的相关操作，并对设置和美化SmartArt图形进行全面讲解。读者通过学习应能够熟练掌握处理演示文稿中SmartArt图形的各种操作方法，并能制作出设计精美、符合演示文稿风格的专业SmartArt图形。

学习要点

◎ 认识和插入SmartArt图形
◎ 设置SmartArt图形的大小和形状
◎ 添加和删除形状
◎ 调整SmartArt图形的布局
◎ 设置SmartArt图形的样式和形状格式
◎ 自行设计SmartArt图形

学习目标

◎ 掌握插入SmartArt图形的基本操作
◎ 掌握编辑SmartArt图形的基本操作
◎ 掌握美化SmartArt图形的操作方法

8.1 插入与编辑SmartArt图形

在演示文稿中插入SmartArt图形，可以说明一种层次关系、一个循环过程或一个操作流程等，它使幻灯片所表达的内容更加突出，也更加生动。本节将详细讲解在演示文稿中插入和编辑SmartArt图形的相关操作。

8.1.1 认识SmartArt图形

在PowerPoint中可以插入一些具有说明性意义的图示，用简单的方式表达复杂的表述，这种图示在PowerPoint中就被称为SmartArt图形。

1. 认识图示

图示即用图形来表示、说明对象，如说明对象的流程，显示非有序信息块或者分组信息块，说明各个组成部分之间的关系等，图8-1为一种表示售后服务信息循环的图示。

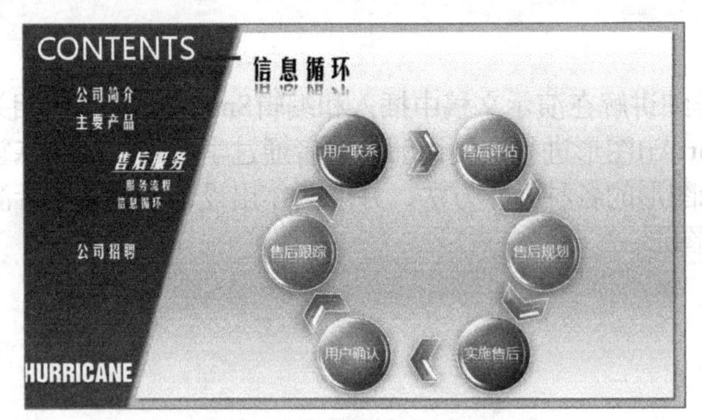

图8-1　售后服务信息循环图示

2. SmartArt图形的类型

SmartArt图形有多种类型，如“流程”“层次结构”“循环”或“关系”等，而且每种类型包含几个不同的布局。下面对常用的SmartArt图形的常用类型进行介绍。

◎ **列表**：主要用于显示非有序信息或分组信息，通常可通过编号1、2、3……的形式来表示，主要用于强调信息的重要性，如图8-2所示。

◎ **流程**：主要用于显示一个作业的整个过程，或一个项目需要经过的主要步骤，通常可用箭头进行连接，从项目的开始指向末尾，如图8-3所示。

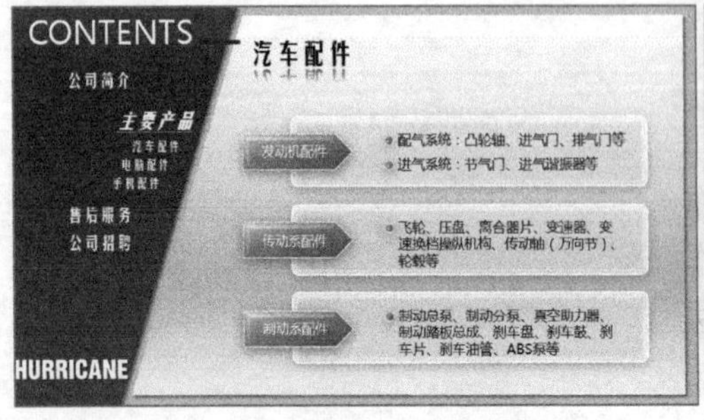

图8-2　列表——垂直图片列表

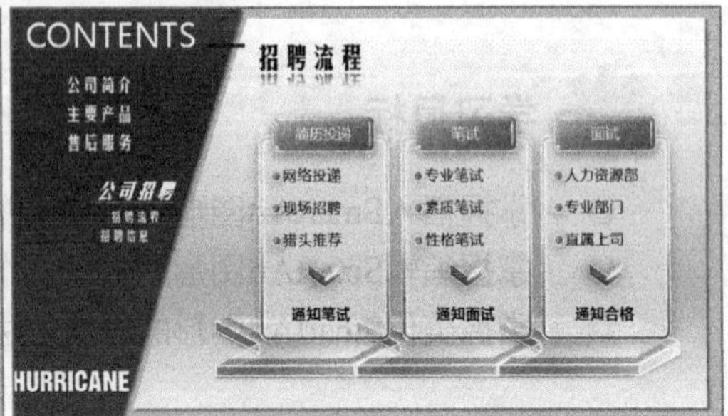

图8-3　流程——连续块状流程

◎ **循环**：主要用于表示一个项目中可持续操作的部分，或表示阶段、事件、任务的连续性，主要用于强调重复过程，图8-1所示为块循环SmartArt图形。

◎ **层次结构**：主要用于显示组织中的分层信息或上下级关系，或显示组织中的分层信息或报告关系等，如图8-4所示。

◎ **关系**：主要用于显示两种对立或对比观点，或比较或显示两个观点之间的关系，以及显示与中心观点的关系等，如图8-5所示。

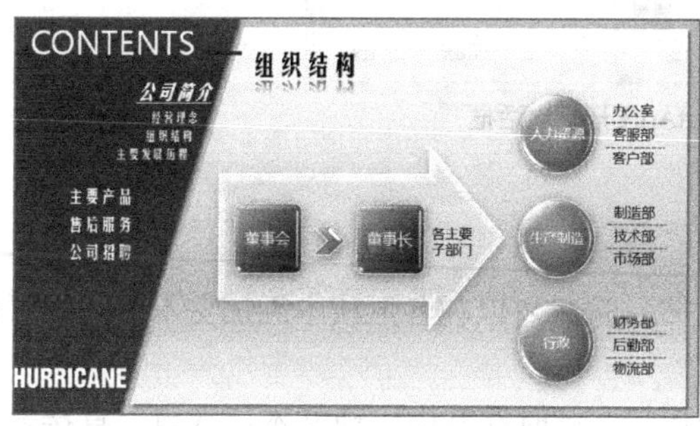

图8-4　层次结构——组织结构图

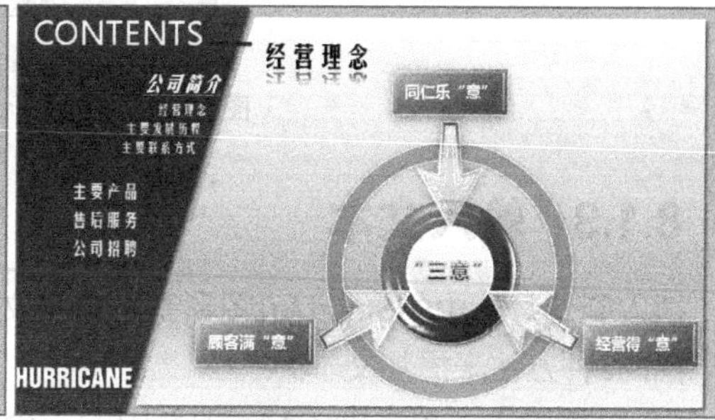

图8-5　关系——综合关系

◎ **矩阵**：用于以象限的方式显示部分与整体的关系，如图8-6所示。

◎ **棱锥图**：用于显示比例关系、互连关系或层次关系，最大的部分通常置于底部，向上渐窄，如图8-7所示。

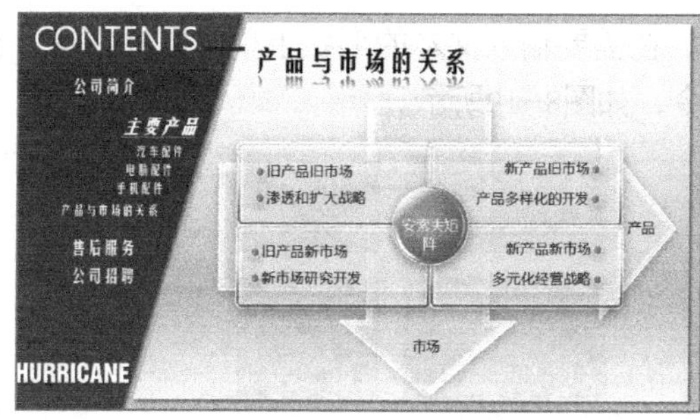

图8-6　矩阵——带标题的矩阵

图8-7　棱锥图——基本棱锥图

知识提示

以上SmartArt图形都是经过设计和美化的图形（风格统一，可以在同一演示文稿中使用），在PowerPoint中有标准的对应类型的SmartArt图形。

8.1.2　插入SmartArt图形

在幻灯片中插入SmartArt图形主要有以下两种方法。

◎ **通过功能区插入**：选择需要插入SmartArt图形的幻灯片，在【插入】→【插图】组中单击“SmartArt”按钮，打开“选择SmartArt图形”对话框，在左侧的窗格中选择SmartArt的类型，再在中间的“列表”框中选择需要的布局样式，在右侧窗格中会显示对该布局的具体说明，然后单击 确定 按钮，如图8-8所示。

◎ **通过内容占位符插入**：在幻灯片的内容占位符中单击“插入SmartArt图形”按钮，也能打开“选择SmartArt图形”对话框，在其中选择即可。

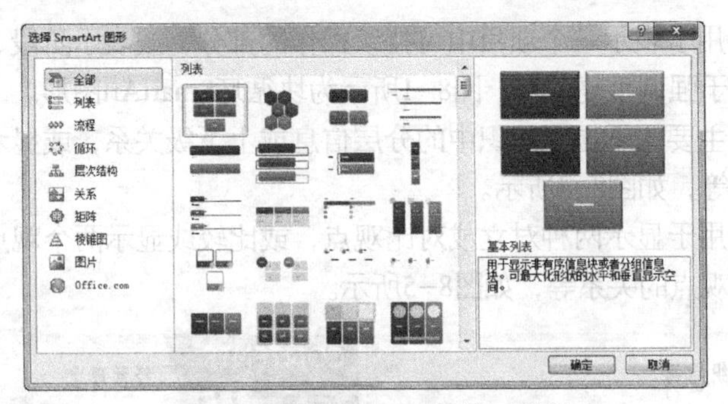

图8-8 “选择SmartArt图形”对话框

8.1.3 输入文本

插入到幻灯片中的SmartArt图形都不包含文本，这时可以在各形状中添加文本。主要可使用下面的3种方法来添加文本。

◎ **直接输入**：单击SmartArt图形中的一个形状，此时在其中出现文本插入点，直接输入文本即可。

◎ **通过“在此键入文字”窗格输入**：选择SmartArt图形，在【SmartArt工具 设计】→【创建图形】组中，单击 文本窗格 按钮，在打开的“在此处键入文字”窗格中输入所需的文字，如图8-9所示。

◎ **通过右键菜单输入**：选择SmartArt图形，在需要输入文本的形状上单击鼠标右键，在弹出的快捷菜单中选择“编辑文字”命令，如图8-10所示。

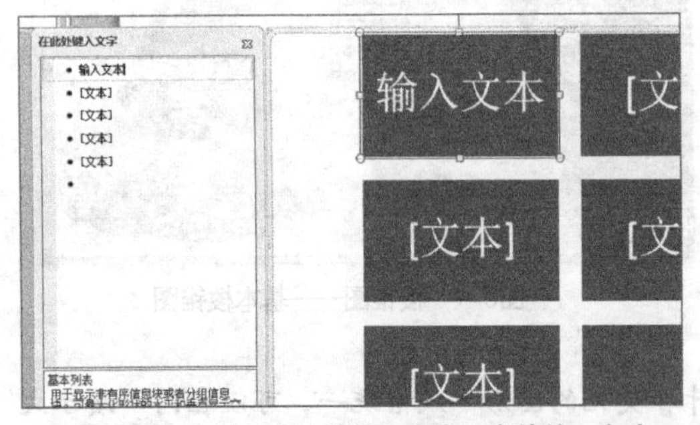

图8-9 通过“在此处键入文字”窗格输入文本

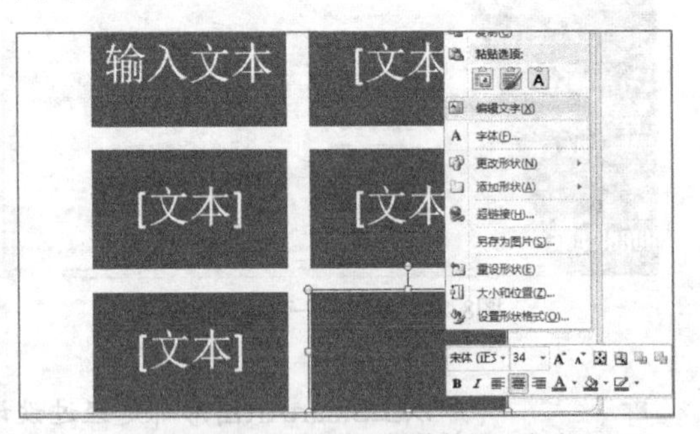

图8-10 通过右键菜单输入文本

8.1.4 调整布局

如果对初次创建的SmartArt图形的布局不满意，可随时更换为其他布局。默认情况下，SmartArt图形是“从左到右”进行布局的，还可调整图形循环或指向的方向，下面分别进行介绍。

◎ **更换布局**：选择SmartArt图形，在【SmartArt工具 设计】→【布局】组中单击“布局样式”列表框右侧的“其他”按钮，在打开的下拉列表框中可选择该类型的其他布局，如图8-11所示。

◎ **更换类型和布局**：若是要更换为其他类型的布局，则在如图8-11所示的下拉列表框中选择“其他布局”选项，打开“选择SmartArt图形”对话框，选择其他类型的布局。

◎ **调整指向方向**：选择SmartArt图形，在【SmartArt工具 设计】→【创建图形】组中单击

从右向左按钮，可调整SmartArt图形中形状的指向或循环方向为“从右向左”。

◎ **调整分支布局**：如果创建的是层次结构类型的SmartArt图形，单击选择图形中某个形状后，在【SmartArt工具 设计】→【创建图形】组中单击布局按钮，可更改所选形状的分支布局，如图8-12所示。

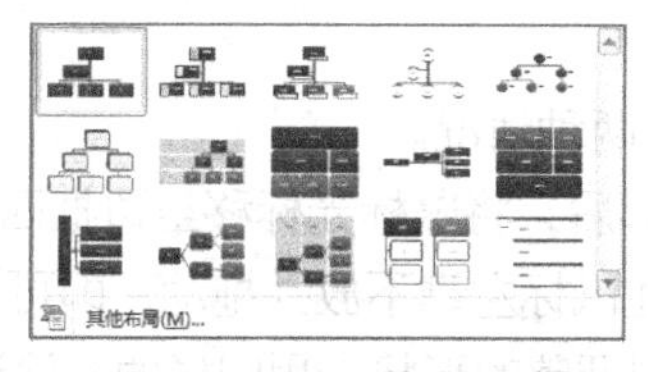

图8-11　更换布局

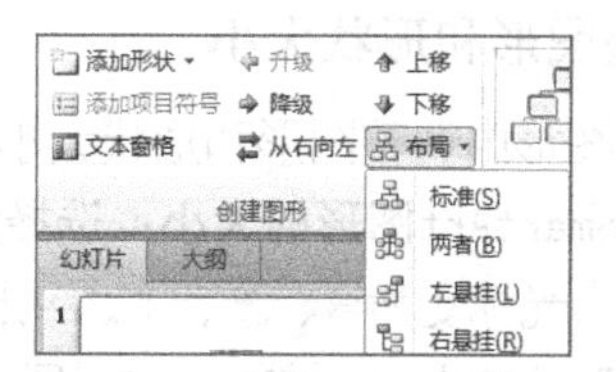

图8-12　调整分支布局

8.1.5　添加和删除形状

在默认情况下，创建的SmartArt图形中的形状是固定的，而在实际制作时，形状可能不够或者有多余的，就需要添加或删除形状以满足需要。

1. 添加形状

在SmartArt图形中单击最接近新形状的添加位置的现有形状，在【SmartArt工具 设计】→【创建图形】组中单击添加形状按钮右侧的按钮，在打开的下拉列表中选择其中一个选项来作为新形状添加的位置，其中各选项的功能如下。

◎ **在后面添加形状**：在所选形状所在的级别上，要在该形状后面插入一个形状。

◎ **在前面添加形状**：在所选形状所在的级别上，要在该形状前面插入一个形状。

◎ **在上方添加形状**：在所选形状的上一级别插入一个形状，此时新形状将占据所选形状的位置，而所选形状及其下的所有形状均降一级。

◎ **在下方添加形状**：要在所选形状的下一级别插入一个形状，此时新形状将添加在同级别的其他形状结尾处。

◎ **添加助理**：在所选形状与下一级别之间插入一个形状，此选项仅在“组织结构图”布局中可见。

2. 删除形状

删除形状的方法很简单，选择需要删除的形状，按【Delete】键即可将其删除。但是，并不是所有的形状都可以删除，不同的布局，执行删除操作的结果是不同的。下面介绍常见的两种形状。

◎ 如果在有2级形状的情况下删除1级形状，则第1个2级形状将提升为1级。

◎ 在包含图片内容形状的布局中，其包含图片的形状不能删除，只能删除包含它的1级形状。此外，有背景的形状也不能删除，只能删除背景对应的文本框。

8.1.6　调整形状级别

编辑SmartArt图形时，还可以根据需要对图形间各形状的级别进行调整，如将下一级的形状提升一级，将上一级的形状下降一级。其方法是：选择需升级或降级的形状，在【SmartArt图形 设计】→【创建图形】组中单击升级按钮或降级按钮，将提升或降低形状的级别。

8.1.7 调整位置和大小

在插入的SmartArt图形中，用户有时会觉得图形大小不合适，这时可调整SmartArt图形的大小，还可单独调整其中形状的大小。如果觉得对位置不满意，用户则可以调整其位置。

1. 调整图形和形状大小

SmartArt图形中调整图形和形状大小主要有以下两种情况。

◎ **调整SmartArt图形的大小**：选择SmartArt图形后，将鼠标光标移至边框四周的尺寸控点上，当光标变为⇔、⤢、⇕、⤡形状时，按住鼠标左键不放并拖动，即可调整其大小。

◎ **调整形状的大小**：在SmartArt图形中选择需要调整的形状，用同样的方法调整其大小。

◎ **精确调整**：选择图形或者形状，通过【SmartArt图形 格式】→【大小】组的“宽度”和“高度”数值框进行调整。

知识提示

调整SmartArt图形的大小后，其中的形状会根据布局按比例进行自动调整，此外，调整SmartArt图形或形状大小，形状中的文字大小也会自动调整以适应其形状。

2. 调整图形和形状位置

SmartArt图形中调整图形和形状位置同样有以下两种情况。

◎ **调整SmartArt图形的位置**：选择SmartArt图形后，将鼠标光标移至SmartArt图形的边框上，当光标变为⇕形状时，按住鼠标左键不放并拖动，可将其移动到新的位置。

◎ **调整形状的位置**：在SmartArt图形中选择需要调整的形状，用同样的方法移动其位置，但只能移动到SmartArt图形边框内的其他位置。

8.1.8 案例——制作“分销商组织结构图”演示文稿

本案例要求根据提供的素材文档，制作分销商组织结构图，主要是插入和编辑SmartArt图形的相关操作。完成后的参考效果如图8-13所示。

素材所在位置 光盘:\素材文件\第8章\案例\分销商组织结构图.pptx

效果所在位置 光盘:\效果文件\第8章\案例\分销商组织结构图.pptx

视频演示 光盘:\视频文件\第8章\编辑“分销商组织结构图”演示文稿.swf

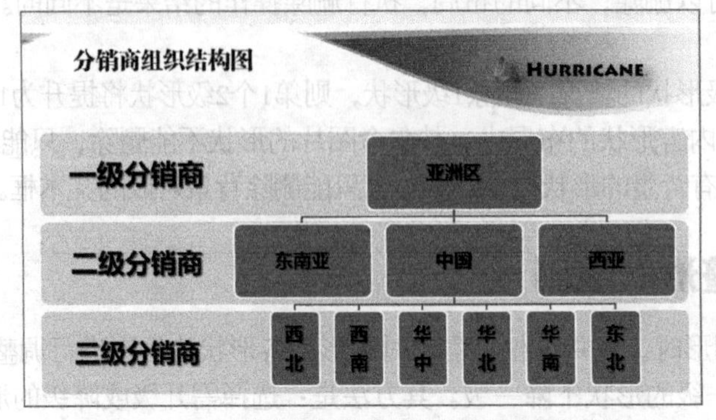

图8-13 “分销商组织结构图”演示文稿参考效果

设计重点

本案例的重点在于SmartArt图形的类型选择。由于本案例的分销商具有3个等级，且每个等级下又分为不同的部分，所以本案例选择“层次结构”的SmartArt图形。在层次结构中，为了表示出3个等级，本案例又选择“标记的层次结构”这种类型的SmartArt图形。

（1）打开“分销商组织结构图.pptx”，在幻灯片左上角插入文本框，输入文本，格式为“方正粗宋简体、24、黑色”，在【插入】→【插图】组中单击“SmartArt”按钮，如图8-14所示。

（2）打开“选择SmartArt图形”对话框，在左侧的窗格中内单击“层次结构”选项卡，再在中间的列表框中选择“标记的层次结构”选项，单击确定按钮，如图8-15所示。

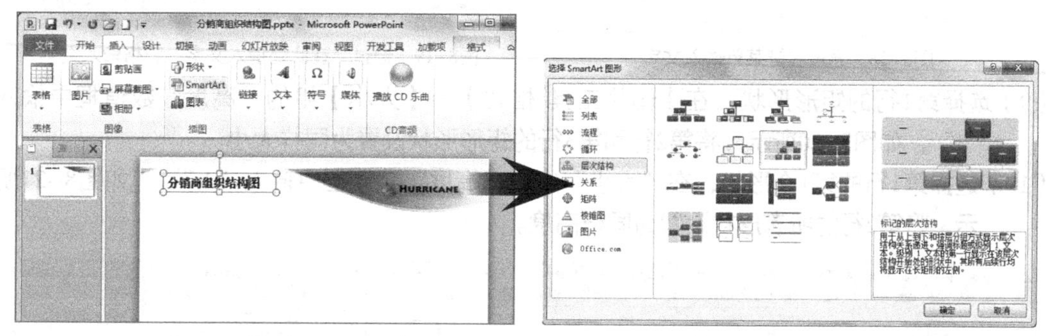

图8-14　插入SmartArt图形　　图8-15　选择SmartArt图形布局

（3）调整SmartArt图形的大小，选择SmartArt图形中的第1个形状，在【SmartArt工具 设计】→【创建图形】组中单击添加形状按钮右侧的按钮，在打开的下拉列表中选择“在下方添加形状”选项，如图8-16所示，在SmartArt图形的第2行中添加1个形状。

（4）选择SmartArt图形的第3行中第1个形状，按【Delete】键将其删除，用同样的方法删除第3行中第2个形状。

（5）选择第3行中剩下的那个形状，单击添加形状按钮右侧的按钮，在打开的下拉列表中选择“在后面添加形状”选项，如图8-17所示，在图形第3行中添加1个形状。

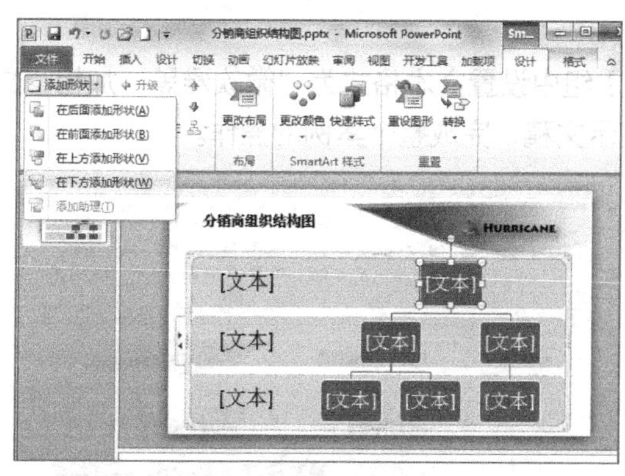

图8-16　添加下级形状

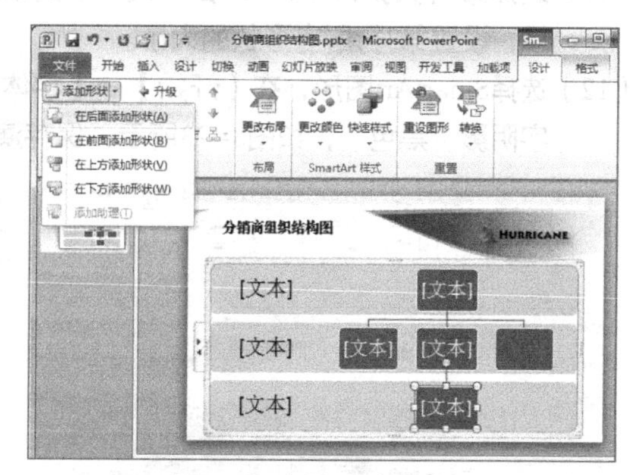

图8-17　在后面添加形状

（6）用同样的方法为第3行再添加4个形状，在SmartArt图形中显示了“[文本]”字样的形状中单击，并输入文本。

（7）选择第2行第3个形状，在其上单击鼠标右键，在弹出的快捷菜单中选择“编辑文字”命令，如图8-18所示，然后在形状中输入文本。

（8）在“创建图形”组中单击 文本窗格 按钮，在打开的“在此处键入文字”窗格中输入所需的文字，如图8-19所示，单击⊠按钮，关闭文本窗格。

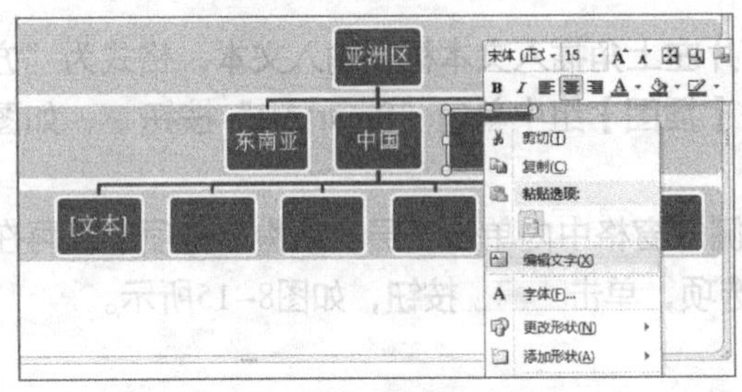

图8-18 通过右键菜单输入文字

图8-19 通过“在此处键入文字”窗格输入文字

（9）选择第1行的矩形形状，在【图片工具 格式】→【大小】组的“高度”数值框中输入“3”，如图8-20所示，将第2行和第3行的矩形形状设置为同样大小。

（10）选择第1行的第1个形状，在“大小”组的“高度”数值框中输入“2.7”，如图8-21所示，将第2行的所有形状设置为同样高度。

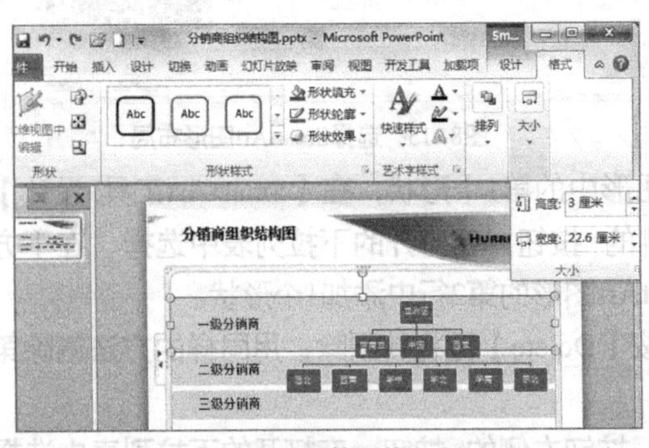

图8-20 调整形状大小

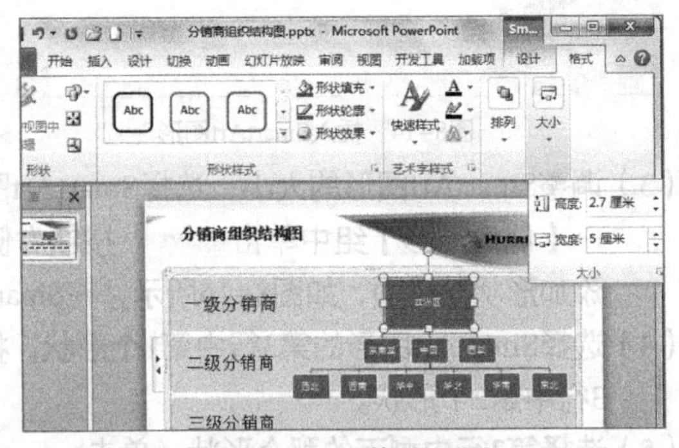

图8-21 调整形状大小

（11）选择第3行的所有形状，在“大小”组的“高度”数值框中输入“2.7”，如图8-22所示，设置第3行所有形状的大小。

（12）选择SmartArt图形，在【开始】→【字体】组中设置文本格式为“微软雅黑、加粗、文字阴影、黑色”，如图8-23所示，保存演示文稿，完成整个案例的操作。

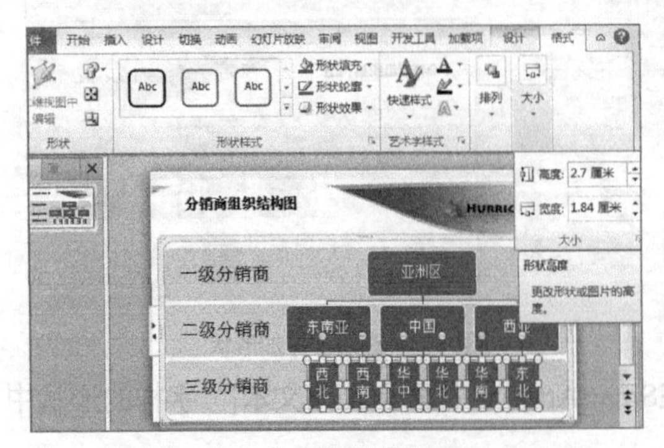

图8-22 调整形状大小

图8-23 设置文本格式

8.2 美化SmartArt图形

创建SmartArt图形后，其外观样式和字体格式都保持默认设置，用户可以根据实际需要对其进行各种设置，使SmartArt图形更加美观，其相关操作都在“SmartArt工具 设计”选项卡中进行，如图8-24所示。本小节将详细讲解美化SmartArt图形的基本操作，如设置形状样式、更改SmartArt样式、设置艺术字样式图片的SmartArt混排等。

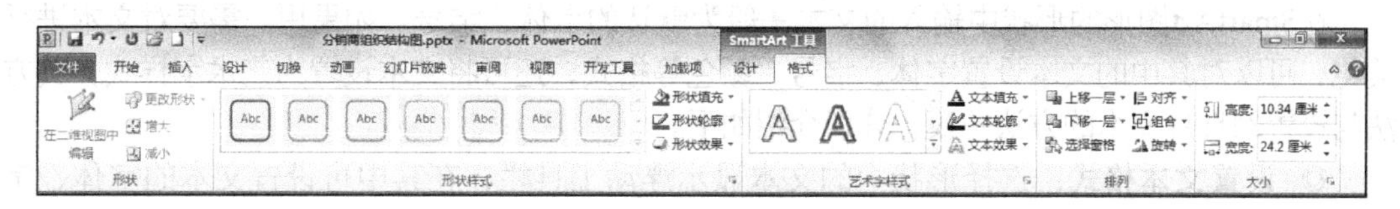

图8-24 美化SmartArt图形的功能区

8.2.1 更改SmartArt样式

在PowerPoint中对于创建的SmartArt图形，用户可以手动修改其样式和颜色，以打破单一的样式，使幻灯片更具特色，其具体操作如下。

（1）选择需要修改样式和颜色的SmartArt图形，在【SmartArt工具 设计】→【SmartArt样式】组中单击“更改颜色”按钮，在打开的下拉列表框中选择需要的颜色效果的缩略图。

（2）单击【SmartArt样式】组的“快速样式”列表框右下角的“其他”按钮，在其中选择所需的样式即可。

知识提示

SmartArt图形中的快速样式是各种效果（如线型、棱台或三维）的组合，可应用于SmartArt图形中的形状以创建独特且具专业设计效果的外观。

8.2.2 更改SmartArt图形中的形状

如果对SmartArt图形中的默认形状不满意，希望突出其中的某些形状，用户可更改SmartArt图形中的1个或多个形状。其方法为：在SmartArt图形中选择需要更改的1个或多个形状，在【SmartArt工具 格式】→【形状】组中单击“更改形状”按钮，在打开的下拉列表框中选择需要的形状即可。

知识提示

SmartArt图形包含的形状比“更改形状”列表框中的多，如果在更改了形状后，希望恢复原始形状，可在新形状上单击鼠标右键，在弹出的快捷菜单中选择“重设形状”命令，撤销对形状进行的所有格式更改。

8.2.3 设置形状格式

对于SmartArt图形中的形状，用户还可自定义其填充颜色、边框样式及形状效果，其操作方法与前面中设置形状样式的方法一致。首先在SmartArt图形中选择需要设置的形状，然后选择【SmartArt工具 格式】→【形状样式】组中的选项即可设置，这里不再赘述。

知识提示

设置形状的格式，可以选择单个形状进行设置，还可选择多个形状进行设置，如果单击SmartArt图形的外边框选择整个SmartArt图形，则是对SmartArt图形的背景及外边框进行的格式设置，其中的形状格式不会改变。

8.2.4 设置文本样式

在SmartArt图形的形状中输入的文本一般为默认的字体、字号。如果用户需要对文本进行美化，可以对其中的文本设置字体、字号、颜色等格式，还可将文本设置为艺术字样式，其方法与设置幻灯片文本的方法一致，分别介绍如下。

◎ **设置文本格式**：选择形状中的文本显示浮动工具栏，在其中可设置文本的字体、字号、对齐方式等格式。

◎ **设置艺术字样式**：选择形状中的文本，或直接选择形状，通过【SmartArt工具 格式】→【艺术字样式】组中的选项即可将文本设置为艺术字样式，还可设置艺术字的文本填充、文本轮廓和文本效果。

8.2.5 图片与SmartArt图形混排

图片与SmartArt图形混排是PowerPoint的最新功能，使用户可以非常方便地在SmartArt图形中插入图片，或者将多张图片直接转换为SmartArt图形，如图8-25所示，以达到美化SmartArt图形的目的。图片与SmartArt图形混排主要有以下两种方式。

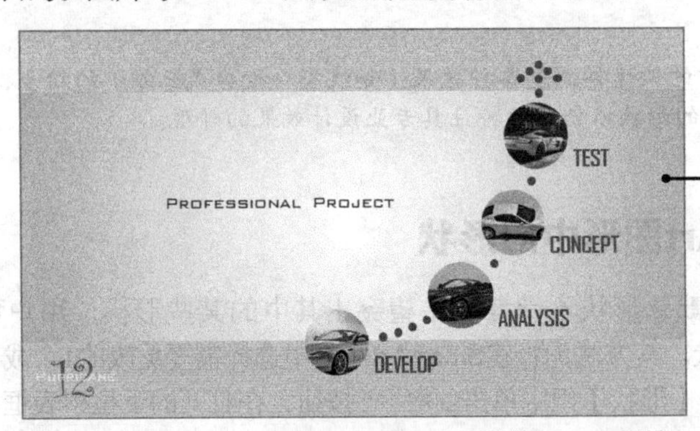

图8-25 图片的SmartArt混排

◎ **通过SmartArt图形插入图片**：打开“选择SmartArt图形”对话框，在左侧的窗格中单击“图片”选项卡，再在中间的列表框中选择一种图片与SmartArt图形混排的样式，单击确定按钮，即可插入SmartArt图形。在图形中单击“插入图片”按钮，即可打开“插入图片”对话框，为SmartArt图形插入图片。

◎ **直接将图片转换为SmartArt图形**：在幻灯片中插入多张图片，选择这些图片，在【图片工具 格式】→【图片样式】组中单击图片版式按钮，在打开的下拉列表中选择一种图片与SmartArt图形混排的样式即可。如果需要混排的图片较多，最好采用这种方法，如果用第一种方法，将浪费大量的时间在添加SmartArt图形的形状上。

8.2.6 案例——美化“分销商组织结构图”演示文稿

本案例要求为素材演示文稿中的幻灯片中的SmartArt图形设置样式，涉及美化SmartArt图形的相关操作，完成后的参考效果如图8-26所示。

素材所在位置 光盘:\素材文件\第8章\案例\分销商组织结构图1.pptx
效果所在位置 光盘:\效果文件\第8章\案例\分销商组织结构图1.pptx
视频演示 光盘:\视频文件\第8章\美化“分销商组织结构图”演示文稿.swf

图8-26 “分销商组织结构图”演示文稿参考效果

设计重点

本案例的重点在于对素材演示文稿中的SmartArt图形进行美化，使其与演示文稿的主题样式统一，包括颜色、样式、形状和艺术字的设置。PowerPoint中自带的SmartArt图形不一定能满足用户的需求，这时可以从网上下载或者自行设计SmartArt图形。

(1) 打开“分销商组织结构图.pptx”，选择幻灯片中的SmartArt图形，在【SmartArt工具 设计】→【SmartArt样式】组中单击“更改颜色”按钮，在打开的列表框的“强调文字颜色3”栏中选择“渐变循环-强调文字颜色3”选项，如图8-27所示。

(2) 在【SmartArt样式】组中单击“快速样式”按钮，在打开的下拉列表框的“文档的最佳匹配对象”栏中选择“中等效果”选项，如图8-28所示。

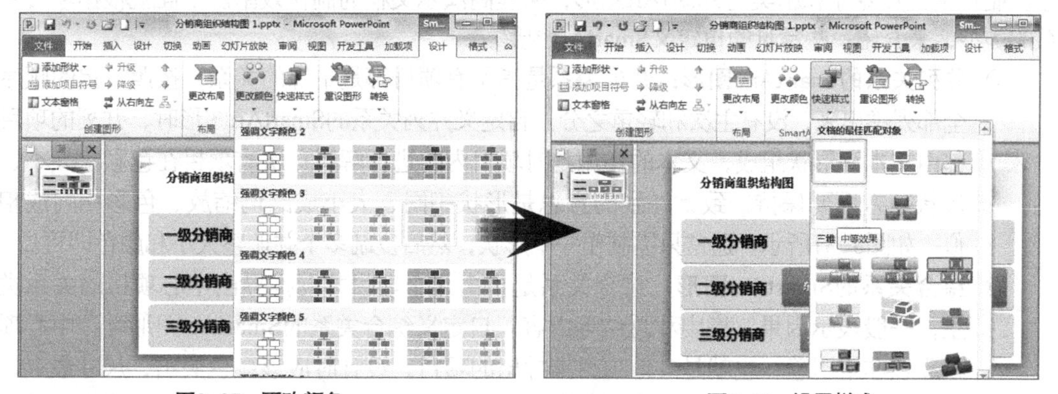

图8-27 更改颜色　　图8-28 设置样式

(3) 在SmartArt图形中同时选择3个矩形形状，在【SmartArt工具 格式】→【形状】组中单击“更改形状”按钮，在打开的下拉列表框的“矩形”栏中选择“减去对角的矩形”选

项，如图8-29所示。

（4）选择SmartArt图形，在“艺术字样式”组中单击“文本填充”按钮A·右侧的·按钮，在打开的下拉列表中选择“白色，背景1”选项，如图8-30所示。

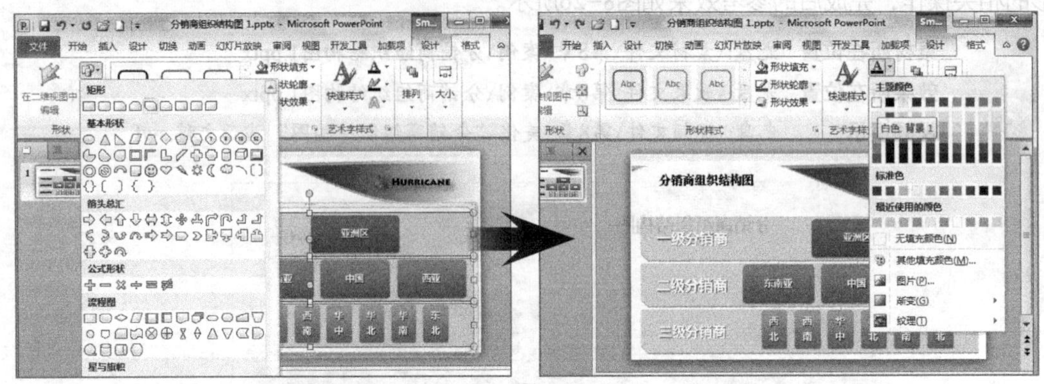

图8-29　更改形状　　　　图8-30　设置文本格式

（5）保存演示文稿，完成本案例的操作。

知识提示

无论是SmartArt图形，还是图表、表格、艺术字和文本，进行美化编辑的相关操作都在其打开的工具的“格式”选项卡中进行。

8.3　SmartArt图形设计高级技巧

在实际的商务演示文稿制作中，最常用的SmartArt图形通常都是由设计者自己制作的，设计的SmartArt图形通常都是用不同的形状并进行修饰和美化的结果。

8.3.1　自定义SmartArt图形

自定义SmartArt图形就是根据图表关系的内涵，利用形状的特性来制作和应用SmartArt图形，制作出更加专业和精美的SmartArt图形，来提高演示文稿的制作效率。下面就根据项目关系的类型，来介绍一些常见的自定义SmartArt图形。

- ◎ **并列关系的SmartArt图形**：并列关系是指所有项目都是平等的关系，按照一定的顺序全部列举出来，没有主次和轻重之分。自定义并列关系的SmartArt图形时，并列的项目都由文本和形状组成，文本的作用是对项目内容进行解释；所有项目在色彩、大小、形状等方面要保持一致，一致的意思是形状相同、大小成比例缩放、色彩相同或相似，如图8-31所示。通常只需制作一个形状，然后复制多个并调整大小和颜色即可。
- ◎ **综合关系的SmartArt图形**：综合关系是指由几个项目共同推导出中心项目的关系类型，一般表示因果、集中和总结等内容。自定义综合关系的SmartArt图形时，中心项目应该非常明确，也就是其他项目推导出的项目，设计时应该颜色突出，尺寸最大，最好处于所有项目的中心位置；其他项目应该是中心项目的缩小版，一般大小相同，颜色相同或间隔区分，如图8-32所示。

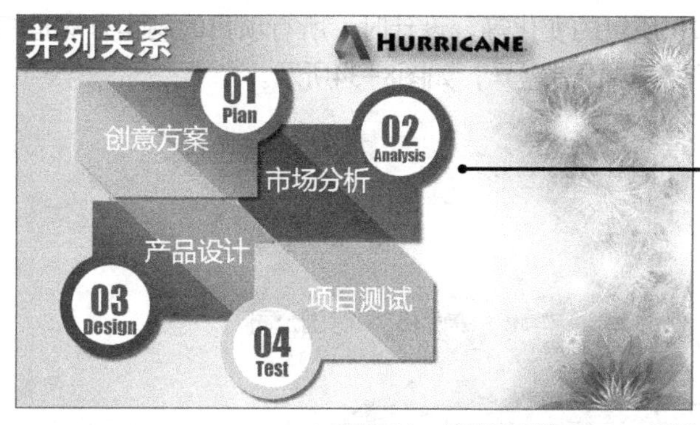

通过椭圆、矩形和减去单脚的矩形制作的SmartArt图形，通过设置渐变色使其具有玻璃效果

图8-31 并列关系的SmartArt图形

利用PowerPoint自带的射线维恩图样式，通过添加形状、设置形状样式、设置文本和线条，制作出新的SmartArt图形

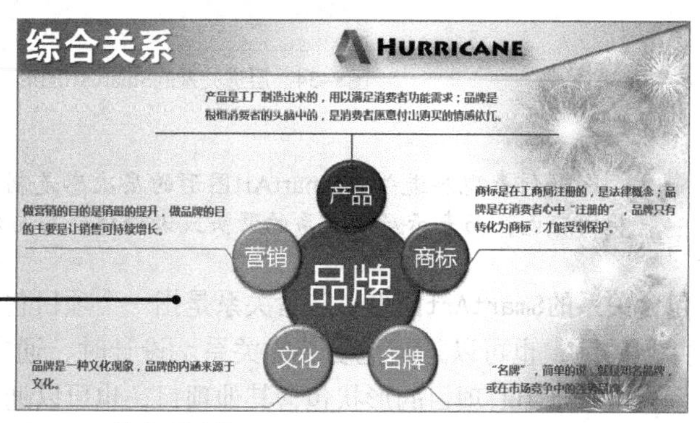

图8-32 综合关系的SmartArt图形

◎ **扩散关系的SmartArt图形**：扩散关系是指一个项目分解、引申或演变为多个项目的情况，是综合关系的反向过程，通常用于解释性的幻灯片中，也是目前使用最广泛的一种SmartArt图形。自定义扩散关系的SmartArt图形时，中心项目应该最明显、分量最重，其他项目呈发散性分布，如图8-33所示。

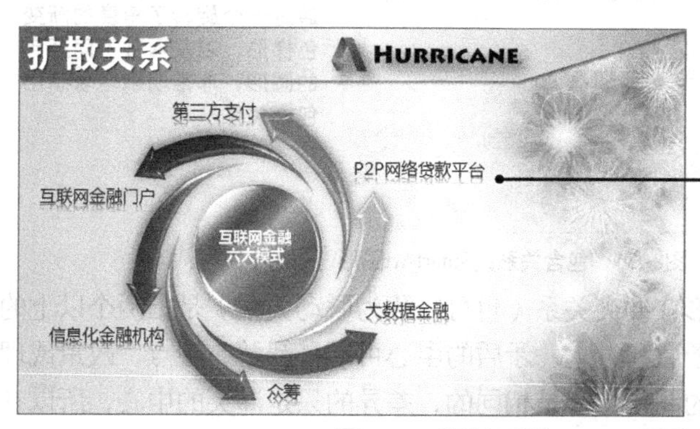

通过圆形和3箭头制作的中心扩散的SmartArt图形，箭头是利用任意多边形工具绘制的，并进行以60°为单位的逆时针旋转

图8-33 扩散关系的SmartArt图形

设计技巧

扩散关系的SmartArt图形具有一项特殊的功能，就是可以作为目录或者过渡页目录，中心项目作为标题，扩散关系的各个子项目作为目录项或者内容项目。

◎ **层进关系的SmartArt图形**：层进关系（也可以称为递进关系或者层级关系）是指几个对象之间呈现层层推进的关系，主要强调先后顺序和递增趋势，包括时间上的先后、

水平的提升、数量的增加、质量的变化等。设计时，所有项目的制作方法是相同的，只有大小、长宽和颜色深浅等方面有差异，如图8-34所示。

通过燕尾形箭头制作的层进关系SmartArt图形，编辑了箭头的顶点，设置了渐变色、边框和形状效果

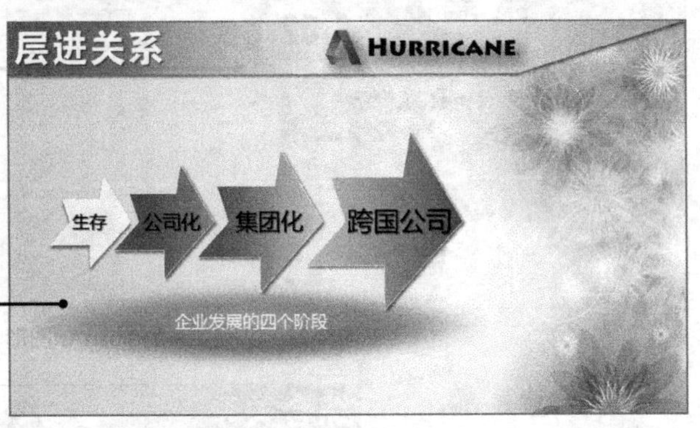

图8-34 层进关系的SmartArt图形

设计技巧

如何表现层进关系SmartArt图形的层次感是制作的关键，通常主题项目使用鲜艳的颜色，而表示层进关系的箭头或者阶梯使用与幻灯片背景相近的颜色。

◎ **包含关系的SmartArt图形**：包含关系是指一个项目包含其他项目，包含的项目可以是并列关系，也可以是其他复杂的关系。设计时，通常用一个闭合的形状表示包含关系，可以是中心项目的形状包含其他项目，也可以通过单独的形状将其他项目包含在形状之中，如图8-35所示。

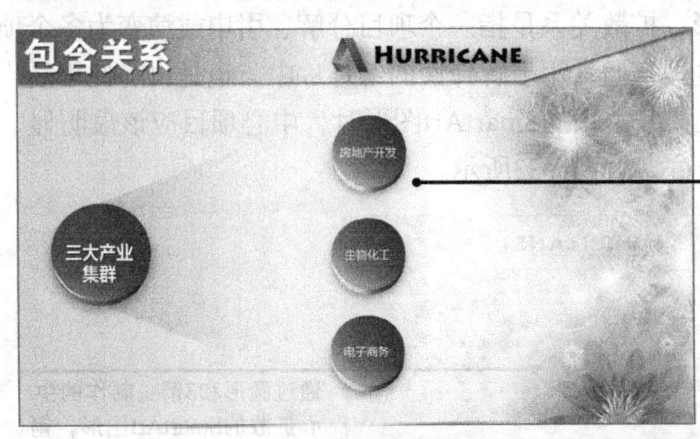

通过一个旋转了角度的渐变色梯形，以及两种不同颜色的圆形，非常明确地表示出包含关系

图8-35 包含关系的SmartArt图形

◎ **冲突关系的SmartArt图形**：冲突关系（也可以称为联动关系）是指两个以上的项目在某个问题或者观点上的矛盾和对立，矛盾的中心可以是利益、观点、政策或理念等。设计时，通常所有项目的制作方法是相同的，差异的只是冲突的中心，所以在图形中需要罗列出所有的冲突要素，如图8-36所示。

设计技巧

通常情况下，冲突关系的SmartArt图形中的形状都是呈对称关系排列的。但也有一些特殊的排列方式，因为制作冲突关系的SmartArt图形的目的并不是展示冲突，而是要通过冲突来预测发展的趋势或者寻找解决冲突的方法，所以有些冲突关系的SmartArt图形看起来类似包含或者扩散关系。

通过空心弧和任意多边形制作的冲突关系SmartArt图形，三种方案体现了三方的利益冲突，其目的是公司资源的分配

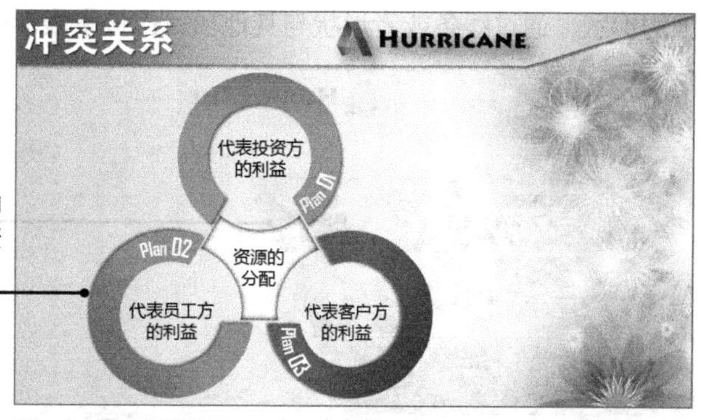

图8-36　冲突关系的SmartArt图形

◎ **强调关系的SmartArt图形**：强调关系是指在几个并列的项目中突出强调的某一个或者几个项目的情况。设计时，通常使用以下几种方式来实现强调关系，放大面积、突出颜色、加强边框、变形、绘制特殊形状等，如图8-37所示。

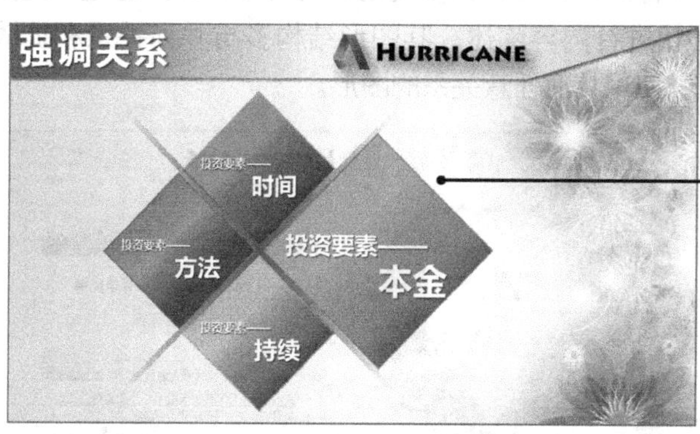

通过一个放大的矩形来实现强调投资中最重要的要素——本金，非常明确地表示出强调关系

图8-37　强调关系的SmartArt图形

◎ **循环关系的SmartArt图形**：循环关系是指几个按安装的顺序循环发生的动态过程，强调项目的循环往复。设计时，通常需要使用箭头表示循环的方向，有时候循环的过程比较复杂，所以应该尽量去除无关的要素，只把循环的要素显示出来，如图8-38所示。

通过绘制环形箭头，并进行复制和以60°为单位的顺时针旋转，得到的循环关系SmartArt图形

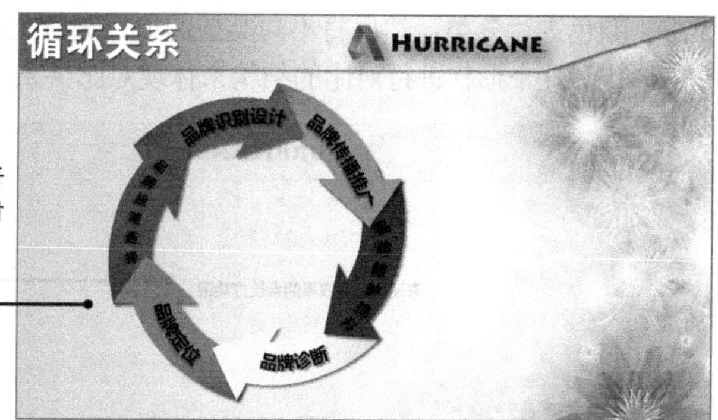

图8-38　循环关系的SmartArt图形

◎ **交叉关系的SmartArt图形**：交叉关系是指两个或几个项目之间有共同的元素，也有非共同元素的集合。设计时，通常使用相同形状的交集来表现交叉关系，也可以使用单

独的形状，通过线条或者形状与其他项目连接来表示交叉关系，如图8-39所示。

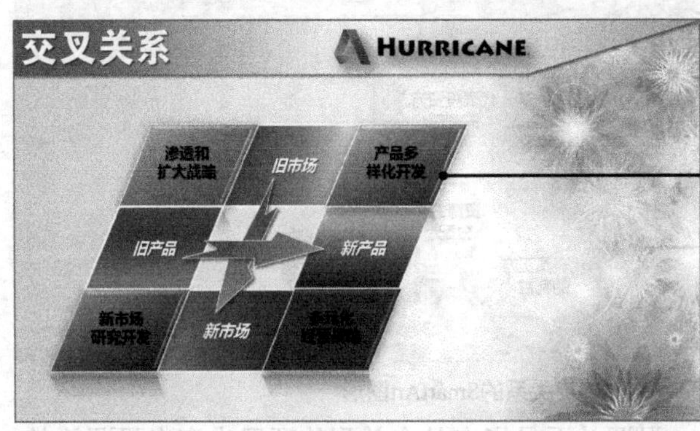

图8-39 交叉关系的SmartArt图形

◎ **陈述关系的SmartArt图形**：陈述关系（也可以称为说明关系）是指对两个或者两个以上的项目进行具体描述的集合。设计时，大多使用相同的形状，并通过一定数量的文本框和线条，对所有的形状进行内容陈述，其图形结构多与并列关系和扩散关系相同，如图8-40所示，也可以使用其他任意关系的图形。

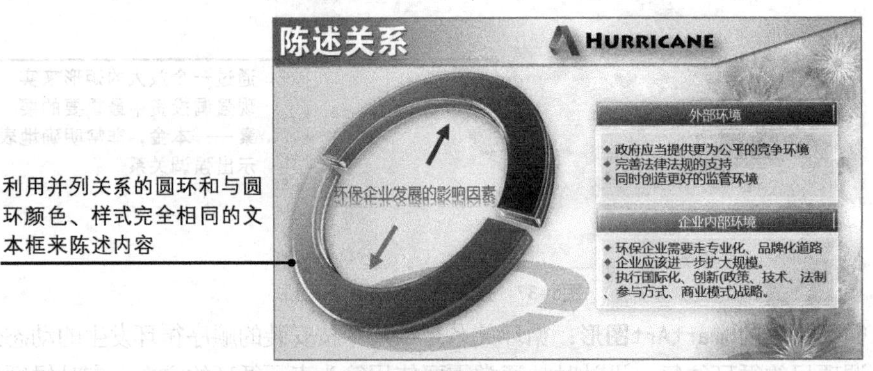

图8-40 陈述关系的SmartArt图形

◎ **对比关系的SmartArt图形**：对比关系是指两种或者多种不同项目的比较，对比关系可以看成是并列关系的一种特殊类型。设计时，可以使用并列关系的结构，利用项目的大小、颜色进行分类，然后将不同类型的项目进行比较，如图8-41所示，也可以使用一个形状和几个形状进行对比的结构来体现对比关系。

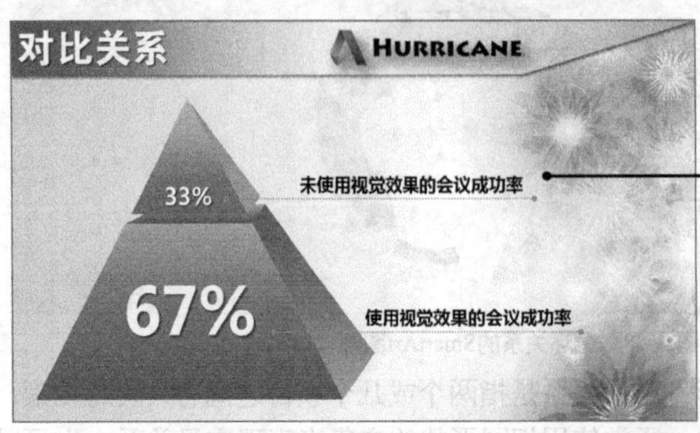

图8-41 对比关系的SmartArt图形

8.3.2 利用其他图形

网络中有很多由专业设计公司和设计师制作的SmartArt图形模板，包含了各种关系的图示图形，如图8-42所示。对于一些免费的图形，我们可以将其直接下载到计算机中，在制作演示文稿时，将其复制到幻灯片中直接使用。

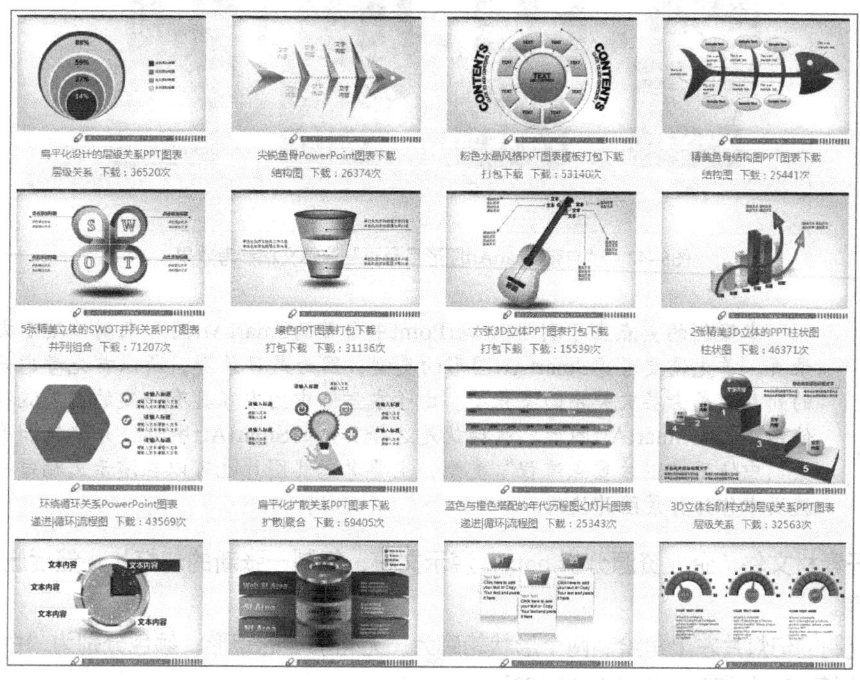

图8-42 网络中的SmartArt图形

复制这些图形时，可以选择“使用目标主题”和“保留源格式”两种粘贴方式。前者可以将原图形中所使用的主题颜色替换为当前幻灯片中的主题颜色，而后者可以保留原有色彩。

8.4 操作案例

本章操作案例将利用PowerPoint中自带的SmartArt图形和自己设计的SmartArt图形，分别为“企业资源分析.pptx”演示文稿制作两个目录页。综合练习本章学习的知识点，将学习到添加与编辑SmartArt图形的具体操作。

8.4.1 利用自带SmartArt图形制作目录页

本案例的目标是利用PowerPoint自带的SmartArt图形来制作“企业资源分析.pptx”演示文稿的目录页，主要涉及插入、编辑和美化SmartArt图形的相关操作，最终参考效果如图8-43所示。

素材所在位置 光盘:\素材文件\第8章\操作案例\企业资源分析.pptx
效果所在位置 光盘:\效果文件\第8章\操作案例\自带SmartArt图形目录页.pptx
视频演示 光盘:\视频文件\第8章\利用自带SmartArt图形制作目录页.swf

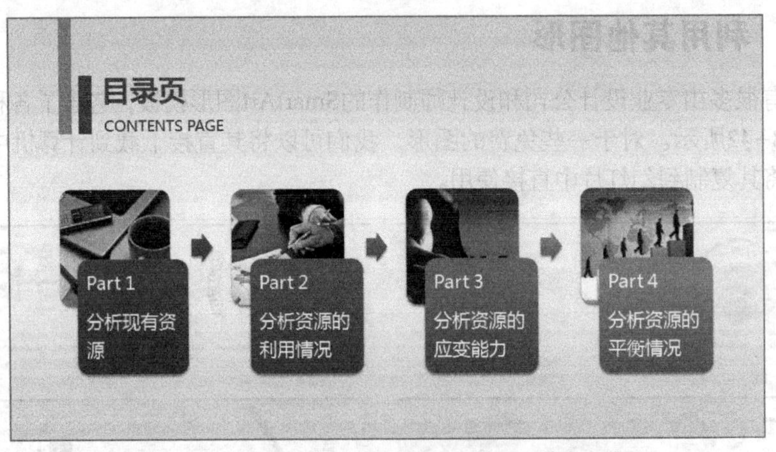

图8-43 “自带SmartArt图形目录页”演示文稿参考效果

设计重点

本案例的重点在于利用PowerPoint中自带的SmartArt图形来制作演示文稿的目录页。首先需要考虑SmartArt图形的类型，因为是目录页，所以首先考虑并列关系的列表型或者层次关系的流程型。由于本案例中的内容具有一定的因果流程，所以使用流程型SmartArt图形。然后就是选择具体的SmartArt图形，并编辑和美化。本案例中使用“图片重点流程”类型，主要考虑其图片也可以在演示文稿每一节的过渡页中作为背景图片使用。

（1）打开素材文件“企业资源分析.pptx”演示文稿，复制一张新的幻灯片，然后删除其中的内容。

（2）在复制的幻灯片左上角绘制两个形状轮廓为“无轮廓”的矩形，颜色分别为“白色，背景1，深色35%”和RGB值“0,112,192”。

（3）在形状右侧插入两个文本框，输入内容，字体格式分别为“微软雅黑、27、加粗、RGB值0,112,192”和“微软雅黑、14、黑色，文字1，淡色35%”。

（4）插入一个SmartArt图形，样式为“图片重点流程”，设置SmartArt样式为“中等效果”，更改颜色为“渐变范围-强调文字颜色1”，调整整个SmartArt图形的大小。

（5）在图形后面添加一个形状，在4个文本框中输入文本，格式为“微软雅黑、17、文本左对齐”，删除左侧3个文本框中的项目符号。

（6）在4个图形框中分别单击“插入图片”按钮，插入素材图片，完成本案例的操作。

8.4.2 自制SmartArt图形目录页

本案例的目标是在PowerPoint中自制SmartArt图形，来制作“企业资源分析.pptx”演示文稿的目录页，主要涉及形状的相关操作，最终参考效果如图8-44所示。该操作帮助大家了解制作SmartArt图形的思路。

素材所在位置 光盘:\素材文件\第8章\操作案例\企业资源分析.pptx

效果所在位置 光盘:\效果文件\第8章\操作案例\自制SmartArt图形目录页.pptx

视频演示 光盘:\视频文件\第8章\利用自制SmartArt图形制作目录页.swf

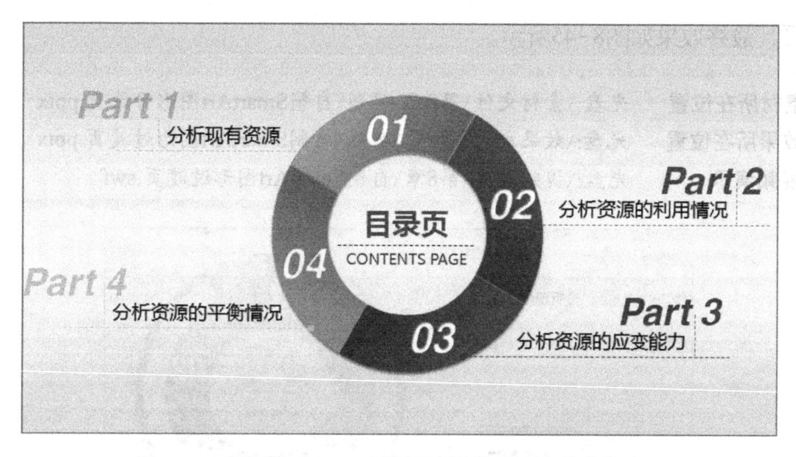

图 8-44 “自制 SmartArt 图形目录页”演示文稿参考效果

设计重点

本案例的重点在于绘制的圆环SmartArt图形，这是一个具有并列关系的图形，由4个不同颜色的圆环组成一个整圆环，每一个圆环代表目录的一部分。这个SmartArt图形同样能够制作过渡页，将整个圆环放置到幻灯片左侧，放大本小节对应的圆环，然后在右侧利用文本框罗列出本小节的主要内容，即可制作出与目录页风格一致的过渡页。

(1) 打开素材文件“企业资源分析.pptx”演示文稿，复制一张新的幻灯片，然后删除其中的内容。

(2) 在复制的幻灯片中绘制一个空心弧，大小为整圆环的四分之一，设置形状样式为“中等效果-橄榄色，强调颜色3”；复制该形状，将其向右旋转90°，设置形状样式为“中等效果-蓝色，强调颜色1”；继续复制形状，将其向右旋转90°，设置形状样式为“中等效果-红色，强调颜色2”；再复制形状，仍然将其向右旋转90°，设置形状样式为“中等效果-橙色，强调颜色6”，最后将这4个圆弧组合成一个圆环。

(3) 在4个圆弧中分别插入文本框，输入文本，格式为“Helvetica-BoldOblique、40、白色、阴影-内部左上角”。

(4) 在圆环中心插入两个文本框，输入文本，格式分别为“微软雅黑、27、加粗、RGB值0,112,192”和“微软雅黑、14、黑色,文字1,淡色35%”，并在两个文本框中间插入直线，格式为“黑色、短划线、0.75磅”。

(5) 从4个圆弧中分别延伸出一条直线（与圆弧连接端为“圆形箭头”），直线尾部垂直一条直线，格式为“短划线、0.75磅”，颜色与圆弧颜色一致。

(6) 在4条直线尾部分别插入文本框，输入文本，格式为“Helvetica-BoldOblique、36”，颜色与对应直线颜色一致。

(7) 在4条直线上再分别插入文本框，输入文本，格式为“微软雅黑、18、黑色”，将所有项目组合在一起，完成本案例的操作。

8.5 习题

(1) 打开“自制SmartArt图形目录页.pptx”演示文稿，利用前面所学的知识，为其制作同一风格的过渡页，最终效果如图8-45所示。

素材所在位置 光盘:\素材文件\第8章\习题\自制SmartArt图形目录页.pptx
效果所在位置 光盘:\效果文件\第8章\习题\自制SmartArt图形过渡页.pptx
视频演示 光盘:\视频文件\第8章\自制SmartArt图形过渡页.swf

图8-45 “自制SmartArt图像过渡页”演示文稿参考效果

提示：复制目录页中的图形，将01形状放大“130%”，调整其顶点，然后放入原位置，放大并修改文字，复制该形状，将其编辑为弧线，向右旋转90°。应用对应形状的样式，以同样的方法制作圆环，调整文本内容位置，并延长直线，绘制小圆环。应用该目录对应的样式，输入文本制作重点项目，用同样的方法制作其他几张过渡页。

（2）打开“个人简历.pptx”演示文稿，在其中插入并编辑两个SmartArt图形，制作职业经历的幻灯片，最终效果如图8-46所示。

素材所在位置 光盘:\素材文件\第8章\习题\个人简历.pptx
效果所在位置 光盘:\效果文件\第8章\习题\个人简历.pptx
视频演示 光盘:\视频文件\第8章\利用SmartArt图形制作职业经历幻灯片.swf

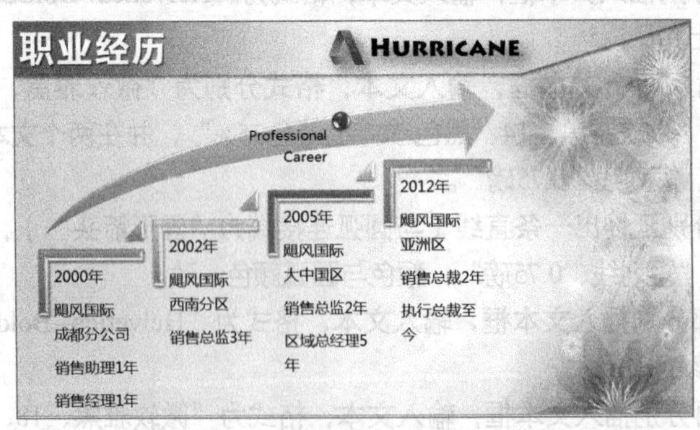

图8-46 “职业经历”幻灯片参考效果

提示：在幻灯片中插入一个“步骤上移流程”SmartArt图形，增加形状，样式为“优雅”，颜色为“彩色范围-强调文字颜色5至6”，输入文本，格式为“微软雅黑、16”。再插入一个“向上箭头”SmartArt图形，删除两个形状，设置样式为“优雅”，颜色为“彩色范围-强调文字颜色4至5”，文本格式为“微软雅黑、14”。

第9章 添加多媒体对象

本章将详细讲解在演示文稿中插入和编辑多媒体对象的相关操作。读者通过学习应能够熟练掌握处理演示文稿中音频与视频的各种操作方法，让制作出来的演示文稿更加生动形象，更加专业。

学习要点

◎ 插入各种音频文件
◎ 编辑音频文件
◎ 插入各种视频文件
◎ 编辑视频文件

学习目标

◎ 掌握处理音频的基本操作
◎ 掌握处理视频的基本操作

9.1 添加音频文件

在幻灯片中可以添加声音，以达到强调或实现特殊效果的目的，声音的加入使演示文稿的内容更加丰富、多彩。PowerPoint支持的音频类型有多种，特别是一些可兼容的音频格式。常见的可插入PowerPoint中的音频格式介绍如下。

◎ **WAV波形格式**：这种音频文件格式将声音作为波形存储，其存储声音的容量可大可小。

◎ **MP3音频格式**：该格式使用MPEG Audio Layer 3编解码器，可以将音频压缩成容量较小的文件，且能够在音质丢失很小的情况下把文件压缩到最小，具有保真效果。

◎ **AU音频文件**：这种文件格式通常用于为UNIX计算机或网站创建声音文件。

◎ **MIDI文件**：这是用于在乐器、合成器、计算机之间交换音乐信息的标准格式。

◎ **WMA文件**：WMA格式是以减少数据流量但保持音质的方法来达到更高的压缩率目的，生成的文件大小只有相应MP3文件的一半。

在PowerPoint 2010中，我们可以通过计算机、网络或Microsoft剪辑管理器中的文件添加声音，也可以自己录制声音，将其添加到演示文稿中，或者使用CD中的音频文件。本节将详细讲解在演示文稿中插入和编辑音频文件的相关操作。

9.1.1 插入剪辑管理器中的音频

剪辑管理器就是PowerPoint管理各种多媒体项目的程序，其中包括图片、音频和视频等。

1. 插入音频

插入剪辑管理器中音频的方法与插入剪贴画的类似，其具体操作如下。

（1）打开演示文稿，选择需要插入音频文件的幻灯片，在【插入】→【媒体】组中单击“音频”按钮下面的按钮，在打开的下拉列表中选择“剪贴画音频”选项。

（2）打开“剪贴画”窗格，单击其中的音频图标或在其上单击鼠标右键，在弹出的快捷菜单中选择“插入”命令将插入到当前幻灯片中，如图9-1所示。

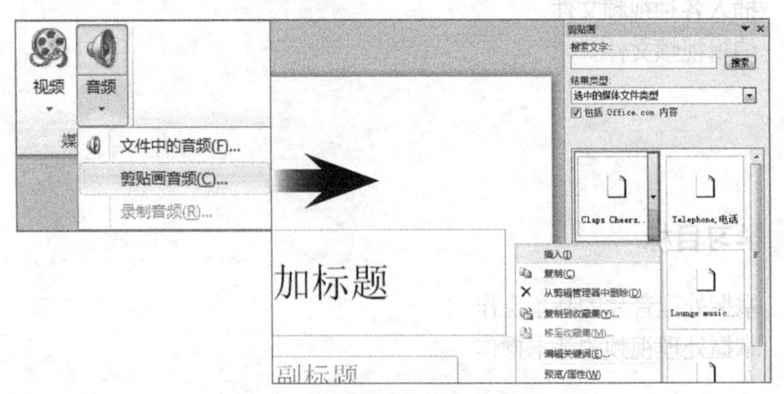

图9-1 插入剪辑管理器中的音频

2. 预览播放

插入操作完成后，在幻灯片中将显示一个声音图标和一个播放音频的浮动工具栏，如图9-2所示，并且PowerPoint窗口中将显示“音频工具 格式”和“音频工具 播放”两个选项卡。

在【音频工具 播放】→【预览】组中单击“播放”按钮▶，或者在播放音频的浮动工具栏中单击“播放/暂停”按钮▶，都可以预览该音频文件的效果。

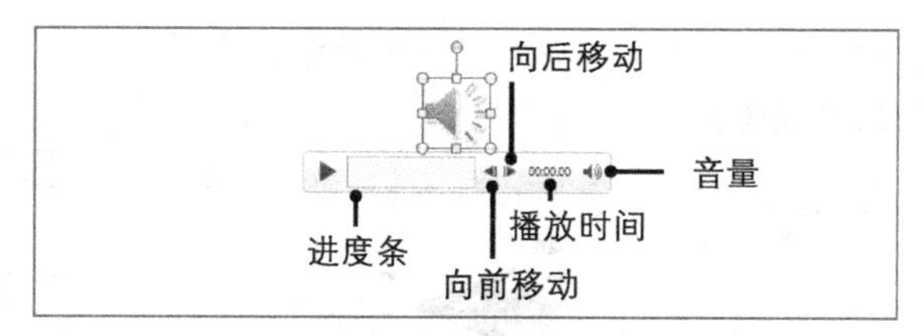

图9-2 声音图标和播放音频的浮动工具栏

9.1.2 插入文件中的音频

PowerPoint 2010剪辑管理器中的声音毕竟是有限的，而在实际的制作过程中，往往需要插入与幻灯片内容相符合的声音，如背景音乐、MTV音乐等。这时就需要插入外部的声音文件，其具体操作如下。

(1) 打开演示文稿，选择需要插入音频文件的幻灯片，在【插入】→【媒体】组中单击“音频”按钮下面的按钮，在打开的下拉列表中选择“文件中的音频”选项。

(2) 打开“插入音频”对话框，在“保存范围”下拉列表中选择音频的位置，在中间列表框中选择需插入的音频文件，单击插入(S)按钮，如图9-3所示。

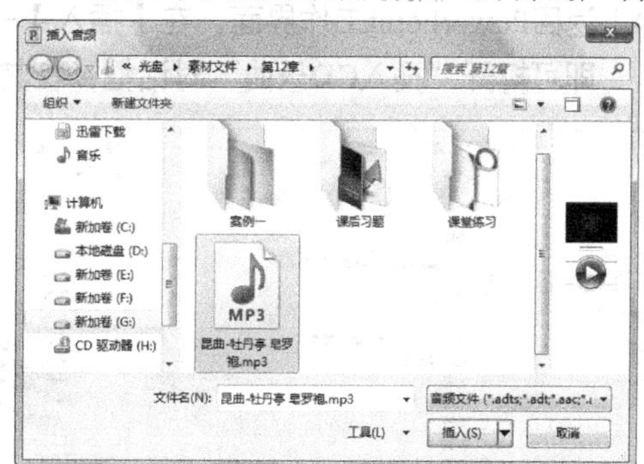

图9-3 在幻灯片中插入计算机中保存的音频文件

知识提示 在【插入】→【媒体】组中单击“音频”按钮，同样可以打开“插入音频”对话框。

9.1.3 播放CD音频

创建演示文稿后，可能需要添加CD中的乐曲以伴随演示文稿播放，这时不需要将CD乐曲导出到计算机中成为独立的文件，只需直接在幻灯片中插入CD乐曲进行播放。在PowerPoint 2010中，播放CD乐曲命令并不在功能区的对应列表中，如果需要播放CD音频，则应该先将播放CD乐曲选项添加到“插入”选项卡中，其具体操作如下。

(1) 启动PowerPoint 2010，选择【文件】→【选项】菜单命令，如图9-4所示。

(2) 打开“PowerPoint选项”对话框，在左侧的窗格中单击“自定义功能区”选项卡，在右侧的“主选项卡”列表框中展开“插入”选项，选择“媒体”选项，单击新建组(N)按钮，在“媒体”选项下新建一个“自定义”选项，选择该选项，单击重命名(M)...按钮，打开“重命名”对话框，在“显示名称”文本框中输入“CD音频”，单击确定按钮，如图9-5所示，创建一个“CD音频”选项。

(3) 在左侧的“从下列位置选择命令”下拉列表框中选择“所有命令”选项，在下面的列表

框中选择“播放CD乐曲”选项，单击添加(A) >>按钮，如图9-6所示，在功能区中添加该按钮，单击确定按钮。

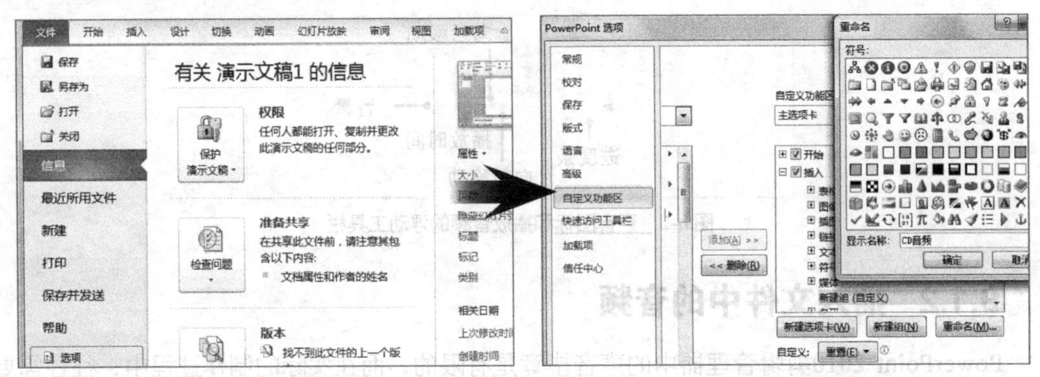

图9-4　选择操作　　　　　图9-5　新建组

（4）返回PowerPoint工作界面，在【插入】→【CD音频】组中单击“播放CD乐曲”按钮，即可打开“插入CD乐曲”对话框，在其中即可选择播放CD中的音频，如图9-7所示。

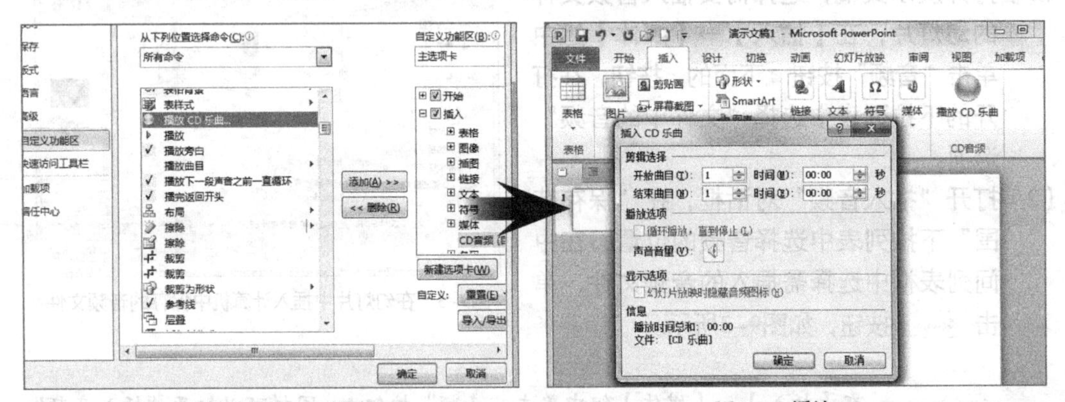

图9-6　添加播放CD乐曲按钮　　　　　图9-7　播放CD

知识提示

由于幻灯片中只能播放CD音频，不能对其进行编辑，所以如果需要插入CD音频，建议传送使用Windows Media Player或其他的相似程序，将CD音频创建为MP3格式的音频文件，然后将其插入到幻灯片中。

9.1.4　插入录制音频

在放映幻灯片时，演讲者可以自己录制声音并将其插入到幻灯片中，这种方式主要应用于自动放映幻灯片时的讲解或旁白。插入录制声音的具体操作如下。

（1）选择需插入声音的幻灯片，在【插入】→【媒体】组中单击“音频”按钮下的按钮，在打开的下拉列表中选择“录制音频”选项。

（2）打开“录音”对话框，在“名称”文本框中输入录制的声音名称，单击按钮开始录音，然后单击按钮停止录音，最后单击确定按钮完成录音操作，如图9-8所示。

图9-8　“录音”对话框

知识提示

“录制音频”选项通常呈不可选择状态，只有当计算机中安装或连接音频输入设备时，如麦克风，才能进行选择。

9.1.5 真人配音

在商务演示文稿制作领域，真人配音的应用越来越广泛，其效果远远超过了计算机录制的声音。真人配音通常由专业的配音师或者配音演员，在专业的录音棚里进行，其录制的音频效果非常棒。现在市面上有许多配音服务，通常按时间进行收费，好的配音的收费标准约千元/小时。所以，在条件允许的情况下，最好选择真人配音方式。

9.1.6 调整音频

默认情况下，插入的声音只能在当前幻灯片中播放，切换到其他幻灯片时没有声音，而且声音的音量、开始和结束方式等不一定符合要求，这时就需要对插入的声音进行编辑和调整。除此之外，对于音频图标，也可以像图片一样进行美化。

1. 编辑音频

在幻灯片中插入声音文件后，程序就会自动在其中创建一个声音图标，选择该声音图标后，单击“音频工具 播放”选项卡，如图9-9所示，在此选项卡中可对声音进行编辑，如设置音量、为声音设置放映时隐藏、循环播放和播放声音的方式等。

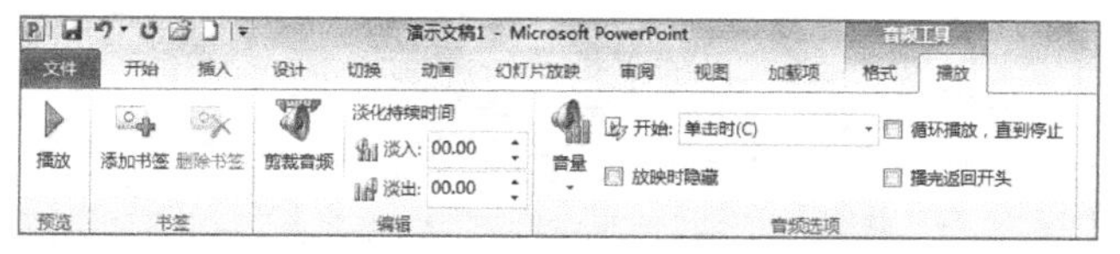

图9-9　“音频工具 播放”选项卡功能区

◎ **试听声音播放效果**：选择声音图标后，在“预览”组中单击“播放”按钮，可试听声音效果，单击“暂停”按钮可停止试听。

◎ **裁剪音频**：选择声音图标后，在“编辑”组中单击“裁剪音频”按钮，打开“裁剪音频”对话框，在其中通过设置开始和结束时间来裁剪音频，如图9-10所示。

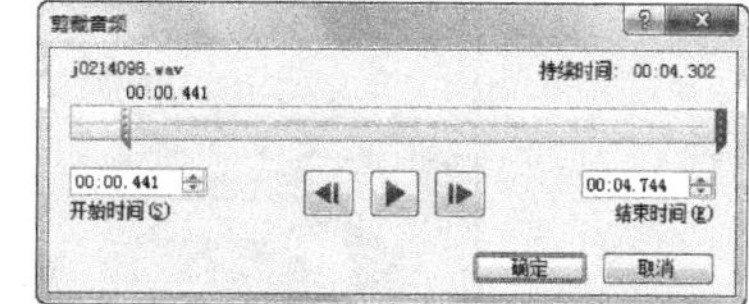

图9-10　“裁剪音频”对话框

◎ **设置淡化持续时间**：选择声音图标后，在“编辑”组的“淡化持续时间”栏的“淡入”和“淡出”数值框中可以设置声音开始和结束的淡化效果。

◎ **设置音量**：选择声音图标后，在“音频选项”组中单击“音量”按钮，可试听声音效果，在打开的下拉列表中选择音量的大小。

◎ **隐藏声音图标**：选择声音图标后，在“音频选项”组中单击选中“放映时隐藏”复选框，在幻灯片放映时将不显示声音图标。

知识提示

在通常情况下，如果不把声音图标拖到幻灯片之外，将会一直显示声音图标，只有在放映时才会隐藏起来。

◎ **设置播放时间**：选择声音图标后，在“音频选项”组中单击选中“循环播放，直到停止”复选框，在该张幻灯片放映期间，声音将循环播放，直到转到下一张幻灯片为止。单击选中“播完返回开头”复选框，声音播放完毕，将停止播放，并返回到声音的开头。

◎ **设置声音的播放方式**：在“音频选项”组的“开始”下拉列表中可设置声音的播放方式，包括“自动”“在单击时”和“跨幻灯片播放”3个选项，选择“跨幻灯片播放”选项后，即使切换幻灯片也能播放声音。

2. 设置声音图标格式

如果在幻灯片放映时显示声音图标，还可设置声音图标的格式，其方法与设置图片的方法相同。首先在幻灯片中选择声音图标，再单击“音频工具 格式”选项卡，在其功能区中即可设置声音图标的样式、在幻灯片中的排列位置和大小等，使声音图标更具特色、更加生动。

9.1.7 案例——为“商业历史文物鉴赏”演示文稿添加音频

本案例要求为提供的素材文件添加音频，并对其进行编辑调整。完成后的参考效果如图9-11所示。

素材所在位置 光盘:\素材文件\第9章\案例\商业历史文物鉴赏.pptx、梅花三弄.mp3
效果所在位置 光盘:\效果文件\第9章\案例\商业历史文物鉴赏.ppox
视频演示 光盘:\视频文件\第9章\为“商业历史文物鉴赏”演示文稿添加音频.swf

图9-11 添加音频的参考效果

（1）打开“商业历史文物鉴赏.pptx”演示文稿，选择需要插入音频文件的幻灯片，在【插入】→【媒体】组中单击“音频”按钮下面的按钮，在打开的下拉列表中选择“文件中的音频”选项，如图9-12所示。

（2）打开“插入音频”对话框，在“保存范围”下拉列表中选择音频的位置，在中间列表框中选择提供的素材文件，单击插入(S)按钮，如图9-13所示。

（3）在【音频工具 播放】→【编辑】组中单击“裁剪音频”按钮，在“开始时间”数值框中输入“00:06”，在“结束时间”数值框中输入“05:06”，单击确定按钮，如图9-14所示。

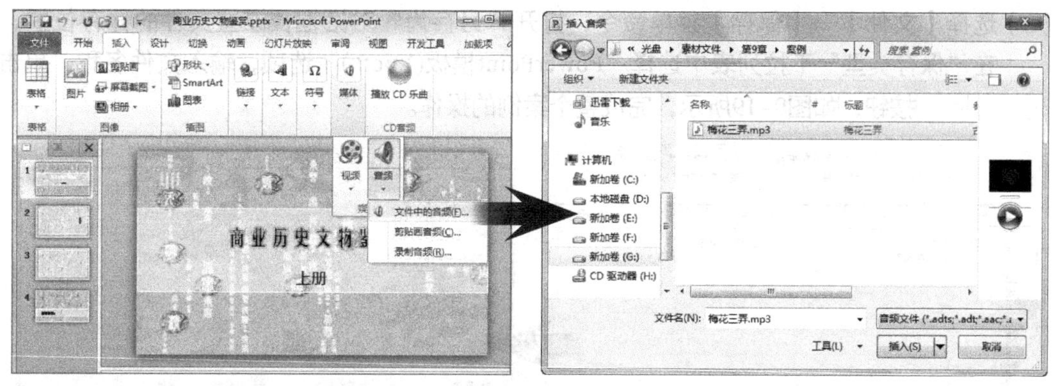

图9-12 选择插入音频的方式　　　　图9-13 选择音频文件

（4）在“音频选项”组中单击“音量”按钮，在打开的下拉列表中选择“高”选项，如图9-15所示。

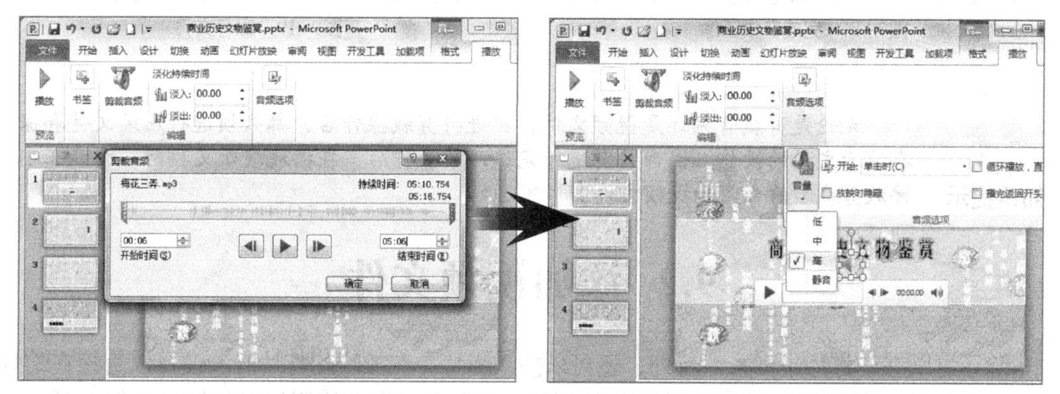

图9-14 裁剪音频　　　　图9-15 调整音量

（5）在“音频选项”组的“开始”下拉列表中选择“跨幻灯片播放”选项，单击选中“放映时隐藏”复选框，如图9-16所示。

（6）选择【文件】→【信息】菜单命令，在中间的窗格中单击“压缩媒体”按钮，在打开的下拉列表中选择“演示文稿质量”选项，如图9-17所示。

图9-16 设置音频播放方式　　　　图9-17 压缩文件

（7）打开“压缩媒体”对话框，在其中显示压缩剪裁音频的进度，完成后单击 关闭 按钮，如图9-18所示。

（8）选择【文件】→【保存】菜单命令，打开“另存为”对话框，设置文件的保存位置，在“保存类型”下拉列表中选择“PowerPoint模板(*.potx)”选项，输入文件名称，单击 保存(S) 按钮，如图9-19所示，完成整个案例的操作。

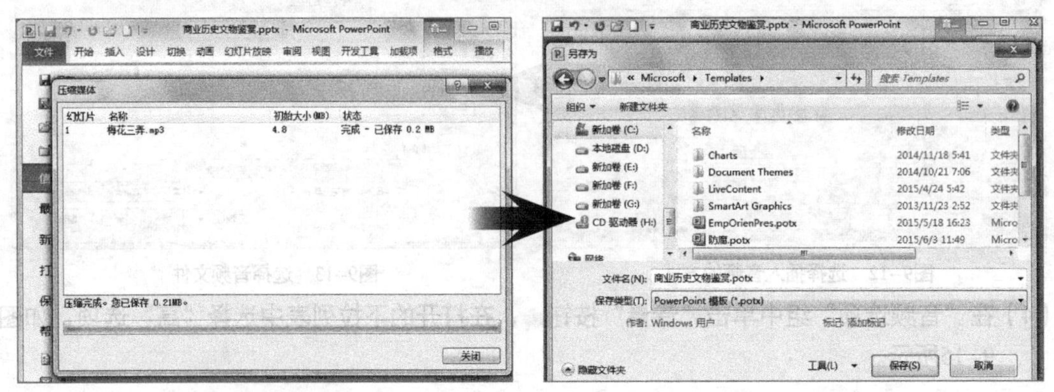

图9-18　完成音频压缩　　　　图9-19　保存文件

知识提示

无论是剪裁音频还是视频文件，在进行剪裁操作后，都必须进行压缩文件和保存演示文稿的操作，因为只有进行完这两个操作后，在播放演示文稿时，才能正确播放剪裁后的音频和视频文件。

9.2 添加视频文件

除了可以在幻灯片中插入声音外，还可以插入影片，在放映幻灯片时，便可以直接在幻灯片中放映影片，使幻灯片看起来更加丰富多彩。在现实工作中使用的视频格式有很多种，但PowerPoint只支持其中一部分格式的视频进行插入和播放操作。在PowerPoint中常用的视频类型有以下几种。

◎ AVI：AVI即音频视频交错格式，是将语音和影像同步组合在一起的文件格式。它对视频文件采用了一种有损压缩方式，但压缩比较高，主要应用在多媒体光盘上，用来保存电视剧、电影等各种影像信息。

◎ WMV：WMV是微软推出的一种流媒体格式。在同等视频质量下，WMV格式的体积非常小，因此很适合在网上播放和传输。

◎ MPEG：MPEG标准的视频压缩编码技术主要利用了具有运动补偿的帧间压缩编码技术以减小时间冗余度，利用DCT技术以减小图像的空间冗余度，并利用熵编码在信息表示方面减小了统计冗余度，大大增强了压缩性能。

本小节将详细讲解在幻灯片中添加和编辑视频文件的基本方法。

9.2.1 插入剪辑管理器中的视频

PowerPoint 2010在剪辑管理器中为用户准备了一定数量的影片，插入的方法与插入剪辑管理器中音频的方法类似，其具体操作如下。

（1）打开演示文稿，选择需要插入视频文件的幻灯片，在【插入】→【媒体】组中单击“视

频”按钮下面的按钮，在打开的下拉列表中选择“剪贴画视频”选项，如图9-20所示。

（2）打开“剪贴画”窗格，单击其中的视频图标或在其上单击鼠标右键，在弹出的快捷菜单中选择“插入”命令将其插入到当前幻灯片中。

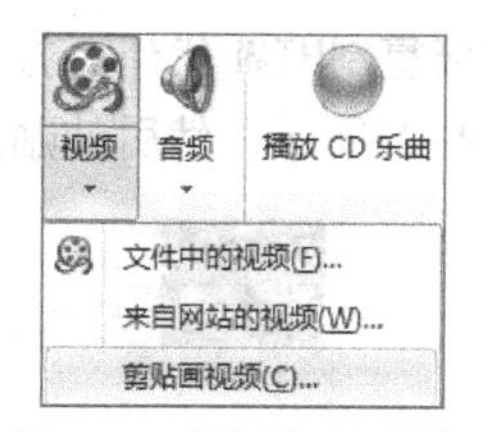

图9-20　添加剪贴画视频

知识提示　“剪贴画”窗格中的影片实际上就是一些动态GIF文件，由于能产生动画效果，所以将其归为影片剪辑一类，再将其插入到幻灯片中后，可像图片一样调整其大小和位置，并设置样式和效果，在放映时可看到其动画效果。

9.2.2 插入网站中的视频

网络中的视频资源更加的丰富，PowerPoint 2010也具备了插入网站中视频的功能。

1. 插入视频

在幻灯片中插入网站视频的具体操作如下。

（1）打开演示文稿，选择需要插入视频文件的幻灯片，在【插入】→【媒体】组中单击“视频”按钮下面的按钮，在打开的下拉列表中选择“来自网站的视频”选项。

（2）打开“从网站插入视频”对话框，在下面的文本框中输入该视频的HTML代码，单击插入(S)按钮，如图9-21所示。

（3）将视频插入到幻灯片中，然后可以调整视频的大小和位置。在【视频工具 格式】→【预览】组或者【视频工具 播放】→【预览】组中，单击“播放”按钮，如图9-22所示，即可播放插入的网络视频。

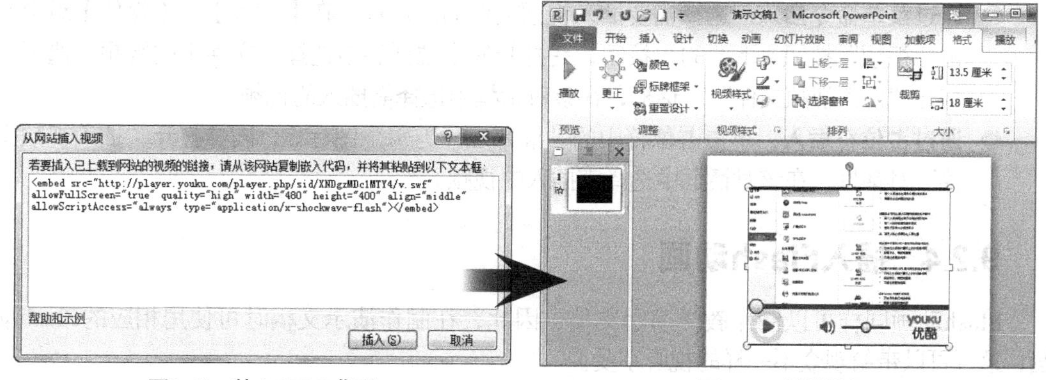

图9-21　输入HTML代码　　图9-22　播放视频

2. 了解并获取视频的HTML代码

HTML代码也叫嵌入代码，它是使用HTML语言编写的网络代码。HTML语言也叫超文本标记语言，是迄今为止网络上应用最为广泛的语言，也是构成网页文档的主要语言。网络中的各种元素，包括图片、文本、视频、网页等，都是使用HTML语言编辑的，都有自己的HTML代码。获取网站中视频的HTML代码主要有以下两种方法。

◎ **直接复制HTML代码**：打开网站中视频所在的网页，直接复制该视频的HTML代码，如图9-23所示，然后粘贴到“从网站插入视频”对话框的文本框中即可。

图9-23　复制HTML代码

◎ **套用HTML代码**：可以将下面的播放网络视频的通用HTML代码直接粘贴到“从网站插入视频”对话框的文本框中，然后将代码中的“这里放置视频的地址”替换为该视频的网络地址即可。

```
<embed pluginspage="http://www.macromedia.com/go/getflashplayer" src="这里放置视频的地址" width="800" height="615" type="application/x-shockwave-flash" play="false" loop="false" menu="true" /></embed />
```

9.2.3 插入计算机中的视频

除了剪辑管理器中的影片外，同样可以在幻灯片中插入外部的影片，可支持的类型包括Windows Media文件、Windows视频文件、影片文件和Windows Media Video文件及动态GIF文件等。插入计算机中保存的视频方法有两种，下面分别进行介绍。

◎ **通过菜单命令插入**：选择需要插入视频文件的幻灯片，在【插入】→【媒体】组中单击“视频”按钮下面的按钮，在打开的下拉列表中选择“文件中的视频”选项，打开“插入视频文件”对话框，在该对话框中选择需插入的视频。

◎ **通过占位符插入**：单击占位符中的“插入媒体剪辑”图标，同样打开“插入视频文件”对话框，在该对话框中选择需插入的视频。

9.2.4 插入Flash动画

Flash动画同样可以制作教学演示文稿，因此，在制作演示文稿时可使用相应的Flash动画，这样可以带给观众不一样的视听享受。

1. 显示“开发工具”选项卡

在幻灯片中插入Flash动画需要使用“开发工具”选项卡的相关功能，PowerPoint 2010的工作界面中默认是没有显示“开发工具”选项卡的，需用户进行设置，其具体操作如下。

（1）启动PowerPoint 2010，选择【文件】→【选项】菜单命令。

（2）打开“PowerPoint选项”对话框，在左侧的窗格中单击“自定义功能区”选项卡，在右

侧的“主选项卡”列表框中单击选中“开发工具”选项前面的复选框，单击确定按钮，如图9-24所示。

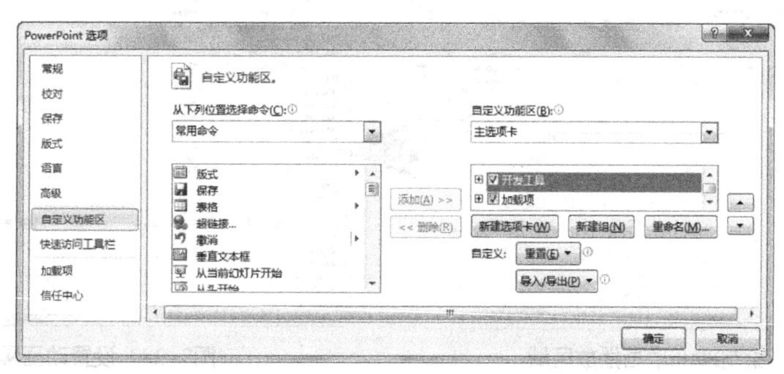

图9-24　显示“开发工具”选项卡

2. 插入Flash动画

在PowerPoint 2010的工作界面中显示了“开发工具”选项卡后，就可以插入Flash动画了，其具体操作如下。

（1）选择需要插入Flash动画的幻灯片，在【开发工具】→【控件】组中单击“其他控件”按钮，如图9-25所示。

（2）打开“其他控件”对话框，在其中的列表框中选择“Shockwave Flash Object”选项，单击确定按钮，如图9-26所示。

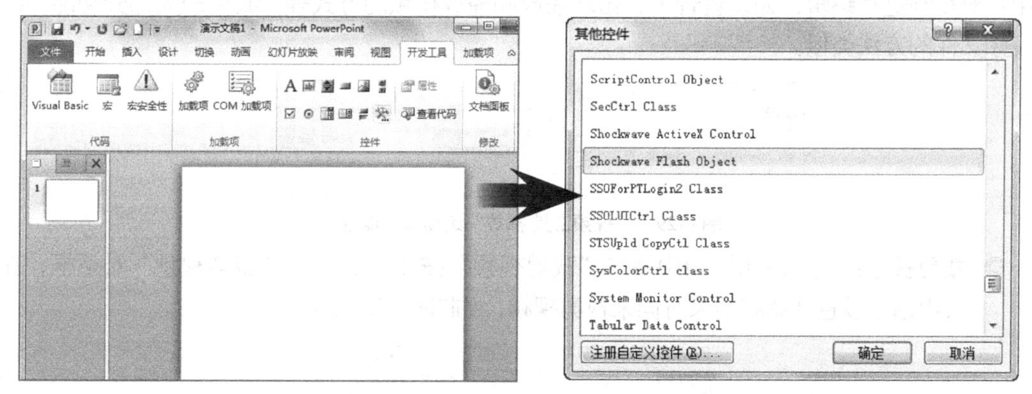

图9-25　选择操作　　图9-26　选择控件

（3）将鼠标移到幻灯片中，当鼠标光标将变为“+”形状时，在需插入Falsh的位置按住鼠标左键不放，拖动绘制一个播放Flash动画的区域。在绘制的区域上单击鼠标右键，在弹出的快捷菜单中选择“属性”命令，如图9-27所示。

（4）打开“属性”对话框，在“Movie”文本框中输入Flash动画的详细位置，单击按钮关闭对话框，如图9-28所示。

知识提示

Flash动画也可以通过插入计算机中视频的方法插入到幻灯片中，虽然这种方式操作很简单，但插入的Flash动画不能预览；而通过控件插入的Flash动画则最为直观，可以直接播放，但不能编辑视频的格式。

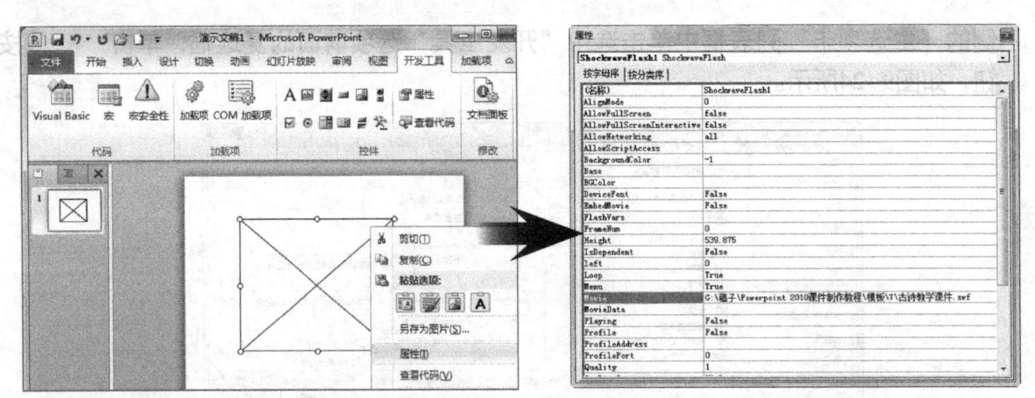

图9-27　绘制Flash动画播放区域　　　　图9-28　设置动画属性

（5）放映幻灯片时即可欣赏插入的Flash动画，通常插入的是一个自动播放的Flash。

9.2.5　调整视频

插入视频后，PowerPoint功能区中将显示"视频工具 格式"和"视频工具 播放"两个选项卡，这时就可以对插入的视频进行编辑和调整。

1．编辑视频

在幻灯片中插入视频文件后，单击"视频工具 播放"选项卡，如图9-29所示，在此选项卡中可对视频进行编辑，如设置音量、循环播放和播放视频的方式等，其中的大部分功能与编辑音频文件的方法类似。

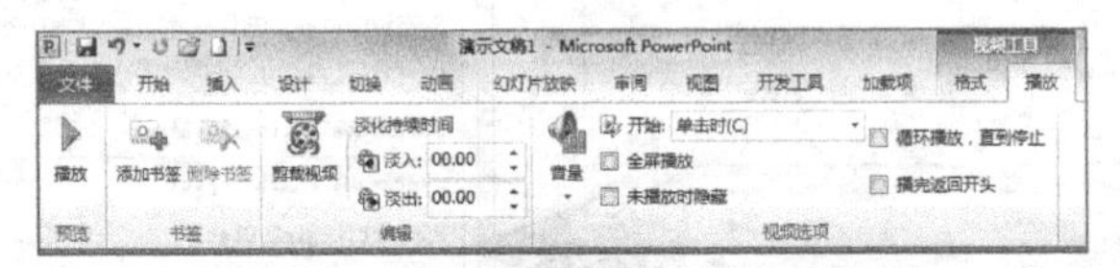

图9-29　"视频工具 播放"选项卡功能区

◎ **裁剪视频**：在"编辑"组中单击"裁剪视频"按钮，打开"裁剪视频"对话框，在其中通过设置开始和结束时间来裁剪视频，如图9-30所示。

图9-30　"裁剪视频"对话框

◎ **全屏播放影片**：单击选中"全屏播放"复选框，在放映演示文稿过程中播放影片时，

可使影片充满整个屏幕。

◎ **隐藏影片框**：单击选中“未播放时隐藏”复选框，在没有播放视频文件时，在幻灯片无法显示该视频。

◎ **影片播放后倒带**：单击选中“播完返回开头”复选框，影片将自动返回到第一帧并在播放一次后停止。

◎ **设置视频的播放方式**：有“自动”“单击时”和“跨幻灯片播放”3种方式，可自行设置。

知识提示

PowerPoint几乎支持所有的视频格式，但如果要在幻灯片中插入视频文件，最好使用WMV和AVI格式的视频文件，因为这两种视频文件也是Windows自带的视频播放器支持的文件类型。如果要在幻灯片中插入其他类型的视频文件，则需要在计算机中安装支持该文件类型的视频播放器，如插入MP4视频文件，需要安装默认的视频播放器Apple QuickTime。否则，插入的其他视频文件将显示为音频文件样式。

2. 设置视频格式

设置视频文件格式的方法与设置图片的相同，首先在幻灯片中选择插入的视频文件，再单击“视频工具 格式”选项卡，在其功能区中即可设置视频样式、在幻灯片中的排列位置和大小等，提高视频文件的播放效果。

9.2.6 案例——为“4S店产品展示”演示文稿添加视频

本案例要求为提供的素材文档添加视频文件，并设置视频文件的格式，其中涉及插入视频和编辑视频的操作，完成后的参考效果如图9-31所示。

素材所在位置 光盘:\素材文件\第9章\案例\4S店产品展示.pptx……

效果所在位置 光盘:\效果文件\第9章\案例\4S店产品展示.pptx

视频演示 光盘:\视频文件\第9章\为“4S店产品展示”演示文稿添加视频.swf

图9-31 “4S店产品展示”演示文稿参考效果

（1）打开“4S店产品展示.pptx”演示文稿，选择第5张幻灯片，在【插入】→【媒体】组中单击“视频”按钮下面的按钮，在打开的下拉列表中选择“文件中的视频”选项，如图9-32所示。

（2）打开“插入视频”对话框，在“保存范围”下拉列表中选择视频的位置，在中间列表框中选择提供的素材文件，单击 插入(S) 按钮，如图9-33所示。

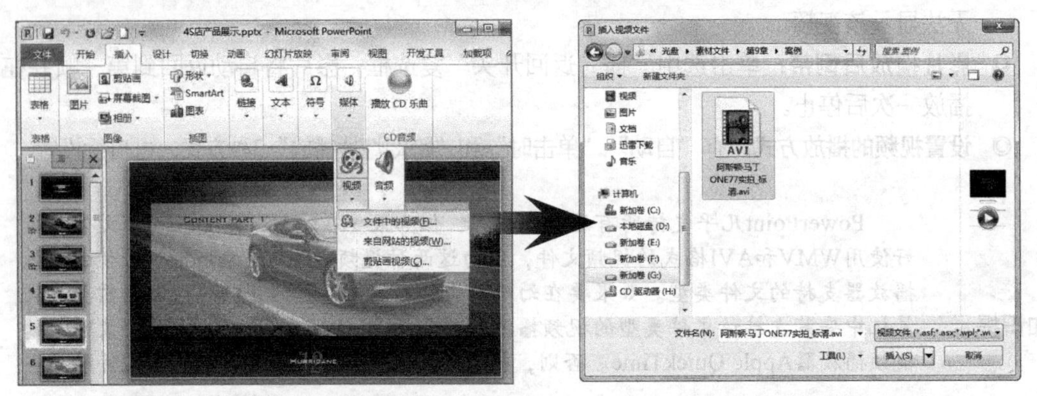

图9-32 选择打开视频的方式　　图9-33 选择视频文件

（3）在【视频工具 播放】→【视频选项】组的“开始”下拉列表中选择“自动”选项，单击选中“未播放时隐藏”复选框，如图9-34所示。

（4）在【视频工具 格式】→【视频样式】组的“视频样式”列表框的“中等”栏中选择“复杂框架，黑色”选项，如图9-35所示。

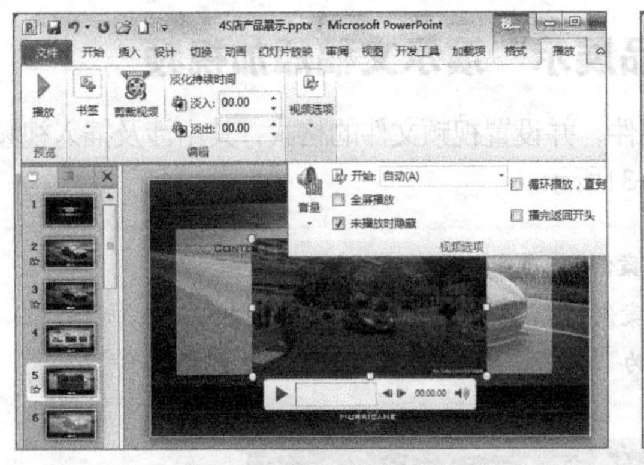

图9-34 设置视频播放方式

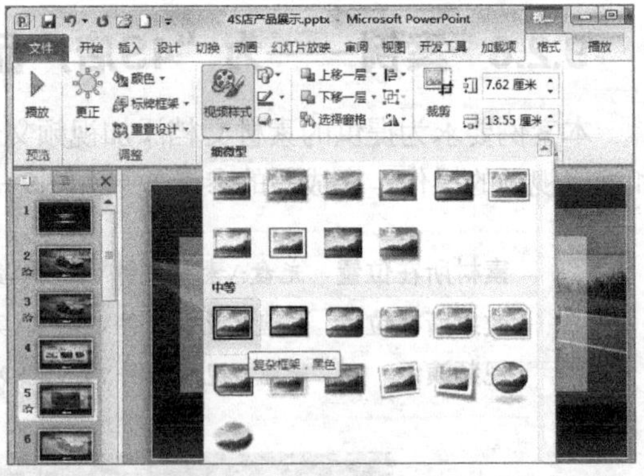

图9-35 设置视频样式

（5）调整视频边框的大小，在“预览”组中单击“播放”按钮，预览视频，然后保存演示文稿，完成本案例操作。

9.3 操作案例

本章操作案例将分别为“软件测试报告.pptx”演示文稿添加音频和为“企业文化礼仪培训”.pptx演示文稿添加视频。综合练习本章学习的知识点，将学习到添加多媒体文件的具体操作。

9.3.1 为“软件测试报告”演示文稿添加音频

本练习的目的是为前面制作的“软件测试报告.pptx”演示文稿添加音频，在进行添加的的过程中，除了添加外部音频文件并进行编辑外，还需要添加录制的音频。另外还有重要的一点，就是在添加音频后，需要对其进行压缩保存，这样才能保存对音频文件的编辑，最终参考

效果如图9-36所示。

素材所在位置 光盘:\素材文件\第9章\操作案例\
效果所在位置 光盘:\效果文件\第9章\操作案例\软件测试报告.pptx
视频演示 光盘:\视频文件\第9章\为“软件测试报告”演示文稿添加音频.swf

图9-36 “软件测试报告”演示文稿参考效果

（1）打开“软件测试报告.pptx”演示文稿，选择第1张幻灯片，在其中插入“背景音乐.mp3”音频文件。

（2）剪裁该音频文件，开始时间为“00:16”，结束时间为“05:45”，设置该音频跨幻灯片播放，放映时隐藏和循环播放。

（3）在最后一张幻灯片中录制声音，然后将插入的音频压缩为演示文稿质量，完成本案例的操作。

9.3.2 为“精装修设计方案”演示文稿添加视频

本案例的目标是为“精装修设计方案.pptx”演示文稿添加视频，主要涉及在幻灯片中插入和编辑视频文件的相关操作，最终参考效果如图9-37所示。

素材所在位置 光盘:\素材文件\第9章\操作案例\
效果所在位置 光盘:\效果文件\第9章\操作案例\精装修设计方案.pptx
视频演示 光盘:\视频文件\第9章\为“精装修设计方案”演示文稿添加视频.swf

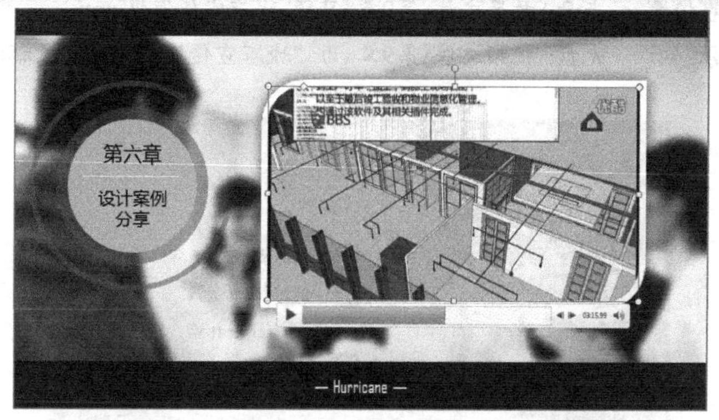

图9-37 “精装修设计方案”演示文稿参考效果

（1）打开“精装修设计方案.pptx”演示文稿，选择第1张幻灯片，在其中插入素材视频文件。

（2）设置视频文件的播放格式为“单击时”，视频样式为“圆形对角，白色”，完成本案例的操作。

9.4 习题

（1）打开“汽车新款发布.pptx”演示文稿，利用前面讲解的视频插入的相关知识在其中插入一个网站中的视频文件，最终效果如图9-38所示。

素材所在位置	光盘:\素材文件\第9章\习题\汽车新款发布.pptx
效果所在位置	光盘:\效果文件\第9章\习题\汽车新款发布.pptx
视频演示	光盘:\视频文件\第9章\为“汽车新款发布”演示文稿添加视频.swf

图9-38　“汽车新款发布”演示文稿参考效果

提示：该视频文件的HTML代码为“<embed src="http://player.youku.com/player.php/sid/XMTI2NDI5MjY1Ng==/v.swf" allowFullScreen="true" quality="high" width="480" height="400" align="middle" allowScriptAccess="always" type="application/x-shockwave-flash"></embed>”。

（2）打开“城市宣传海报.pptx”演示文稿，在其中添加音频“I Love This City.mp3”，最终效果如图9-39所示。

素材所在位置	光盘:\素材文件\第9章\习题\
效果所在位置	光盘:\效果文件\第9章\习题\城市宣传海报.pptx
视频演示	光盘:\视频文件\第9章\为“城市宣传海报”演示文稿添加音频.swf

图9-39　“城市宣传海报”演示文稿参考效果

第10章 设置演示文稿的动画效果

本章将详细讲解在演示文稿中设置动画效果的相关操作，并讲解一些常见的动画效果的制作方法。读者通过学习应能够熟练掌握设置演示文稿动画效果的各种操作方法，让制作出来的演示文稿具有动态效果，增加对观众的吸引力。

学习要点

◎ 添加和设置动画效果
◎ 设置动画播放顺序
◎ 设置动作路径动画
◎ 添加切换动画
◎ 设置切换动画效果
◎ 设计动画特效

学习目标

◎ 掌握幻灯片动画的基本操作
◎ 掌握幻灯片切换动画的基本操作
◎ 掌握常见动画特效设置的方法

10.1 设置幻灯片动画

在幻灯片中可以给文本、图片、表格等对象添加标准的动画效果，还可以添加自定义的动画效果，使其以不同的动态方式出现在屏幕中。

10.1.1 了解动画

PowerPoint动画实际上是一个个应用于对象上的效果，而每个效果是由一个或多个动作组合而成的。归纳起来，PowerPoint 2010动画主要有以下8种动作。

◎ **颜色动作**：改变对象的颜色。

◎ **旋转动作**：对象旋转指定角度。

◎ **缩放动作**：对象放大或缩小。

◎ **设置动作**：设置对象的某个属性值。

◎ **属性动作**：对对象的属性值进行复杂设置。

◎ **滤镜动作**：设置对象应用PowerPoint内置的滤镜效果。

◎ **路径动作**：对象沿指定的轨迹进行运动。

◎ **命令动作**：设置媒体对象的动作。

每个动作都提供属性，对于不同的属性类型，会产生不同的动画类型，因此可以把PowerPoint动画分成以下3种类型。

◎ **From/To/By动画**：这是一种在起始值和结束值之间进行动画处理的类型。若要指定起始值，则设置动画的From属性；若要指定结束值，则设置动画的To属性；若要指定相对于起始值的结束值，则设置动画的By属性（而不是To属性）。如PowerPoint自带的颜色、旋转、缩放和路径动画就属于这种类型。

◎ **关键帧动画**：关键帧动画的功能比From/To/By动画的功能更强大，因为它可以指定任意多个目标值，甚至可以控制它们的插值方法。如PowerPoint自带的随机线条和弹跳动画就属于这种类型。

◎ **滤镜动画**：使用PowerPoint内置的滤镜效果。如PowerPoint自带的强调动画就属于这种类型。

10.1.2 添加动画效果

PowerPoint 2010中提供了多种预设的动画效果，用户可根据需要对幻灯片中的对象添加不同的动画效果。另外，它还可以为一个对象设置单个动画效果或者多种动画效果，也可以为一张幻灯片中的多个对象设置统一的动画效果。

1. 添加单个动画

在幻灯片中选择了一个对象后，就可以给该对象添加一种自定义动画效果，可设置为进入、强调、退出和动作路径中的任意一种动画效果，其具体操作如下。

（1）在幻灯片中选择需添加动画的对象后，在【动画】→【动画】组中单击“动画样式”列表框右侧的“其他”按钮，在打开的列表框中选择一种动画样式，如图10-1所示。

（2）在幻灯片中将自动预览动画效果，并在添加了动画效果的对象的左上方显示数字序号，如图10-2所示。

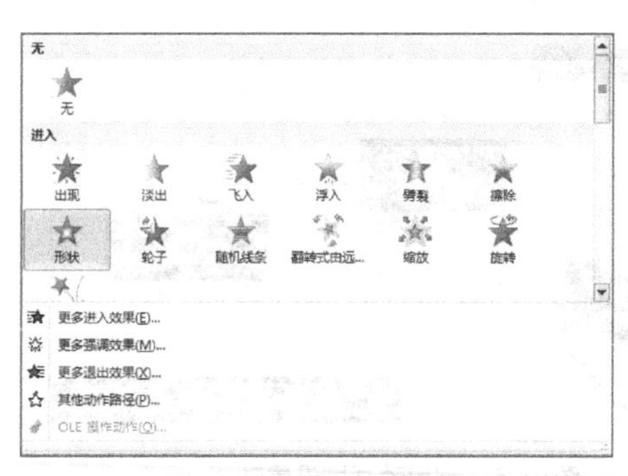

图10-1　选择动画样式

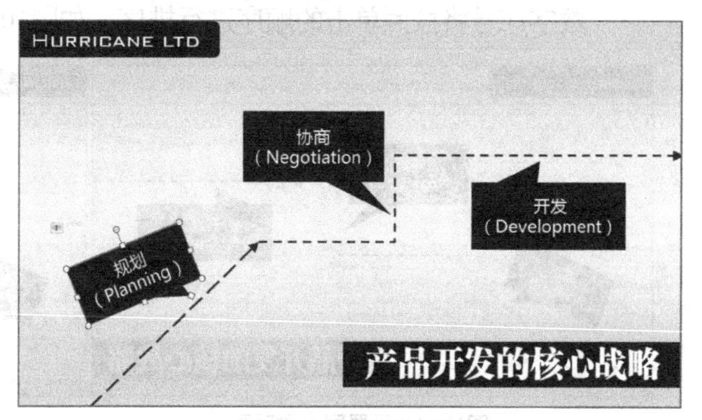

图10-2　动画效果

知识提示

在“动画样式”列表框中选择“更多进入效果”“更多强调效果”“更多退出效果”“其他动作路径”等选项，打开相应的对话框，在对话框中也可为选择的对象添加动画效果。另外，添加动画后，在【动画】→【预览】组中单击“预览动画”按钮，也可预览动画效果。

2. 添加多个动画

在幻灯片中不仅可以为对象添加单个动画效果，还可以为对象设置多个动画效果，其方法是：在设置单个动画之后，在【动画】→【高级动画】组中单击“添加动画”按钮，打开和图10-1完全相同的列表框，在其中选择一种动画样式，为对象添加另外一种动画效果。添加了多个动画效果后，幻灯片中该对象的左上方也将显示对应的多个数字序号。

为对象添加动画之后，在“高级动画”组中单击“动画窗格”按钮，将打开“动画窗格”，并在其中显示添加的动画效果列表，其中的选项将按照为对象设置的先后顺序而排列，并用数字序号进行标识，如图10-3所示。

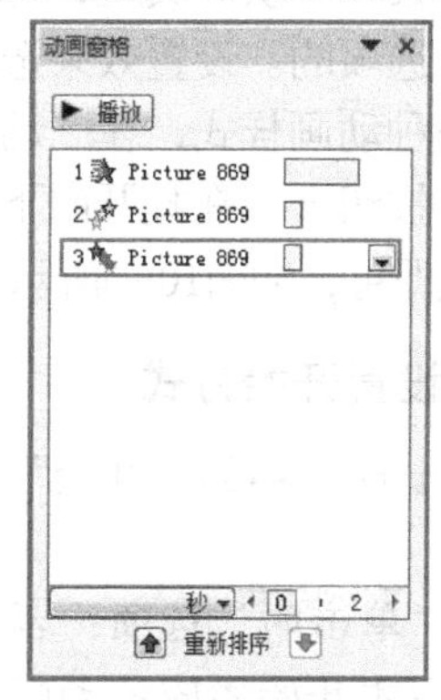

图10-3　动画窗格

知识提示

未添加动画的对象，通过“添加动画”按钮和“动画样式”列表框都可以添加动画；已添加动画的对象只能通过“添加动画”按钮继续添加动画。

3. 为多个对象添加动画

如果是设置不同的动画，只要分别选择对象，然后逐个添加动画即可。如果要为多个对象设置同一种动画，则有下面两种比较快捷的方法。

◎ **利用【Ctrl】或【Shift】键**：在幻灯片中选择1个对象，然后按住【Ctrl】或【Shift】键不放，再单击其他对象。选择多个对象后，释放【Ctrl】或【Shift】键，然后添加同一种动画，幻灯片中这几个对象的数字序号也相同，如图10-4所示。

◎ 利用 动画刷 按钮：为一个对象添加动画后，在“高级动画”组中双击 动画刷 按钮，鼠标光标变成形状。单击其他对象后，为这些对象添加同样的动画，单击这几个对象的数字序号将按照单击的顺序进行排序，如图10-5所示。

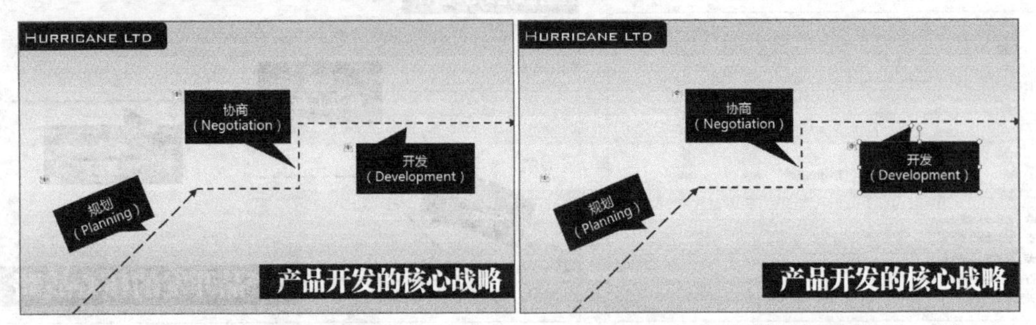

图10-4 设置同一种动画 图10-5 利用动画刷设置动画

10.1.3 设置动画效果

给幻灯片中的文本或对象添加了动画效果后，还可以对其进行一定的设置，如动画的方向、图案、形状、开始方式、播放速度、声音等，下面分别进行介绍。

1. 设置效果选项

不同的动画样式，其效果选项不同，通常有方向、图案和形状等类型，有些动画样式甚至是没有效果选项的。设置效果选项的方法为：为对象添加一种动画样式，在“动画”组中单击“效果选项”按钮，在打开的下拉列表中选择一种效果样式即可，如图10-6所示。

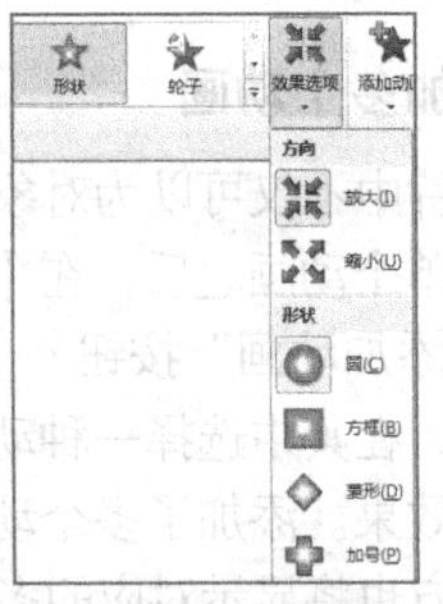

图10-6 设置效果选项

2. 设置开始方式

在“计时”组的“开始”下拉列表框中选择动画开始的方式，如图10-7所示，各选项含义如下。

◎ **“单击时”选项**：表示要单击一下鼠标后才开始播放该动画，这种开始方式是PowerPoint 2010默认的动画开始方式。

开始：单击时
持续时间
延迟：
单击时
与上一动画同时
上一动画之后

图10-7 设置开始方式

◎ **“与上一动画同时”选项**：表示设置的动画将与前一个动画同时开始播放，设置这种开始方式后，幻灯片中对象的序号将变得和前一个动画的序号相同。

◎ **“上一动画之后”选项**：表示设置的动画将在前一个动画播放完毕后自动开始播放，设置这种开始方式后，幻灯片中对象的序号将和前一个动画的序号相同。

3. 设置计时

在动画窗格中单击动画选项右侧的按钮，在打开的下拉列表中选择“计时”选项，打开该动画效果的对话框，在“计时”选项卡中可设置动画延迟播放时间、重复播放次数和播放速

度等，如图10-8所示，其中各选项的功能如下。

◎ **“开始”下拉列表框**：与“计时”组的“开始”下拉列表框功能完全相同。

◎ **“延迟”数值框**：设置动画延迟放映的时间，以“秒”为单位。

◎ **“期间”下拉列表框**：设置动画播放的速度，主要有“非常慢（5秒）”“慢速（3秒）”“中速（2秒）”“快（1秒）”和“非常快（0.5秒）”5种速度。

图10-8　设置计时

◎ **“重复”下拉列表框**：设置动画重复播放的次数。

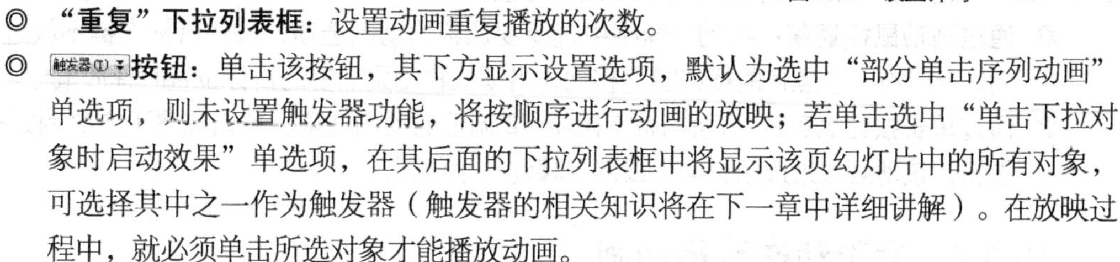

◎ 触发器(T) **按钮**：单击该按钮，其下方显示设置选项，默认为选中“部分单击序列动画”单选项，则未设置触发器功能，将按顺序进行动画的放映；若单击选中“单击下拉对象时启动效果”单选项，在其后面的下拉列表框中将显示该页幻灯片中的所有对象，可选择其中之一作为触发器（触发器的相关知识将在下一章中详细讲解）。在放映过程中，就必须单击所选对象才能播放动画。

4. 添加动画声音

为使制作的幻灯片更加自然、逼真，可以为动画效果添加鼓掌、抽气等声音效果，首先需要打开该动画效果的对话框，然后单击“效果”选项卡，在其中的“声音”下拉列表框中选择需要添加的声音效果，单击右侧的“音量”按钮，调整声音的大小，如图10-9所示。在“声音”下拉列表框中选择“其他声音”选项，打开“添加音频”对话框，选择需要的声音文件，可以为动画添加其他声音效果。

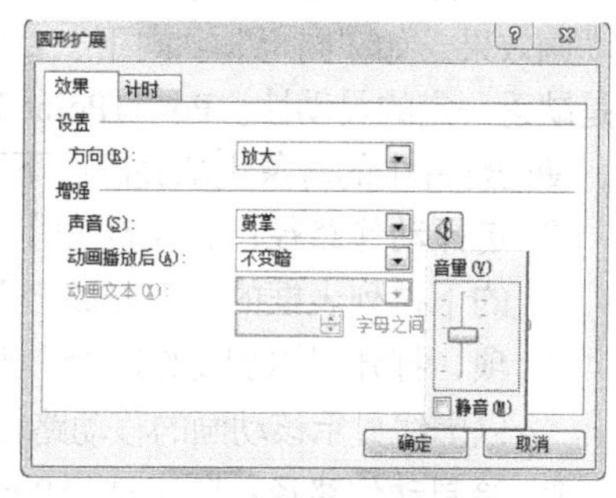

图10-9　添加动画声音

5. 设置文本动画效果

如果文本框内只有一个段落的文本，则该文本将作为一个对象进行动画的设置，如果文本框内有多个段落的文本，除了可将所有文本作为一个对象设置动画外，还可将各段落的文本作为单独的对象进行动画的设置。在动画窗格中单击动画选项右侧的按钮，在打开的下拉列表中选择“效果选项”选项，打开该动画效果的对话框，除了可以设置其开始方式、播放时间及动画声音外，还可设置和文本相关的动画效果。

◎ 在“效果”选项卡中的“动画播放后”下拉列表框中选择动画播放后的效果，可将文本更改为其他颜色，还可隐藏文本，如图10-10所示。

◎ 在“效果”选项卡中的“动画文本”下拉列表框中可选择动画的播放方式，可使文本作为整体播放动画，还可使文本按字母逐个播放动画。

◎ 在“正文文本动画”选项卡中的“组合文本”下拉列表框中可选择文本框中的文本组合方

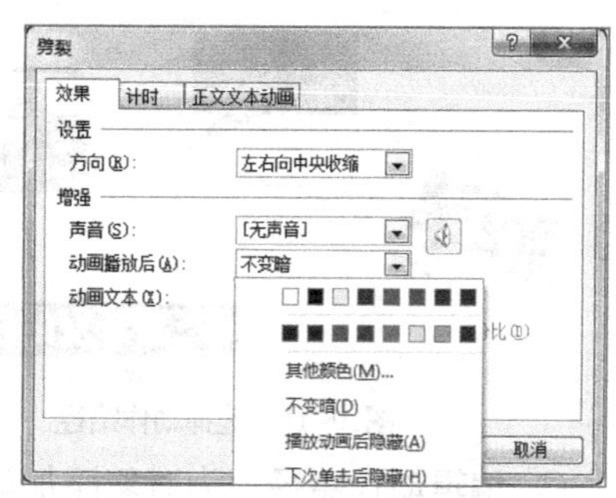

图10-10　设置动画播放后

式。若选择“作为一个对象”选项，则所有文本将组合为一个对象播放动画；若选择其他选项，则每个段落的文本将作为单独的对象播放动画；在幻灯片中，该文本框的各段文本前方将分别标识数字序号。

10.1.4 设置动画播放顺序

要制作出满意的动画效果，可能需要不断地查看动画之间的衔接效果是否合理，如果对设置的播放效果不满意，应及时对其进行调整。由于动画效果列表中各选项的排列的先后顺序就是动画播放的先后顺序，因此要修改动画的播放顺序，应通过调整动画效果列表中各选项的位置来完成。调整动画播放顺序通常有以下两种方法。

◎ **通过拖动鼠标调整**：在动画窗格中选择要调整的动画选项，按住鼠标左键不放进行拖动，此时有一条黑色的横线随之移动，当横线移动到需要的目标位置时释放鼠标。

◎ **通过单击按钮调整**：在动画窗格中选择要调整的动画选项，单击窗格下方的按钮或按钮，该动画效果选项会向上或向下移动一个位置。

10.1.5 设置动作路径动画

“动作路径”动画效果是自定义动画效果中的一种表现方式，可为对象添加某种常用路径的动画效果，如“向上”“向下”“向左”和“向右”的动作路径，使对象沿固定路径运动，但是缺乏一定的灵动性。PowerPoint 2010提供了更多的路径可供选择，甚至还可绘制自定义路径，使幻灯片中的对象更加突出。下面对选择、绘制与编辑路径动画的方法进行介绍。

◎ **选择动作路径**：在【动画】→【高级动画】组中单击“添加动画”按钮，在打开的下拉列表框的“动作路径”栏中可选择已有的路径，还可选择“其他动作路径”选项，打开“添加动作路径”对话框，在其中选择需要的动作路径即可，在幻灯片中将以虚线显示该动画的移动路径，如图10-11所示。

◎ **绘制动作路径**：除了选择PowerPoint提供的动作路径外，还可手动绘制路径，其方法为：选择需要设置的对象，单击“添加动画”按钮，在打开的下拉列表框的“动作路径”栏中选择“自定义路径”选项，将鼠标光标移动到幻灯片中，当其变为或+形状时，按住鼠标左键并拖动，即可绘制所需的路径，如图10-12所示。开始位置显示为绿色箭头，终止位置显示为红色箭头。

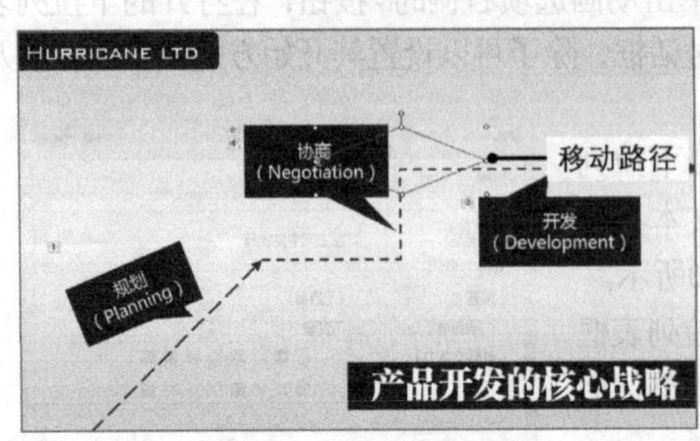

图10-11 选择动作路径

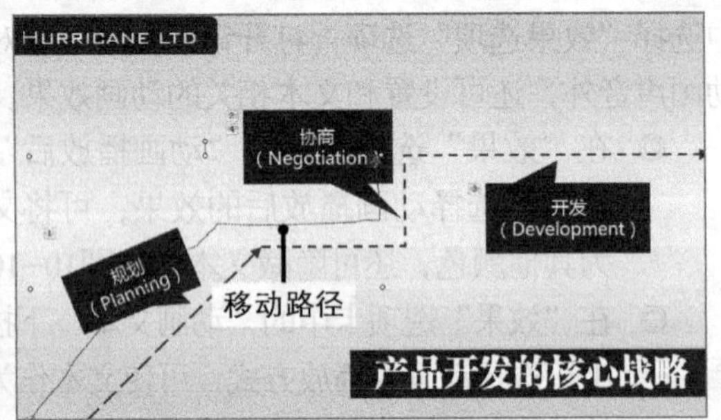

图10-12 绘制动作路径

◎ **编辑动作路径**：为对象添加动作路径动画后，在路径上双击，打开“自定义路径”对

话框，设置其开始方式、路径和速度，还可以调整路径的大小、方向和位置。

10.1.6 案例——为“机械厂改造方案”演示文稿设置动画

本案例要求根据提供的素材演示文稿，为幻灯片中的内容设置动画效果。完成后的参考效果如图10-13所示。

素材所在位置　光盘:\素材文件\第10章\案例\机械厂改造方案.pptx
效果所在位置　光盘:\效果文件\第10章\案例\机械厂改造方案.pptx
视频演示　　　光盘:\视频文件\第10章\为“机械厂改造方案”演示文稿设置动画.swf

图10-13　“机械厂改造方案”演示文稿参考效果

设计重点

本案例的重点在于各种幻灯片动画的设置，其中主要应注意三点：一是动画的类型，包括进入、退出、强调、路径，需要选择正确的动画类型；二是动画的持续时间；三是动画什么时候开始。

（1）打开“机械厂改造方案.pptx”演示文稿，选择第2张幻灯片，选择左上角的图片，在【动画】→【动画】组中，单击“动画样式”列表框右侧的“其他”按钮，在打开的下拉列表框的“进入”栏中选择“飞入”选项，如图10-14所示。

（2）在“高级动画”组中单击动画窗格按钮，将打开“动画窗格”窗格，单击第一个动画选项右侧的按钮，在打开的下拉列表中选择“计时”选项，打开“飞入”对话框，在“期间”下拉列表框中选择“非常慢（5秒）”选项，单击确定按钮，如图10-15所示。

（3）在第1张图左上角显示“1”，表示该动画为第1个动画，选择该图片，在“高级动画”组中单击动画刷按钮，鼠标光标变成形状，单击幻灯片中右上角的图片，为图片添加和第1张图完全相同的动画，如图10-16所示。

（4）在“动画”组中单击“效果选项”按钮，在打开的下拉列表中选择“自左侧”选项，为该图片设置从左侧飞入的动画效果，如图10-17所示。

（5）利用动画刷按钮为幻灯片下面的图片设置和第2张图片完全相同的动画效果。

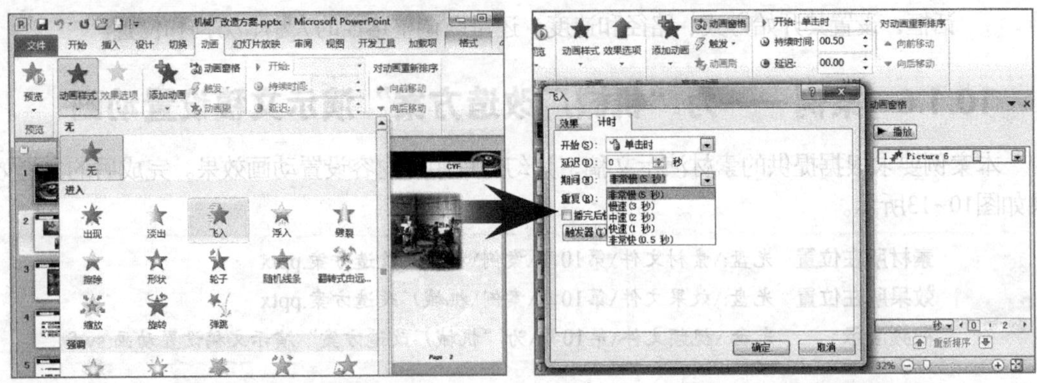

图10-14　选择动画样式　　　　　　　　　　图10-15　设置动画效果

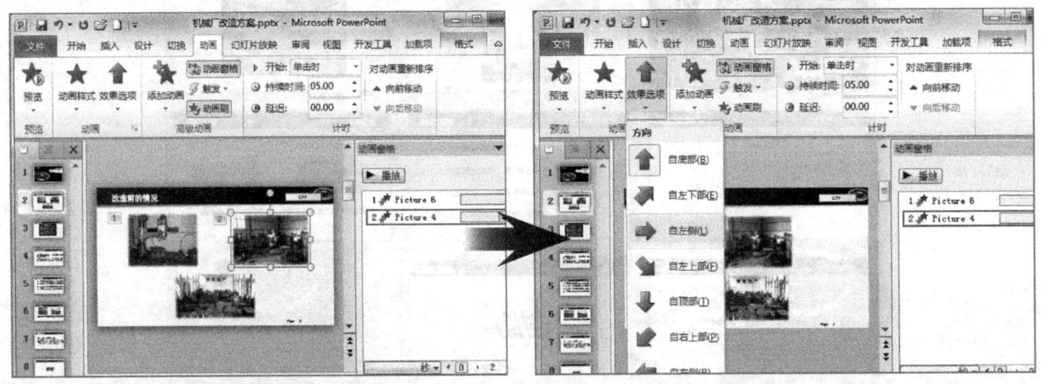

图10-16　复制动画格式　　　　　　　　　　图10-17　设置效果选项

（6）选择第3张幻灯片中的图片，在“动画”组的“动画样式”列表框中选择“进入”栏的“缩放”选项。

（7）选择第4张幻灯片中最上面的一个文本框，在“动画样式”列表框中选择“进入”栏的“轮子”选项，然后选择下面的文本框，在“动画样式”列表框中选择“进入”栏的“浮入”选项。在动画窗格中单击该动画选项右侧的按钮，在打开的下拉列表中选择“计时”选项，打开“上浮”对话框，在“期间”下拉列表框中选择“中速（2秒）”选项，单击确定按钮。

（8）选择第5张幻灯片中上面第一个文本框，在“动画样式”列表框中选择“进入”栏的“淡出”选项，在动画窗格中单击该动画选项右侧的按钮，在打开的下拉列表中选择“效果选项”，打开“淡出”对话框，在“声音”下拉列表框中选择“鼓掌”选项，单击右侧的“音量”按钮，调整声音的大小，最后在“颜色”下拉列表框中选择“红色”选项，单击确定按钮，如图10-18所示。

（9）利用动画刷按钮为该幻灯片中其他文本框设置和第一个文本框完全相同的动画效果。

（10）同时选择第6张幻灯片中左侧的图片和文本框，在“动画样式”列表框中选择“进入”栏的“形状”选项，只选择左侧的文本框，在“计时”组的“开始”下拉列表框中选择“上一动画之后”选项，如图10-19所示。

（11）用同样的方法设置幻灯片右侧的图片和文本框，动画样式为“随机线条”，文本框的开始时间为“上一动画之后”。

图10-18　设置动画效果

图10-19　设置开始时间

（12）选择第7张幻灯片中上面第一个文本框，在“动画样式”列表框中选择“进入”栏的“擦除”选项，在动画窗格中单击该动画选项右侧的▾按钮，在打开的下拉列表中选择“效果选项”选项，打开“擦除”对话框，单击“正文文本动画”选项卡，在“组合文本”下拉列表框中选择“按第一级段落”选项，如图10-20所示。

（13）单击“计时”选项卡，在“期间”下拉列表框中选择“非常慢（5秒）”选项，单击 确定 按钮。

（14）用同样的方法设置幻灯片中另外一个文本框，动画样式为“擦除”，持续时间为“中速（2秒）”。

（15）选择最后一张幻灯片中的文本框，在【动画】→【高级动画】组中，单击“添加动画”按钮，在打开的列表框中选择“其他动作路径”选项，打开“添加动作路径”对话框，在“直线和曲线”栏中选择“弹簧”选项，单击 确定 按钮，如图10-21所示。

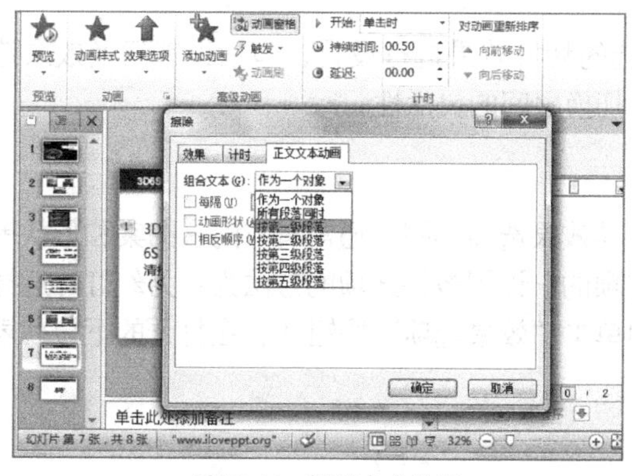

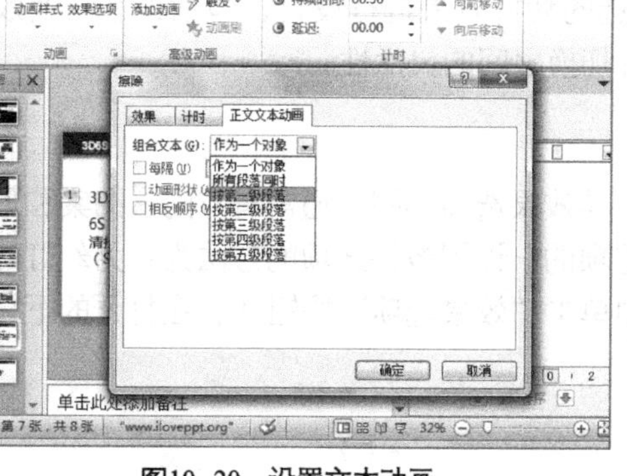

图10-20　设置文本动画

图10-21　设置路径动画

（16）适当调整幻灯片中路径的大小和位置，然后保存演示文稿，完成本案例的操作。

10.2　设置幻灯片切换动画

幻灯片切换动画是指在幻灯片放映过程中，从一张幻灯片移到下一张幻灯片时出现的动画效果，能使幻灯片在放映时更加生动。本小节将详细讲解设置幻灯片切换动画的基本方法，如直接设置切换效果，为切换动画添加声音效果，以及设置切换动画的速度、换片方式等。

10.2.1 添加切换动画

普通的两张幻灯片之间没有设置切换动画，但在制作演示文稿的过程中，用户可根据需要添加切换动画提升演示文稿的吸引力。其方法为：选择需添加切换动画的幻灯片，在【切换】→【切换到此张幻灯片】组中，单击“切换动画样式”列表框右侧的“其他”按钮，在打开的下拉列表框中选择一种切换动画样式，如图10-22所示为预设的切换动画样式。

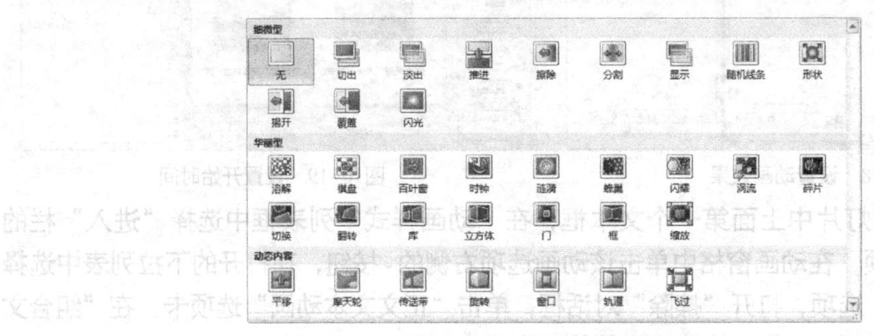

图10-22 切换动画样式列表框

如果要将所有幻灯片添加为相同的幻灯片切换效果，可在选择切换效果后，单击“计时”组中的全部应用按钮即可。

知识提示

如果要删除应用的切换动画，可选择应用了切换动画的幻灯片，在切换动画样式下拉列表框中选择“无”选项，即可删除应用的切换动画效果。

10.2.2 设置切换动画效果

为幻灯片添加切换效果后，用户还可对所选的切换效果进行设置，包括设置切换效果选项、声音、速度以及换片方式等，以增加幻灯片切换之间的灵活性。

1. 设置切换动画效果选项

和幻灯片动画一样，不同的切换动画样式，其效果选项不同，通常有方向、图案和形状等类型，当然，有些切换动画样式也是没有效果选项的。设置效果选项的方法为：为幻灯片选择一种切换动画样式，在“切换到此幻灯片”组中单击“效果选项”按钮，在打开的下拉列表中选择一种效果样式即可。

2. 设置切换动画声音

添加的切换动画效果默认都没有声音，可根据需要为切换动画效果添加声音。其方法为：在“计时”组的“声音”下拉列表框中选择相应的选项，为幻灯片设置切换动画声音。如果需要添加其他的声音，可以在“声音”下拉列表框中选择“其他声音”选项，打开“添加音频”对话框，选择需要的声音进行添加即可。

3. 设置切换速度

选择需设置切换速度的幻灯片，在“计时”组的“持续时间”数值框中输入具体的切换时间，为幻灯片设置切换速度。

4. 设置换片方式

在“计时”组中的“换片方式”栏中，可设置幻灯片切换动画的换片方式。

◎ **“单击鼠标时”复选框**：单击选中该复选框，当放映幻灯片时，将等到单击鼠标时再切换至下一张幻灯片。

◎ **“设置自动换片时间”复选框和数值框**：单击选中该复选框，然后在其右侧的数值框中输入秒数，当放映幻灯片时，将经过特定时间后切换至下一张幻灯片。

10.2.3 案例——为“机械厂改造方案”演示文稿设置切换动画

本案例要求为提供的素材演示文稿的幻灯片添加切换动画，并设置切换动画效果，其中涉及设置切换效果选项和声音的操作，完成后的参考效果如图10-23所示。

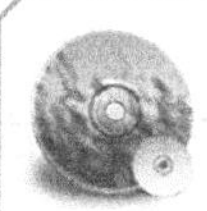

素材所在位置　光盘:\素材文件\第10章\案例\机械厂改造方案1.pptx

效果所在位置　光盘:\效果文件\第10章\案例\机械厂改造方案1.pptx

视频演示　光盘:\视频文件\第10章\为“机械厂改造方案”演示文稿设置切换动画.swf

图10-23　“机械厂改造方案”演示文稿参考效果

设计重点

本案例的重点在于设计幻灯片之间的切换动画，与幻灯片动画的设计相比，切换动画更加简单，只需要选择动画类型（主要有细微型、华丽型和动态3种，其中，细微型的切换动画表现简洁、自然，经常在商务演示文稿中使用），然后设置效果选项，最后设置动画的声音和持续时间即可。

（1）打开“机械厂改造方案1.pptx”演示文稿，选择第2张幻灯片，在【切换】→【切换到此张幻灯片】组中，单击“切换动画样式”列表框右侧的“其他”按钮，在打开的下拉列表框的“细微”栏中选择“形状”选项，如图10-24所示。

（2）在“计时”组中单击全部应用按钮，为演示文稿中的其他所有幻灯片应用同样的切换动画效果，如图10-25所示。

（3）选择第4张幻灯片，在“切换到此幻灯片”组中单击“效果选项”按钮，在打开的下拉列表中选择“菱形”选项，如图10-26所示，为该幻灯片设置动画效果。

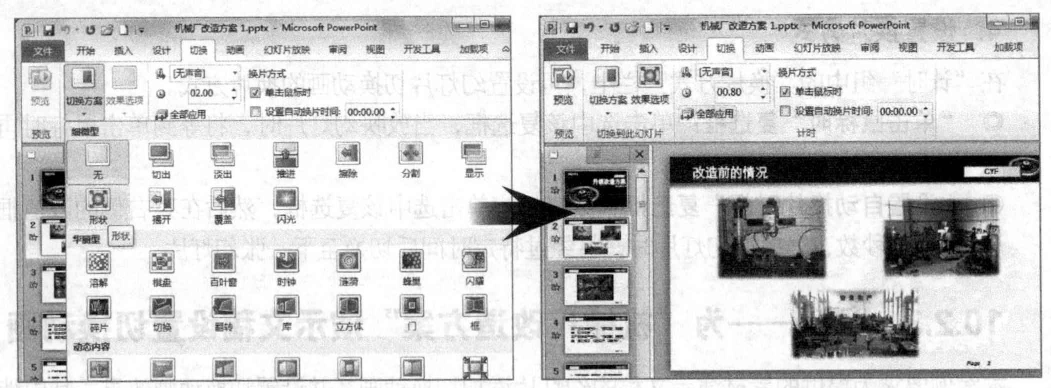

图10-24　选择切换样式　　　　　　　　　　图10-25　全部应用动画

（4）选择第5张幻灯片，在“切换到此幻灯片”组中单击“效果选项”按钮，在打开的下拉列表中选择“放大”选项。

（5）选择第6张幻灯片，在“切换到此幻灯片”组中单击“效果选项”按钮，在打开的下拉列表中选择“增强”选项。

（6）选择第7张幻灯片，在“切换到此幻灯片”组中单击“效果选项”按钮，在打开的下拉列表中选择“切出”选项。

（7）选择第8张幻灯片，在“计时”组的“声音”下拉列表框中选择“鼓声”选项，如图10-27所示。

（8）最后保存演示文稿，完成本案例的操作。

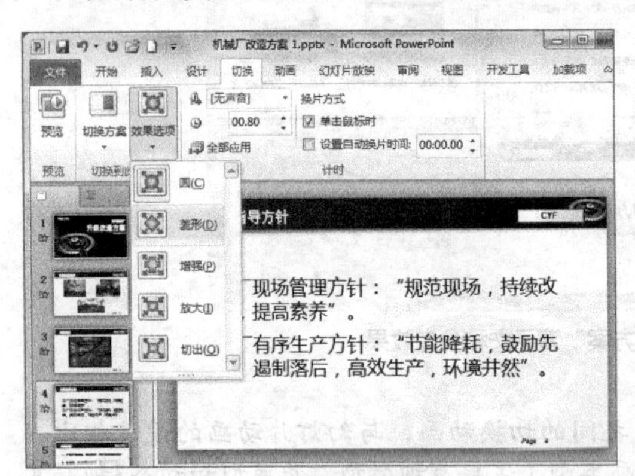

图10-26　设置效果选项

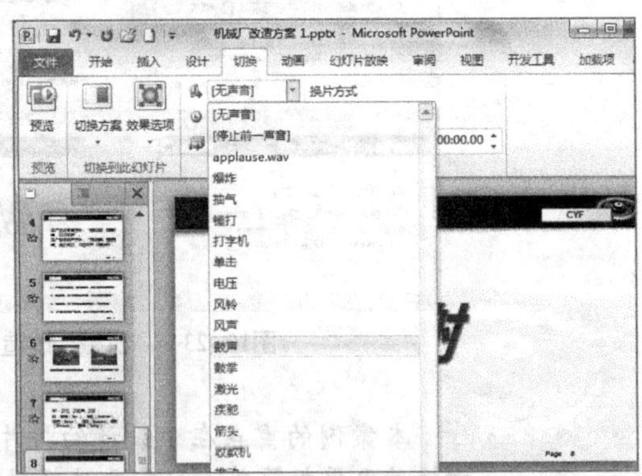

图10-27　设置切换动画声音

10.3　设计常见动画特效

如果想设置出别具一格的动画效果，就需要掌握一些动画设计的技巧，如设置不断放映的动画效果、在同一位置连续放映多个对象和将SmartArt图形制作为动画等。其实只要掌握制作动画的要领，再加上独特的创意，制作出来的演示文稿就会非常美观。

10.3.1　设计动画的技巧

在PowerPoint中制作动画的操作大家都会，但要想制作的动画能吸引观众的注意，就须掌握

一些特殊的技巧，这需要在长期的制作过程中慢慢体会，下面介绍一些设计动画的技巧。

◎ **熟悉所有动画样式**：首先需要完全掌握PowerPoint中自带的所有动画样式的功能，最好去验证所有不同动画样式的效果，了解各种动画的效果选项。然后在制作动画时尽量先考虑使用这些已有的动画样式，如果这些动画样式不能直接实现所需的效果，再考虑如何通过组合这些动画样式来实现。

◎ **制作醒目的效果**：制作的动画一定要醒目，比较夸张、突出和炫目的动画才能赢得观众的注意。要做到动画醒目，需要把制作的动画分为主次两种，主动画炫目，吸引观众的注意，次动画衬托主动画；另外，对于重点内容，其动画效果可以适当夸张；最后就是规模动画能够轻松实现醒目效果。

◎ **遵循事物本来的变化规律**：无论是什么动画，都必须遵循事物本身的运动规律，因此制作时要考虑对象的前后顺序、大小和位置关系以及与演示环境的协调等，这样才符合常识。如由远到近时对象会从小到大，反之也如此。

◎ **设计精彩的创意**：一个精彩的动画往往是具有一定规模的创意动画，因此制作前最好先设计好动画的框架与创意，再去逐步实施。创意没有规律可循，最关键的因素就是新，设计出别人没有做到的东西就是创意，就能夺尽眼球。

◎ **设计动画要合适**：动画没有好坏之分，只有合适与否。合适不仅是要与演示环境吻合，还要因人、因地、因用途不同而进行改变。企业宣传、工作汇报、个人简历等都可以多用动画，而课题研究、党政会议则需要少用动画。

◎ **设计动画要简洁**：简洁主要指两个方面：一是对于严谨场合和时间宝贵的商务演示文稿，尽量不设计修饰性的动画，直接演示内容；二是在演示文稿中，尽量精简主要内容，把与主题无关的动画删除，使幻灯片干净利落。

10.3.2 设置不断放映的动画效果

为幻灯片中的对象添加动画效果后，该动画效果将采用系统默认的播放方式，即自动播放一次，而在实际需要中有时需要将动画效果设置为不断重复放映的动画效果，从而实现动画效果的连贯性。其方法很简单，在动画窗格中单击该动画选项右侧的▾按钮，在打开的下拉列表中选择“计时”选项，在打开对话框的“计时”选项卡的“重复”下拉列表框中选择“直到下一次单击”选项，这样动画就会连续不断地播放。

知识提示

在“动画窗格”任务窗格中可以按先后顺序依次查看设置的所有动画效果，选择某个动画效果选项可切换到该动画所在对象。动画右侧的黄色色条表示动画的开始时间和长短，指向它时将显示具体的设置。

10.3.3 在同一位置连续放映多个对象动画

在同一位置连续放映多个对象动画是指在幻灯片中放映一个对象后，在该位置上再继续放映第2个对象的动画，而第1个对象将自动消失。此种设置主要用于图形对象上，能够提高幻灯片的生动性和趣味性，其具体操作如下。

（1）在幻灯片中将多个对象设置为相同大小，并重叠放在同一位置。

（2）选择最上方的对象，将其移动到需要的位置，并为其添加一种动画效果，然后打开动画效果的对话框，在“效果”选项卡的“动画播放后”下拉列表框中选择“播放动画后隐藏”选项，如图10-28所示。

（3）然后依次移动其他对象重叠放在第1个对象的位置，以相同方法设置动画效果，并将对象都设置为“播放动画后隐藏”。

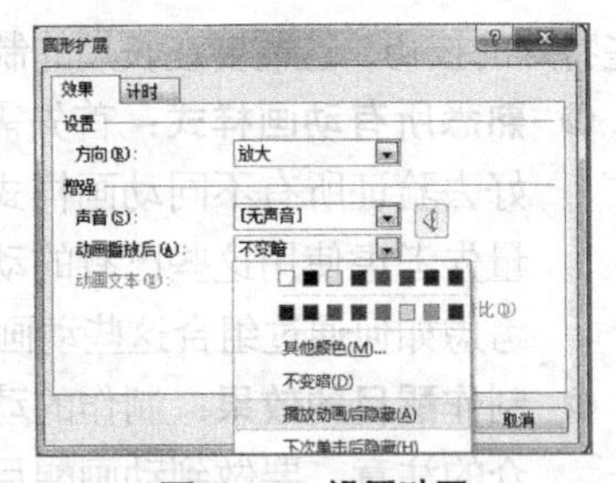

图10-28　设置动画

在设置动画播放后的效果时，除了可以设置播放后隐藏对象外，还可以进行如下设置。

◎ **其他颜色**：选择一种颜色后可以在播放动画后显示一个色块。

◎ **不变暗**：即为默认的效果，表示播放后显示原对象并保持不变。

◎ **下次单击后隐藏**：表示播放动画后，待单击鼠标左键后再隐藏动画对象。

10.3.4 将SmartArt图形设置为动画

SmartArt图形也能设置为动画，由于SmartArt图形是一个整体，图形间的关系比较特殊，因此在为SmartArt图形添加动画时需要注意一些设置方法和技巧，下面进行具体讲解。

1. 注意事项

SmartArt图形都是由多个图形组合而成的，所以，我们既可为整个SmartArt图形添加动画，也可只对SmartArt图形中的部分形状添加动画。添加动画时，需要注意以下几个事项。

◎ 根据SmartArt图形选择的布局来确定需添加的动画，使搭配效果更好。大多数动画的播放顺序都是按照文本窗格上显示的项目符号层次播放的，所以可选择SmartArt图形后在其文本窗格中查看信息，也可以倒序播放动画。

◎ 如果将动画应用于SmartArt图形中的各个形状，那么该动画将按形状出现的顺序进行播放或将顺序整个颠倒，但不能重新排列单个SmartArt形状图形的动画顺序。

◎ 对于表示流程类的SmartArt图形等，其形状之间的连接线通常与第2个形状相关联，一般不需要为其单独添加动画。

◎ 如果没有显示动画项目的编号，可以先打开“动画窗格”。

◎ 无法用于SmartArt图形的动画效果将显示为灰色。

◎ 当切换SmartArt图形布局时，添加的动画也将同步应用到新的布局中。

2. 设置SmartArt图形动画

选择要添加动画的SmartArt图形，在【动画】→【动画】组中单击“动画样式”列表框右侧的“其他”按钮，在打开的下拉列表框中选择一种动画样式。默认整个SmartArt图形作为一个整体来应用动画，需要改变动画的效果，可选择添加了动画的SmartArt图形，打开“动画窗格”，单击该动画选项右侧的按钮，在打开的下拉列表中选择“效果选项”选项，在打开的对话框中单击“SmartArt动画”选项卡，在其中进行设

图10-29　设置SmartArt动画

置即可，如图10-29所示。

下面介绍在“组合图形”下拉列表框中提供的各选项的含义。

◎ **作为一个对象**：将整个SmartArt图形作为一张图片或整体对象来应用动画，应用到SmartArt图形的动画效果与应用到形状、文本和艺术字的动画效果类似。

◎ **整批发送**：同时为SmartArt图形中的全部形状设置动画。该选项与“作为一个对象”选项的不同之处在于，如当动画中的形状旋转或增长时，使用“整批发送”时每个形状单独旋转或增长，而使用“作为一个对象”时，整个SmartArt图形将旋转或增长。

◎ **逐个**：单独地为每个形状播放动画。

◎ **一次按级别**：同时为相同级别的全部形状添加动画，并同时从中心开始，主要是针对循环SmartArt图形。

◎ **逐个按级别**：按形状级别顺序播放动画，该选项非常适合应用于层次结构布局的SmartArt图形。

3. 为SmartArt图形的单个形状设置动画

如果要为SmartArt图形中的单个形状添加动画，其方法为：选择需添加动画的单个形状，在“动画”窗格中为其添加动画，单击“效果选项”按钮，在打开的下拉列表的“序列”栏中选择“逐个”选项，返回“动画窗格”中，单击“展开”按钮展开SmartArt图形中的所有形状，选择某个形状对应的选项，即可为其设置动画，如图10-30所示。

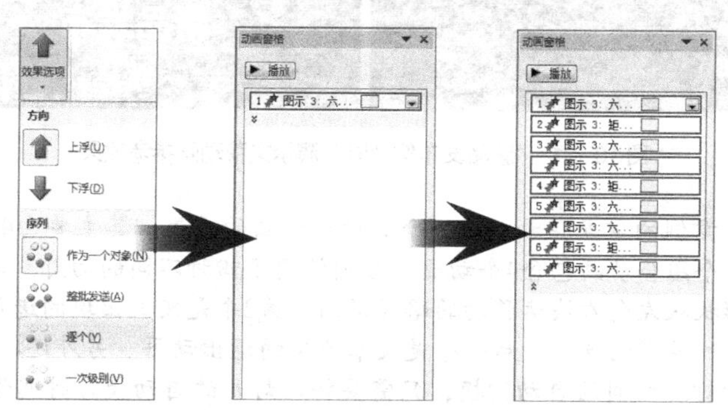

图10-30　设置单个形状动画

知识提示

在打开的下拉列表的“序列”栏中选择“作为一个对象”选项，就可以将单个形状重新组合为一个图形设置动画。

10.4 操作案例

本章操作案例将分别制作“新品发布倒计时.pptx”演示文稿动画和“公司网址.pptx”演示文稿。综合练习本章学习的知识点，将学习到设置演示文稿动画效果的具体操作。

10.4.1 制作“新品发布倒计时”演示文稿动画

本案例要求利用PowerPoint制作一个倒计时动画，其中涉及制作动画的相关操作，完成后的参考效果如图10-31所示。

素材所在位置　光盘:\素材文件\第10章\操作案例\新品发布倒计时.pptx
效果所在位置　光盘:\效果文件\第10章\操作案例\新品发布倒计时.pptx
视频演示　光盘:\视频文件\第10章\制作“新品发布倒计时”演示文稿动画.swf

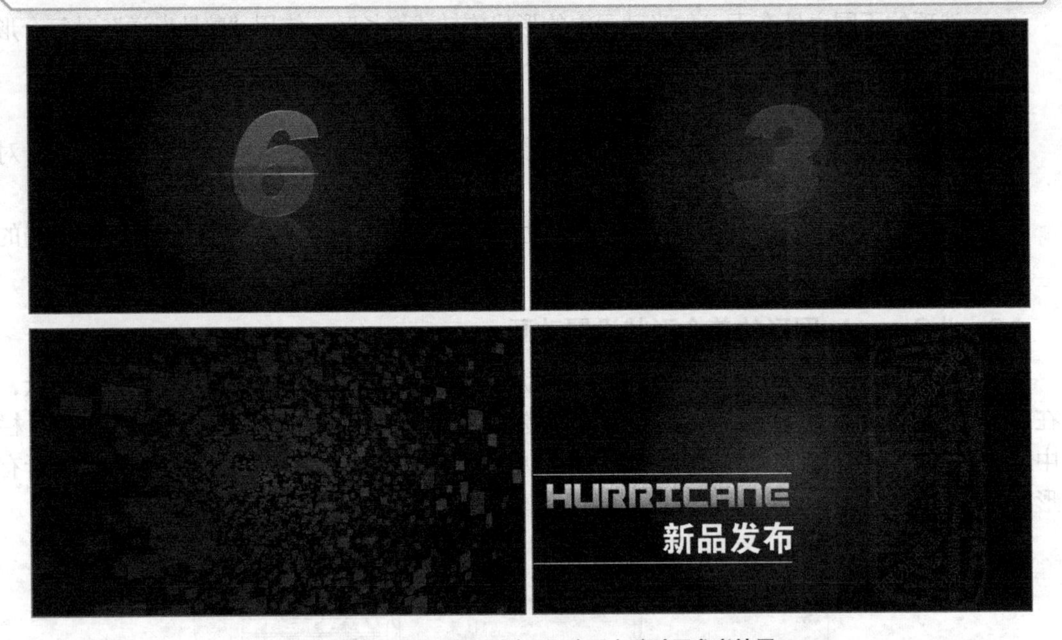

图10-31 “新品发布倒计时”演示文稿动画参考效果

设计重点

本案例的重点在于前面一个倒计时动画的设置，其主要由4个组合动画组合而成，每个组合动画包含4个动画，分别使用了四种不同的幻灯片动画类型，第1个动画是形状从左向右快速移动的路径动画，第2个是文本出现的进入动画，第3个是文本的脉冲强调动画，最后一个是文本消失的退出动画。另外还有一个设计重点就是两张幻灯片之间的自动切换，只需要将幻灯片的自动换片时间设置为“0”，放映完该幻灯片后，将自动放映下一张幻灯片。

（1）打开“新品发布倒计时.pptx”演示文稿，选择第1张幻灯片，在幻灯片中绘制一个椭圆形状。

（2）填充渐变色，设置方向为“线性向左”，在“渐变光圈”栏中设置3个停止点的颜色从左到右分别为“黑色”“黑色”和“白色”。

（3）设置形状的宽度为“15.2厘米”，高度为“0.13厘米”，并将其移动到幻灯片左侧的外面，设置形状轮廓为“无轮廓”。

（4）在【动画】→【动画】组中单击“动画样式”按钮★，在打开的列表框中选择“其他动作路径”选项，打开“更改动作路径”对话框，在“直线和曲线”栏中选择“向右”选项，单击确定按钮。

（5）增加路径的长度，使其横穿整张幻灯片，在“计时”组的“开始”下拉列表中选择“与上一动画同时”选项，在“持续时间”数值框中输入“00.75”。

（6）打开“动画窗格”，单击该动画选项右侧的按钮，在打开的下拉列表中选择“效果选项”。

（7）打开“向右”对话框，在“效果”选项卡的“增强”栏的“声音”下拉列表框中选择“疾驰”选项，完成第一个动画的添加。

（8）插入艺术字，样式为“填充-蓝色，强调文字颜色1，金属棱台，映像”选项，艺术字文本框中输入“10”，文本格式为“Arial Black、200、加粗”。

（9）在【动画】→【动画】组中单击“动画样式”按钮，在打开的列表框的“进入”栏中选择“出现”选项，在“计时”组的“开始”下拉列表中选择“与上一动画同时”选项，在“持续时间”数值框中输入“01.00”，完成第2个动画添加。

（10）在“高级动画”组中单击“添加动画”按钮，在打开的列表框的“强调”栏中选择“脉冲”选项，在“计时”组的“开始”下拉列表中选择“上一动画之后”选项，在“持续时间”数值框中输入“00.50”。

（11）单击该动画选项右侧的按钮，在打开的下拉列表中选择“效果选项”选项，在打开的对话框中设置声音为“爆炸”，完成第3个动画添加。

（12）继续添加动画，在“退出”栏中选择“消失”选项，在“计时”组的“开始”下拉列表中选择“上一动画之后”选项，在“持续时间”数值框中输入“00.50”，并设置声音为“照相机”，完成第4个动画的添加。

（13）同时选择前面绘制的形状和艺术字，复制一份，并将艺术字修改为“9”，然后重复该操作，添加倒计时的所有艺术字（1–10）。

（14）选择添加的10个艺术字，将其“左右居中”和“上下居中”对齐。用同样的方法将幻灯片外复制的形状设置居中和上下对齐。

（15）在【切换】→【计时】组中单击选中“单击鼠标时”和“设置自动换片时间”复选框，其中“设置自动换片时间”复选框右侧的数值框中保持为“0”。

（16）选择第2张幻灯片，设置切换动画为“华丽型-涡流”，声音为“鼓声”，换片方式为“单击鼠标时”。

（17）选择幻灯片中左侧的文本，设置动画样式为“进入-浮入”，在“计时”组的“开始”下拉列表中选择“与上一动画同时”选项，在“持续时间”数值框中输入“02.00”。

（18）选择幻灯片中右侧的文本，设置动画样式为“进入-淡出”，在“计时”组的“开始”下拉列表中选择“上一动画之后”选项，在“持续时间”数值框中输入“03.00”，设置声音为“电压”，保存演示文稿，完成本案例的操作。

10.4.2 制作“公司网址”演示文稿动画

本案例的目标是为某公司的宣传演示文稿的结束页幻灯片制作一个显示公司网址的动画，主要涉及设置幻灯片动画的相关操作，最终参考效果如图10–32所示。

素材所在位置　光盘:\素材文件\第10章\操作案例\
效果所在位置　光盘:\效果文件\第10章\操作案例\公司网址.pptx
视频演示　光盘:\视频文件\第10章\制作“公司网址”演示文稿动画.swf

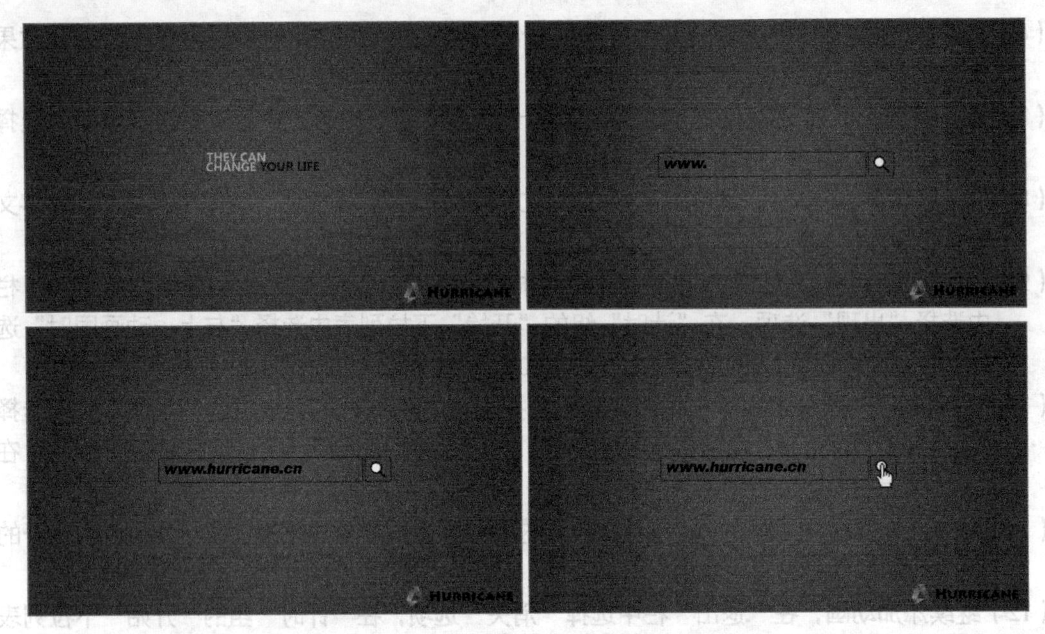

图 10-32 “公司网址”演示文稿动画参考效果

设计重点

本案例的重点在于各种动画的设置，主要有以下几个重点：一是网址搜索文本框的出现，利用了淡出动画；二是网址的显示，主要是设置出现的每个字符的间隔时间；三是输入字符的按键声音的同步，需要设置音频的播放动画；四是手型图片的按键操作动画，需要为手型图片设置进入动画、退出动画和路径动画，还要为搜索图片设置一个强调动画。

（1）打开“公司网址.pptx”演示文稿，选择中间的文本组合，为其设置一个“退出-缩放”动画，在【动画】→【计时】组的“开始”下拉列表中选择“上一动画之后”选项，在“持续时间”数值框中输入“02.00”，在“延迟”数值框中输入“01.00”。

（2）将“图片2.png”图片插入到幻灯片中，为其设置“进入-淡出”动画，设置开始时间为“上一动画之后”，持续时间为“00.50”。

（3）将“图片3.png”图片插入到幻灯片中，同样为其设置“进入-淡出”动画，设置开始时间为“与上一动画同时”，持续时间为“00.50”。

（4）在幻灯片中插入一个文本框，在其中输入内容，设置字体为“Arial Black、20”；为其设置“进入-出现”动画，设置延迟为“00.50”。

（5）打开动画窗格，单击该动画选项右侧的▾按钮，在弹出的列表中选择“效果选项”选项，打开“出现”对话框，在“效果”选项卡的“动画文本”下拉列表中选择“按字母”选项，在下面显示的数值框中输入“0.12”，设置字母出现的延迟秒数。

（6）插入音频“medis1.wav”，在动画窗格中将其拖动到文本动画之后，设置开始时间为“与上一动画同时”，延迟为“00.50”。

（7）将“图片1.png”图片插入到幻灯片中，并移动到右下侧幻灯片外面，为其设置“动作路径-直线”动画，路径终点为“图片3.png”图片的中心，设置开始时间为“与上一动画同时”，持续时间为“00.30”，延迟为“03.50”。

（8）为“图片1.png”图片添加一个动画“进入-出现”动画，设置开始时间为“与上一动画同时”，持续时间为“00.30”，延迟为“03.80”。

（9）继续为“图片1.png”图片再添加一个动画“退出-淡出”动画，设置开始时间为“与上一动画同时”，持续时间为“00.30”，延迟为“04.10”。

（10）选择“图片2.png”图片，为其添加一个动画“强调-脉冲”动画，设置开始时间为“与上一动画同时”，持续时间为“00.50”，延迟为“04.10”。

（11）插入音频“medis2.wav”，在动画窗格中将其拖动到所有动画的最后，设置开始时间为“与上一动画同时”，延迟为“04.10”。

（12）预览动画，适当调整大小和位置，保存演示文稿，完成本案例的操作。

10.5 习题

（1）打开“结尾页.pptx”演示文稿，利用前面讲解的设置动画的相关知识对其内容进行编辑，制作一个动画效果的结尾页，最终效果如图10-33所示。

素材所在位置　光盘:\素材文件\第10章\习题\结尾页.pptx

效果所在位置　光盘:\效果文件\第10章\习题\结尾页.pptx

视频演示　光盘:\视频文件\第10章\制作“结尾页”动画.swf

图10-33　“结尾页”演示文稿动画参考效果

提示： 主要由4个动画组成，英文字符的动画、虚线框的两个动画和文字的动画，英文字符的动画是“强调-脉冲”，开始时间为“上一动画之后”，持续时间为“00.50”，并设置动画声音为“鼓掌”；虚线框的一个动画为“进入-基本缩放”，开始时间为“与上一动画同时”，持续时间为“00.40”；虚线框的另一个动画为“退出-淡出”，开始时间为“与上一动画同时”，持续时间为“00.40”；

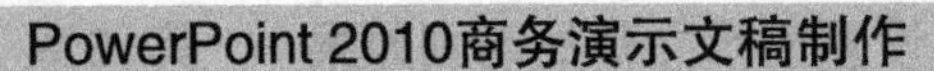

然后再为小的虚线框设置同样的动画，两个虚线框共4个动画，且延迟时间设置不同，可以参考光盘中的效果文件，也可以自行设置，然后为虚线框中的文字设置动画“进入-缩放”，开始时间为“与上一动画同时”，持续时间为“00.30”，同样需要自行设置延迟。然后用同样的方法，为另外3个文本和虚线框的组合设置动画。

（2）利用本章所学的制作幻灯片动画的相关知识，制作一个“璀璨星空”动画，主要是星星闪烁和流星划过的动画效果，以练习幻灯片动画的相关操作，为制作演示文稿动画提供思路和创意，最终效果如图10-34所示。

素材所在位置	光盘:\素材文件\第10章\习题\星空.jpg
效果所在位置	光盘:\效果文件\第10章\习题\璀璨星空.pptx
视频演示	光盘:\视频文件\第10章\制作“璀璨星空”演示文稿动画.swf

图10-34　“璀璨星空”演示文稿动画参考效果

提示：将素材图片设置为幻灯片背景，绘制两个“十字星”形状，设置形状填充为“渐变填充，路径”，渐变光圈为“停止点1-10%、酸橙色”，“停止点2-100%、白色”，将一个形状旋转90度，并缩小和另一个形状组成星星形状，设置动画为“进入-缩放”和“强调-脉冲”，开始时间为“与上一动画同时”，重复时间设置为“直到幻灯片末尾”，持续时间和延迟时间随便设置。绘制“椭圆”形状，并将其缩小，设置形状填充为“渐变填充，线性，90度”，渐变光圈为“停止点1-0%、白色”，“停止点2-100%、酸橙色”，制作流星，设置动画为“动作路径-对角线向右下”和“退出-淡出”，重复时间设置为“直到幻灯片末尾”，开始时间为“与上一动画同时”，持续时间和延迟时间随便设置。

第11章 制作交互式演示文稿

本章将详细讲解在PowerPoint 2010中制作超链接演示文稿的相关操作，并对演示文稿中添加触发器进行全面讲解。读者通过学习应能够熟练掌握交互式演示文稿的制作方法，把演示文稿的功能发挥到极致。

学习要点

◎ 创建超链接
◎ 编辑超链接
◎ 链接到其他对象
◎ 认识和应用触发器

学习目标

◎ 掌握超链接的基本操作
◎ 掌握触发器的基本操作

11.1 创建并编辑超链接

通常情况下，放映幻灯片是按照默认的顺序依次放映，如果在演示文稿中创建超链接，就可以通过单击链接对象，跳转到其他幻灯片、电子邮件或网页中。本节将详细讲解在演示文稿中创建和编辑超链接的相关操作。

11.1.1 创建超链接

在PowerPoint 2010中，图片、文字、图形和艺术字等都可以创建超链接，方法都相同，其具体操作如下。

（1）打开演示文稿，在幻灯片中选择需要创建超链接的对象，在【插入】→【链接】组中单击“超链接”按钮。

（2）打开“插入超链接”对话框，在左侧的“链接到”列表框中选择“本文档中的位置”选项，在展开的“请选择文档中的位置”列表框中选择所要链接到的幻灯片标题，单击确定按钮即可，如图11-1所示。

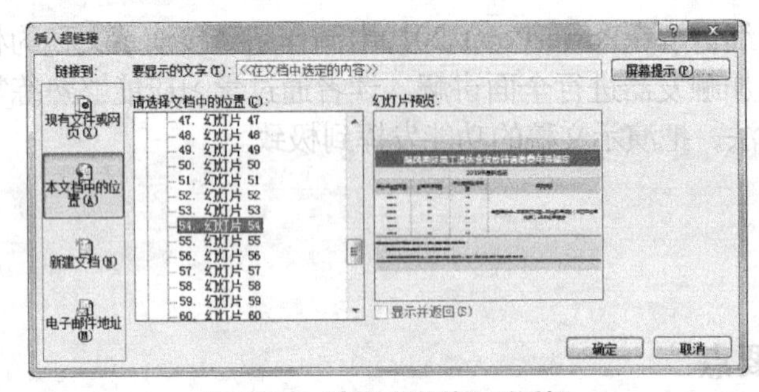

图11-1 “插入超链接”对话框

（3）返回到幻灯片编辑窗口后，如果选择的对象是文本或艺术字，其颜色变为“蓝色”，且出现下划线，表示创建超链接成功（如果选择的对象是图片或者文本框，则没有变化）。播放幻灯片时，将鼠标光标移动到超链接上时，鼠标光标变为形状，单击即可切换到链接的幻灯片。

知识提示

交互式就是可以互相交流沟通的方式，交互式的演示文稿就是演示文稿不但可以进行播放，而且在播放过程中可以对演示文稿进行控制操作。

11.1.2 通过动作按钮创建超链接

通过动作按钮也可以创建超链接，也就是绘制动作按钮后，再将链接功能赋予该按钮，通过单击鼠标或鼠标移过时就可以进入超链接的幻灯片中，其具体操作如下。

（1）选择需要创建超级链接的幻灯片，在【插入】→【插图】组中单击“形状”按钮，在打开的列表框的“动作按钮”栏中选择一种动作按钮样式。

（2）鼠标光标变为+形状，在幻灯片中拖动绘制按钮，同时打开“动作设置”对话框，单击选中“超链接到”单选项，再在其下方的下拉列表框中选择“幻灯片”选项，如图11-2

所示。

（3）打开“超链接到幻灯片”对话框，在“幻灯片标题”列表框中选择需要链接到的幻灯片，然后单击确定按钮，如图11-3所示。

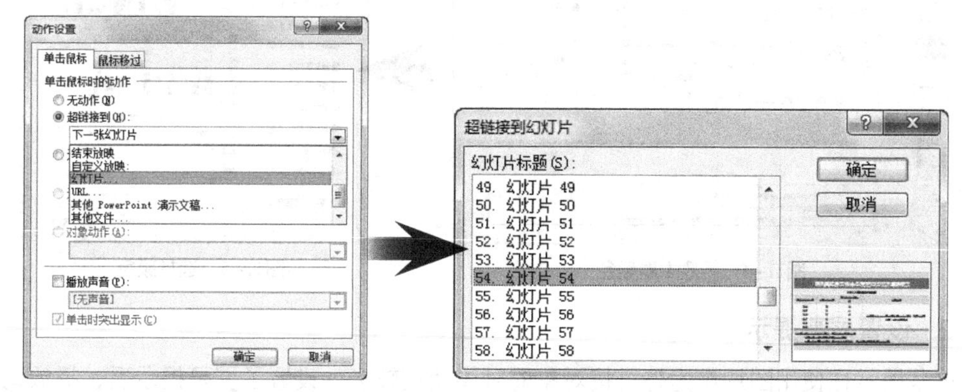

图11-2 选择链接对象　　　　图11-3 选择链接的幻灯片

（4）返回“动作设置”对话框，单击确定按钮即可完成超链接的创建，并返回到幻灯片编辑窗口。当播放幻灯片时，单击该动作按钮即可切换到链接的幻灯片中。

知识提示　通常使用动作按钮链接的对象都是下一张、上一张、第一张或最后一张幻灯片，可直接在“动作设置”对话框的“超链接到”下拉列表框中直接选择“下一张幻灯片”“上一张幻灯片”“第一张幻灯片”或“最后一张幻灯片”选项。

11.1.3 编辑超链接

创建超级链接后，如果对超级链接不满意，还可进行编辑，如设置超链接的颜色、设置屏幕提示、更改超链接和删除超级链接等。

1. 设置超链接的颜色

设定超链接后，文本和艺术字超链接的文字颜色会发生改变，这可能会影响幻灯片的整体美观性。要想使超链接的文字颜色与其他普通文本有所区分，又不影响幻灯片美观，可通过“新建主题颜色”对话框来修改超链接文字的颜色，其具体操作如下。

（1）在幻灯片中选择创建好的超链接，在【设计】→【主题】组中单击颜色按钮，在打开的下拉列表框中选择“新建主题颜色”选项，如图11-4所示。

（2）打开“新建主题颜色”对话框，单击“超链接”右侧的“主题颜色”按钮，在打开的下拉列表中选择一种超链接的颜色，如图11-5所示。如果对其中的颜色不满意，还可以选择“其他颜色”选项，打开“颜色”对话框，在其中自定义超链接的颜色。

（3）单击“已访问的超链接”右侧的“主题颜色”按钮，在打开的下拉列表中可以设置已访问的超链接的颜色（默认颜色为“深紫”）。

（4）设置完成后，单击保存(S)按钮，返回幻灯片编辑窗口，创建超链接的文字的颜色将发生变化，当放映幻灯片时，单击该超链接后，文字的颜色也会发生变化。

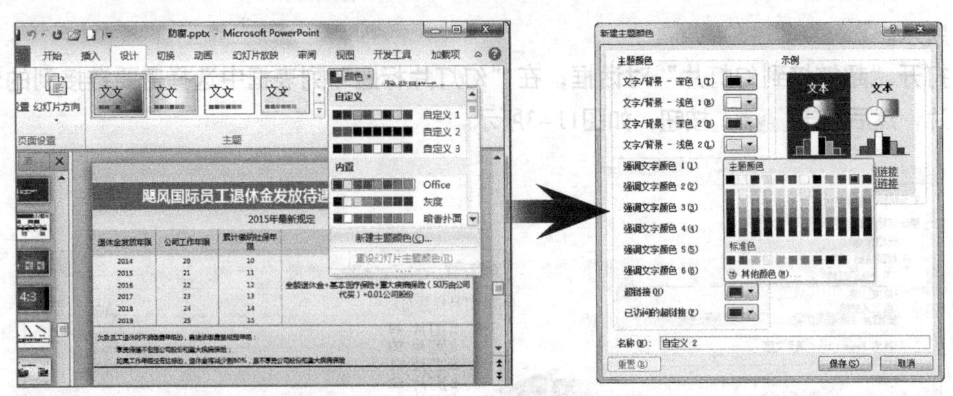

图11-4　新建主题颜色　　　　图11-5　选择颜色

2. 设置屏幕提示

屏幕提示在使用图片作为超链接对象的时候使用较多。设置了屏幕提示后，播放幻灯片时，鼠标指针移动到图片上将自动显示出屏幕提示的内容。设置屏幕提示的具体操作如下。

（1）在幻灯片中选择创建好超链接的图片，单击鼠标右键，在弹出的快捷菜单中选择“编辑超链接”命令。

（2）打开“编辑超链接”对话框，单击右侧的屏幕提示(P)...按钮，打开“设置超链接屏幕提示”对话框，在“屏幕提示文字”文本框中输入提示的文字内容，单击确定按钮，如图11-6所示。

（3）返回“编辑超链接”对话框，单击确定按钮，播放幻灯片时，鼠标指针移动到该图片上，即可看到设置的屏幕提示文字，如图11-7所示。

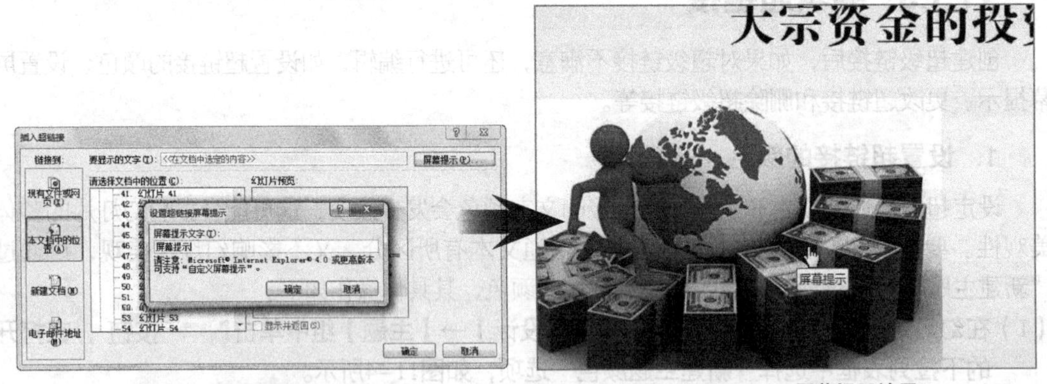

图11-6　设置屏幕提示文字　　　　图11-7　屏幕提示效果

3. 更改超链接

更改超链接主要是更改超链接的链接内容，其方法为：用鼠标右键单击该超链接，在弹出的快捷菜单中选择“编辑超链接”命令，打开“编辑超链接”对话框，其界面与“插入超链接”对话框完全相同，在其中重新选择超链接的内容，然后单击确定按钮即可。

4. 删除超链接

在设置超链接后，若发现并无用处或因误操作导致超链接无用时，可以将其删除。删除超

链接的方法有以下两种。

◎ **通过菜单命令删除**：选择需删除的超链接对象后，单击鼠标右键，在弹出的快捷菜单中选择“取消超链接”命令。

◎ **通过对话框删除**：选择需删除的超链接对象后，单击鼠标右键，在弹出的快捷菜单中选择“编辑超链接”命令，在打开的“编辑超链接”对话框中单击删除链接(R)按钮。

11.1.4 链接其他内容

在PowerPoint 2010中除了可以将对象链接到本演示文稿的其他幻灯片中外，还可以链接其他内容，如其他演示文稿、网络上的演示文稿、电子邮件以及网页等。

1. 链接其他演示文稿

将幻灯片中的文本、图形等元素链接其他演示文稿，可以在放映当前幻灯片的同时直接切换到指定的演示文稿，并进行放映。

设置链接其他演示文稿的方法为：选择超链接对象后，打开的“插入超链接”对话框，在左侧的“链接到”列表框中选择“现有文件或网页”选项，然后在“查找范围”下拉列表框中选择要链接的外部演示文稿的位置，在下方的列表框中选择目标演示文稿，如图11-8所示。

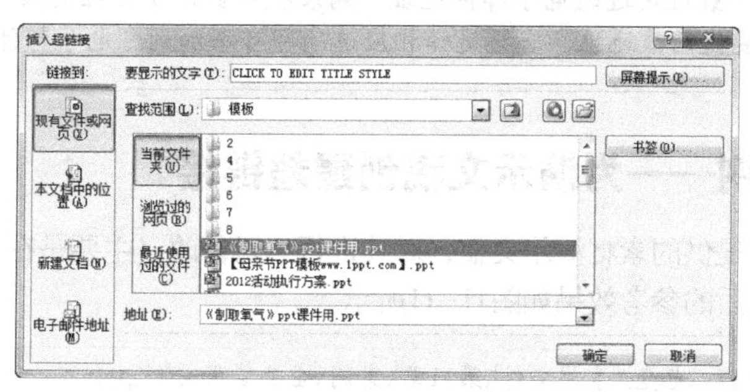

图11-8 链接其他演示文稿

2. 链接网页

在PowerPoint 2010中还可以通过幻灯片中的超链接链接到网络中的某一张网页中，其方法为：在幻灯片中选择链接对象，打开“插入超链接”对话框，在左侧的“链接到”列表框中选择“现有文件或网页”选项 ，在最下面的“地址”下拉列表框中输入链接目标网页的网址。放映幻灯片时，将鼠标指针移到该超链接上将自动显示链接的网址，单击将启动系统默认的网络浏览器，并打开链接的网页。

3. 链接电子邮件

在PowerPoint 2010中还可以通过幻灯片中的超链接链接电子邮件，在放映幻灯片的过程中便可以启动电子邮件软件，如Outlook、Foxmail等，并进行邮件的编辑与发送，其具体操作如下。

（1）打开演示文稿，在幻灯片中选择需要创建超链接的对象，在【插入】→【链接】组中单击“超链接”按钮。

（2）打开“插入超链接”对话框，在左侧的“链接到”列表框中选择“电子邮件地址”选项，在右侧的“电子邮件地址”文本框中输入电子邮件地址，在“主题”文本框中输入邮件主题，单击 确定 按钮，如图11-9所示。

（3）放映幻灯片时，单击该超链接，将打开Outlook窗口，其中已经自动填上了收件人地址和主题，输入邮件内容后就可以发送邮件了，如图11-10所示。

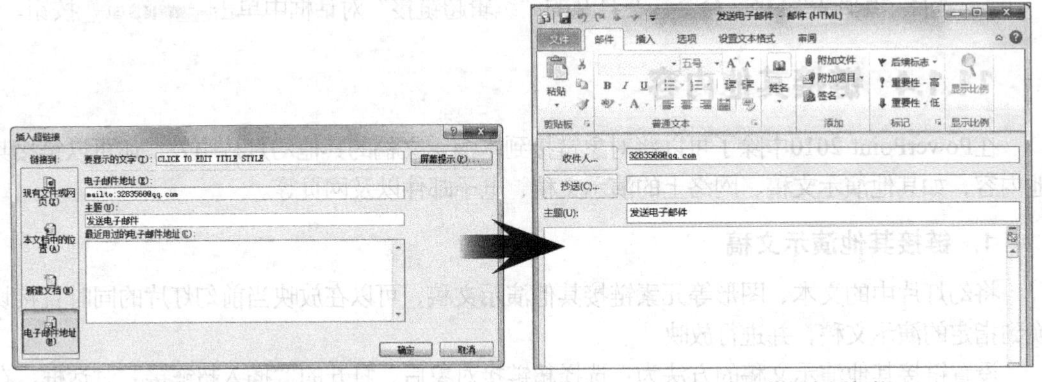

图11-9　链接电子邮件　　　　图11-10　编辑电子邮件

知识提示

在“最近用过的电子邮件地址”列表框中显示了曾经输入过的电子邮件地址，如果需要使用该地址，直接选择相应选项即可添加到“电子邮件地址”文本框中。

11.1.5　案例——为演示文稿创建超链接

本案例要求根据提供的素材演示文稿，对其进行编辑修改，主要是在幻灯片中通过动作按钮创建超链接。完成后的参考效果如图11-11所示。

素材所在位置	光盘:\素材文件\第11章\案例\企业资源分析.pptx
效果所在位置	光盘:\效果文件\第11章\案例\企业资源分析.pptx
视频演示	光盘:\视频文件\第11章\为演示文稿创建超链接.swf

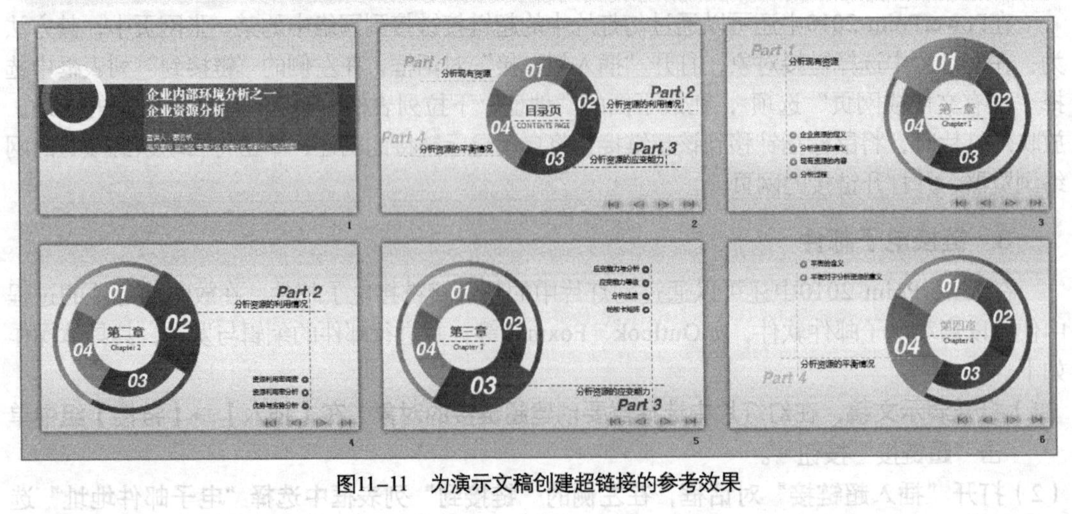

图11-11　为演示文稿创建超链接的参考效果

设计重点

本案例的重点在于通过在幻灯片中绘制PowerPoint形状中的“动作按钮”，来设置超链接，在播放演示文稿时，可以通过这些动作按钮来进行超链接的操作。本案例主要涉及“前进”“后退”“开始”和“结束”4种按钮，用于链接到演示文稿的前一页、后一页、开始页和结束页。

（1）打开“企业资源分析.pptx”演示文稿，选择第2张幻灯片，在【插入】→【插图】组中单击“形状”按钮，在打开的列表框的“动作按钮”栏中选择“动作按钮：开始”选项，如图11-12所示。

（2）鼠标光标变为+形状，在幻灯片的右下角拖动绘制按钮，同时打开“动作设置”对话框，单击选中“超链接到”单选项，再在其下方的下拉列表框中选择“第一张幻灯片”选项，单击 确定 按钮，如图11-13所示。

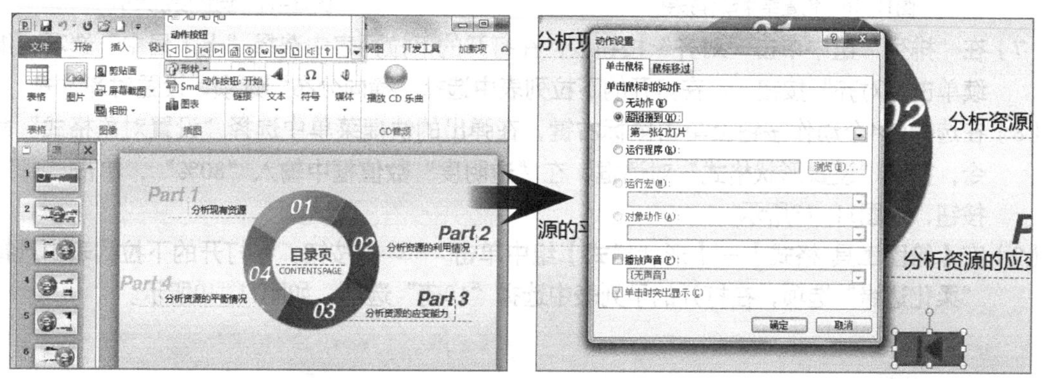

图11-12　插入形状　　图11-13　创建超链接

（3）用同样的方法绘制“动作按钮：后退或前一项”按钮，并在打开的“动作设置”对话框的“超链接到”单选项下方的下拉列表框中选择“上一张幻灯片”选项，如图11-14所示。

（4）继续绘制“动作按钮：前进或下一项”按钮，并在打开“动作设置”对话框的“超链接到”单选项下方的下拉列表框中选择“下一张幻灯片”选项，如图11-15所示。

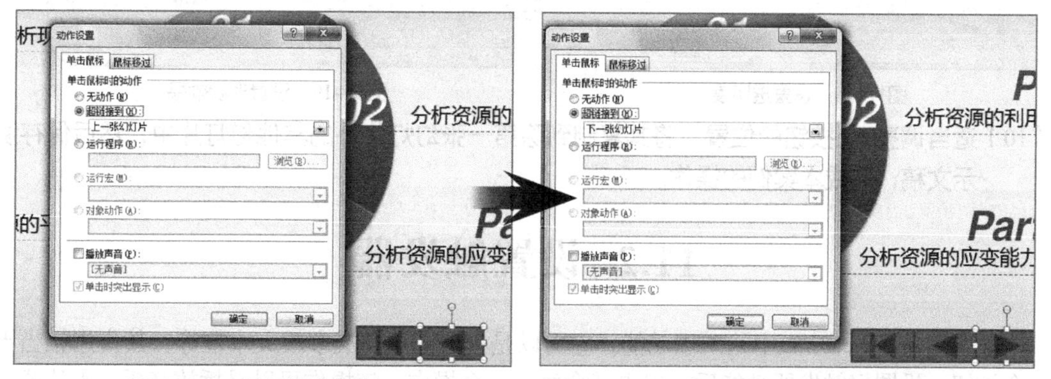

图11-14　创建后退动作按钮　　图11-15　创建前进动作按钮

（5）继续绘制“动作按钮：结束”按钮，并在打开“动作设置”对话框的“超链接到”单选项下方的下拉列表框中选择“最后一张幻灯片”选项，如图11-16所示。

（6）同时选择创建的4个动作按钮，在【绘图工具 格式】→【大小】组的“高度”数值框中

输入“1厘米”，在“宽度”数值框中输入“2厘米”，如图11-17所示。

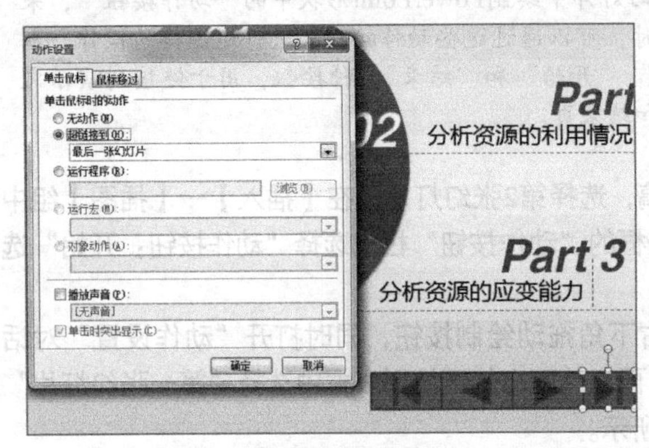

图11-16 创建结束动作按钮

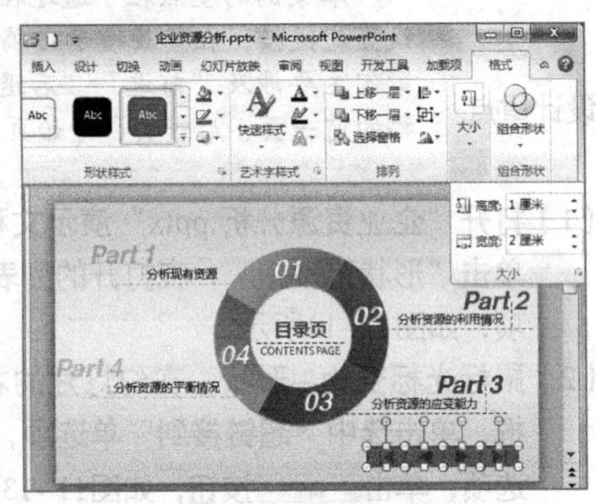

图11-17 调整按钮大小

（7）在“排列”组中单击“对齐”按钮，在打开的下拉列表中选择“上下居中”选项，继续单击“对齐”按钮，在打开的下拉列表中选择“横向分布”选项，设置对齐方式。

（8）在选择的4个动作按钮上单击鼠标右键，在弹出的快捷菜单中选择“设置对象格式”命令，打开“设置形状格式”对话框，在“透明度”数值框中输入“80%”，单击关闭按钮，如图11-18所示。

（9）在【绘图工具 格式】→【形状样式】组中单击形状效果按钮，在打开的下拉列表中选择“柔化边缘”选项，在打开的子列表中选择“10磅”选项，如图11-19所示。

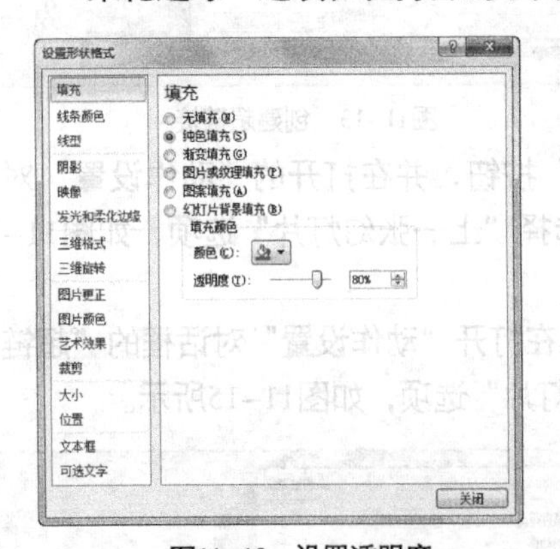

图11-18 设置透明度

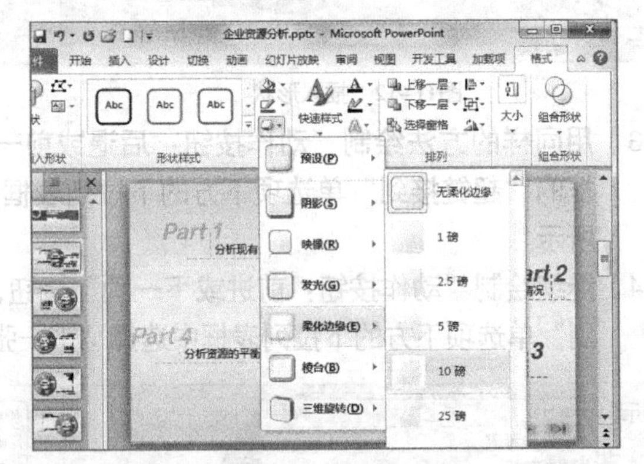

图11-19 设置形状效果

（10）适当调整4个按钮的位置，将其复制到除第一张幻灯片外的其他幻灯片中，然后保存演示文稿，完成本案例的操作。

11.2 设置触发器

触发器是PowerPoint中的一项功能，它可以是一个图片、文字或文本框等，其作用相当于一个按钮。设置好触发器功能后，单击就会触发一个操作，该操作可以是播放音乐、影片或者动画等。本节将详细讲解在演示文稿中设置触发器的相关操作。

11.2.1 了解和应用触发器

我们在制作PowerPoint演示文稿的时候，经常需要在演示文稿中插入一些声音文件，但是无法控制声音的播放过程。为了让声音和幻灯片同步，需要在制作时进行排练计时，控制幻灯片播放的时间。如果设置了触发器，只需要单击“播放”按钮，声音就会响起来，单击“暂停/继续”按钮声音暂停播放，再次单击“暂停/继续”按钮时声音继续接着播放（而不是回到开头进行播放），单击“停止”按钮声音就停止，这样就能自由地控制声音的播放。可以说，触发器在制作演示文稿的过程中，用途非常广泛。

应用触发器的方法为：首先为单击对象和需触发对象添加相应的动画效果，然后选择触发对象，在【动画】→【高级动画】组中单击 触发 按钮，在打开的下拉列表中选择“单击”选项，在其子列表中显示了添加的触发器的对象，选择一种即可。

11.2.2 利用触发器制作控制按钮

在有些演示文稿的幻灯片中插入声音或视频后，有时为了能在演示过程中快速控制声音或视频的播放效果，需要利用触发器制作控制按钮。下面以利用触发器制作“播放”和“暂停”按钮为例，其具体操作如下。

（1）在幻灯片中插入视频文件，在【视频工具 播放】→【视频选项】组的“开始”下拉列表中选择“单击时”选项。

（2）在幻灯片中绘制一个圆角矩形，在其中输入文字“PLAY”，并根据需要设置形状填充色和线条色及文字颜色，将此形状作为“播放”按钮。

（3）使用相同的方法绘制一个“PAUSE”按钮，将两个按钮移动到如图11-20所示位置。

（4）在幻灯片中选择插入的视频，在【动画】→【动画】组的“动画样式”列表框中选择“播放”选项，然后在“高级动画”组中单击 动画窗格 按钮，打开“动画窗格”。

（5）在动画窗格的视频动画选项上单击鼠标右键，在弹出的快捷菜单中选择“计时”命令。

（6）打开“播放视频”对话框的“计时”选项卡，单击 触发器(T) 按钮，单击选中“单击下列对象时启动效果”单选项，在右侧的下拉列表中选择“圆角矩形4：PLAY”选项，单击 确定 按钮，如图11-21所示。

图11-20 制作按钮

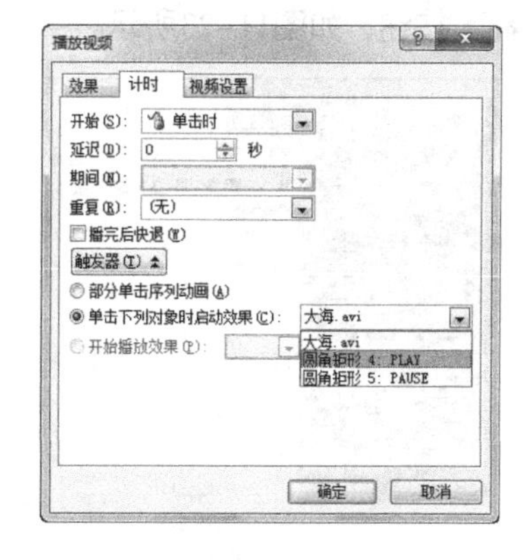

图11-21 设置触发器

（7）在“高级动画”组中单击“添加动画”按钮，在打开的列表框的“媒体”栏中选择

“暂停”选项。

（8）在动画窗格的该视频动画选项上单击鼠标右键，在弹出的快捷菜单中选择“计时”命令，打开“播放视频”对话框的“计时”选项卡，单击[触发器(T)]按钮，单击选中“单击下列对象时启动效果”单选项，在右侧的下拉列表中选择“圆角矩形5：PAUSE”选项，单击[确定]按钮。

知识提示

使用触发器时，PowerPoint会自动对其中的对象进行编号，所以这里有“圆角矩形4”和“圆角矩形5”的分别。

（9）播放幻灯片，通过控制按钮可以控制视频文件的播放，单击“PLAY”按钮开始播放视频，单击“PAUSE”按钮暂停播放，再次单击“PAUSE”按钮将会继续播放。

11.2.3　利用触发器制作展开式菜单

在网页和很多软件中，通常单击一个菜单选项，都会弹出一个菜单列表，在PowerPoint 2010中，通过触发器也可以制作这种展开式菜单，其具体操作如下。

（1）在幻灯片中绘制5个相连的圆角矩形，设置不同的形状样式，并在其中输入文字，然后将其左右居中对齐。

（2）选择除第一个矩形外的其他矩形，单击鼠标右键，在弹出的快捷菜单中选择【组合】→【组合】命令，将其组合为一个整体，如图11-22所示。

（3）在【动画】→【动画】组中，单击“动画样式”列表框右侧的“其他”按钮，在打开的列表框中选择“更多进入效果”选项，打开“更多进入效果”对话框，在“基本型”栏中选择“切入”选项，单击[确定]按钮。

（4）在“动画”组中单击“效果选项”按钮，在弹出的列表中选择“自顶部”选项，然后在“高级动画”组中单击[动画窗格]按钮，打开“动画窗格”。

（5）在动画窗格的动画选项上单击鼠标右键，在弹出的快捷菜单中选择“计时”命令，打开“切入”对话框的“计时”选项卡，单击[触发器(T)]按钮，单击选中“单击下列对象时启动效果”单选项，在右侧的下拉列表中选择“圆角矩形3：展开式菜单”选项，单击[确定]按钮，如图11-23所示。

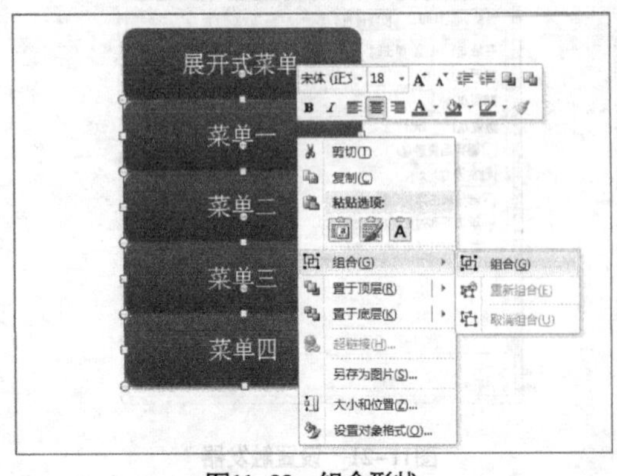

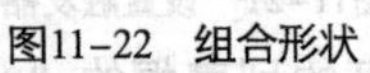
图11-22　组合形状

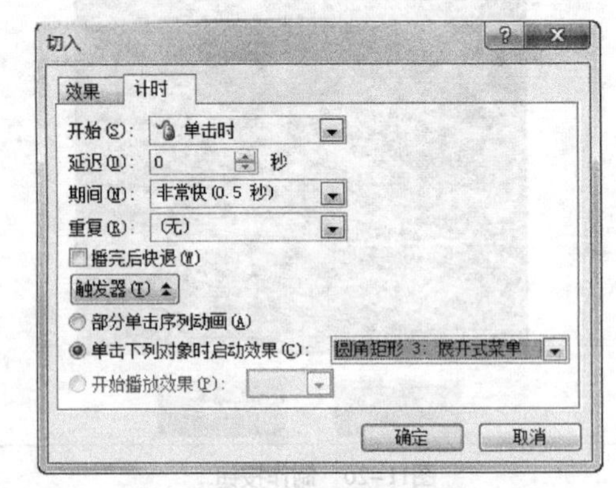

图11-23　设置触发器

（6）在“高级动画”组中单击“添加动画”按钮，在打开的列表框中选择“更多退出效果”选项，打开“添加退出效果”对话框，在“基本型”栏中选择“切出”选项，单击确定按钮。

（7）在“计时”组中单击向后移动按钮，在动画窗格中将添加的切出动画选项移动到最下面，在“开始”下拉列表中选择“上一动画之后”选项，在“延迟”数值框中输入“10.00”，如图11-24所示。

（8）在“预览”组中单击“预览动画”按钮进入动画预览状态，将鼠标光标移动到“展开式菜单”按钮上时，变为形状，单击即可展开菜单，如图11-25所示。

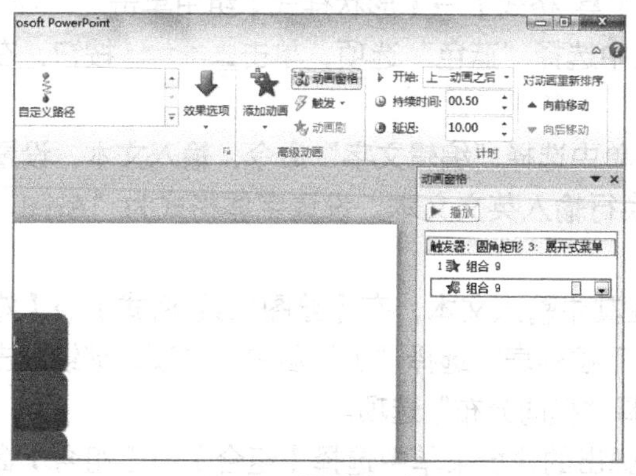

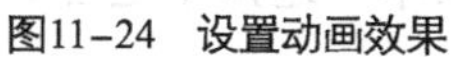
图11-24 设置动画效果

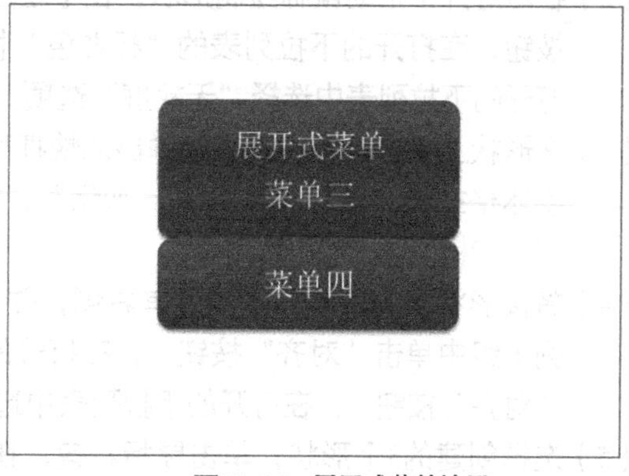

图11-25 展开式菜单效果

知识提示

因为“切入”和“切出”动画的方向有到底部、到顶部、到左侧和到右侧4种，所以展开式菜单的类型也只有这4种。

11.2.4 案例——利用触发器制作展开式菜单

本案例要求在幻灯片中利用触发器制作展开式超链接菜单，其中涉及触发器和超链接的相关操作，完成后的参考效果如图11-26所示。

素材所在位置 光盘:\素材文件\第11章\案例\产品开发的核心战略.pptx

效果所在位置 光盘:\效果文件\第11章\案例\产品开发的核心战略.pptx

视频演示 光盘:\视频文件\第11章\利用触发器制作展开式菜单.swf

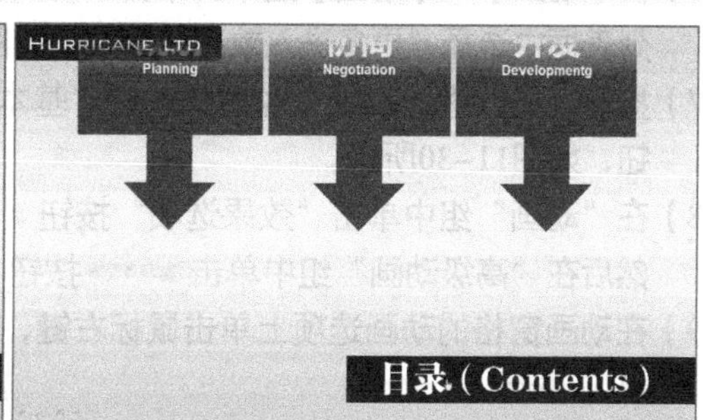

图11-26 利用触发器制作展开式菜单的参考效果

设计重点

本案例的重点在于触发器的设置。本案例把右下角的矩形形状作为触发器，在播放演示文稿时，需要将鼠标移动到该矩形的任意位置，单击鼠标，才会启动动画，展开菜单。

（1）打开“产品开发的核心战略.pptx”演示文稿，选择第2张幻灯片，在【插入】→【插图】组中单击“形状”按钮，在打开的列表的“箭头总汇”栏中选择“下箭头标注”选项，如图11–27所示。

（2）在幻灯片中拖动鼠标绘制形状，在【绘图工具 格式】→【形状样式】组中单击“形状填充”按钮，在打开的下拉列表的“标准色”栏中选择“蓝色”选项，单击“形状轮廓”按钮，在打开的下拉列表中选择“无轮廓”选项。

（3）在形状上单击鼠标右键，在弹出的快捷菜单中选择“编辑文字”命令，输入文本，设置字体格式为“微软雅黑、36、加粗”，换行输入英文文本，设置字体格式为“Arial、14、加粗”。

（4）将该形状复制两个，移动到其右侧，并在其中输入文本，在【绘图工具 格式】→【排列】组中单击“对齐”按钮，在打开的下拉列表中选择“上下居中”选项，继续单击“对齐”按钮，在打开的下拉列表中选择“横向分布”选项。

（5）选择创建的3个形状，单击鼠标右键，在弹出的快捷菜单中选择【组合】→【组合】命令，将其组合为一个整体，如图11–28所示。

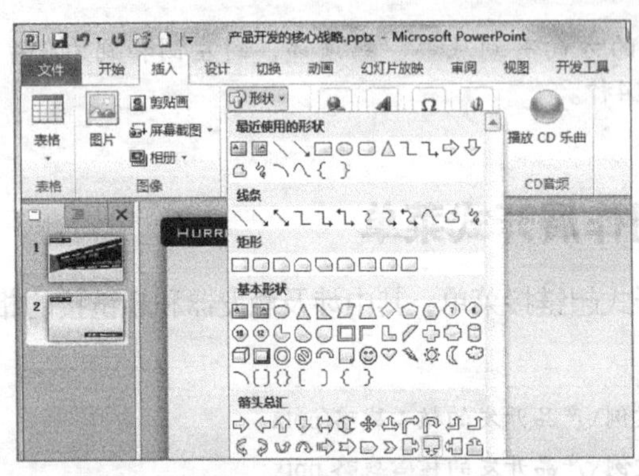

图11–27　插入形状

图11–28　组合形状

（6）在【动画】→【动画】组中，单击“动画样式”列表框右侧的“其他”按钮，在打开的列表框中选择“更多进入效果”选项，如图11–29所示。

（7）打开“更改进入效果”对话框，在“基本型”栏中选择“切入”选项，单击“确定”按钮，如图11–30所示。

（8）在“动画”组中单击“效果选项”按钮，在打开的下拉列表中选择“自顶部”选项，然后在“高级动画”组中单击“动画窗格”按钮，如图11–31所示，打开“动画窗格”窗格。

（9）在动画窗格的动画选项上单击鼠标右键，在弹出的快捷菜单中选择“计时”命令，如图11–32所示。

（10）打开“切入”对话框的“计时”选项卡，单击“触发器(T)”按钮，单击选中“单击下列对象时启动效果”单选项，在右侧的下拉列表中选择“矩形18：目录（Contents）”选项，单击“确定”按钮，如图11–33所示。

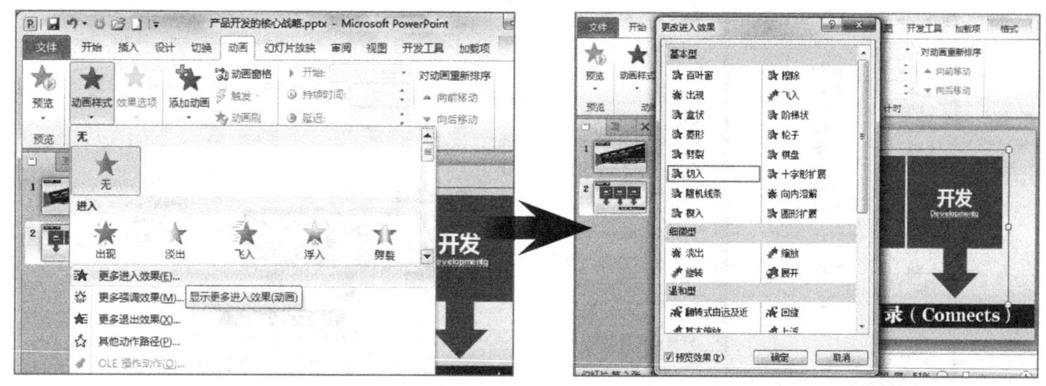

图11-29 选择效果类型　　图11-30 选择效果样式

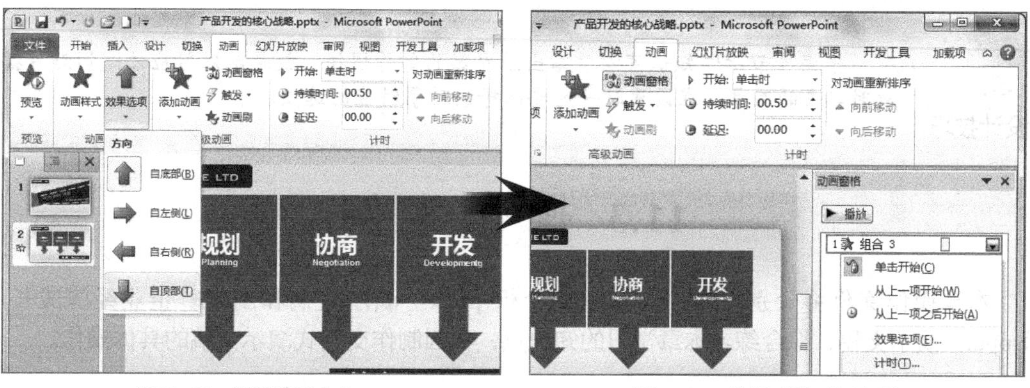

图11-31 设置动画方向　　图11-32 选择“计时”选项

（11）在“高级动画”组中单击“添加动画”按钮，在打开的下拉列表框中选择“更多退出效果”选项，如图11-34所示。

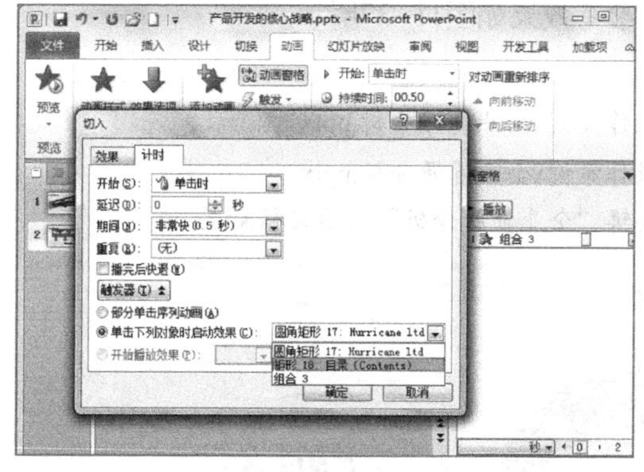

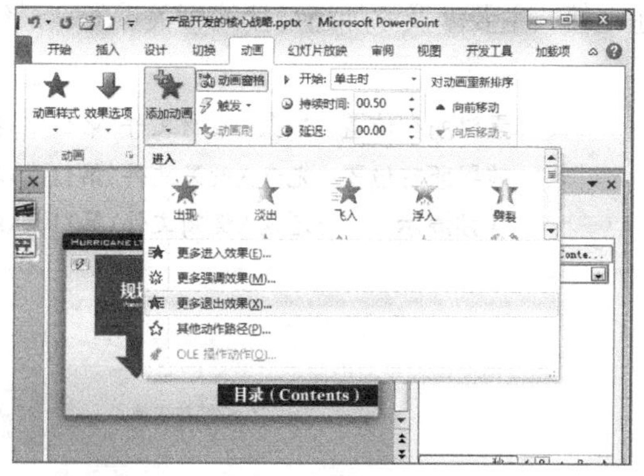

图11-33 设置触发器　　图11-34 选择操作

（12）打开“添加退出效果”对话框，在“基本型”栏中选择“切出”选项，单击“确定”按钮，如图11-35所示。

（13）在“计时”组中单击“向后移动”按钮，在动画窗格中将添加的切出动画选项移动到最下面，在“开始”下拉列表中选择“上一动画之后”选项，在“延迟”数值框中输入“10.00”，如图11-36所示，保存演示文稿，完成本案例的操作。

图11-35　选择动画样式

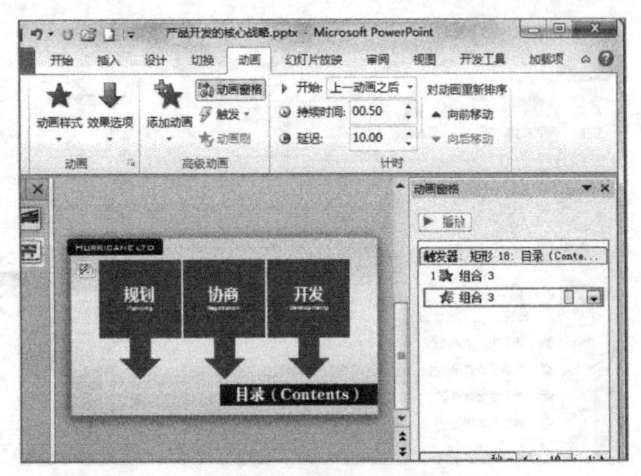

图11-36　设置动画效果

设计技巧

根据本节所学知识可以总结出触发器的制作规律，就是触发器应该是幻灯片播放时单击的对象，在设置时一定要选择该对象对应的选项。

11.3 操作案例

本章操作案例将分别编辑“企业资源分析.pptx”演示文稿和制作“企业经济成长历程.pptx”演示文稿，综合练习本章学习的知识点，巩固制作交互式演示文稿的具体操作。

11.3.1 编辑“企业资源分析”演示文稿

本案例的目标是编辑“企业资源分析.pptx”演示文稿，为其中的目录页中的对应部分添加超链接，主要涉及添加超链接的相关操作，最终参考效果如图11-37所示。

素材所在位置　光盘:\素材文件\第11章\操作案例\企业资源分析.pptx

效果所在位置　光盘:\效果文件\第11章\操作案例\企业资源分析.pptx

视频演示　光盘:\视频文件\第11章\编辑“企业资源分析”演示文稿.swf

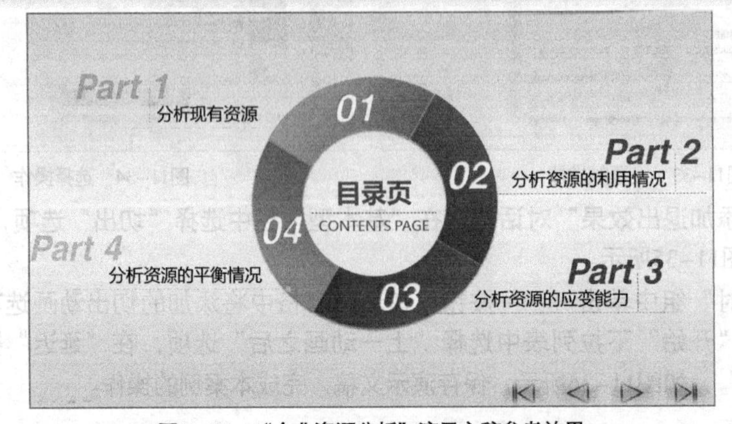

图11-37　“企业资源分析”演示文稿参考效果

（1）打开“企业资源分析.pptx”演示文稿，选择第2张幻灯片，选择“Part 1”文本对应的文本框，单击鼠标右键，在弹出的快捷菜单中选择“超链接”命令，打开“插入超链接”对话框，在左侧的“链接到”栏中选择“本文档中的位置”选项，在“请选择文档中的位置”列表框中选择“3.幻灯片3”选项，将该文本框链接到第3张幻灯片，然后用同样的方法，将“分析现有资源”和“01”两个文本框都链接到第3张幻灯片。

（2）根据同样的方法为其他文本框创建超链接，将“Part 2”“分析资源的利用情况”和“02”这3个文本框链接到第4张幻灯片，将“Part 3”“分析资源的应变能力”和“03”这3个文本框链接到第5张幻灯片，将“Part 4”“分析资源的平衡情况”和“04”这3个文本框链接到第6张幻灯片。

（3）保存演示文稿，完成本案例的操作。

11.3.2 制作“企业经济成长历程”演示文稿

本案例的目标是制作“企业经济成长历程.pptx”演示文稿，利用提供的素材文件，制作超链接按钮，并为演示文稿的目录页制作展开式菜单，主要涉及绘制形状、设置母版、交互式操作和设置动画等相关操作，最终参考效果如图11-38所示。

素材所在位置　光盘:\素材文件\第11章\操作案例\
效果所在位置　光盘:\效果文件\第11章\操作案例\企业经济成长历程.pptx
视频演示　光盘:\视频文件\第11章\制作“企业经济成长历程”演示文稿.swf

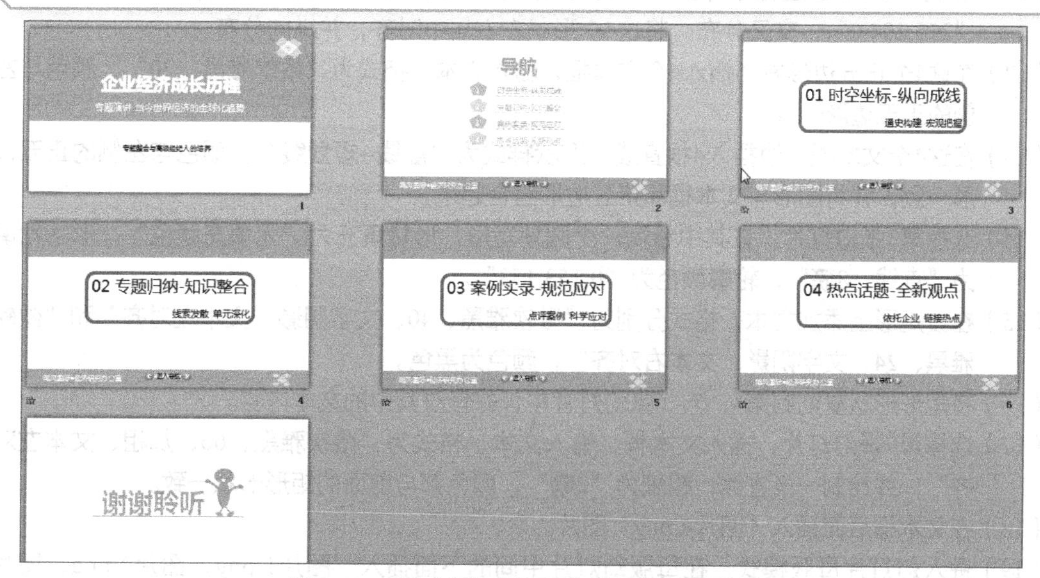

图11-38　“企业经济成长历程”演示文稿参考效果

设计重点

本案例的重点在于利用图片制作交互式按钮和制作展开式菜单，并设置超链接。其中制作交互式按钮的操作与前面介绍的通过绘制形状按钮进行交互式操作几乎完全相同，不同之处就是使用图片代替了形状按钮。另外，制作展开式菜单的操作也与前面的相差不多。只是需要注意的是，这里制作的交互式按钮是在幻灯片母版中进行。

（1）新建“企业经济成长历程.pptx”演示文稿，进入到幻灯片母版编辑模式。

（2）在幻灯片上边和下边分别绘制一个矩形，填充RGB颜色为“153,204,0”，形状轮廓为“无轮廓”，设置所有占位符中的文本为“微软雅黑”。

（3）在母版幻灯片左下角插入文本框，输入“飓风国际●经济研究办公室”，格式设置为“微软雅黑、18、白色”。

（4）在母版幻灯片右下角绘制5个菱形，填充颜色为“白色，背景1”，形状轮廓为“无轮廓”，并将其排列成一个形状。

（5）选择第2张母版幻灯片，将前面绘制的矩形复制一个到幻灯片上边，并增加其高度。

（6）移动标题占位符和副标题占位符的位置，并设置格式分别为“微软雅黑、40、加粗”和“微软雅黑、28”。

（7）复制前面绘制的5个菱形，将其按比例放大，并组合在一起，放置在幻灯片右上角，退出母版编辑窗口。

（8）制作标题页，将两个占位符移动到绿色形状上，输入标题，重新设置文本格式，分别为“微软雅黑、44、加粗、文字阴影”和“微软雅黑、24、文字阴影”，然后在插入一个文本框，输入文本，格式为“微软雅黑、18”。

（9）添加6张幻灯片，删除其中所有的占位符。

（10）在第2张幻灯片的中间插入文本框，输入文本“导航”，格式为“微软雅黑、48、加粗”，颜色与前面的矩形形状一致。

（11）绘制4个正五边形，两个颜色与前面的矩形形状一致，另外两个RGB值为“255,204,0”，交叉分布，将这4个形状左右居中对齐，并纵向分布。

（12）在这4个正五边形右侧插入4个文本框，输入文本，格式为“微软雅黑、20”，颜色与左侧的正五边形一致。

（13）在这4个文本框下边插入4根直线，形状样式为“虚线-短划线”，颜色与左侧的正五边形一致，并将图形与文本框和正五边形组合起来。

（14）选择第3张幻灯片，在其中绘制一个圆角矩形，形状填充为“无填充颜色”，形状轮廓为“直线、8磅”，轮廓颜色为“0,153,153”。

（15）在该矩形上添加文本，格式分别为“微软雅黑、40、文字阴影、文本左对齐”和“微软雅黑、24、文字阴影、文本右对齐”，颜色为黑色。

（16）将矩形形状复制到第4、5、6张幻灯片中，并修改其中的文本内容。

（17）选择第7张幻灯片，插入文本框，输入文本，格式为“微软雅黑、66、加粗、文本左对齐”，并绘制一条直线，粗细为“2磅”，颜色都与前面的矩形形状一致。

（18）在文本框后面插入“图片4.png”图片。

（19）进入幻灯片母版模式，在母版幻灯片中间的下面插入“图片1.png、图片2.png、图片3.png”3张图片。

（20）为其添加超链接，在“图片2.png”图片上单击鼠标右键，在弹出的快捷菜单中选择“超链接”命令，打开“插入超链接”对话框，在左侧的“链接到”栏中选择“本文档中的位置”选项，在“请选择文档中的位置”列表框中选择“上一张幻灯片”选项，将该文本框链接到上一张幻灯片。

（21）用同样的方法为其他两张图片设置超链接，将“图片1.png”图片链接到本文档中的下一

张幻灯片，图片3.png链接到本文档中的“2.幻灯片2”，并设置播放声音为“照相机”。

（22）然后将这3张图片复制到除标题幻灯片外的其他幻灯片中，退出幻灯片母版编辑模式。

（23）选择第2张幻灯片，将第1行文本的文本框链接到第3张幻灯片，将第2行文本的文本框链接到第4张幻灯片，将第3行文本的文本框链接到第5张幻灯片，将第4行文本的文本框链接到第6张幻灯片。

（24）将幻灯片中除“导航”文本外的所有项目都组合在一起，设置动画为“进入-切入”，方向为“自顶部”，设置触发器为“Text Box2：导航”。

（25）再为组合的图形添加动画“退出-切出”，开始时间为“上一动画之后”，延迟为“10.00”，并将其设置为最后一个动画。

（26）选择第3张幻灯片，选择其中的圆角矩形，设置动画为“进入-轮子”，效果选项为“轮辐图案（1）”，用同样的方法为其他几张幻灯片中的圆角矩形设置同样的动画。

（27）保存演示文稿，完成本案例的操作。

11.4 习题

（1）打开“玉石市场商业发展计划.pptx”演示文稿，利用前面讲解的超链接的相关知识对其内容进行编辑，通过超链接进行页面的跳转操作，最终效果如图11-39所示。

素材所在位置	光盘:\素材文件\第11章\习题\
效果所在位置	光盘:\效果文件\第11章\习题\玉石市场商业发展计划.pptx
视频演示	光盘:\视频文件\第11章\编辑“玉石市场商业发展计划”演示文稿.swf

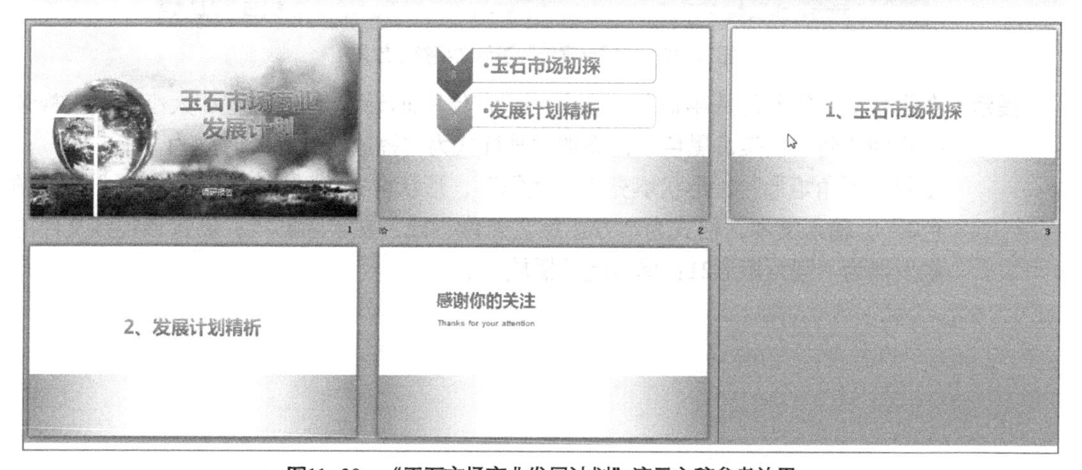

图11-39 “玉石市场商业发展计划”演示文稿参考效果

提示：在第1张幻灯片中插入图片“图片1.png”，插入文本框输入文本“微软雅黑、66、加粗、文字阴影”，绘制3条直线，两条白色，一条绿色，粗细为“12磅”。在其他幻灯片中插入一个纯白色的矩形，放置在上部，下面插入一个渐变色矩形，停止点1为白色，停止点2位白色，位置在“35%”，停止点2为“127,209,59”。在第2张幻灯片中插入SmartArt图形“垂直V形列表”，颜色为“渐变范围-强调文字颜色2”，SmartArt样式为“中等效果”；在其中输入文本，文本字体为“微软雅黑”，艺术字样式为“填充-酸橙色，强调文字颜色2，粗糙棱台”；将第1个文本框链接到第3张幻灯片，第2个文本框链接到第4张幻灯片；设置SmartArt图形的动画为“进入-飞入”，动画方向为“自顶部”，动画序列为“逐个”。最后在这些幻灯片中插入文本框，并输入文本。

（2）打开“城市宣传.pptx”演示文稿，利用前面讲解的触发器的相关知识对其内容进行编辑，通过触发器制作按钮来播放视频文件，最终效果如图11-40所示。

素材所在位置	光盘:\素材文件\第11章\习题\
效果所在位置	光盘:\效果文件\第11章\习题\城市宣传.pptx
视频演示	光盘:\视频文件\第11章\编辑“城市宣传”演示文稿.swf

图11-40 “城市宣传”演示文稿参考效果

提示：在素材文件的幻灯片中插入视频文件“宣传片.avi”，调整位置和大小，设置视频样式为“简单框架，黑色”，添加动画样式为“播放”，开始时间为“单击时”；绘制“圆角矩形”，形状填充为“浅绿”，形状样式为“中等效果-红色，强调颜色2”，输入文本，格式为“方正综艺简体、32、文字阴影”；设置该视频文件的触发器为“圆角矩形21：单击此处播放”。

第12章 输出演示文稿

本章将详细讲解在PowerPoint中输出演示文稿的相关操作，并对幻灯片的打包、打印和发布操作进行全面讲解。读者通过学习应能够熟练掌握输出演示文稿各种操作方法，让制作出来的演示文稿不仅能直接在计算机中展示，还可以方便用户在不同的位置或环境中进行浏览。

学习要点

- ◎ 将幻灯片发布到幻灯片库
- ◎ 打包演示文稿
- ◎ 将演示文稿转换为其他格式
- ◎ 保护演示文稿
- ◎ 设置和打印演示文稿

学习目标

- ◎ 掌握发布幻灯片的基本操作
- ◎ 掌握打包幻灯片的基本操作
- ◎ 掌握打印演示文稿的操作方法

12.1 发布幻灯片

在制作幻灯片的过程中，有时需要制作内容相近的幻灯片，如果重复制作，会浪费很多时间，PowerPoint 2010可以将这些经常用到的幻灯片发布到幻灯片库中，从而共享并重复使用这些幻灯片内容，使制作更加方便快捷。本节将详细讲解发布幻灯片的相关操作。

12.1.1 将幻灯片发布到幻灯片库

若在演示文稿中多次反复使用某一对象或内容，用户可将这些对象或内容直接发布到幻灯片库中，需要时可直接调用，并且还能用于其他演示文稿中，其具体操作如下。

（1）打开演示文稿，选择【文件】→【保存并发送】菜单命令，在中间列表的“保存并发送”栏中选择“发布幻灯片”选项，在右侧的“发布幻灯片”栏中单击“发布幻灯片”按钮。

（2）打开“发布幻灯片”对话框，在“选择要发布的幻灯片”列表框中单击选中需要发布的幻灯片左侧的复选框，然后在“文件名”栏中输入对应幻灯片的名称，在“说明”栏中输入该幻灯片的说明，单击“浏览(B)...”按钮，如图12-1所示。

（3）打开“选择幻灯片库”对话框，在地址栏中选择发布位置，或者单击工具栏上的“新建文件夹”按钮新建文件夹，并重命名和选择该文件夹，单击“选择(E)”按钮，如图12-2所示。

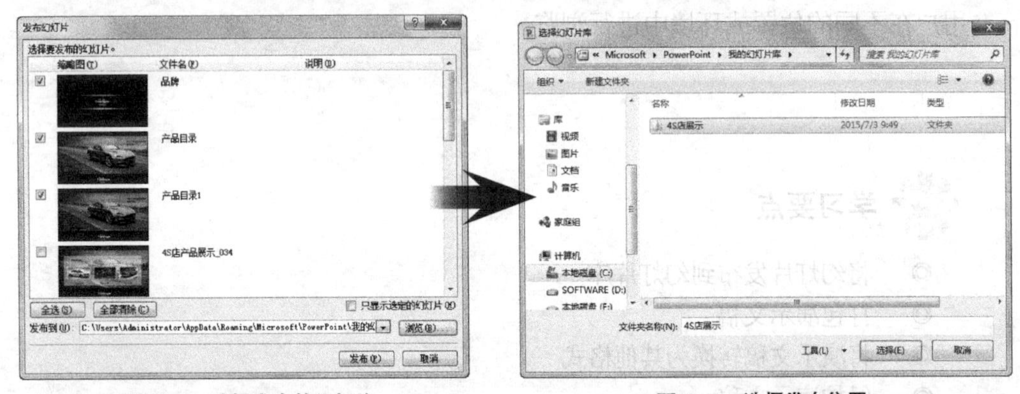

图12-1 选择发布的幻灯片　　图12-2 选择发布位置

（4）返回“发布幻灯片”对话框，单击“发布(P)”按钮进行发布，在计算机中打开该文件夹，即可看到发布的幻灯片，每一张幻灯片都单独对应一个演示文稿。

知识提示

若要将所有幻灯片都发布到幻灯片库中，可单击“全选(S)”按钮；若要重新选择，可单击“全部清除(C)”按钮，先将原来所选的清除，再重新进行选择。

12.1.2 调用幻灯片库中的幻灯片

幻灯片发布到幻灯片库中后，在需要的时候可以将其从幻灯片库中调出来使用，其具体操作如下。

（1）新建演示文稿，在【开始】→【幻灯片】组中单击“新建幻灯片”按钮的下拉按钮，

在打开的下拉列表中选择“重用幻灯片”选项。

（2）在工作界面右侧打开“重用幻灯片”窗格，单击浏览按钮，在打开的下拉列表中选择“浏览文件”选项，或者单击“打开PowerPoint文件”超链接，如图12-3所示。

（3）打开“浏览”对话框，先选择幻灯片库对应的文件夹，在中间的列表框中选择一个发布的幻灯片，单击打开(O)按钮。

（4）在“重用幻灯片”任务窗格的列表框中单击重用的幻灯片，在“幻灯片编辑”窗口中将新建一个文本内容与重用幻灯片相同的幻灯片。

（5）在“重用幻灯片”任务窗格中右键单击列表框中的重用幻灯片，在弹出的快捷菜单中选择一种幻灯片的应用方式，如图12-4所示。

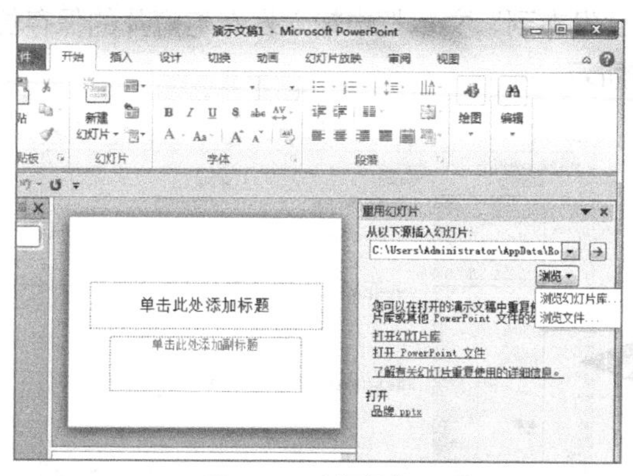
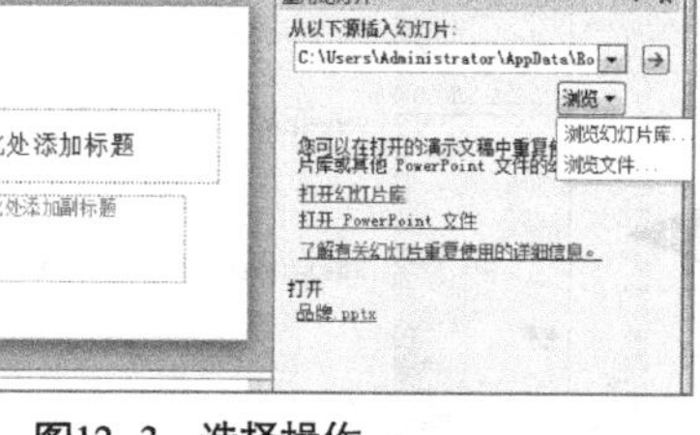

图12-3 选择操作

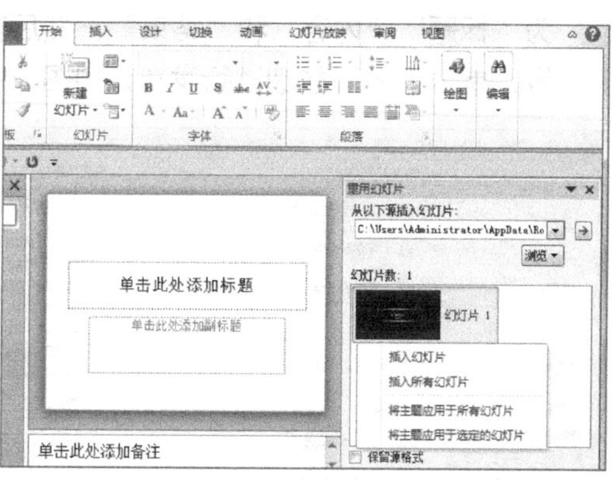

图12-4 选择应用方式

12.1.3 案例——发布“面向商业对象程序设计”演示文稿

本案例要求根据提供的素材演示文稿，先发布其中的幻灯片，然后调用发布的幻灯片。完成后的参考效果如图12-5所示。

素材所在位置 光盘:\素材文件\第12章\案例\
效果所在位置 光盘:\效果文件\第12章\案例\
视频演示 光盘:\视频文件\第12章\编辑“面向商业对象程序设计”演示文稿.swf

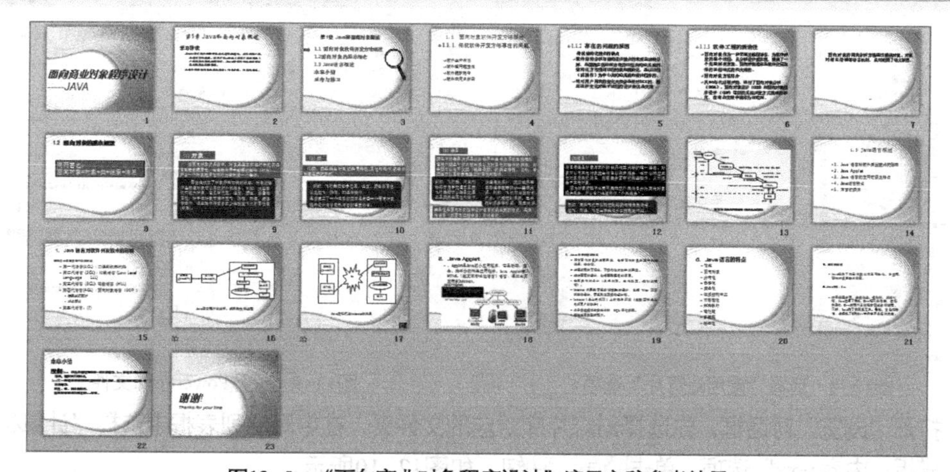

图12-5 “面向商业对象程序设计”演示文稿参考效果

设计重点　本案例的重点在于幻灯片的发布和重新使用，主要是重新使用。需要注意的是，在进行发布时需要记住发布幻灯片的保存文件夹，在重新使用时需要找到该文件夹才能进行操作。

（1）打开素材文件“计算机科技模板.pptx”演示文稿，选择【文件】→【保存并发送】菜单命令，在中间列表的“保存并发送”栏中选择“发布幻灯片”选项，在右侧的“发布幻灯片”栏中单击“发布幻灯片”按钮，如图12-6所示。

（2）打开“发布幻灯片”对话框，单击全选(S)按钮，在“选择要发布的幻灯片”列表框中单击选中所有幻灯片左侧的复选框，然后在“文件名”栏中输入对应幻灯片的名称，分别为“标题”“内容”和“结束”，然后在“发布到”文本框中输入发布幻灯片的保存位置，单击发布(P)按钮进行发布，如图12-7所示。

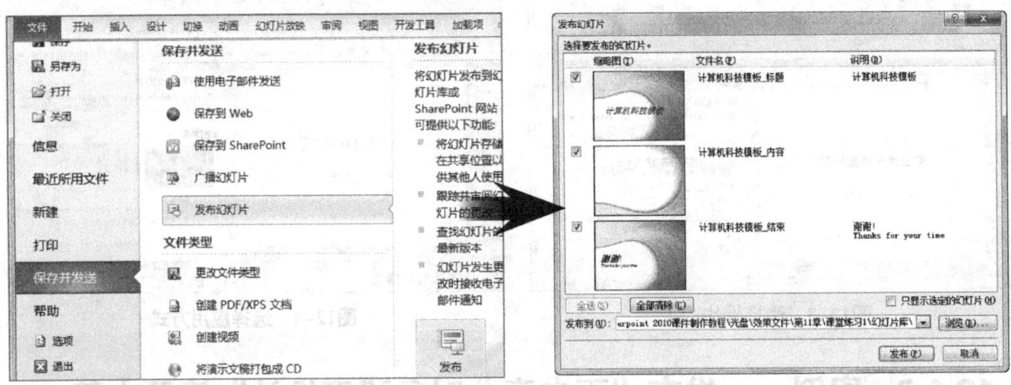

图12-6　发布幻灯片　　图12-7　选择发布的幻灯片

（3）打开素材文件“面向商业对象程序设计.pptx”演示文稿，在【开始】→【幻灯片】组中单击“新建幻灯片”按钮的下拉按钮，在打开的下拉列表中选择“重用幻灯片”选项，如图12-8所示。

（4）在工作界面右侧打开“重用幻灯片”窗格，单击“打开PowerPoint文件”超链接，如图12-9所示。

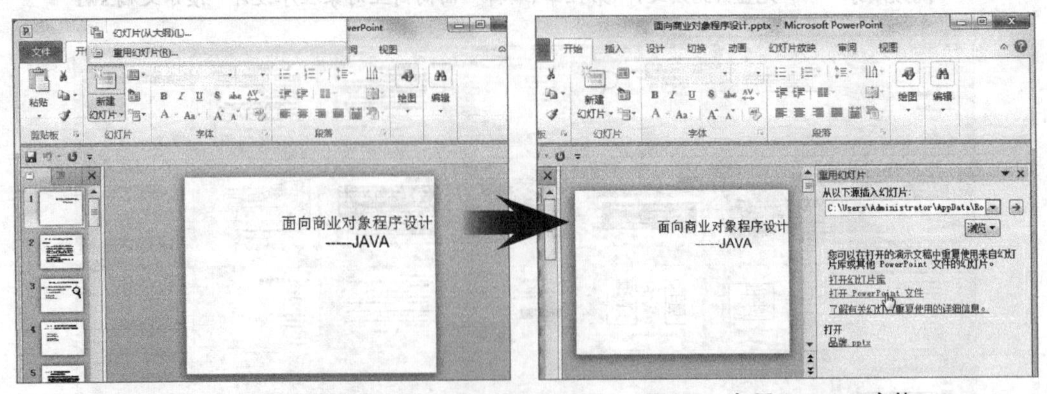

图12-8　选择“重用幻灯片”选项　　图12-9　打开PowerPoint文件

（5）打开“浏览”对话框，先选择幻灯片库对应的文件夹，在中间的列表框中选择“计算机科技模板_内容.pptx”选项，单击打开(O)按钮，如图12-10所示。

（6）在“重用幻灯片”任务窗格的列表框中用右键单击要选择的幻灯片，在弹出的快捷菜单中选择“将主题应用于所有幻灯片”命令，如图12-11所示，将该幻灯片的样式应用在所有的幻灯片中。

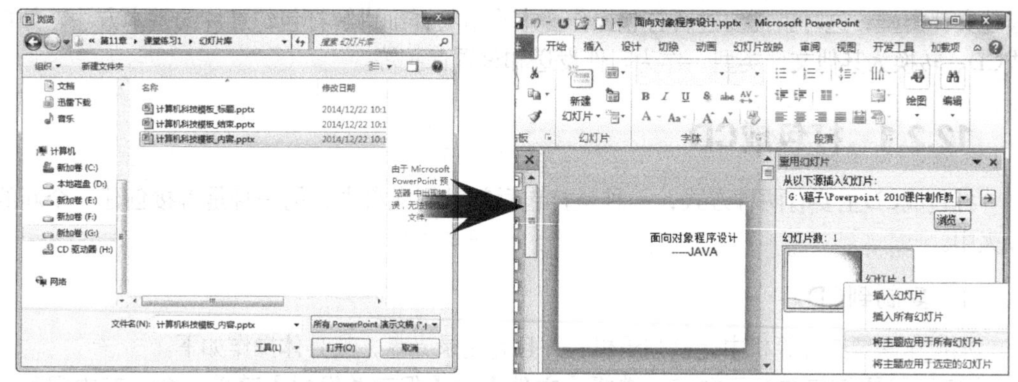

图12-10　选择幻灯片　　　图12-11　应用主题

（7）选择第1张幻灯片，单击 浏览 按钮，在打开的下拉列表中选择“浏览文件”选项，打开“浏览”对话框，在中间的列表框中选择“计算机科技模板_标题.pptx”选项，单击 打开(O) 按钮，然后在“重用幻灯片”任务窗格的列表框中用右键单击该幻灯片，在弹出的快捷菜单中选择“将主题应用于选定的幻灯片”命令，如图12-12所示，将该幻灯片的样式应用到第1张幻灯片中。

（8）选择最后一张幻灯片，用同样的方法打开“计算机科技模板_结束.pptx”演示文稿，在“重用幻灯片”任务窗格的列表框中用右键单击幻灯片，在弹出的快捷菜单中选择“插入幻灯片”命令，如图12-13所示，将该幻灯片插入到演示文稿中。

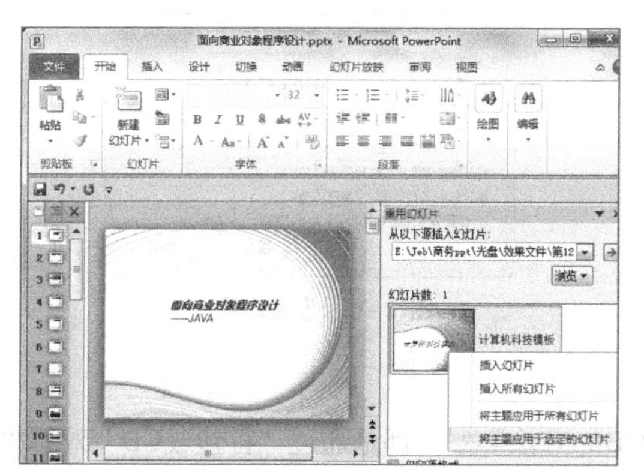

图12-12　将主题应用于选定的幻灯片

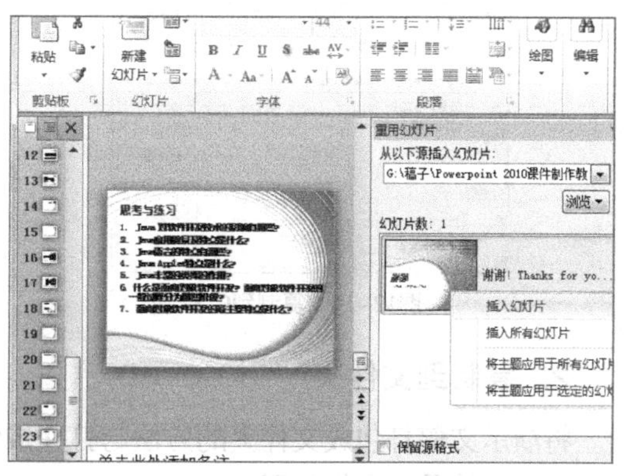

图12-13　插入幻灯片

设计技巧

调用幻灯片库中的幻灯片时，如果需要将主题直接应用到幻灯片中，只能是具有母版的幻灯片；如果是没有母版的幻灯片，只能将其插入到幻灯片中，然后对其中的内容进行编辑。

（13）选择第1张幻灯片，将标题文本移动到左侧，设置文本格式为“方正粗倩简体、66、倾斜”，然后保存演示文稿，完成本案例的操作。

12.2 打包幻灯片

演示文稿制作好后，并不一定在本机中放映，有时需要发送到其他计算机中，或者转换为其他文件类型，这时就需要进行打包操作。本小节将详细讲解打包幻灯片的基本方法，如打包成CD、转换为其他文件类型、作为附件发送和设置保护等。

12.2.1 打包成CD

打包成CD主要有两种方式，一种是打包后刻录到光盘中；另一种是直接创建一个新的文件夹中。

1. 复制到CD

该操作需要在计算机中连接刻录机，并且有刻录光盘，其具体操作如下。

（1）打开需要打包的演示文稿，选择【文件】→【保存并发送】菜单命令，在中间列表的“文件类型”栏中选择“将演示文稿打包成CD”选项，在右侧的“发布幻灯片”栏中单击“打包成CD”按钮。

（2）打开“打包成CD”对话框，在“将CD命名为”文本框中输入打包后的名称，如图12-14所示，单击复制到 CD(C)按钮将演示文稿刻录到刻录光盘中。

知识提示

单击添加(A)...按钮，可以将其他的演示文稿添加到该刻录光盘中；单击选项(O)...按钮，还可以在打开的对话框中设置程序包类型、演示文稿中包含的文件和保护密码等，如图12-15所示。

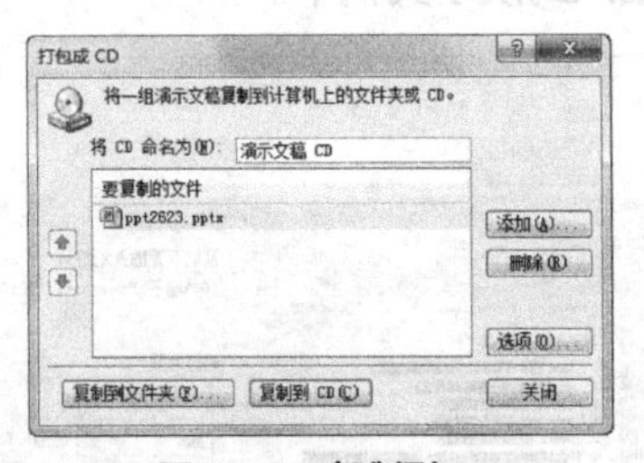

图12-14 复制到CD

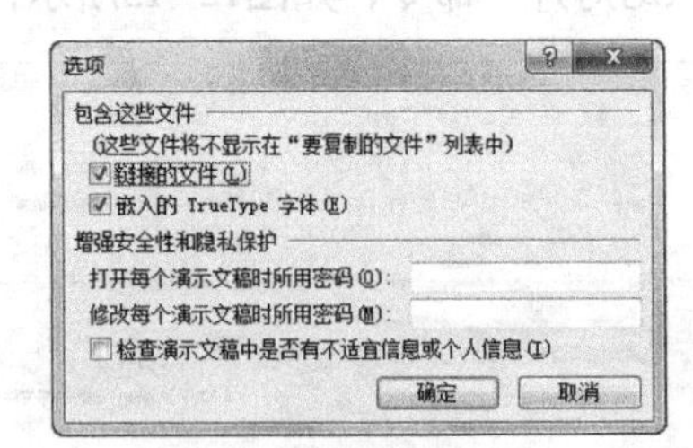

图12-15 设置选项

2. 复制到文件夹

将演示文稿打包成文件夹的方法与打包成CD的方法类似，都是通过“打包成CD”对话框来完成的，其具体操作如下。

（1）打开需要打包的演示文稿，选择【文件】→【保存并发送】菜单命令，在中间列表的“文件类型”栏中选择“将演示文稿打包成CD”选项，在右侧的“发布幻灯片”栏中单击“打包成CD”按钮。

（2）打开“打包成CD”对话框，在其中单击复制到文件夹(F)...按钮。

（3）打开“复制到文件夹”对话框，如图12-16所示，在“文件夹名称”文本框中输入文件

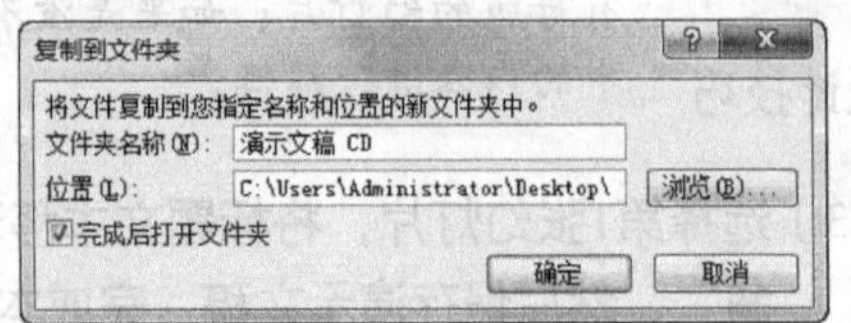

图12-16 “复制到文件夹”对话框

夹的名称，在“位置”文本框中输入文件夹的位置，单击 确定 按钮，即可将演示文稿打包到一个文件夹中。

12.2.2 将演示文稿转换为视频或PDF文档

若要在没有安装PowerPoint软件的计算机中放映演示文稿，可将其转换为视频或者PDF文件，再进行播放。

1. 将演示文稿转换为视频

将演示文稿转换为视频的具体操作如下。

（1）打开演示文稿，选择【文件】→【保存并发送】菜单命令，在中间列表的“文件类型”栏中选择“创建视频”选项，在右侧的“创建视频”栏中的“计算机和HD显示”下拉列表中设置显示的性能和分辨率，在“不要使用录制的计时和旁白”下拉列表中设置计时和旁白，在“放映每张幻灯片的秒数”数值框中设置每张幻灯片的播放时间，然后单击“创建视频”按钮，如图12-17所示。

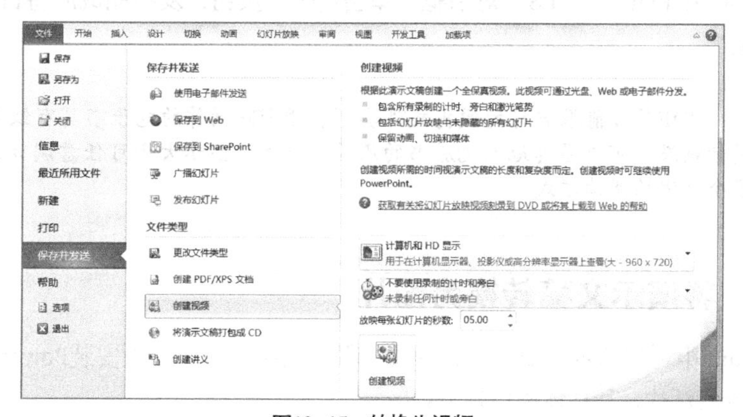

图12-17 转换为视频

知识提示

选择不同的载体，创建的视频分辨率也不同，如在计算机或投影仪上显示，分辨率为960像素×720像素；上传到Internet或在DVD上播放，分辨率为640像素×480像素；在便携式设备上播放分辨率为320像素×240像素。

（2）打开“另存为”对话框，在地址栏中选择保存位置，单击 保存(S) 按钮即可转换为视频。

（3）完成转换后，在保存的文件夹中双击创建的视频文件文件（默认格式为WMV），即可打开默认的播放器进行放映。

2. 将演示文稿转化为PDF文档

将演示文稿转换为PDF文档的具体操作如下。

（1）打开演示文稿，选择【文件】→【保存并发送】菜单命令，在中间列表的“文件类型”栏中选择“创建PDF/XPS文档”选项，在右侧的“创建PDF/XPS文档”栏中单击“创建PDF/XPS”按钮。

（2）打开“发布为PDF或XPS”对话框，在地址栏中选择保存位置，在“保存类型”右侧的

下拉列表中选择“PDF”选项，单击[选项(O)...]按钮，如图12-18所示。

（3）打开“选项”对话框，在其中设置转换的各种选项，包括转换的范围、包括的信息和PDF选项等，单击[确定]按钮，如图12-19所示。

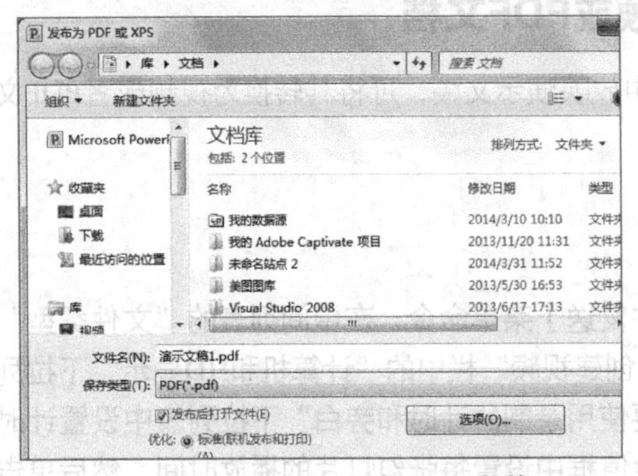

图12-18 “发布为PDF或XPS”对话框

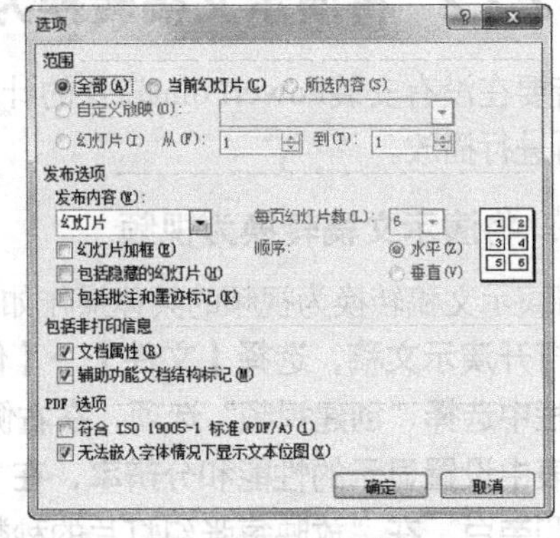

图12-19 设置选项

（4）返回“发布为 PDF 或 XPS”对话框，单击[发布(S)]按钮，发布完成后将自动打开发布的PDF文档。

知识提示

PDF是目前很流行的便携文件类型，用PDF制作的电子书具有纸版书的质感和阅读效果，可以逼真地展现原书的原貌，而字体显示大小可任意调节，给读者提供了个性化的阅读方式。

12.2.3 将演示文稿转换为图片

在PowerPoint中可将演示文稿保存为图片，保存为图片后，在未安装PowerPoint的计算机中也可查看各张幻灯片，其具体操作如下。

（1）打开需要转换的演示文稿，选择【文件】→【另存为】菜单命令。

（2）打开“另存为”对话框，在地址栏中选择保存位置，在“文件名”文本框中输入名称，在“保存类型”下拉列表中选择“JPEG 文件交换格式”选项，单击[保存(S)]按钮，如图12-20所示。

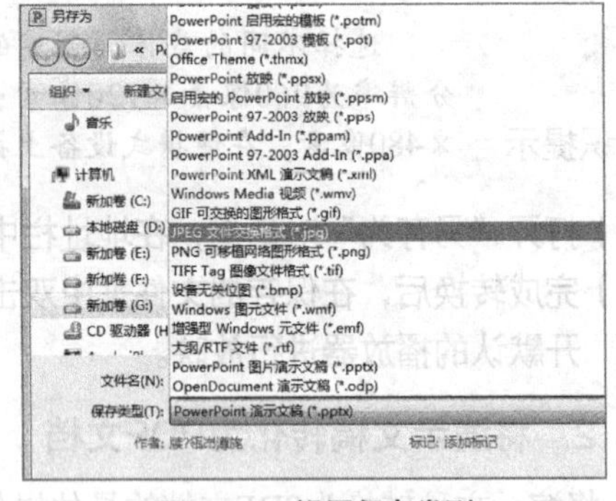

图12-20 设置保存类型

（3）打开的提示对话框中提示用户导出当前幻灯片还是所有幻灯片，单击[每张幻灯片(E)]按钮，PowerPoint将保存所有幻灯片为图片。

（4）保存完成后将出现提示对话框，单击[确定]按钮完成图片保存。

12.2.4 将演示文稿作为附件发送

除了将演示文稿打包成CD或文件夹外，将演示文稿作为电子邮件的附件发送，也是一种

打包幻灯片的方式，其具体操作如下。

（1）打开需要操作的演示文稿，选择【文件】→【保存并发送】菜单命令，在中间列表的“保存并发送”栏中选择“使用电子邮件发送”选项，在右侧的“使用电子邮件发送”栏中单击“作为附件发送”按钮，如图12-21所示。

（2）打开Outlook的操作界面，在“附件”文本框中自动将演示文稿打包，如图12-22所示，然后就可以利用Outlook发送这封带有附件的电子邮件。

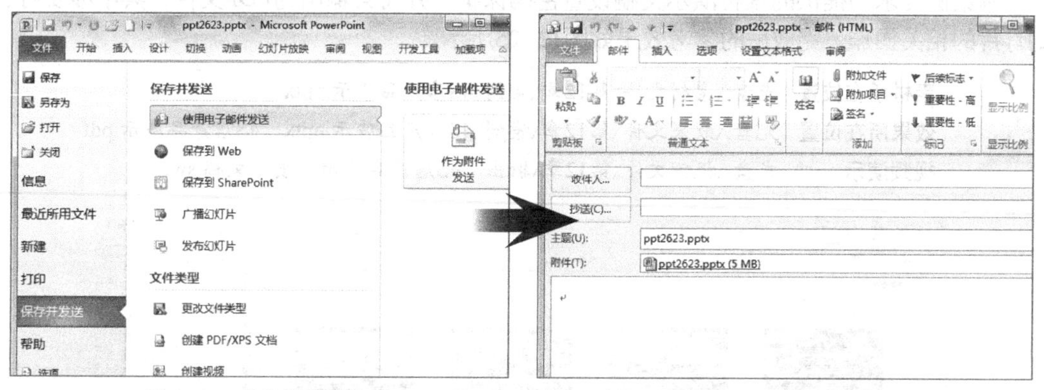

图12-21　作为附件发送　　　　图12-22　Outlook操作界面

12.2.5　保护演示文稿

制作完成演示文稿之后可为演示文稿设置权限并添加密码，防止演示文稿中的内容被修改，其具体操作如下。

（1）打开相应的演示文稿，选择【文件】→【信息】菜单命令，在中间的列表中单击“保护演示文稿”按钮，在打开的下拉列表中选择“用密码进行加密”选项，如图12-23所示。

（2）打开“加密文档”对话框，在“密码”文本框中输入密码，然后单击确定按钮。

（3）打开“确认密码”对话框，在“重新输入密码”文本框中再次输入相同的密码，单击确定按钮，保存演示文稿后退出。

（4）重新打开该演示文稿，打开“密码”提示框，并提示打开此演示文稿需要密码，如图12-24所示。在文本框中输入正确的密码后，单击确定按钮才能打开该演示文稿。

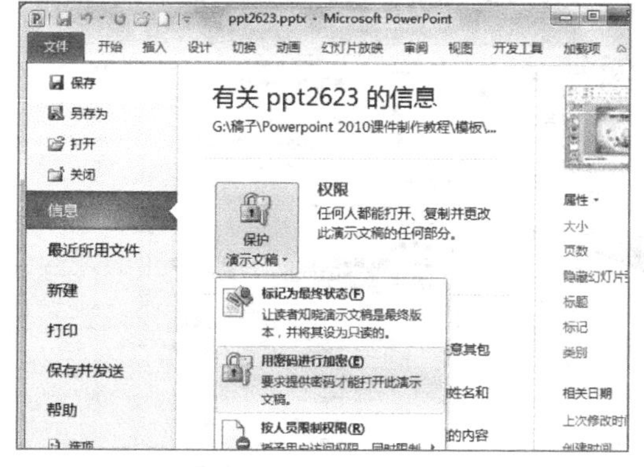

图12-23　设置密码

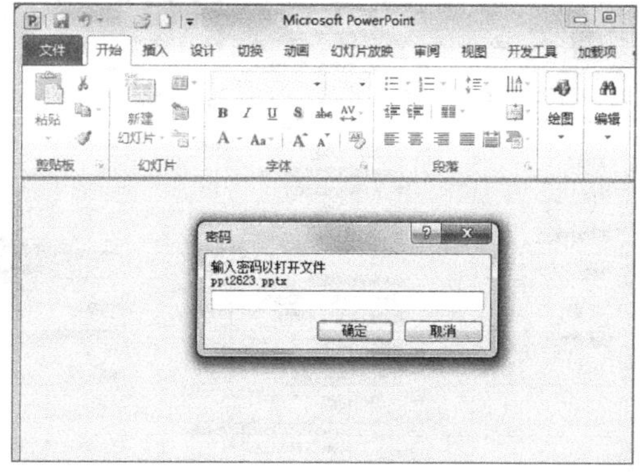

图12-24　密码保护

知识提示 如果要解除演示文稿的保护，需要先用密码打开演示文稿，用同样的方法打开“加密文档”对话框，在“密码”文本框中删除以前设置的密码，单击 确定 按钮，然后保存演示文稿即可解除保护状态。

12.2.6 案例——输出“4S店产品展示”演示文稿

本案例要求为提供的素材演示文稿设置密码保护，并将其输出为PDF文件，其中涉及打包幻灯片的相关操作，完成后的参考效果如图12-25所示。

素材所在位置 光盘:\素材文件\第12章\案例\4S店产品展示.pptx

效果所在位置 光盘:\效果文件\第12章\案例\4S店产品展示.pptx、4S店产品展示.pdf

视频演示 光盘:\视频文件\第12章\输出“4S店产品展示”演示文稿.swf

图12-25 输出演示文稿的参考效果

（1）打开“4S店产品展示.pptx”演示文稿，选择【文件】→【信息】菜单命令，在中间的列表中单击“保护演示文稿”按钮，在打开的下拉列表中选择“用密码进行加密”选项，如图12-26所示。

（2）打开“加密文档”对话框，在“密码”文本框中输入密码“1234”，然后单击 确定 按钮，如图12-27所示。

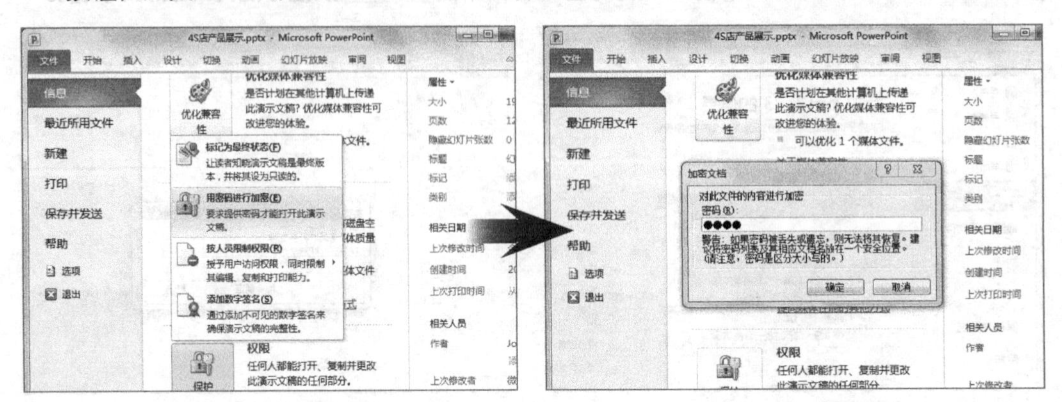

图12-26 保护演示文稿　　图12-27 输入密码

（3）打开“确认密码”对话框，在“重新输入密码”文本框中再次输入相同的密码，单击 确定 按钮，如图12-28所示，完成保护密码的设置操作。

（4）选择【文件】→【保存并发送】菜单命令，在中间列表的“文件类型”栏中选择“创建PDF/XPS文档”选项，在右侧的“创建PDF/XPS文档”栏中单击“创建PDF/XPS”按钮，如图12-29所示。

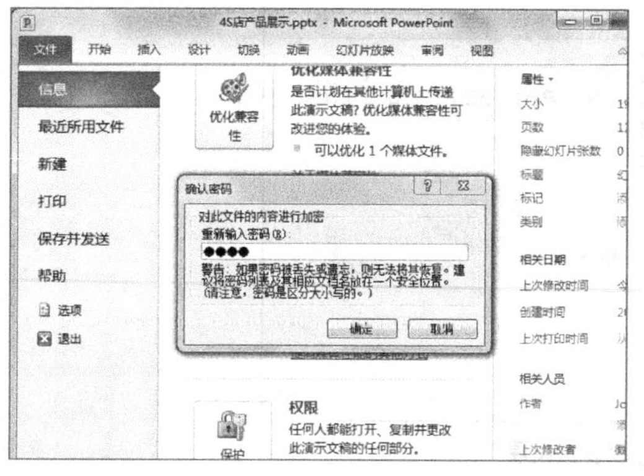

图12-28 确认密码

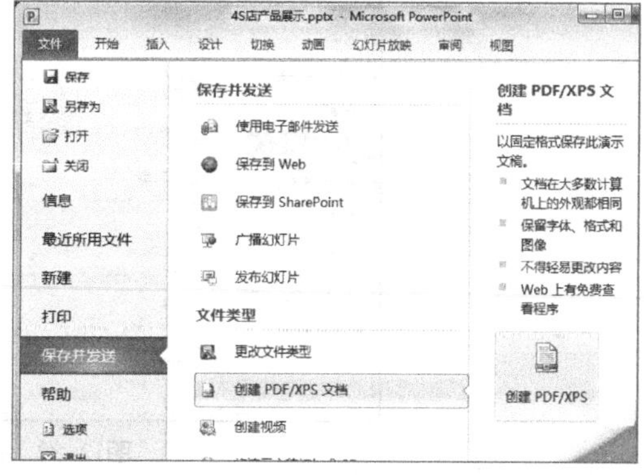

图12-29 创建PDF

（5）打开“发布为PDF或XPS”对话框，在地址栏中选择保存位置，在“保存类型”右侧的下拉列表中选择“PDF”选项，单击 确定 按钮，如图12-30所示。

（6）返回“发布为 PDF 或 XPS”对话框，单击 发布(S) 按钮，发布完成后将自动打开发布的PDF文档，如图12-31所示。

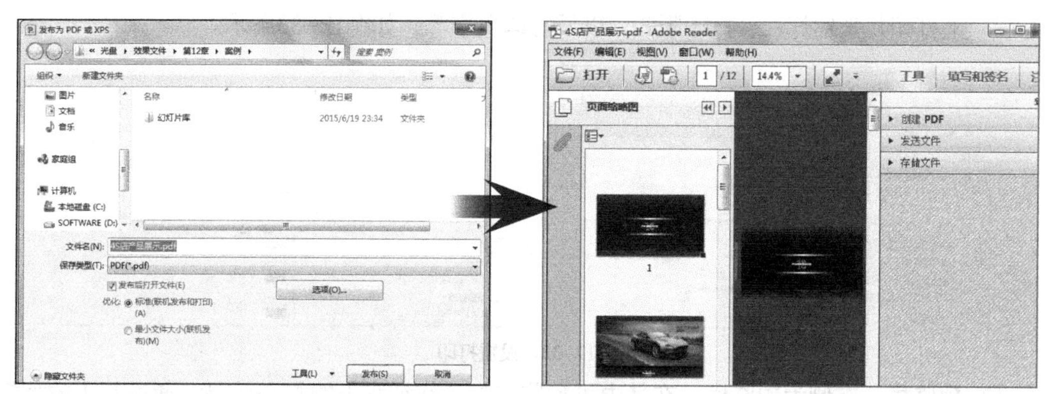

图12-30 设置保存信息 图12-31 创建的PDF文件

12.3 打印演示文稿

演示文稿不仅可以进行现场演示，还可以将其打印在纸张上，或手执演讲或分发给观众作为演讲提示等。本节主要讲解打印演示文稿的相关操作。

12.3.1 页面设置

在打印幻灯片之前，需要对打印页面的相关参数进行设置，了解这些参数的作用，可帮助

演讲者更加快速、有目的地对打印参数进行设置。选择【文件】→【打印】菜单命令，即可切换到打印界面，其中分为打印、打印机、设置、预览4部分，如图12-32所示。下面对各部分的作用进行介绍。

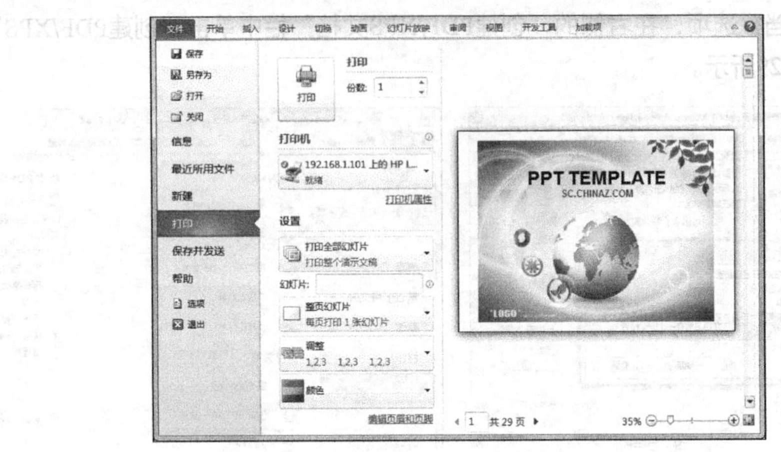

图12-32　打印参数设置

◎ **"打印"栏**：该栏包括两部分，设置打印份数和单击"打印"按钮下达开始打印的指令。

◎ **"打印机"栏**：在其中可选择安装的打印机，单击"打印机属性"超链接，可打开相应的文档属性对话框，在其中可设置打印机的相关属性。

◎ **"设置"栏**：在其中可选择如何打印幻灯片，如打印其中的某几张幻灯片、在一张纸上打印几张幻灯片、打印版式，以及打印色彩等，如图12-33所示。

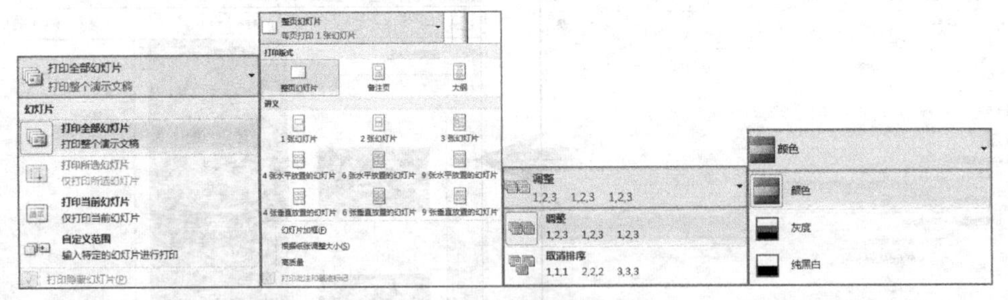

图12-33　设置打印

◎ **预览栏**：右侧为预览栏，在其中可预览幻灯片在纸张上的打印效果，通过其下的按钮可设置预览的幻灯片和视图大小。

知识提示

作为演示用的演示文稿，一般不需要进行打印，但由于演示文稿中的内容一般比较简化，为了方便学生理解，有时会将演示文稿的讲义打印出来，供学生翻阅。若使用PowerPoint制作的演示文稿还有其他用途，如包含需要传阅的数据或今后的规划等，还需要将该类幻灯片打印出来供学生查阅。

12.3.2 打印讲义幻灯片

打印讲义就是将一张或多张幻灯片打印在一张或几张纸张上面，可供演讲者或观众参考。

打印讲义的方法与打印幻灯片的类似，不过打印讲义更为简单，只需在PowerPoint的“视图”选项卡功能区中进行设置，然后设置打印参数后即可进行打印，其具体操作如下。

（1）打开需要打印的演示文稿，在【视图】→【母版视图】组中，单击“讲义母版”按钮，进入讲义母版编辑状态。

（2）在【讲义母版】→【页面设置】组中单击“每页幻灯片数量”按钮，在打开的下拉列表中选择“3张幻灯片”选项，然后在【占位符】组中设置打印时显示的选项，最后单击“关闭母版视图”按钮，如图12-34所示，退出讲义母版编辑状态。

（3）选择【文件】→【打印】菜单命令，在中间列表的“设置”栏中单击“整页幻灯片”按钮，在打开的下拉列表框的“讲义”栏中选择“3张幻灯片”选项。

（4）在右侧的预览栏中可以看到设置打印的效果。如图12-35所示，在中间的列表中单击“打印”按钮，即可打印讲义。

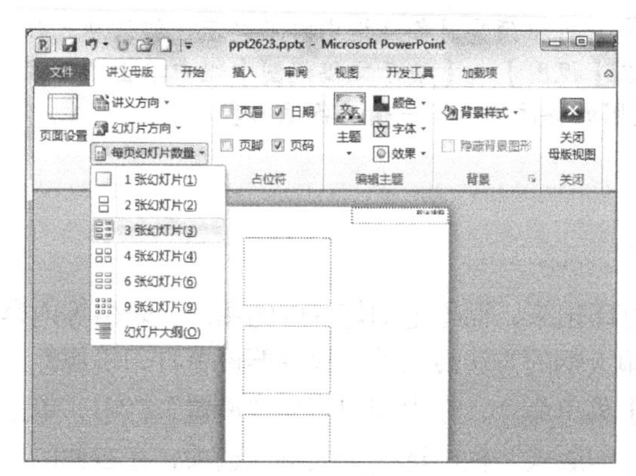

图12-34 设置讲义

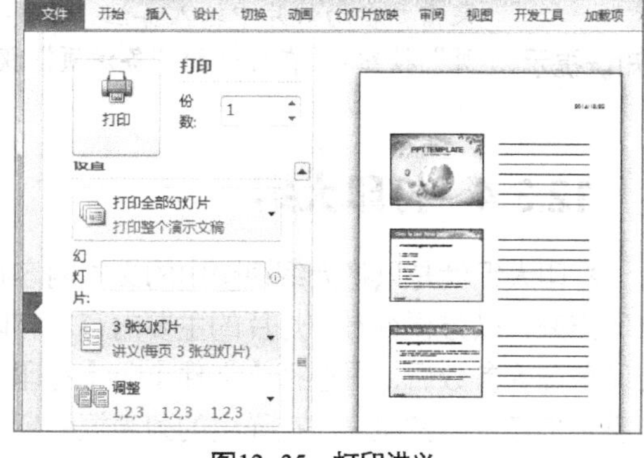

图12-35 打印讲义

知识提示

每页幻灯片数量不同，幻灯片的排放位置也会有所差别，一般选择3张，这样既可以查看幻灯片，又可以查看其旁边的相关信息。

12.3.3 打印备注幻灯片

如果幻灯片中存在大量的备注信息，而又不想观众在屏幕上看到这些备注信息，此时可将幻灯片及其备注内容打印出来，只供演讲者查阅。打印备注幻灯片的方法与打印讲义幻灯片的方法相似，其具体操作如下。

（1）打开需要打印的演示文稿，在【视图】→【母版视图】组中，单击“备注母版”按钮，进入备注母版编辑状态。

（2）在【备注母版】→【占位符】组中设置打印时显示的选项，在“页面设置”组中设置备注页的方向，单击“关闭母版视图”按钮，如图12-36所示，退出备注母版编辑状态。

（3）选择【文件】→【打印】菜单命令，在中间列表的“设置”栏中单击“整页幻灯片”按钮，在打开的下拉列表框的“打印版式”栏中选择“备注页”选项。

（4）在右侧的预览栏中可以看到设置打印的效果，如图12-37所示，在中间的列表中单击“打印”按钮，即可打印备注。

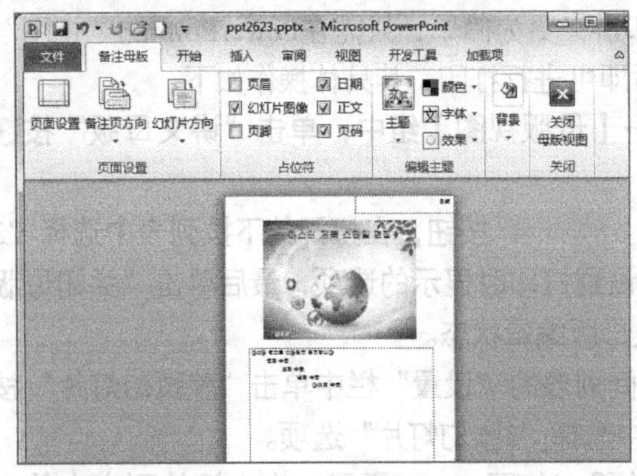
图12-36 设置备注

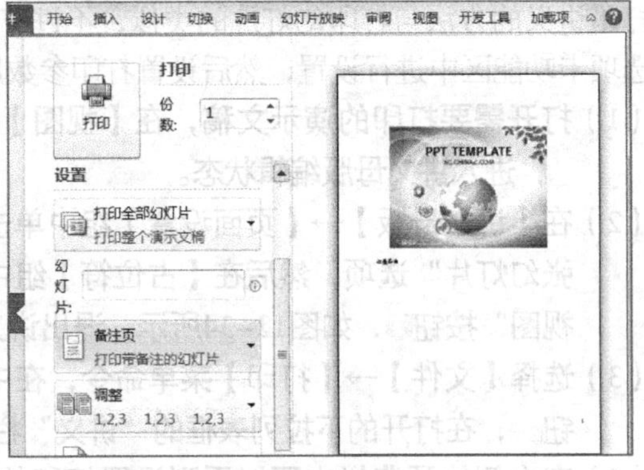
图12-37 打印备注

知识提示

如果幻灯片中没有输入备注信息，打印预览时备注框中将不显示任何信息。如果需要在幻灯片中输入备注，需要在【视图】→【演示文稿视图】组中单击“备注页”按钮，在打开的“备注页”视图的备注文本框中输入备注内容。

12.3.4 打印大纲

打印大纲就是只将大纲视图中的文本内容打印出来，而不把幻灯片中的图片、表格等内容打印出来，以方便查看幻灯片的主要内容。打印大纲的方法最简单，只需要设置打印机属性、打印范围等参数后，再选择【文件】→【打印】菜单命令，在中间列表的“设置”栏中，单击“整页幻灯片”按钮，在弹出的列表框的“打印版式”栏中选择“大纲”选项，在右侧的预览栏中可以看到设置打印的效果，如图12-38所示，在中间的列表中单击“打印”按钮，即可打印大纲。

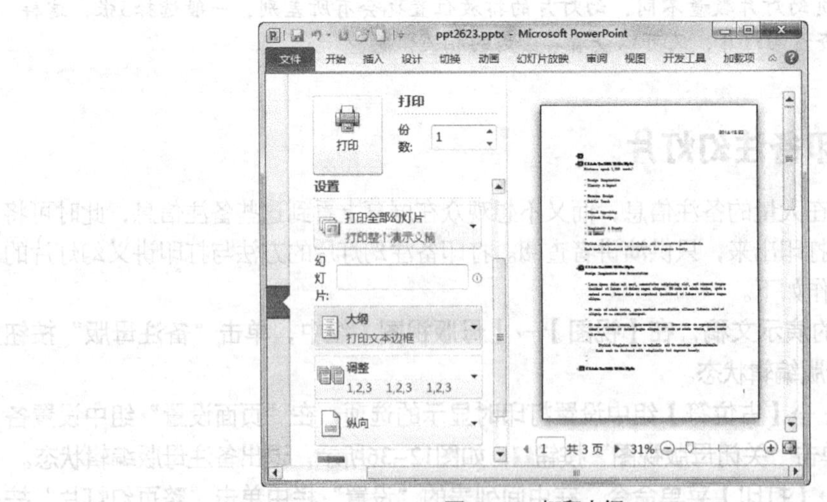
图12-38 打印大纲

12.3.5 安装和使用打印机

要使用打印机首先必须安装打印机。打印机的安装包括硬件的连接及驱动程序的安装，只

有正确连接并安装了相应的打印机驱动程序之后，打印机才能正常工作，其具体操作如下。

（1）先将打印机的数据线连接到计算机，将USB连线的端口插入到计算机机箱后面相应的接口和打印机的USB接口中。然后连接电源线，将电源线的“D”型头插入打印机的电源插口中，另一端插入电源插座插口。

（2）接好打印机硬件后，还必须安装该打印机的驱动程序。通常情况下，连接好打印机后，打开打印机电源开关并启动计算机，操作系统会自动检测到新硬件，并自动安装打印机的驱动程序（如果需要手动安装，则直接将打印机的驱动光盘放入光驱，按照系统提示进行操作即可完成安装）。

（3）然后紧靠纸张支架右侧垂直装入打印纸，如图12-39所示。

（4）最后压住进纸导轨，使其滑动到纸张的左边缘，如图12-40所示。

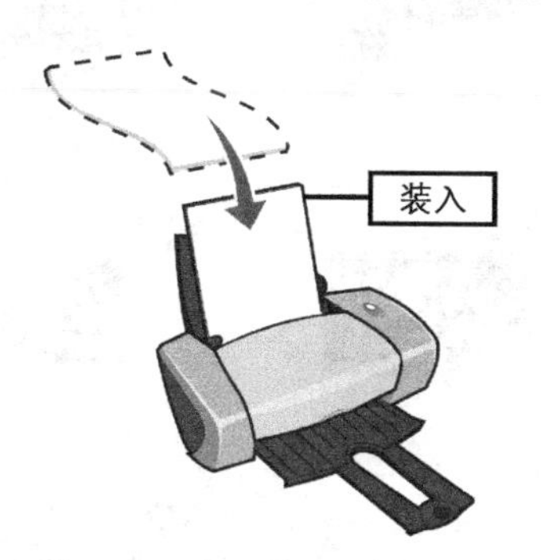

图12-39　装入打印纸

图12-40　调节进纸导轨

（5）最后在PowerPoint中设置打印参数，进行打印即可。

12.3.6　打印技巧

打印幻灯片也是有技巧的，下面就介绍比较常见的打印技巧。

◎ **打印预览**：如果在预览幻灯片打印效果时，发现其中有错误，为了防止退出预览状态后找不到错误的幻灯片，可以在预览状态下，单击预览栏下面的“放大”按钮⊕，找到错误的具体位置，然后在左下角的“当前页面”文本框中将显示是第几张幻灯片。

◎ **打印指定的幻灯片**：只需要在打印界面中间列表的“设置”栏的“幻灯片”文本框中输入幻灯片对应的页码，如第4张幻灯片，输入“4”。如果只打印当前幻灯片，只需在“设置”栏中单击“打印全部幻灯片”按钮，在打开的下拉列表中选择“打印当前幻灯片”选项。

知识提示

如果要打印连续的多页，如打印第4张到第7张幻灯片，输入“4-7”；如果要打印不连续的多页，如打印第3张、第6张和第8张幻灯片，输入“3,6,8”（页码之间逗号请在英文状态下输入）。

◎ **双面打印**：如果要在PowerPoint中实现双面打印，需要打印机支持双面打印。如果打印机支持双面打印，在“设置”栏中将出现“单面打印”按钮，单击该按钮，在打开的下拉列表中选择“双面打印”选项即可。

12.3.7 案例——打印“未来的交通工具”演示文稿

本案例要求利用提供的素材以每张纸打印两张幻灯片的方式进行打印，并要求打印两份，其中涉及设置打印参数和打印幻灯片的操作，演示文稿的参考效果如图12-41所示。

素材所在位置 光盘:\素材文件\第12章\案例\未来的交通工具.pptx

视频演示 光盘:\视频文件\第12章\打印“未来的交通工具”演示文稿.swf

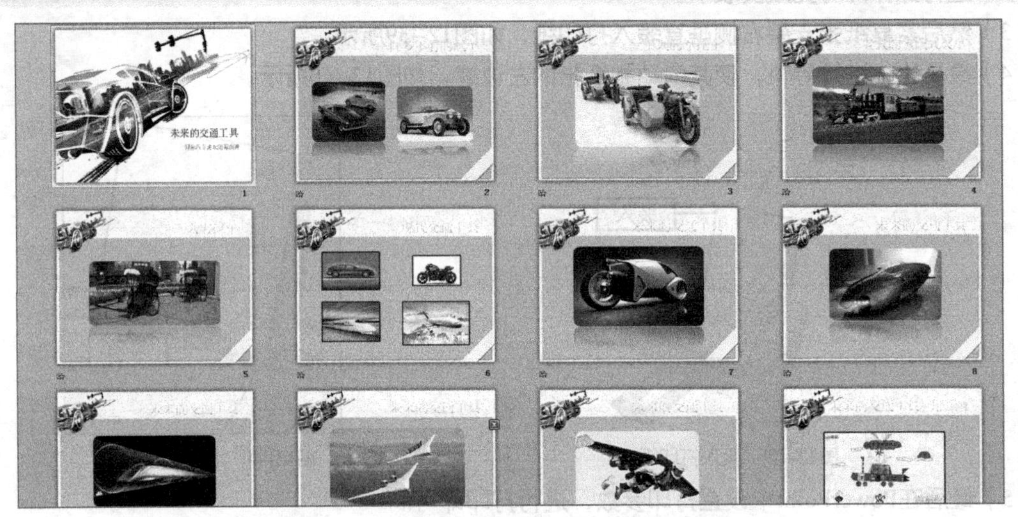

图12-41 “未来的交通工具”演示文稿参考效果

（1）打开“未来的交通工具.pptx”演示文稿，选择【文件】→【打印】菜单命令，切换到打印界面，在中间列表的“打印”栏的“份数”数值框中输入“2”，然后在“打印机”栏中单击“打印机属性”超链接，如图12-42所示。

（2）打开打印机的属性对话框，单击“纸张/质量”选项卡，在“纸张选项”栏的“纸张尺寸”下拉列表框中选择“A4”选项，然后单击 确定 按钮，如图12-43所示。

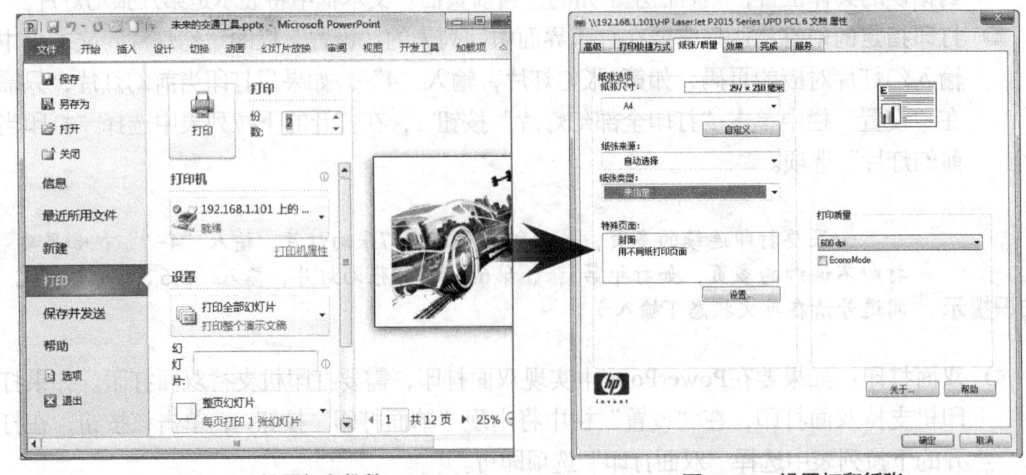

图12-42 设置打印份数　　　　图12-43 设置打印纸张

（3）在中间列表的“设置”栏中单击“整页幻灯片”按钮□，在打开的下拉列表框的“讲义”栏中选择“2张幻灯片”选项，如图12-44所示。

（4）在右侧的预览栏中可以看到设置打印的效果，如图12-45所示，在中间的列表中单击“打印”按钮，即可打印该演示文稿。

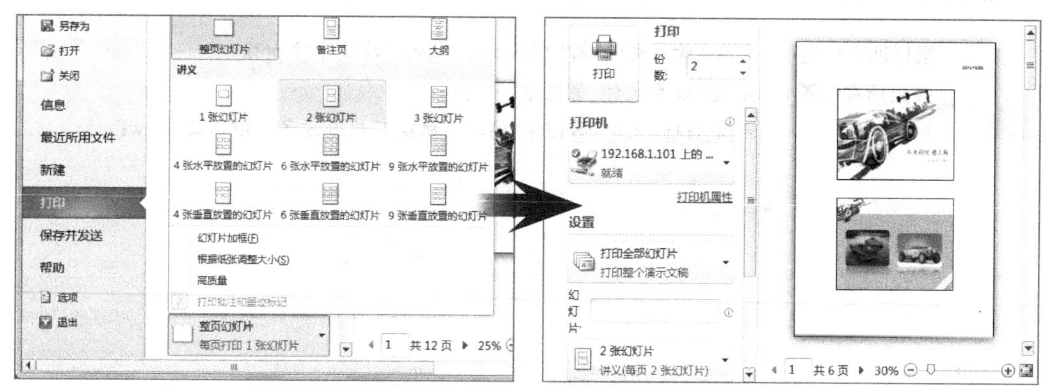

图12-44 设置打印版式　　　　图12-45 打印幻灯片

12.4 操作案例——打包并打印“销售报告”演示文稿

本练习要求编辑“销售报告.pptx”演示文稿，需要打包并打印该演示文稿，涉及打包成文件夹和打印设置等操作，最终参考效果如图12-46所示。

素材所在位置 光盘:\素材文件\第12章\操作案例\销售报告.pptx
效果所在位置 光盘:\效果文件\第12章\操作案例\打包\
视频演示 光盘:\视频文件\第12章\打包并打印“销售报告”演示文稿.swf

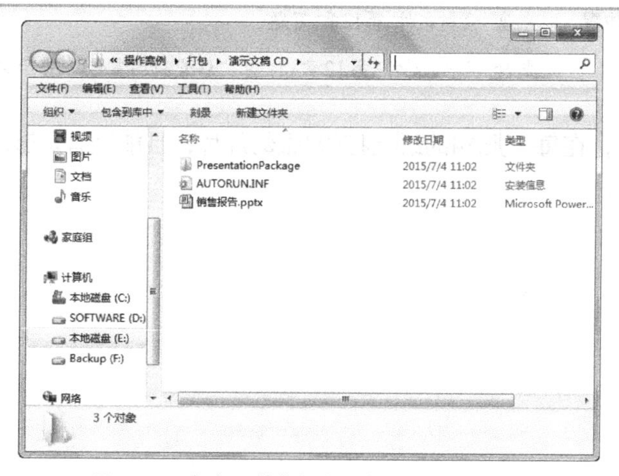

图12-46 打包“销售报告”演示文稿参考效果

（1）打开“销售报告.pptx”演示文稿，将其打包为文件夹，文件夹的名称为“打包”。

（2）在打开的文件夹中查看打包效果。

（3）打印演示文稿，设置打印版式为“2张幻灯片”。

12.5 习题

（1）打开“机械厂改造方案.pptx”演示文稿，利用前面讲解的课件输出的相关知识对其内容进行编辑，设置保护密码，并将其输出到文件夹中，最终效果如图12-47所示。

素材所在位置	光盘:\素材文件\第12章\习题\机械厂改造方案.pptx
效果所在位置	光盘:\效果文件\第12章\习题\
视频演示	光盘:\视频文件\第12章\编辑“机械厂改造方案”演示文稿.swf

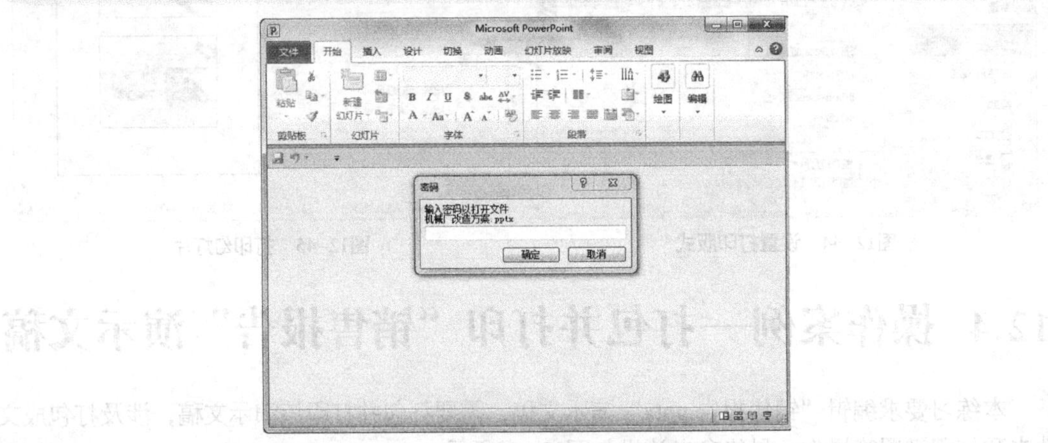

图12-47 设置密码后的参考效果

提示：为演示文稿设置保护密码“1234”，然后将其保存为文件夹。

（2）打开“唇膏新品宣传.pptx”演示文稿，利用前面讲解的课件输出的相关知识对其内容进行打印。

素材所在位置	光盘:\素材文件\第12章\习题\
视频演示	光盘:\视频文件\第12章\打印“唇膏新品宣传”演示文稿.swf

提示：打印49份，在每一张A4的纸上打印3张幻灯片，且能够有足够的空间进行问题的回答和注释。

第13章 放映演示文稿

本章将详细讲解放映演示文稿的相关操作，并对设置放映和放映演示文稿的一些技巧进行全面讲解。读者通过学习应能够熟练掌握放映演示文稿的各种操作方法，让大家在进行放映时更加得心应手。

学习要点

- ◎ 各种放映演示文稿的方式
- ◎ 录制旁白与排列计时
- ◎ 控制放映过程
- ◎ 快速定位幻灯片与添加注释
- ◎ 幻灯片分节与使用激光笔

学习目标

- ◎ 掌握放映演示文稿的基本操作
- ◎ 掌握设置演示文稿放映的基本操作
- ◎ 掌握演示文稿反放映的一些技巧

13.1 演示与设置放映

制作演示文稿的最终目的就是将演示文稿中幻灯片都演示出来，让广大观众能够认识和了解。本节将详细讲解放映演示文稿的各种方法和相关主要设置的操作方法。

13.1.1 直接放映

直接放映是放映演示文稿最常用的放映方式，PowerPoint 2010中提供了从头开始放映和从当前幻灯片开始放映两种方式。

1. 从头开始放映

从头开始放映幻灯片即是从第1张幻灯片开始，依次放映每张幻灯片，常用以下3种方法进行演示。

◎ 在“大纲/幻灯片”窗格中选择第1张幻灯片，在状态栏中单击“幻灯片放映”按钮，即可从头开始放映幻灯片。

◎ 选择任意1张幻灯片，在【幻灯片放映】→【开始放映幻灯片】组中，单击“从头开始”按钮，即可从头开始放映幻灯片。

◎ 直接按【F5】键，也可从头开始放映幻灯片。

2. 从当前幻灯片开始放映

在某些特定环境下，可能只需要从演示文稿中的某张幻灯片开始放映，可通过以下两种方法来实现。

◎ 在“大纲/幻灯片”窗格中选择其中的1张幻灯片，在状态栏中单击“幻灯片放映”按钮，即可从当前幻灯片开始放映。

◎ 选择其中的1张幻灯片，在【幻灯片放映】→【开始放映幻灯片】组中，单击“从当前幻灯片开始”按钮。

13.1.2 自定义放映

在放映幻灯片时，可能只需放映演示文稿中的一部分幻灯片，这时可通过设置幻灯片的自定义放映来实现，其具体操作如下。

（1）打开演示文稿，在【幻灯片放映】→【开始放映幻灯片】组中，单击“自定义幻灯片放映”按钮，在打开的下拉列表中选择“自定义放映”选项。

（2）打开“自定义放映”对话框，单击新建(N)...按钮，打开“定义自定义放映”对话框，在“幻灯片放映名称”文本框中输入自定义放映的名称。

（3）在“在演示文稿中的幻灯片”列表框中选择播放的第1张幻灯片，单击添加(A) >>按钮，将幻灯片添加到“在自定义放映中的幻灯片”列表中，然后按顺序选择幻灯片，并单击添加(A) >>按钮将其添加到“在自定义放映中的幻灯片”列表中，如图13-1所示，单击确定按钮。

（4）返回“自定义放映”对话框，在“自定义放映”列表框中已显示出新创建的自定义放映名称，选择该选项，单击放映(S)按钮，如图13-2所示，播放自定义顺序的幻灯片。

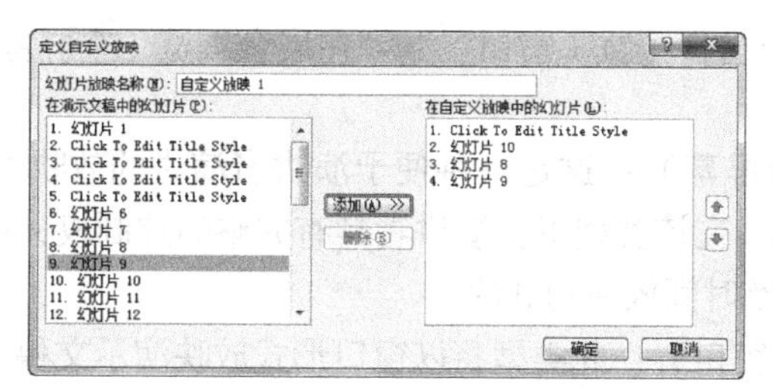

图13-1 自定义幻灯片放映

知识提示

也可以在“自定义放映”对话框中单击 关闭(C) 按钮关闭“自定义放映”对话框，并返回演示文稿的普通视图中，在“开始放映幻灯片”组中单击“自定义幻灯片放映”按钮，在打开的下拉列表中选择前面设置的自定义播放的名称对应的选项，如图13-3所示，开始播放自定义的幻灯片。

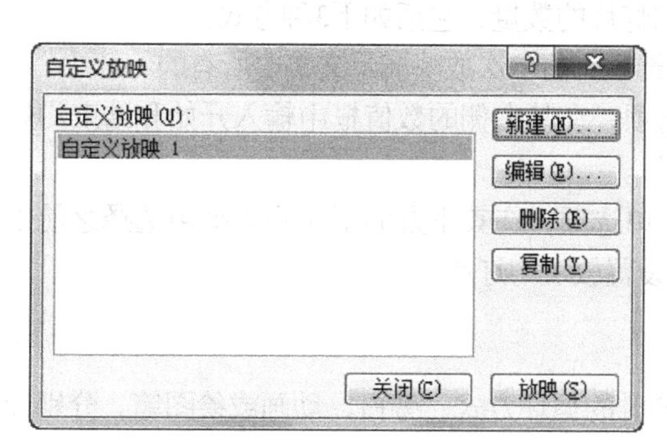

图13-2 自定义放映

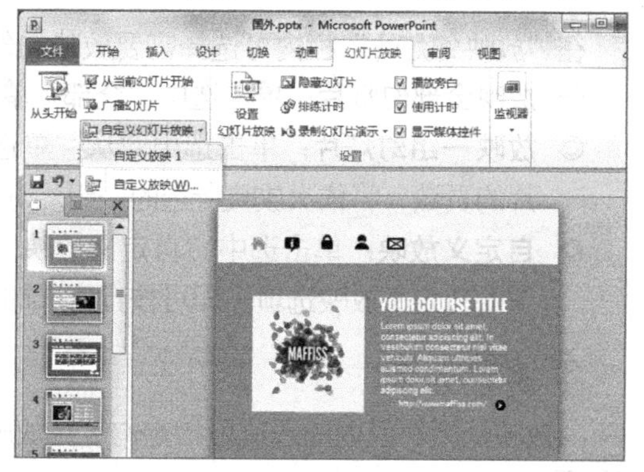

图13-3 播放自定义幻灯片

13.1.3 设置放映方式

设置幻灯片放映方式主要包括设置放映类型、放映幻灯片的数量、换片方式和是否循环放映演示文稿等。在【幻灯片放映】→【设置】组中单击“设置幻灯片放映”按钮，在打开的“设置放映方式”对话框中进行设置，如图13-4所示。

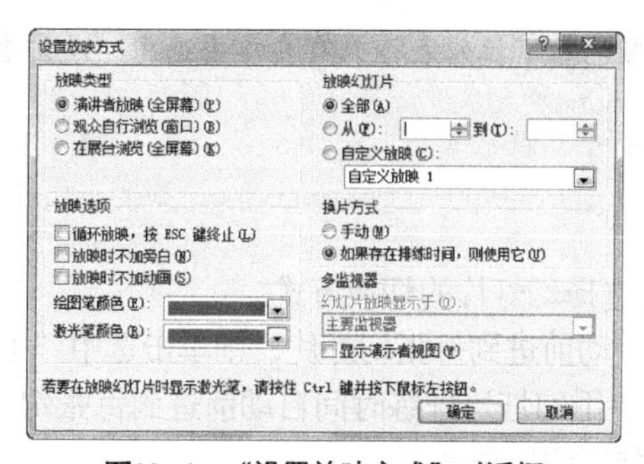

图13-4 “设置放映方式”对话框

1. 设置放映类型

在“放映类型”栏内单击其中选中的单选项，即可选择幻灯片的放映类型，包括“演讲者放映（全屏幕）”“观众自行浏览（窗口）”“在展台浏览（全屏幕）”3种类型，其作用分别如下。

◎ **演讲者放映（全屏幕）**：这是一种便于演讲者演讲的放映类型，也是最常用的全屏幻灯片放映类型。在该类型下，演讲者具有完整的控制权，可以手动切换幻灯片和动画，还可使用排练时间放映幻灯片。

◎ **观众自行浏览（窗口）**：此类型将以窗口形式放映演示文稿，在放映过程中可利用滚动条、【PageDown】键、【PageUp】键来对放映的幻灯片进行切换，但不能通过单击鼠标放映。

◎ **在展台浏览（全屏幕）**：这种类型将全屏模式放映幻灯片，并且循环放映。在这种方式下，不能单击鼠标手动放映幻灯片，但可以通过单击超链接和动作按钮来切换，终止放映只能使用【Esc】键。其通常用于展览会场或会议中运行无人管理幻灯片放映的场合中。

2. 设置放映幻灯片的数量

在“放映幻灯片”栏内可选择需要放映的幻灯片的数量，包括如下3种方式。

◎ **放映全部幻灯片**：单击选中“全部”单选项，将依次放映演示文稿中所有的幻灯片。

◎ **放映一组幻灯片**：单击选中“从”单选项，在其右侧的数值框中输入开始和结束幻灯片的页数，将依次放映所选的一组幻灯片。

◎ **自定义放映**：单击选中“自定义放映”单选项，在其下方的下拉列表框中选择之前设置的自定义放映选项，即可按自定义的设置放映幻灯片。

3. 放映选项

“放映选项”栏内的选项可指定幻灯片放映时的循环方式、旁白、动画或绘图笔。分别介绍如下。

◎ 若要连续地放映幻灯片，可单击选中“循环反映，按ESC键终止”复选框。

◎ 若要放映幻灯片而不播放嵌入的解说，可单击选中“放映时不加旁白”复选框。

◎ 若要放映幻灯片而不播放嵌入的动画，可单击选中“放映时不加动画”复选框。

◎ 在放映幻灯片时，可在幻灯片上写字。若要指定墨迹的颜色，可在“绘图笔颜色”或者“激光笔颜色”下拉列表框中选择墨迹颜色。

知识提示

“绘图笔颜色”下拉列表框只有在单击选中“演讲者演示（全屏幕）”单选项后才可能使用。

4. 设置切换方式

在“换片方式”栏内可选择幻灯片的切换方式。

◎ 若要在演示过程中手动前进到每张幻灯片，则单击选中“手动”单选项。

◎ 若要在演示过程中使用幻灯片排练时间自动前进到每张幻灯片，则需单击选中“如果存在排练时间，则使用它”单选项。

5. 设置多监视器

在“多监视器”栏中可以设置播放器，当计算机连接了两个以上的显示器时，在“幻灯片

放映显示于”下拉列表中选择一个显示器对应的选项，即可在该显示器中放映幻灯片。

13.1.4 隐藏/显示幻灯片

放映幻灯片时，系统将自动按设置的放映方式依次放映每张幻灯片，但在实际放映过程中，可以将暂时不需要的幻灯片隐藏起来，等到需要时再将它显示，其具体操作如下。

（1）首先选择需要隐藏的幻灯片，然后在【幻灯片放映】→【设置】组中单击 隐藏幻灯片 按钮，隐藏幻灯片，如图13-5所示。

（2）此时在“幻灯片/大纲”窗格中，该幻灯片缩略图呈灰色显示，其编号上将显示图标，如图13-6所示。

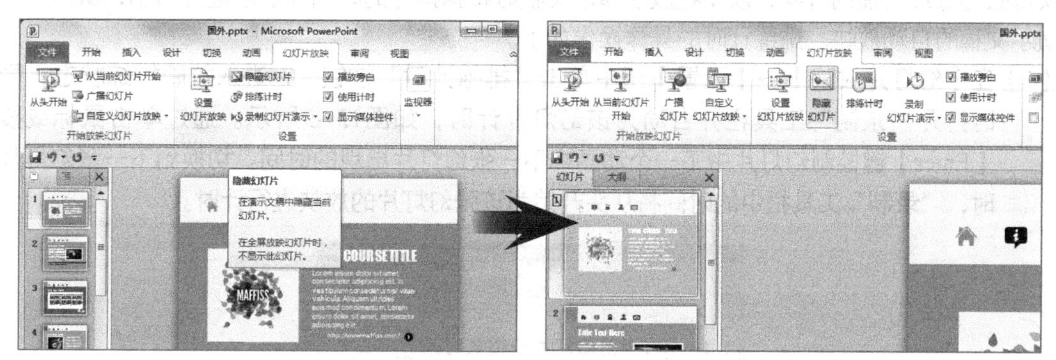

图13-5 隐藏幻灯片　　图13-6 隐藏的效果

知识提示

隐藏幻灯片后，该幻灯片仍留在文件中，只是在放映幻灯片时是隐藏的，如果要显示以前隐藏的幻灯片，可选择需要显示的幻灯片，再单击 隐藏幻灯片 按钮即可。

13.1.5 录制旁白

在无人放映演示文稿时，可以通过录制旁白的方法事先录制好演讲者的演说词。其具体操作如下。

（1）选择需录制旁白的幻灯片，在【幻灯片放映】→【设置】组中，单击 录制幻灯片演示 按钮右侧的 按钮，在打开的下拉列表中选择“从当前幻灯片开始录制”选项，如图13-7所示。

（2）在打开的“录制幻灯片放映”对话框中取消选中“幻灯片和动画计时”复选框，单击 开始录制(R) 按钮，进入幻灯片放映状态，开始录制旁白，如图13-8所示。

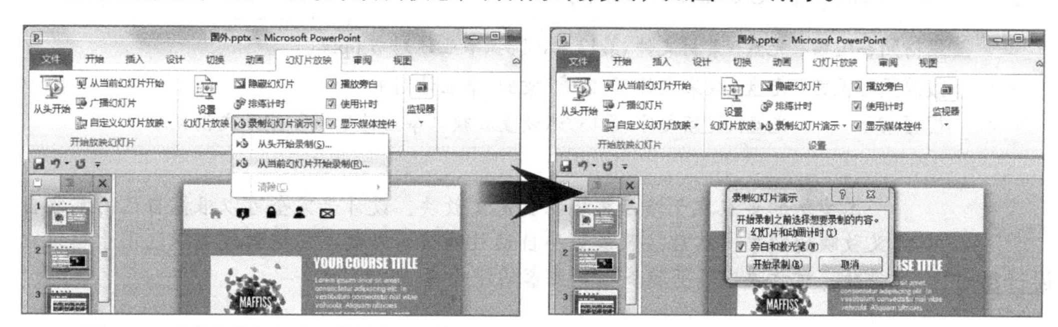

图13-7 “从当前幻灯片开始录制”选项　　图13-8 开始录制

（3）录制完成后按【ESC】键退出幻灯片放映状态，同时进入幻灯片浏览状态，幻灯片中将会出现声音文件图标。

知识提示

计算机必须安装有声卡和麦克风才能够录音，录制旁白前还需进行话筒的检查，以保证其正常使用。

13.1.6 排练计时

为了更好地掌握幻灯片的放映情况，用户可通过设置排练计时得到放映整个演示文稿和放映每张幻灯片所需的时间，以便在放映演示文稿时根据排练的时间和顺序进行演示，从而实现演示文稿的自动放映。排练计时的具体操作如下。

（1）在【幻灯片放映】→【设置】组中单击“排练计时”按钮，进入放映排练状态，同时打开“录制”工具栏并自动为该幻灯片计时，如图13-9所示。通过单击鼠标或按【Enter】键控制幻灯片中下一个动画或下一张幻灯片出现的时间。切换到下一张幻灯片时，“录制”工具栏中的时间将从头开始为该张幻灯片的放映进行计时。

图13-9 “录制”工具栏

（2）放映结束后，打开提示对话框，提示排练计时时间，并询问是否保留幻灯片的排练时间，单击【是(Y)】按钮进行保存。

（3）打开“幻灯片浏览”视图，在每张幻灯片的左下角显示幻灯片播放时需要的时间。

13.1.7 案例——设置放映“事业计划书”演示文稿

本案例要求根据提供的素材演示文稿，对其进行演示的设置，主要是自定义放映和设置换片的方式。完成后的参考效果如图13-10所示。

素材所在位置 光盘:\素材文件\第13章\案例\事业计划书.pptx
效果所在位置 光盘:\效果文件\第13章\案例\事业计划书.pptx
视频演示 光盘:\视频文件\第13章\设置放映“事业计划书”演示文稿.swf

设计重点

本案例的重点在于演示文稿的自定义放映，设计者完全可以根据自己的需要自定义放映的顺序，然后按照该顺序自动放映演示文稿，但这种方式不适用于思维比较跳跃，对放映内容有较多控制要求的演示者。

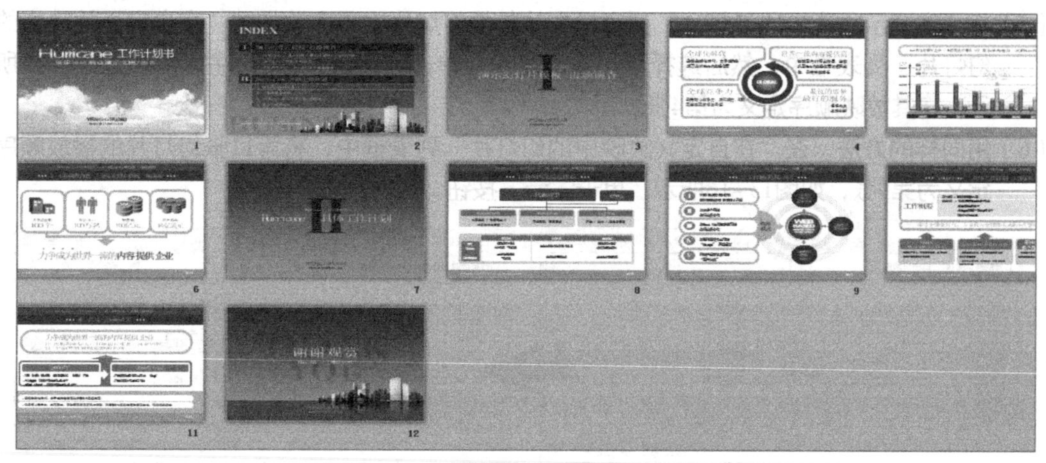

图13-10 “事业计划书”演示文稿参考效果

（1）打开“事业计划书.pptx”演示文稿，在【幻灯片放映】→【开始放映幻灯片】组中，单击“自定义幻灯片放映”按钮，在打开的下拉列表中选择“自定义放映”选项，如图13-11所示。

（2）打开“自定义放映”对话框，单击新建(N)...按钮，如图13-12所示。

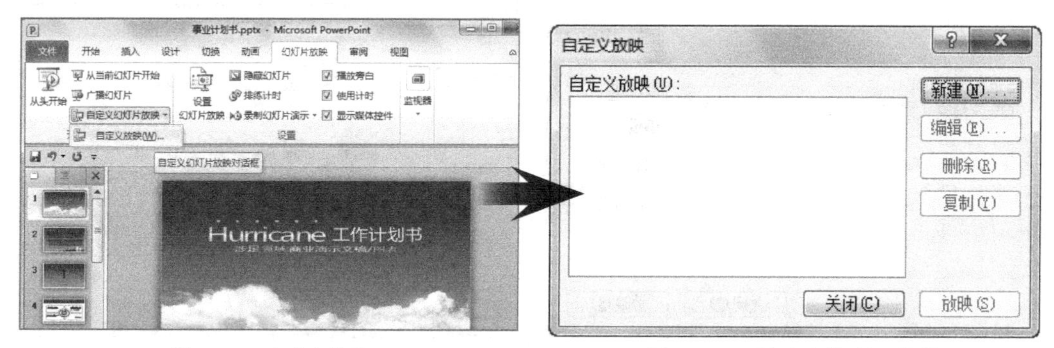

图13-11 自定义放映　　图13-12 “自定义放映”对话框

（3）打开“定义自定义放映”对话框，在“在演示文稿中的幻灯片”列表框中选择前两张幻灯片，单击新建(N)...按钮，如图13-13所示，将幻灯片添加到“在自定义放映中的幻灯片”列表框中。

（4）继续在“在演示文稿中的幻灯片”列表框中，选择第7张幻灯片，单击新建(N)...按钮，如图13-14所示，将幻灯片添加到“在自定义放映中的幻灯片”列表框中，该幻灯片的播放顺序变为第3张。

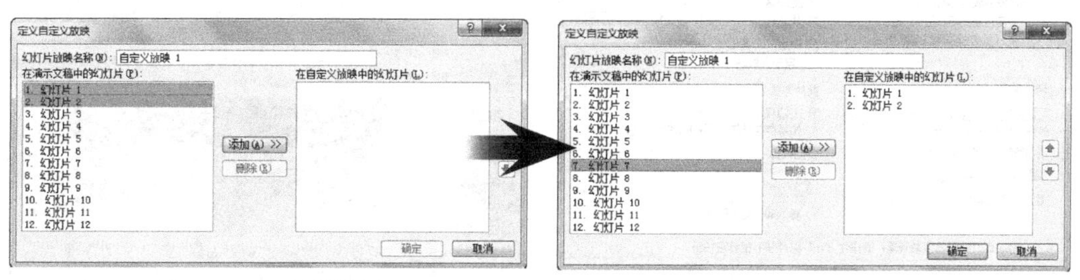

图13-13 定义播放顺序　　图13-14 定义播放顺序

（5）将“在演示文稿中的幻灯片”列表框中的其他幻灯片按顺序添加到“在自定义放映中的幻灯片”列表框中，然后选择第10张幻灯片，单击列表框右侧的按钮，如图13-15所示，将其放映顺序定义为第4张。

（6）用同样的方法，在“在自定义放映中的幻灯片”列表框中，将第11张幻灯片的播放顺序定义为第9张，如图13-16所示，单击确定按钮。

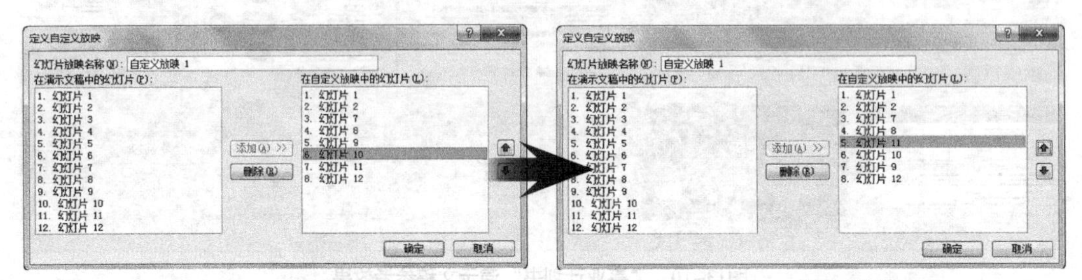

图13-15 调整播放顺序　　图13-16 调整播放顺序

（7）返回“自定义放映”对话框，在“自定义放映”列表框中已显示出新创建的自定义放映名称，单击关闭(C)按钮，如图13-17所示。

（8）在“设置”组中单击“设置幻灯片放映”按钮，如图13-18所示。

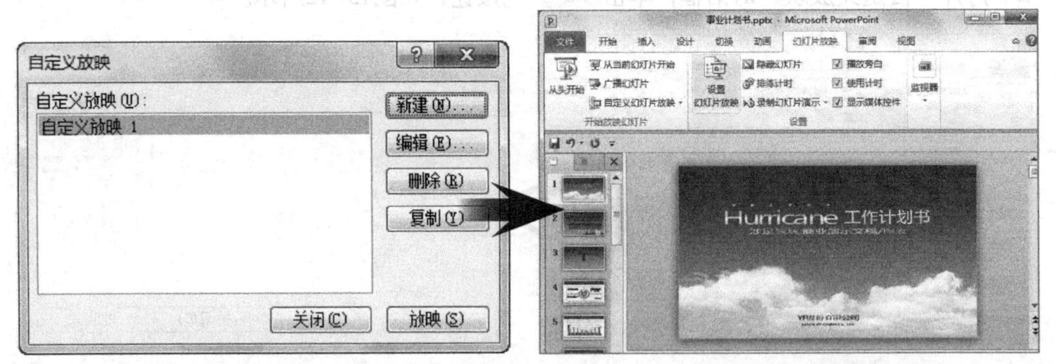

图13-17 完成自定义操作　　图13-18 设置放映

（9）打开“设置放映方式”对话框，在“换片方式”栏中单击选中“手动”单选项，单击确定按钮，如图13-19所示。

（10）在“开始放映幻灯片”组中单击“自定义幻灯片放映”按钮，在打开的下拉列表中选择“自定义放映1”选项，如图13-20所示，开始播放自定义的幻灯片。

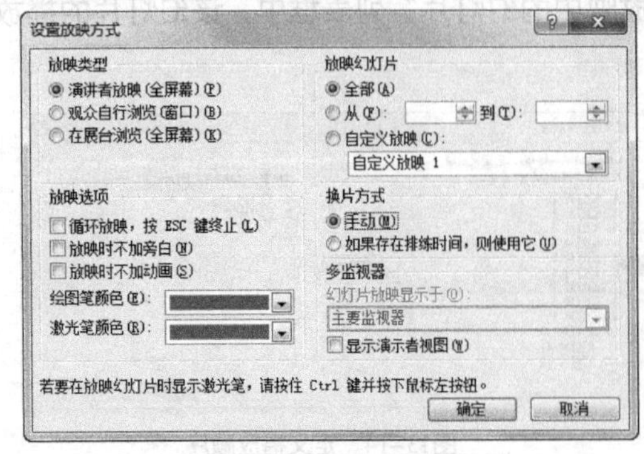

图13-19 设置换片方式

图13-20 放映自定义幻灯片

（13）保存演示文稿，完成本案例的操作。

13.2 放映技巧

与设置幻灯片内容相比，放映幻灯片的方法比较简单。但在放映幻灯片的过程中，如果使用一定的技巧，不仅可以提高放映幻灯片的质量，还可以使整个放映过程更加生动。本小节将详细讲解演示文稿放映过程中的一些实用技巧。

13.2.1 通过动作按钮控制放映过程

如果在幻灯片中插入了动作按钮，在放映幻灯片时，单击设置的动作按钮，可切换幻灯片或启动一个应用程序，也可以用动作按钮控制幻灯片的演示。PowerPoint 2010中的动作按钮主要是通过插入形状的方式绘制到幻灯片中的，如图13-21所示。插入和设置按钮的相关操作在前面的章节中已经介绍过，这里不再赘述。

图13-21 动作按钮

知识提示

在进行动作按钮设置时，单击选中“动作设置”对话框中的“运行程序”单选项，可设置该按钮在放映过程中启动其他程序，以及播放声音或视频。

13.2.2 快速定位幻灯片

在幻灯片放映过程中，通过一定的技巧，可以快速、准确地将播放画面切换到指定的幻灯片中，达到精确定位幻灯片的效果。其方法为：在播放幻灯片的过程中，单击鼠标右键，在弹出的快捷菜单中选择“定位至幻灯片”命令，在其子菜单中选择需要切换到的幻灯片，如图13-22所示。

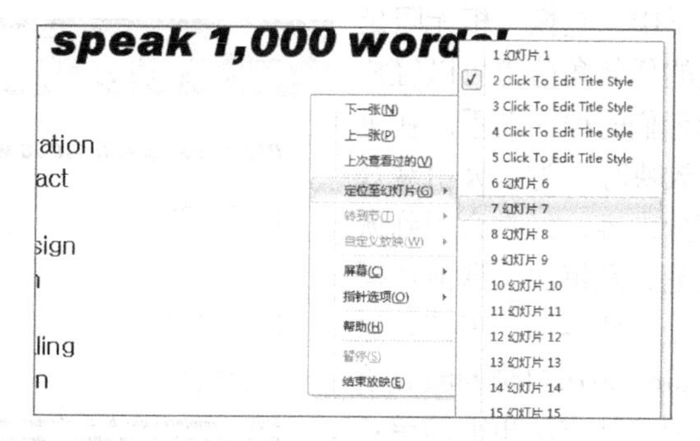

图13-22 快速定位幻灯片

知识提示

在“定位至幻灯片”命令的子菜单中前面带有☑标记的，表示现在正在放映该张幻灯片的内容。

13.2.3 为幻灯片添加注释

为幻灯片添加注释是指幻灯片在播放时，演讲者可以在屏幕中勾画重点或添加注释，使幻灯片中的重点内容更加明显地展现给观众。为幻灯片添加注释主要使用系统提供的绘图笔来实现，其具体操作如下。

（1）放映幻灯片时单击鼠标右键，在弹出的快捷菜单中选择“指针选项”命令，在其子菜单中选择“笔”或“荧光笔”命令，即可将鼠标指针转换为绘图笔，如图13-23所示。

（2）返回到正在放映的幻灯片中，用绘图笔在需要划线或标注的地方按住鼠标左键拖动即可为幻灯片添加注释，如图13-24所示。

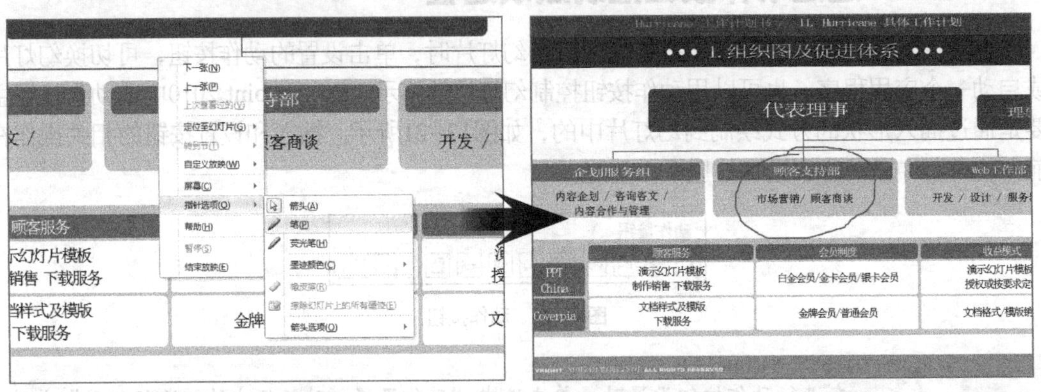

图13-23 选择笔型　　图13-24 添加注释

知识提示

在弹出的快捷菜单中选择“墨迹颜色”命令，在其子菜单中可以选择注释的颜色。另外，在结束幻灯片放映时，将显示提示对话框，可选择将墨迹注释保存在幻灯片中，或选择将其删除，恢复到幻灯片的最初面貌。

13.2.4 使用激光笔

激光笔又名指星笔、镭射笔、手持激光器，因其具有非常直观的可见强光束，多用于指示作用而得名。在课堂教学中，它像一根无限延伸的教鞭，无论在教室的任何角落都可以轻松指划黑板，绝对是演示者们的得力助手。在进行PowerPoint演示文稿放映时，为了吸引观众的注意，或者强调某部分内容，经常会用到激光笔。但花钱买个激光笔，且每次上课前还需要记得带在身边，并不是一件容易的事情。这时，就可以利用PowerPoint 2010自带的激光笔功能来进行演示文稿放映。其方法也很简单：在播放幻灯片时，按住【Ctrl】键，并同时按下鼠标左键，这时鼠标指针变成了一个激光笔照射状态的红圈，如图13-25所示，在幻灯片中移动位置即可。

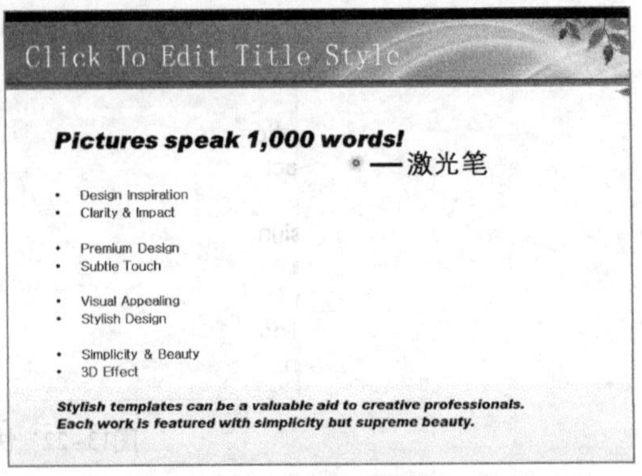

图13-25 使用激光笔

知识提示

激光笔的颜色可在“设置放映方式”对话框的“演示选项”栏的“激光笔颜色”下拉列表框中进行设置，有红、绿、蓝3种颜色。

13.2.5 为幻灯片分节

为幻灯片分节后，不仅可使演示文稿的逻辑性更强，还可以与他人协作创建演示文稿，如每个人负责制作演示文稿一节中的幻灯片。为幻灯片分节的方法为：选择需要分节的幻灯片，在【开始】→【幻灯片】组中单击节按钮，在打开的下拉列表中选择“新增节”选项，即可为演示文稿分节，图13-26所示为演示文稿分节后的效果。

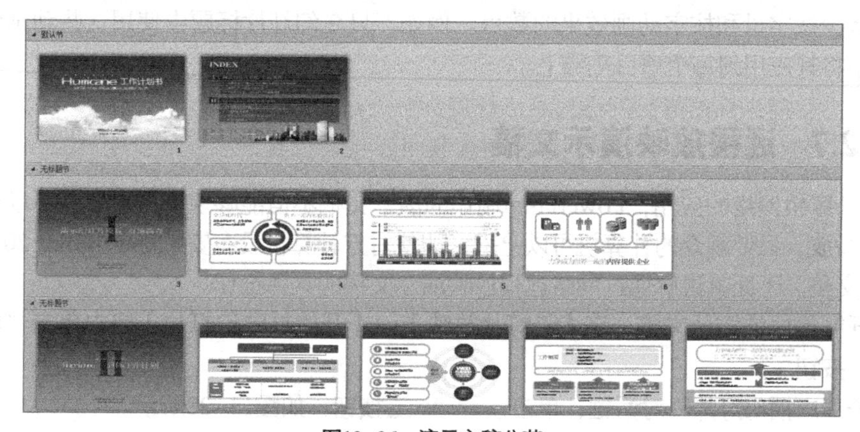

图13-26 演示文稿分节

在PowerPoint 2010中，不仅可以为幻灯片分节，还可以对节进行操作，包括重命名节、删除节、展开或折叠节等。节的常用操作方法如下。

◎ **重命名**：新增的节名称都是“无标题节”，需要自行进行重命名。使用鼠标单击“无标题节”文本，在打开的下拉列表中选择“重命名”选项，打开“重命名节”对话框，在“节名称”文本框中输入节的名称，单击重命名(R)按钮。

◎ **删除节**：对多余的节或无用的节可删除。单击节名称，在打开的下拉列表中选择“删除节”选项可删除选择的节；选择“删除所有节”选项可删除演示文稿中的所有节。

◎ **展开或折叠节**：在演示文稿中，既可以将节展开，也可以将节折叠起来。使用鼠标双击节名称就可将其折叠，再次双击就可将其展开。还可以单击节名称，在打开的下拉列表中选择“全部折叠”或“全部展开”选项，就可将其折叠或展开。

13.2.6 提高幻灯片的演示性能

在放映幻灯片时，如发现幻灯片反应速度慢，可通过提高幻灯片的放映性能来增加其反应速度。提高幻灯片的演示性能的主要方法是，设置演示文稿放映时的分辨率。其方法为：在【幻灯片放映】→【监视器】组中的“分辨率”下拉列表框中选择所需设置的分辨率，如图13-27所示，通常默认的分辨率都是“使用当前分辨率”。

另外，提高幻灯片的放映性能还可以从以下几个方面来进行。

◎ 缩小图片和文本的尺寸。

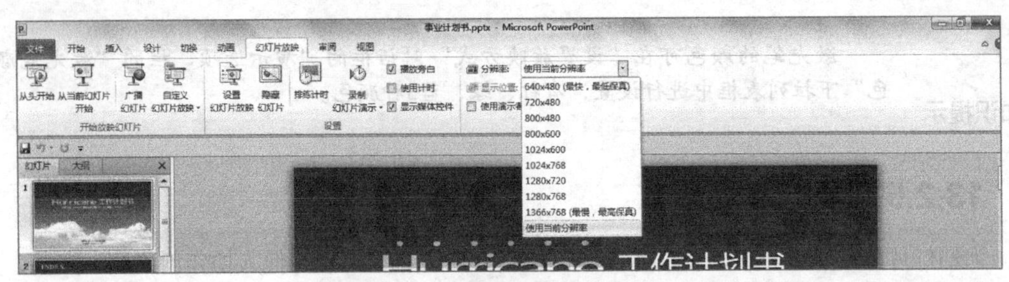

图13-27 设置幻灯片的分辨率

◎ 减少同步动画数目，可以尝试将同步动画更改为序列动画。

◎ 尽量少用渐变、旋转或缩放等动画效果，可使用其他动画效果替换这些效果。

◎ 减少按字母和按字动画效果的数目。例如，只在幻灯片标题中使用这些动画效果，而不将其应用到每个项目符号上。

13.2.7 远程放映演示文稿

随着计算机网络的应用，PowerPoint制作的演示文稿不但能够现场放映，还可以通过网络进行远程播放，只要观众的计算机可以上网，即使对方计算机没有安装PowerPoint 2010也可以放映演示文稿。下面就讲解通过网络远程放映演示文稿的具体操作。

（1）打开制作好的演示文稿，在【幻灯片放映】→【开始放映幻灯片】组中单击“广播幻灯片”按钮。

（2）打开“广播幻灯片”对话框，单击启动广播(S)按钮，如图13-28所示。

（3）PowerPoint将连接到“PowerPoint Broadcast Service”服务，在打开的对话框中输入Windows Live ID凭据（注册的Windows Live账户邮箱和密码），单击确定按钮，如图13-29所示。

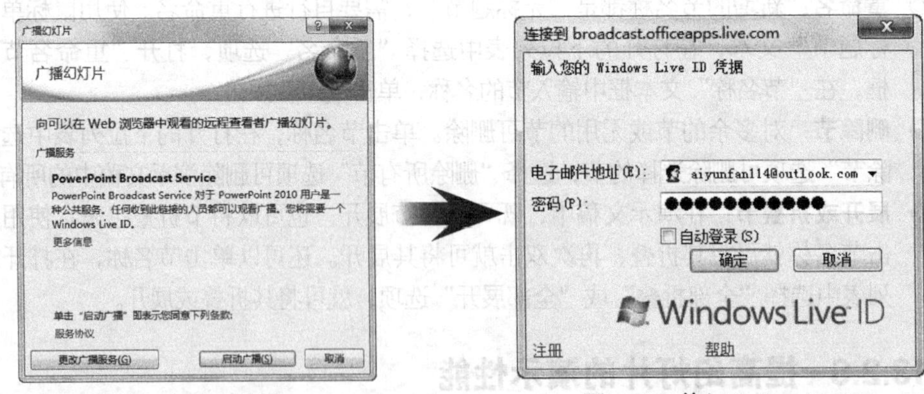

图13-28 启动广播　　　　图13-29 输入Windows Live ID

（4）然后连接到“PowerPoint Broadcast Service”服务，准备广播幻灯片，并显示进度。

（5）广播幻灯片准备完毕，打开一个含有链接地址的对话框，单击“复制链接”超链接，如图13-30所示，将其通过QQ或者Windows Live等软件发送给观众。

（6）观众获得这个链接地址后，在浏览器中打开该链接，就可以等待演示者放映演示文稿。演示者只需要在“广播幻灯片”对话框中单击开始放映幻灯片(S)按钮，就可以开始放映文稿的远程放映，观众可以同步看到幻灯片放映。

（7）在放映过程中按【Esc】键退出放映，回到PowerPoint工作界面中，看到如图13-31所示的效果，在【广播】→【广播】组中，单击“结束广播”按钮，在打开的提示框中单击结束广播(E)按钮，即可退出远程放映文稿演示状态。

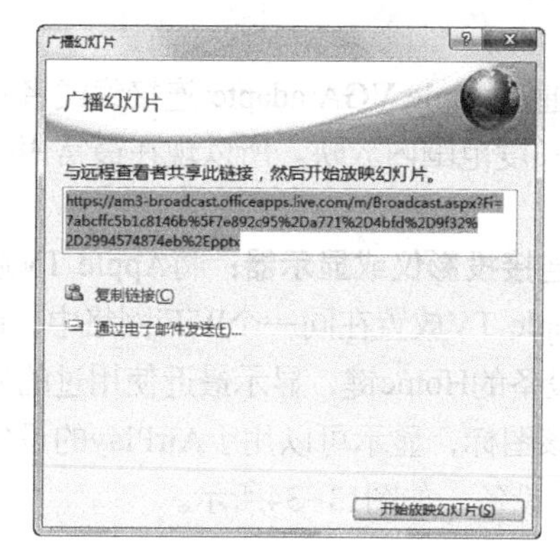

图13-30 发送共享链接

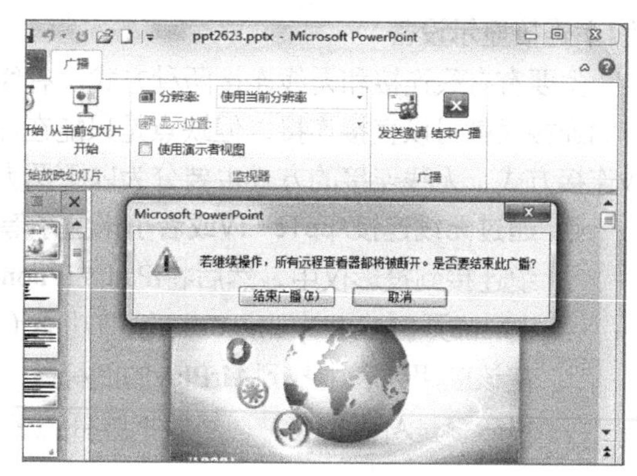

图13-31 结束广播

13.2.8 利用移动设备控制演示文稿放映

除了计算机和笔记本外，现实生活中还有很多的移动设备也能进行演示文稿的放映。下面就介绍利用移动设备来控制演示文稿的相关知识。

1. 常用的移动设备

目前常用的可以进行演示文稿演示的移动设备包括平板电脑和智能手机两大类。

◎ **平板电脑**：主流的平板电脑包括苹果的iPad系列（iPad Air系列、iPad mini系列、iPad touch系列）、微软平板电脑（Surface）、安卓系统平板电脑等，如图13-32所示。

图13-32 主流平板电脑

◎ **智能手机**：现在市面上主流的智能手机都可以直接用于小范围商务放映，也可以连接投影仪面对较多观众进行放映，如图13-33所示。

图13-33 主流智能手机

2. 使用iPad和iPhone进行商务放映

iPad和iPhone的市场占有率最高，下面就以这两种移动设备为例，介绍用其进行商务放映的方法。使用移动设备进行商务放映主要分为以下几个步骤。

（1）连接显示设备

主要有有线连接和无线连接两种方式。有线连接通过Apple VGA adapter连接线或者其他接口的连接线就可以直接连接，但缺点是只能在连接线长度范围内放映。所以现在最常用的是无线连接方式，无线连接的方式主要分为以下两大类。

◎ **通过无线连接Apple TV或者小米盒子等间接连接投影仪或显示器**：将Apple TV通过线缆连接到投影仪中，然后将iPad或iPhone和Apple TV放置在同一个WiFi网络中，iPad或iPhone开启AirPlay Mirroring镜像功能（双击设备的Home键，显示最近使用过的应用，在该应用列表中找到AirPlay的图标，单击该图标，显示可以用于AirPlay的设备，这里应该是Apple TV），然后把屏幕镜像到显示设备，如图13-34所示。

图13-34　无线连接显示设备

◎ **直接连接网络显示设备或者通过网络显示连接套件连接显示设备**：所有带有无线网卡的设备都能通过这种方法连接显示设备。由于显示设备自带无线网络功能，其本身就是一个无线终端，连接电源后，发射无线信号到无线局域网中，带有无线网卡的设备通过该信号即可连接到该显示设备，进行演示文稿放映操作。

（2）选择放映软件和格式

使用iPad播放PowerPoint制作的演示文稿，建议先将演示文稿保存为PDF格式，然后使用iBook进行播放。虽然现在有很多Office文档管理或编辑应用软件，但都不能完美显示PowerPoint演示文稿的特效和动画，所以，最好把演示文稿转化为PDF播放。

（3）把文件导入iPad

把文件导入iPad也分为有线连接和无线连接两种方式，分别介绍如下。

◎ **有线连接——通过数据线连接计算机**：通过应用软件进行文件导入，常用的软件有91助手（直接把计算机中的演示文稿传送到iPad）和iTunes（选择【文件】→【将文件添加到资料库】菜单命令，如果是PDF文件，直接被添加到“图书”资料库中，然后进行同步图书的操作，就可以把计算机中的PDF文件同步到iPad中）等。

◎ **无线连接**：主要有WiFi（有些应用软件支持WiFi传输文件，只需要连接到网络，然后把演示文稿传送到iPad）、网盘（把演示文稿上传到网盘中，在iPad中通过网盘客户端进行下载）、云笔记（将演示文稿作为云笔记的附件，然后同步到iPad上）、邮件（将演示文稿保存为电子邮件的附件进行发送，然后下载该附件）等无线传输方式。

（4）控制放映

使用iPad与投影仪进行连接后，可以通过手机遥控的方法来放映演示文稿，只需在手机上安装如“PPT控”类似的应用软件即可。PPT控是一款辅助智能手机遥控PPT的专业软件，只需要手机和播放演示文稿的设备处于同一网络中即可。使用时，在手机中启动PPT控软件，然后在其中找到同样安装了PPT控客户端的iPad，连接后即可进行播放控制。

3. 使用Surface进行商务演示

Surface自带了mini HDMI接口，如图13-35所示，通过该接口能够非常方便地连接投影仪的HDMI接口，并且还有USB接口，能够方便地连接其他计算机设备。Surface连接好投影仪后，可以像普通笔记本电脑一样，通过其中安装的PowerPoint进行演示文稿放映。

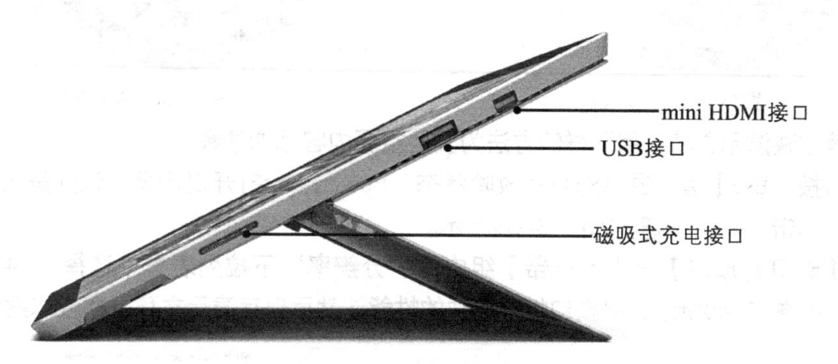

图13-35　Surface的外部接口

13.2.9 案例——放映“事业计划书”演示文稿

本案例要求根据提供的素材演示文稿，对其进行放映，主要是为幻灯片添加注释和设置幻灯片的分辨率，完成后的参考效果如图13-36所示。

素材所在位置　光盘:\素材文件\第13章\案例\事业计划书.pptx
效果所在位置　光盘:\效果文件\第13章\案例\事业计划书1.pptx
视频演示　光盘:\视频文件\第13章\演示“事业计划书”演示文稿.swf

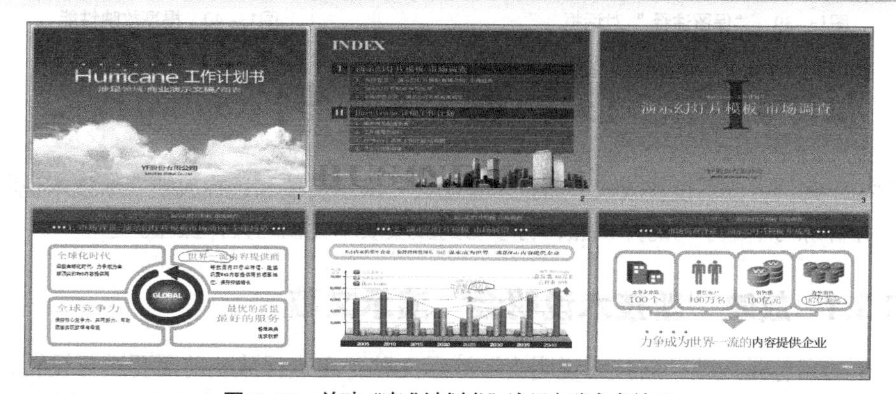

图13-36　放映“事业计划书”演示文稿参考效果

（1）打开“事业计划书.pptx”演示文稿，在【幻灯片放映】→【开始放映幻灯片】组中单击“从头开始”按钮，开始放映课件。

（2）当放映到第4张幻灯片时，单击鼠标右键，在弹出的快捷菜单中选择【指针选项】→【笔】命令，如图13-37所示。

（3）拖动鼠标在“世界一流”文本周围绘制一个红色的圆圈，如图13-38所示。

图13-37　选择笔形　　　　图13-38　添加注释

（4）继续放映演示文稿，用同样的方法为其他重要内容添加注释。

（5）然后按【Esc】键，退出幻灯片放映状态，PowerPoint打开提示框，询问是否保留墨迹注释，单击 保留(K) 按钮，如图13-39所示。

（6）在【幻灯片放映】→【监视器】组中的“分辨率”下拉列表框中选择“640×480”选项，如图13-40所示，提高幻灯片放映的性能，然后保存演示文稿，完成本案例的操作。

图13-39　“保留注释”对话框

图13-40　提高放映性能

13.3　操作案例

本章操作案例将分别设置放映“新技术说明会”演示文稿和远程放映“新技术说明会”演示文稿。综合练习本章学习的知识点，将学习到放映演示文稿的具体操作。

13.3.1　放映“新技术说明会”演示文稿

本案例的目标是放映“新技术说明会”演示文稿，在进行放映前需要进行设置，主要有为幻灯片分节并重命名节名称，然后设置激光笔的颜色。本练习完成后的参考效果如图13-41所示。

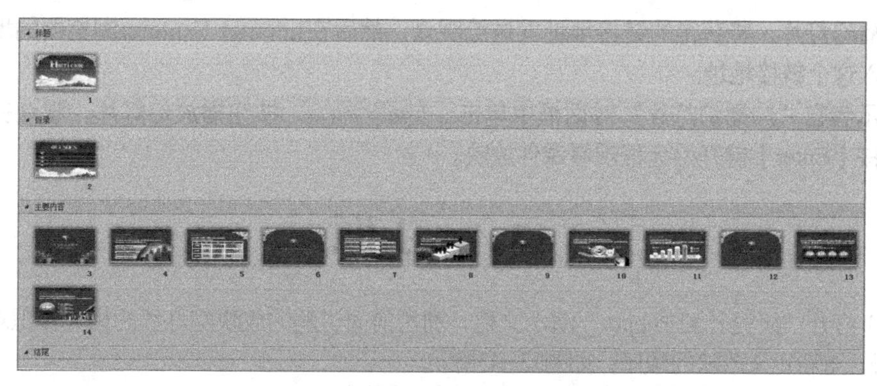

图13-41 “新技术说明会”演示文稿参考效果

素材所在位置 光盘:\素材文件\第13章\操作案例\新技术说明会.pptx
效果所在位置 光盘:\效果文件\第13章\操作案例\新技术说明会.pptx
视频演示 光盘:\视频文件\第13章\放映“新技术说明会”演示文稿.swf

（1）打开“新技术说明会.pptx”演示文稿，在第1张幻灯片中新增节，重命名为“标题”；然后在第2张幻灯片中新增节，重命名为“目录”；在第3张幻灯片中新增节，重命名为“主要内容”；在第15张幻灯片中新增节，重命名为“结尾”。

（2）打开“设置放映方式”对话框，设置激光笔的颜色为“绿色”。

（3）放映时按住【Ctrl】键单击鼠标即可显示激光笔。

13.3.2 远程放映“新技术说明会”演示文稿

本案例要求远程放映“新技术说明会.pptx”演示文稿，涉及设置幻灯片放映、设置幻灯片放映性能和远程放映幻灯片等操作。完成后的参考效果如图13-42所示。

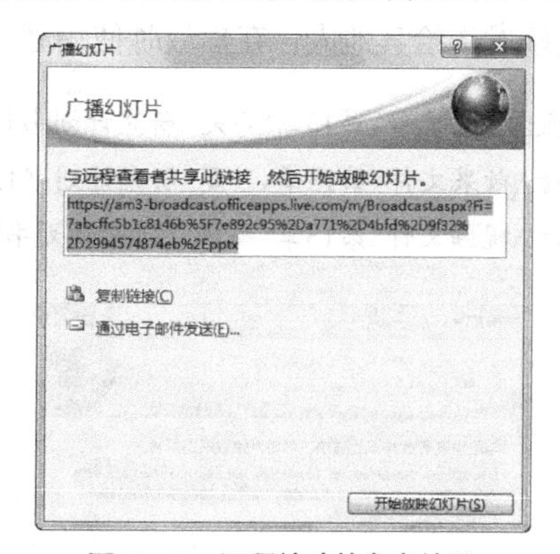

图13-42 远程放映的参考效果

素材所在位置 光盘:\素材文件\第13章\操作案例\新技术说明会.pptx
效果所在位置 光盘:\效果文件\第13章\操作案例\新技术说明会1.pptx
视频演示 光盘:\视频文件\第13章\远程放映“新技术说明会”演示文稿.swf

（1）打开“新技术说明会.pptx”演示文稿，将监视器的分辨率设置为“1280×1024”。

（2）打开“设置放映方式”对话框，设置幻灯片切换方式为“手动”。

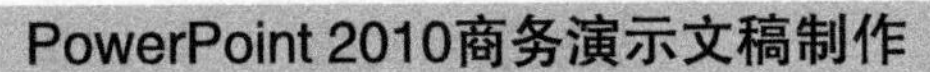

（3）广播幻灯片，将获得的链接地址发送给观众，然后在Internet Explorer浏览器的地址栏中输入这个链接地址。

（4）演示者在“广播幻灯片”对话框中单击开始放映幻灯片(S)按钮播放幻灯片，观众在浏览器中按【Enter】键开始远程观看课件放映。

13.4 习 题

（1）打开“研究计划书.pptx”演示文稿，利用前面讲解的放映幻灯片的相关知识对其内容进行编辑，重新定义放映的顺序，如图13-43所示。

素材所在位置	光盘:\素材文件\第13章\习题\研究计划书.pptx
效果所在位置	光盘:\效果文件\第13章\习题\研究计划书.pptx
视频演示	光盘:\视频文件\第13章\编辑“研究计划书”演示文稿.swf

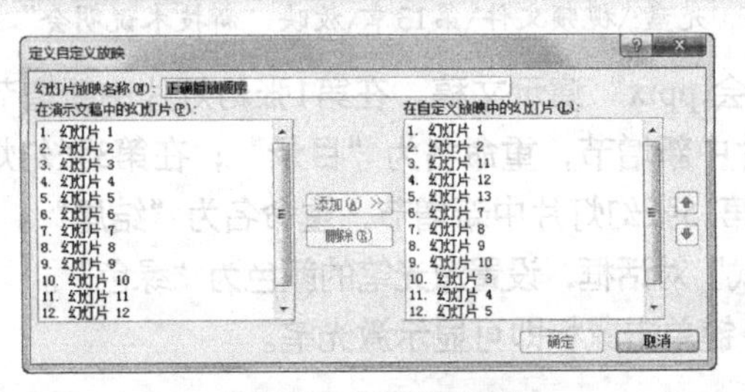

图10-43 定义新顺序

（2）打开“研究计划书1.pptx”演示文稿，利用前面讲解的放映幻灯片的相关知识对其内容进行编辑，设置激光笔的颜色，并广播幻灯片。最终效果如图13-44所示。

提示：打开“设置放映方式”对话框，设置激光笔的颜色为“蓝色”，然后广播幻灯片，将幻灯片的播放链接发送给其他人，在播放时使用激光笔进行标注。

素材所在位置	光盘:\素材文件\第13章\习题\研究计划书1.pptx
效果所在位置	光盘:\效果文件\第13章\习题\研究计划书1.pptx
视频演示	光盘:\视频文件\第13章\编辑“研究计划书”演示文稿.swf

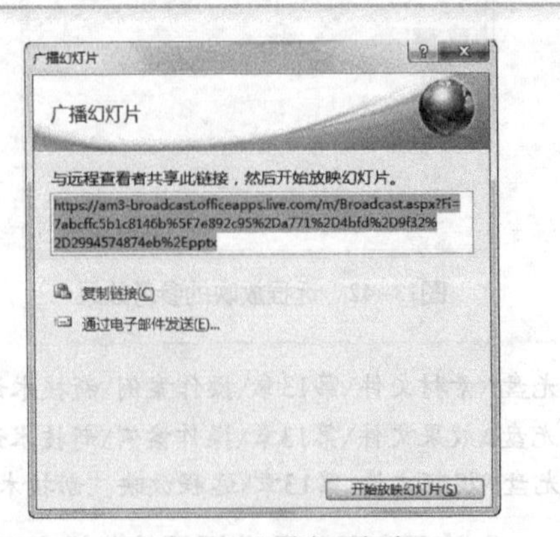

图10-44 广播演示文稿

第14章 综合案例——制作“牡丹亭”商业推广演示文稿

商业推广演示文稿属于比较常见的商业演示文稿，和产品介绍、公司简介、计划方案一样，都可以运用相同的方法进行制作。下面就以制作“牡丹亭”商业推广演示文稿为例，详细讲解该商业演示文稿的制作过程。

学习要点

- ◎ PowerPoint的基本操作
- ◎ 处理演示文稿中的文本和图片
- ◎ 演示文稿外观设计
- ◎ 设置演示文稿动画效果
- ◎ 制作交互式演示文稿
- ◎ 添加多媒体对象
- ◎ 输出演示文稿

学习目标

- ◎ 综合使用所学的PowerPoint的知识，进一步巩固利用PowerPoint相关操作来制作商业演示文稿的相关知识
- ◎ 实现熟练操作PowerPoint 2010，并能熟练制作各种商业演示文稿的目标

14.1 案例目标

本案例要求制作“牡丹亭.pptx”商业推广演示文稿，在制作过程中除了需要掌握PowerPoint的基本操作，还必须熟练掌握幻灯片版式设置、插入图片、文本和图片的格式设置、设置切换和动画，以及演示文稿的输出等知识。本案例完成后的参考效果如图14-1所示。

素材所在位置　光盘:\素材文件\第14章\综合案例\
效果所在位置　光盘:\效果文件\第14章\综合案例\
视频演示　光盘:\视频文件\第14章\制作“牡丹亭”商业推广演示文稿.swf

图14-1　“牡丹亭”商业推广演示文稿的参考效果

14.2 制作步骤

有经验的制作者可能会直接在计算机中开始制作演示文稿，但一个高质量高水平的商业演示文稿必须进行充分的设计和准备，并遵循以下步骤。

- ◎ **演示文稿分析**：专门针对演示文稿的表达特点的一种分析，它应当包括对商业目标的类型分析，说明演示文稿归类和常规表现手法；包括具体的商业目标的分析（推广、介绍、说明、归类、信息提示以及创新精神）；还应包括商业演示文稿的创意分析，也就是演示文稿将用什么手段来表现商业目标的重点。
- ◎ **控制流程设计**：它是演示文稿总体控制思路的一种形象表达，也是演示文稿的框架。流程是针对制作方便而设计的，是演示文稿制作中最需要整体思维的环节和最重要的环节，它常用“总——分——分”的结构形式来表达。
- ◎ **收集资料，加工素材**：图片需要进行扫描、处理、存储；视频需要采集、编辑、合成；声音需要录音、处理。素材处理过程也需要按脚本需求，同时考虑到后期制作时

格式、大小的要求。

◎ **制作演示文稿**：根据演示文稿难度、形式的要求，选择合适的制作工具，综合运用多种手段突出表现效果。

◎ **输出演示文稿**：将演示文稿打包或制作成可直接使用的文件类型，这样可以脱离编辑环境，方便在不同的机器上使用。

14.3 案例分析

制作本案例前，首先创建演示文稿，然后设计演示文稿母版，然后在演示文稿中插入幻灯片，输入并编辑演示文稿的主要内容，最后设置动画效果并输出，并将演示文稿输出，完成本案例的制作。本案例的操作思路如图14-2所示。

① 创建演示文稿并设置版式

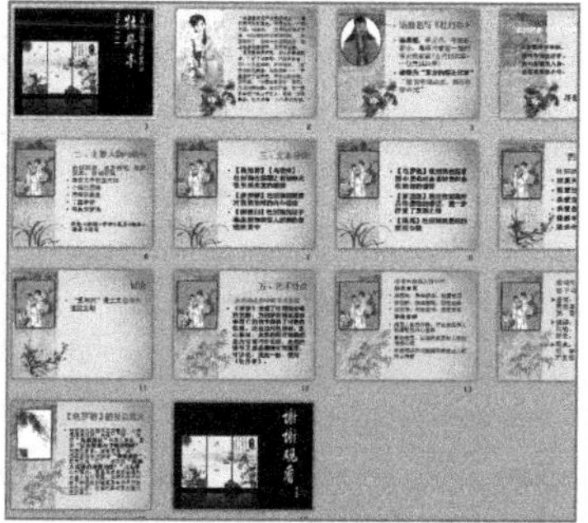

② 输入演示文稿内容并进行编辑

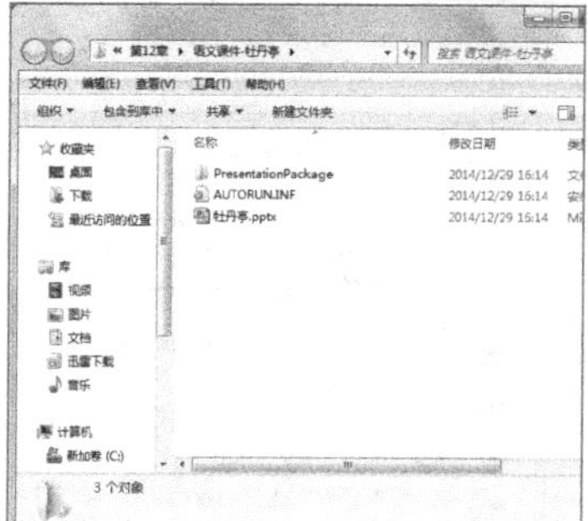

③ 设置动画效果并输出

图14-2 “牡丹亭”商业推广演示文稿的制作思路

14.4 制作过程

制作案例是一个多步骤多操作的过程，拟订好制作思路后即可按照思路逐步进行操作，下面就分别介绍其具体的制作过程。

14.4.1 新建演示文稿

首先新建演示文稿，并将其命名保存，其具体操作如下。

（1）单击“开始”按钮，在打开的菜单中选择【所有程序】→【Microsoft Office】→【Microsoft PowerPoint 2010】菜单命令，启动PowerPoint 2010。

（2）PowerPoint将新建一个演示文稿，在【设计】→【页面设置】组中单击“页面设置”按钮，如图14-3所示。

（3）打开“页面设置”对话框，在“幻灯片大小”下拉列表框中选择“全屏显示（16:9）”选项，单击确定按钮，如图14-4所示。

（4）选择【文件】→【另存为】菜单命令，如图14-5所示。

（5）打开“另存为”对话框，在地址栏中设置保存位置，在“文件名”文本框中输入“牡丹亭”，单击保存(S)按钮，如图14-6所示，完成操作。

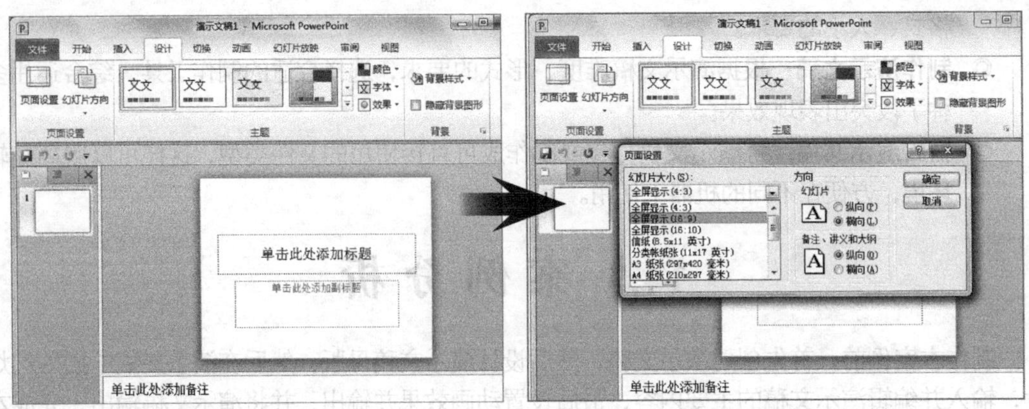

图14-3　进入页面设置　　　　　　　　　　图14-4　设置幻灯片大小

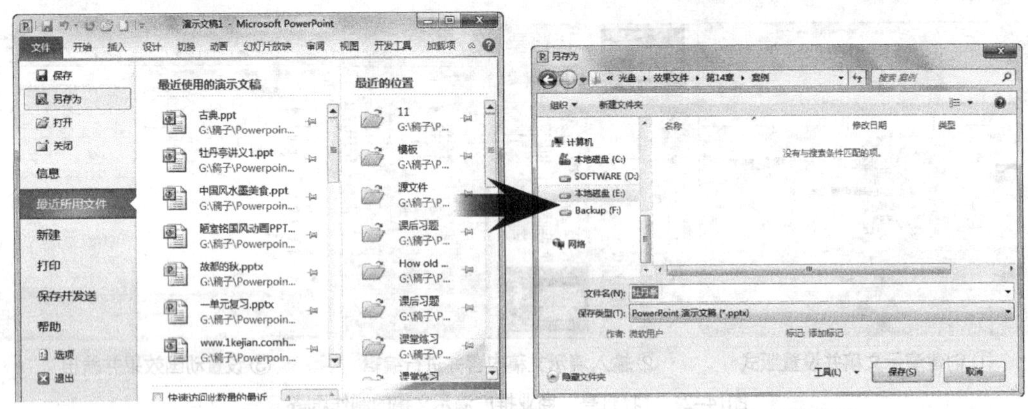

图14-5　保存演示文稿　　　　　　　　　　图14-6　设置保存

14.4.2　设计母版

接下来需要设计好演示文稿的母版，其具体操作如下。

（1）在【视图】→【母版视图】组中单击“幻灯片母版”按钮，如图14-7所示。

（2）进入幻灯片母版视图，选择第1张幻灯片，在【幻灯片母版】→【背景】组中单击背景样式按钮，在打开的下拉列表框中选择“设置背景格式”选项，如图14-8所示。

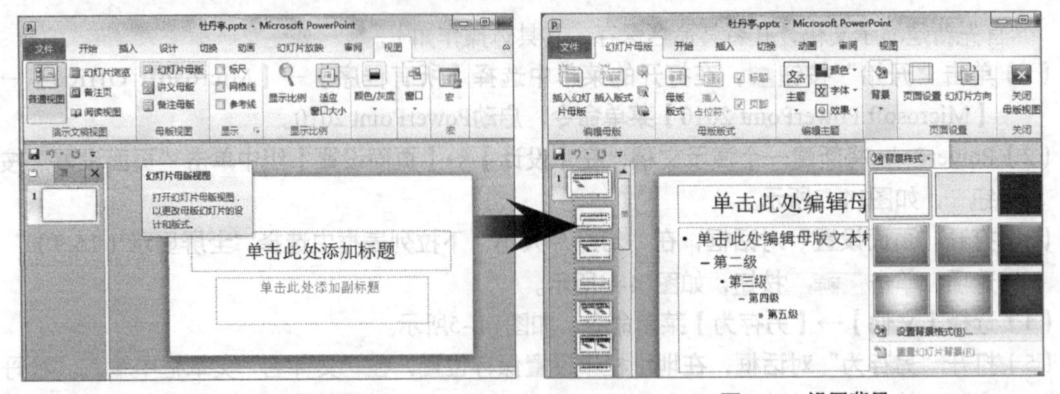

图14-7　进入母版视图　　　　　　　　　　图14-8　设置背景

（3）打开“设置背景格式”对话框，在“填充”选项卡中单击选中“图片或纹理填充”单选项，单击 文件(F)... 按钮，如图14-9所示。

（4）打开“插入图片”对话框，选择背景图片所在的文件夹，选择“荷花.jpg”图片，单击 插入(S) 按钮，如图14-10所示，返回“设置背景格式”对话框，单击 关闭 按钮。

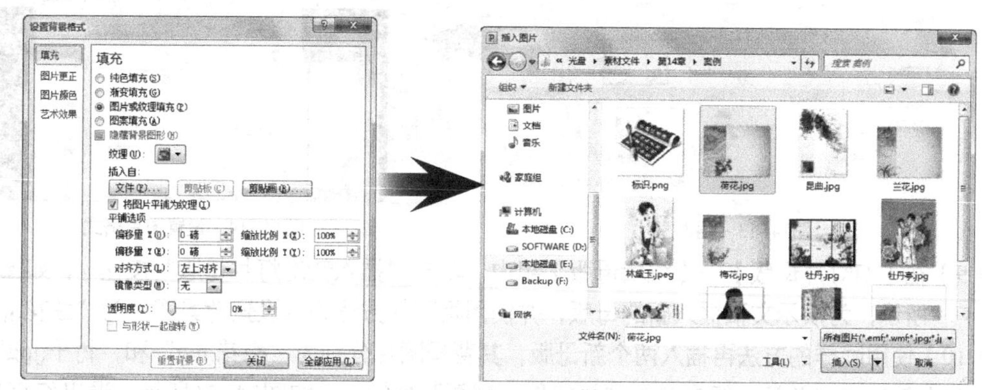

图14-9 选择背景样式　　图14-10 选择图片

（5）选择第2张幻灯片，在【幻灯片母版】→【背景】组中单击 背景样式 按钮，在打开的下拉列表框中选择“设置背景格式”选项，打开“设置背景格式”对话框，在“填充”选项卡中单击选中“纯色”单选项，在“填充颜色”栏中单击“颜色”按钮，在打开的下拉列表中选择“黑色”选项，如图14-11所示，单击 关闭 按钮。

（6）在【插入】→【图像】组中单击“图片”按钮，如图14-12所示。

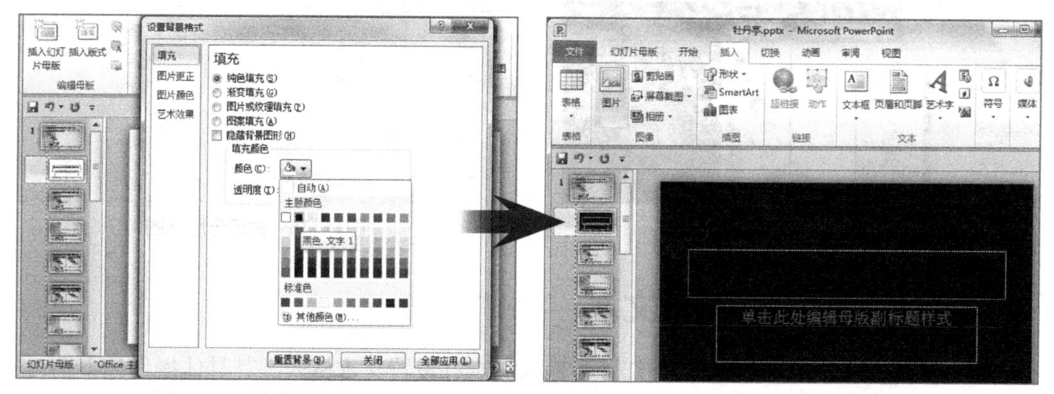

图14-11 填充纯色背景　　图14-12 插入图片

（7）打开“插入图片”对话框，在地址栏中选择素材文件图片所在位置，然后选择“牡丹.jpg”选项，单击 插入(S) 按钮，如图14-13所示，即可将其插入到幻灯片中。

知识提示

在幻灯片中插入图片，除了步骤（6）的方法外，也可以采用复制并粘贴的方法。

（8）调整图片的大小和位置，在【图像工具 格式】→【图片样式】组中单击 图片效果 按钮，在打开的下拉列表中选择“映像”选项，在打开的子列表中选择“紧密映像 接触”选项，如图14-14所示。

图14-13　插入图片　　　　图14-14　设置图片格式

（9）在【幻灯片母版】→【编辑母版】组中，单击“插入新幻灯片母版”按钮，如图14-15所示，为演示文稿插入新的母版，并使用相同的方法为其设置背景图片为“兰花.jpg”。

（10）使用同样的方法再插入两个新母版，其背景图片分别为“梅花.jpg”和“竹子.jpg”。

（11）然后在“关闭”组中单击“关闭母版视图”按钮，如图14-16所示，退出幻灯片母版编辑状态，完成操作。

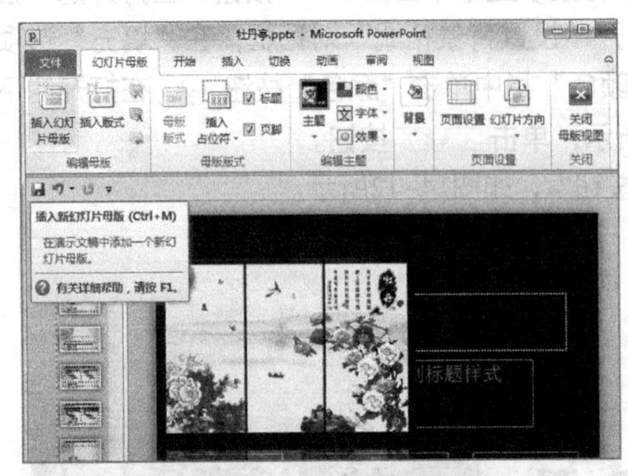

图14-15　插入幻灯片母版

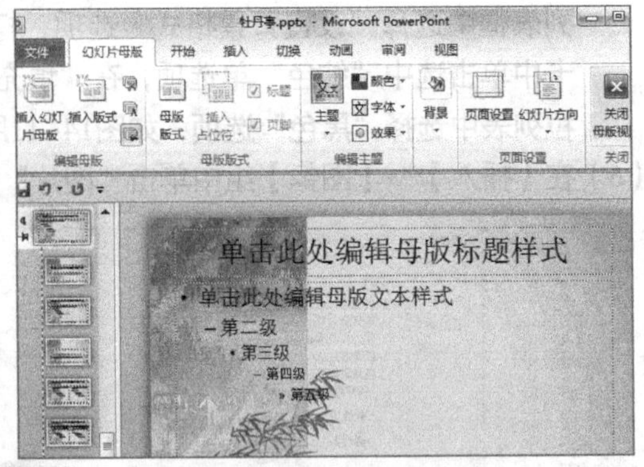

图14-16　关闭母版视图

14.4.3 编辑演示文稿文本

本节主要包括插入幻灯片，在幻灯片中输入文本并设置文本格式，其具体操作如下。

（1）删除标题幻灯片中的占位符，在【插入】→【文本】组中单击“文本框”按钮，在打开的下拉列表中选择“垂直文本框”选项，如图14-17所示。

（2）将鼠标光标移动到幻灯片中时，鼠标光标变为形状，按住鼠标左键拖动绘制一个文本框，在文本框的上侧出现文本插入点，输入“牡丹亭”。

（3）选择该文本框，在【开始】→【字体】组中，单击“字体”下拉列表框右侧的按钮，在打开的下拉列表中选择“方正黄草简体”选项，单击“字号”下拉列表框右侧的按钮，在打开的下拉列表中选择“96”选项，单击“字体颜色”按钮右侧的按钮，在打开的下拉列表中选择“白色”选项，如图14-18所示，然后将文本插入点定位到文本框中，按【Enter】键换行，输入“商业推广方案”，用同样的方法设置字体格式为“方正粗宋简体、28、白色、下划线”。

图14-17　插入文本框　　　　图14-18　输入和设置文本

（4）继续在幻灯片中插入横排文本框，在其中输入文本“THE PEONY PAVILION”，设置文本格式为“Calibri、32、白色”，在该文本框上单击鼠标右键，在弹出的快捷菜单中选择“大小和位置”命令，如图14-19所示。

（5）打开“设置形状格式”对话框的“大小”选项卡，在“尺寸和旋转”栏的“旋转”数值框中输入“90”，单击 关闭 按钮，如图14-20所示，将文本框移动到幻灯片右上角。

图14-19　设置文本框　　　　图14-20　旋转文本框

（6）在【开始】→【幻灯片】组中单击“新建幻灯片”按钮下方的按钮，在打开的下拉列表框的“Office主题”栏中选择“内容与标题”选项，如图14-21所示。

（7）选择新建的幻灯片，将左侧两个占位符删除，在右侧的占位符中输入文本，设置格式为“微软雅黑、24、黑色”，如图14-22所示。

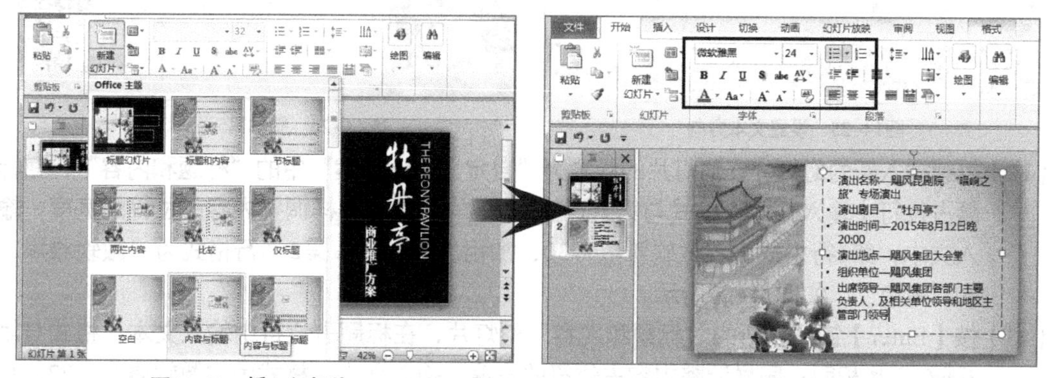

图14-21　插入幻灯片　　　　图14-22　输入和设置文本

（8）继续插入新的幻灯片，版式为“标题和内容”，输入标题文本，设置文本格式为“微软雅黑、40、加粗、文字阴影、粉红”，在“段落”组中单击“右对齐”按钮，将标题文本靠右对齐；调整内容占位符的宽度，在其中输入文本内容，字体为“微软雅黑”，第1行前3个文本和其他两段文本加粗，第3行文本颜色为“红色”，如图14-23所示。

（9）继续插入新的幻灯片，版式为“空白”，在其中插入文本框，输入文本，第一行格式为“微软雅黑、32、加粗、文字阴影、红色”，第2~6行格式为“微软雅黑、24、加粗、文字阴影、深蓝”，如图14-24所示。

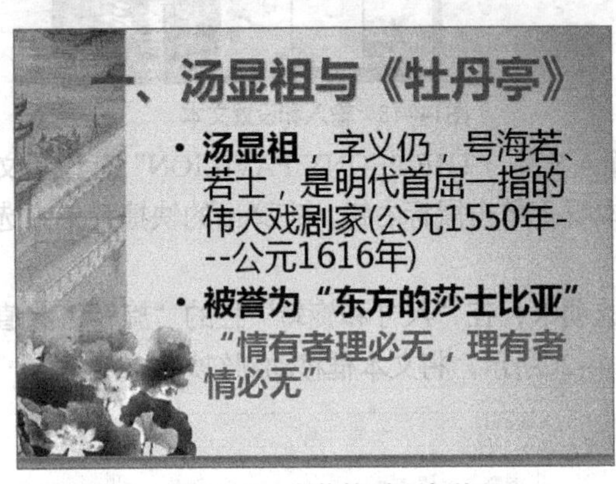

图14-23　制作第3张幻灯片

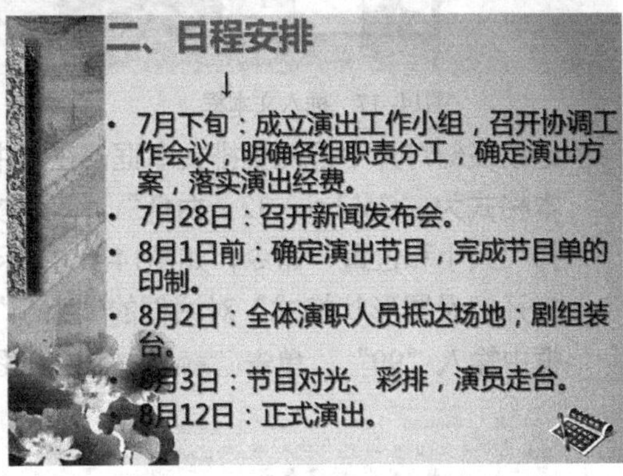

图14-24　制作第4张幻灯片

（10）继续插入新的幻灯片，版式为“空白”，在其中插入文本框，输入文本，在【开始】→【段落】组中单击文字方向按钮，在打开的下拉列表中选择“竖排”选项，如图14-25所示，设置文本方向为竖排。

（11）然后设置文本格式为“微软雅黑、24、加粗、黑色”，然后将最后两句文本的格式设置为“文字阴影、红色”，如图14-26所示。

图14-25　设置文本方向

图14-26　制作第5张幻灯片

（12）继续插入新的幻灯片，幻灯片的版式为“自定义设计方案”中的“标题和内容”，在标题占位符中输入文本，格式与第3张幻灯片中的相同；同样调整内容占位符的宽度，输入文本，第1行格式为“微软雅黑、30、加粗、红色”，第2~6行格式为“微软雅黑、30、黑色”，如图14-27所示。

（13）按【Enter】键插入新的“标题和内容”幻灯片，在标题占位符中输入文本，格式与第3张幻灯片相同；同样调整内容占位符的宽度，输入文本，格式为“微软雅黑、22、加

粗，黑色”，如图14-28所示。

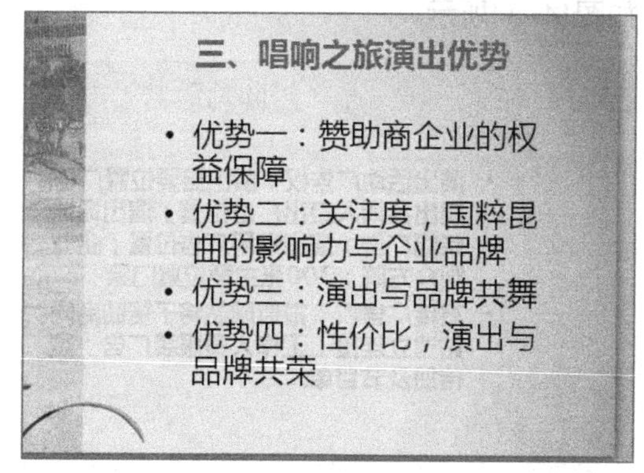

图14-27　制作第6张幻灯片

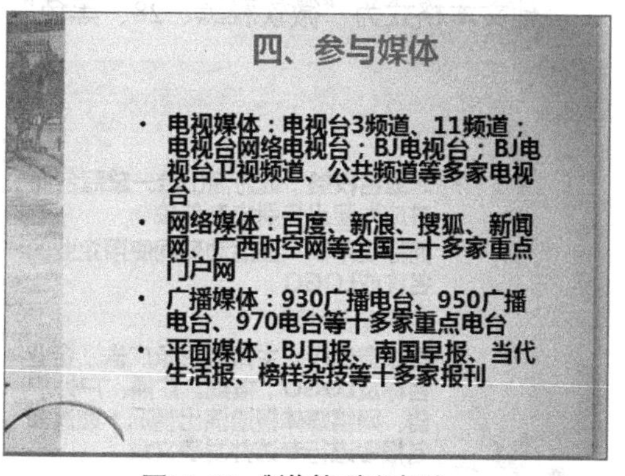

图14-28　制作第7张幻灯片

（14）按【Ctrl+D】组合键复制上一张幻灯片，在标题占位符中输入文本，在内容占位符中输入文本，格式为“微软雅黑、20、加粗、黑色”，如图14-29所示。

（15）继续插入新的幻灯片，幻灯片的版式为“1_自定义设计方案”中的“标题和内容”，在标题占位符中输入文本，格式与第3张幻灯片中的相同；输入内容文本，设置文本格式为“微软雅黑、24、加粗、黑色”，如图14-30所示。

图14-29　制作第8张幻灯片

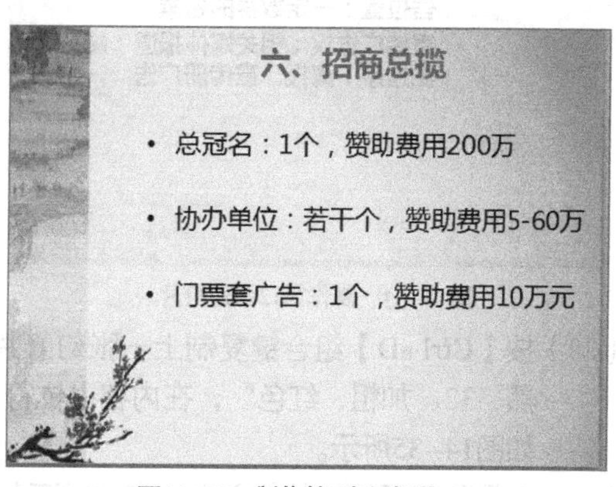

图14-30　制作第9张幻灯片

（16）按【Ctrl+D】组合键复制上一张幻灯片，在标题占位符中输入文本，格式为“微软雅黑、30、加粗、文字阴影、红色”，在内容占位符中输入文本，格式为“微软雅黑、24、加粗、黑色”，将其中第3段文本格式设置为“下划线、红色”，如图14-31所示。

（17）继续插入新的“1_自定义设计方案”中“标题和内容”版式的幻灯片，在标题占位符中输入文本，格式为“微软雅黑、30、右对齐、红色”，在内容占位符中输入文本，格式为“微软雅黑、24、加粗、黑色”，如图14-32所示。

（18）继续插入新的幻灯片，幻灯片的版式为“2_自定义设计方案”中的“标题和内容”，在标题占位符中输入文本，格式与前面的幻灯片相同；同样调整内容占位符的宽度，输入文本，格式为“微软雅黑、24、加粗、黑色”，如图14-33所示。

（19）按【Ctrl+D】组合键复制上一张幻灯片，在标题占位符中输入文本，设置与前面相同的文本格式，同样调整内容占位符的高度，在其中输入文本，第一行格式为“微软雅黑、

28、加粗、文字阴影、红色”，第2行文本格式为“微软雅黑、28、加粗、深蓝”，其他文本格式为“微软雅黑、28、黑色”，如图14-34所示。

图14-31 制作第10张幻灯片

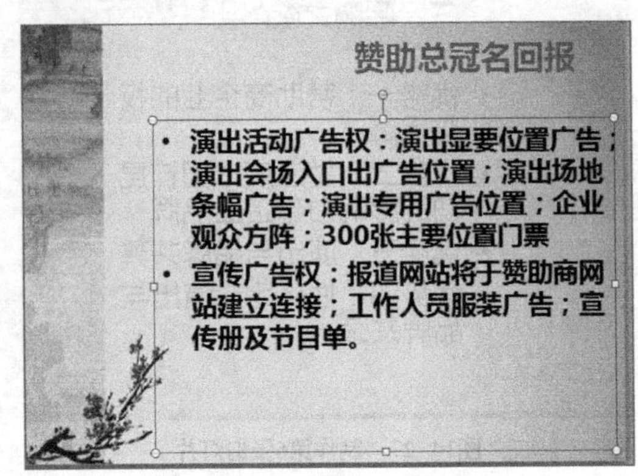

图14-32 制作第11张幻灯片

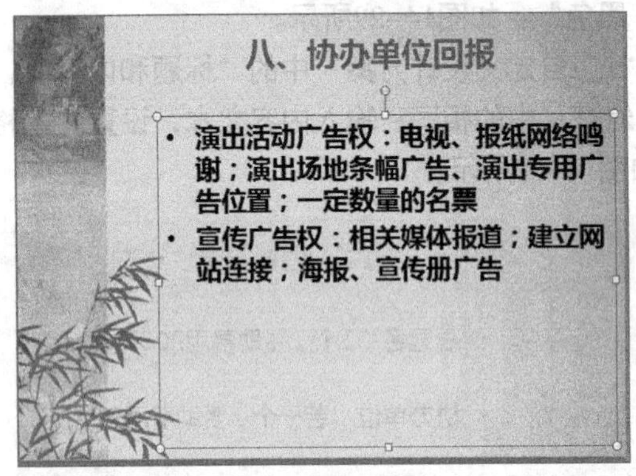

图14-33 制作第12张幻灯片

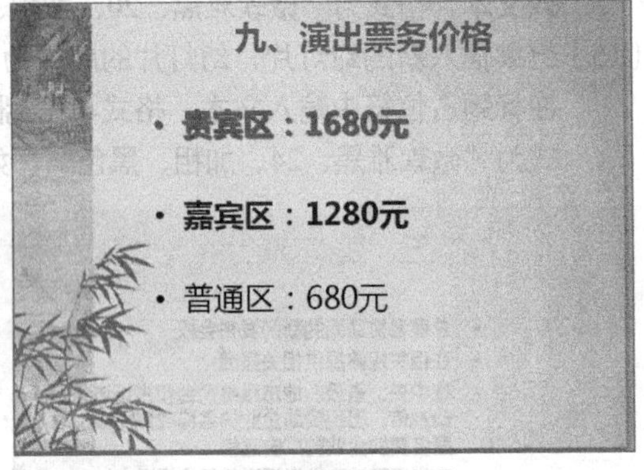

图14-34 制作第13张幻灯片

（20）按【Ctrl+D】组合键复制上一张幻灯片，在标题占位符中输入文本，格式为“微软雅黑、32、加粗、红色”，在内容占位符中输入文本，格式为“微软雅黑、32、黑色”，如图14-35所示。

（21）选择除标题外的其他文本，在“段落”组中单击“项目符号”按钮右侧的按钮，在打开的下拉列表中选择“箭头项目符号”选项，如图14-36所示。

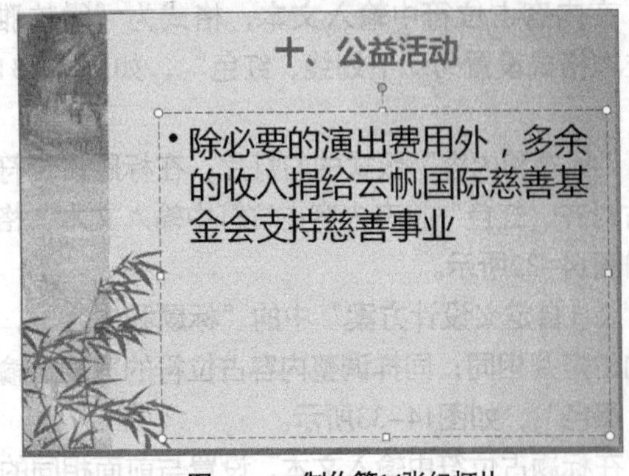

图14-35 制作第14张幻灯片

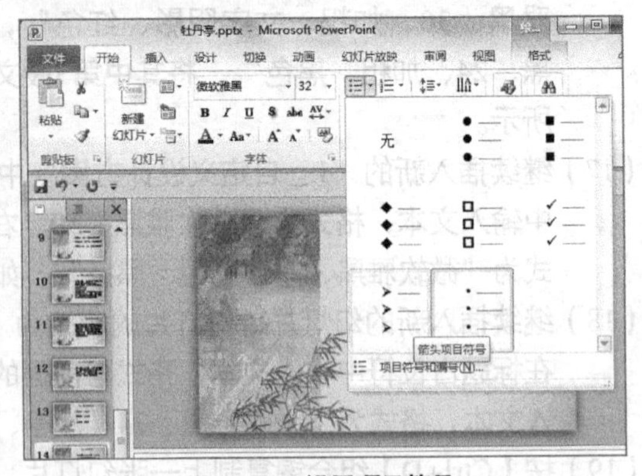

图14-36 设置项目符号

（22）继续插入新的幻灯片，幻灯片的版式为“2_自定义设计方案”中的“标题和内容”，在标题占位符中输入文本，格式与第3张幻灯片相同；同样调整内容占位符的宽度，输入文本，格式为“微软雅黑、20、黑色”，将其中重要文本设置为“红色、加粗”，如图14-37所示。

（23）按【Ctrl+D】组合键复制上一张幻灯片，在标题占位符中输入文本，格式与第3张幻灯片相同；在内容占位符中输入文本，格式为“微软雅黑、28、黑色”，将其中重要文本设置为“加粗”，如图14-38所示。

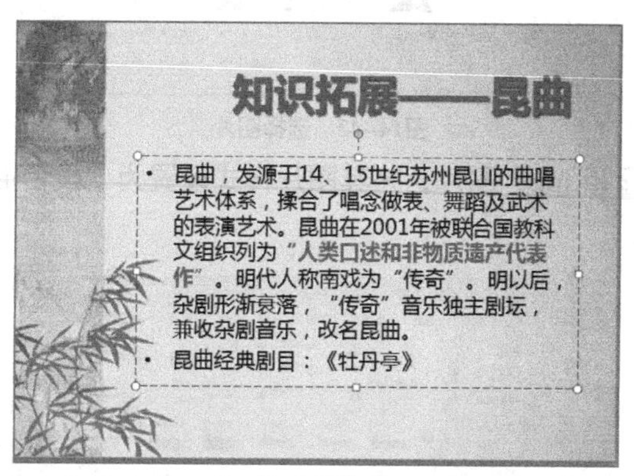

图14-37 制作第15张幻灯片

图14-38 制作第16张幻灯片

（24）按【Ctrl+D】组合键复制第1张幻灯片，如图14-39所示，将复制的幻灯片移动到最后一张，删除多余的文本框和文本，重新输入文本“谢谢观看！”，如图14-40所示。

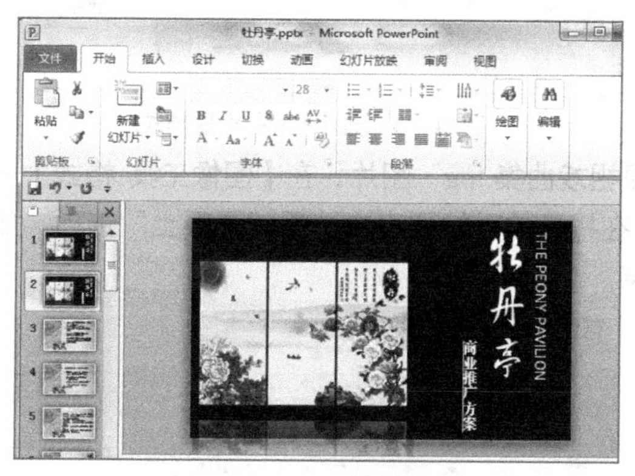

图14-39 复制幻灯片

图14-40 制作第17张幻灯片

14.4.4 插入和编辑图片

本节主要是在幻灯片中插入图片，并设置图片的格式，其具体操作如下。

（1）选择第2张幻灯片，在【插入】→【图像】组中单击“图片”按钮，如图14-41所示。

（2）打开“插入图片”对话框，在地址栏中选择素材图片所在位置，然后选择“昆曲.jpg”选项，单击插入(S)按钮，如图14-42所示，即可将其插入到幻灯片中。

（3）选择插入的图片，将其移动到左上角，在【图片工具 格式】→【图片样式】组中单击“快速样式”按钮，在打开的下拉列表框中选择“映像圆角矩形”选项，如图14-43所示。

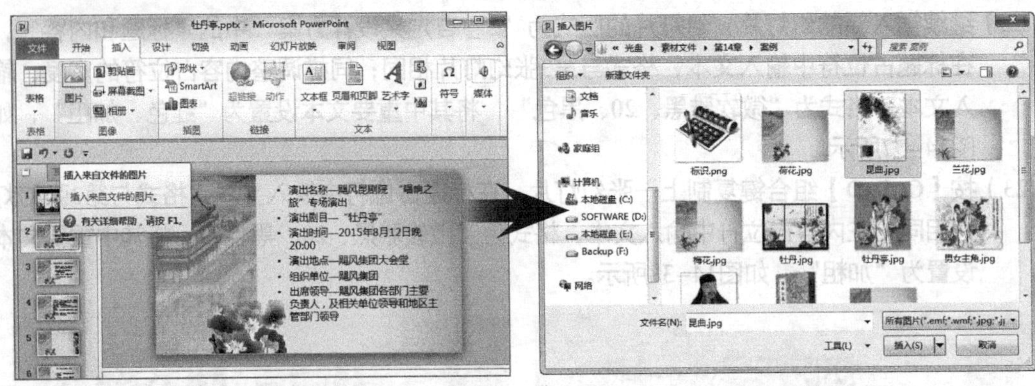

图14-41　插入图片　　　　图14-42　选择图片

（4）用同样的方法在第3张幻灯片中插入“汤显祖.jpg”图片，将其图片样式设置为“棱台形椭圆，黑色”，如图14-44所示。

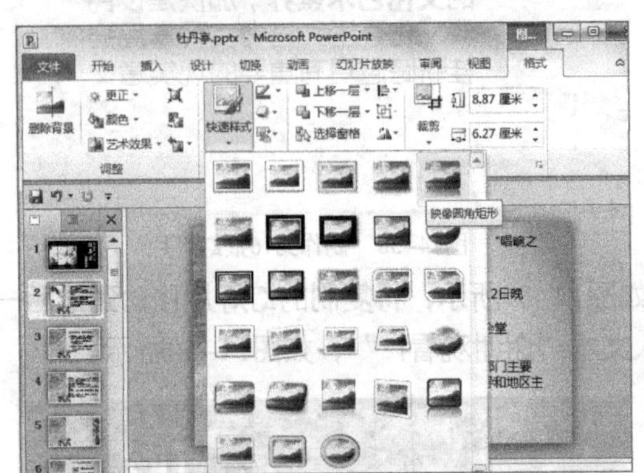

图14-43　设置图片样式

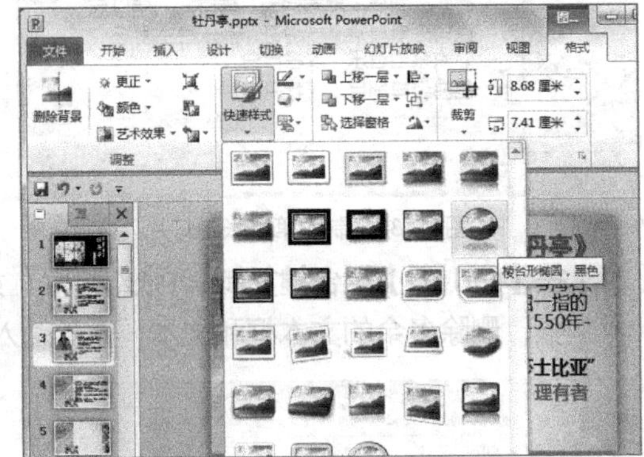

图14-44　插入图片并设置样式

（5）用同样的方法在第4张幻灯片中插入“汤显祖戏曲集.jpg”图片，在【图像工具 格式】→【调整】组中单击“艺术效果”按钮，在打开的下拉列表中选择“混凝土”选项，如图14-45所示，为插入的图片设置艺术效果。

（6）然后将图片样式设置为“柔化边缘矩形”，如图14-46所示。

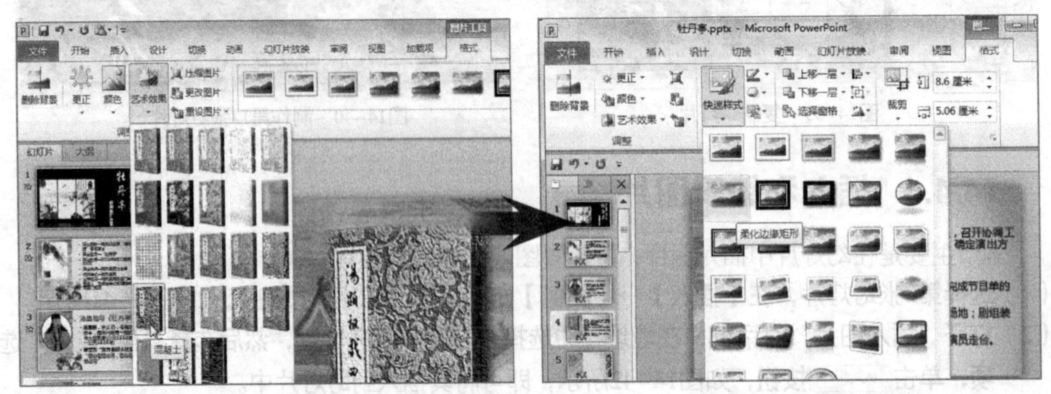

图14-45　设置图片艺术效果　　　　图14-46　设置图片样式

（7）用同样的方法在第5张幻灯片中插入“男女主角.jpg”图片，将其图片样式设置为“旋转，白色”，如图14-47所示。

（8）用同样的方法在第6张幻灯片中插入“牡丹亭.jpg”图片，将其图片样式设置为“映像棱台，黑色”，如图14-48所示。

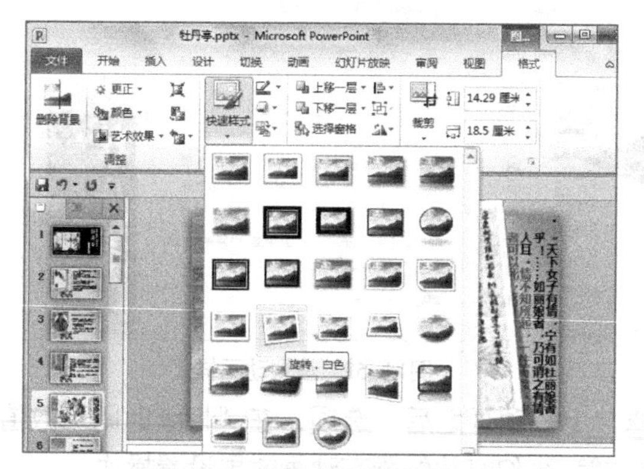

图14-47　插入图片并设置样式

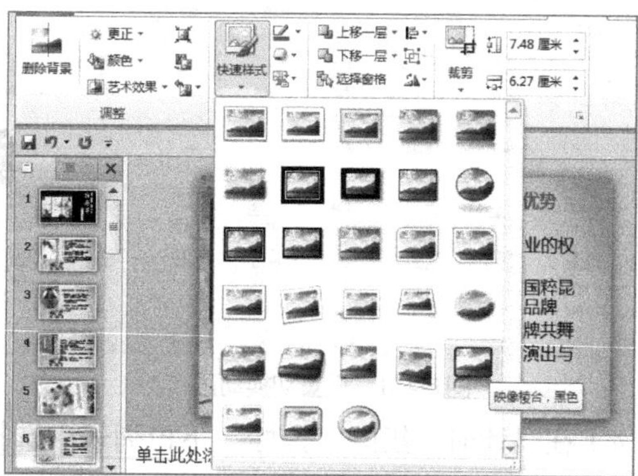

图14-48　插入图片并设置样式

（9）在第6张幻灯片中复制插入的图片，将其粘贴到第7~14张幻灯片中，如图14-49所示。

（10）在第15张幻灯片中插入“昆曲.jpg”图片，将其图片样式设置为“映像棱台，黑色”，并将其复制到第16张幻灯片中，如图14-50所示。

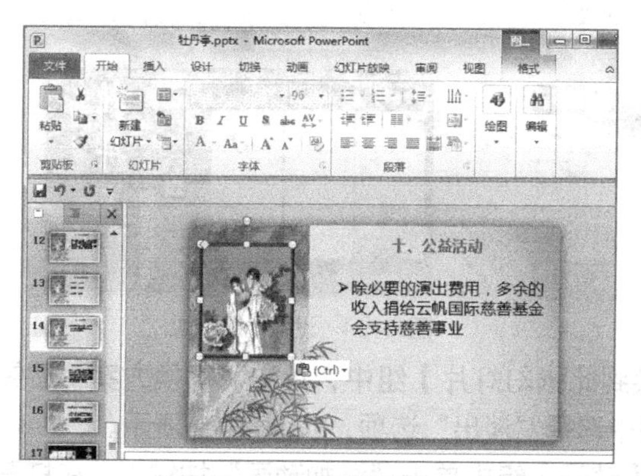

图14-49　复制图片

图14-50　插入图片并复制

14.4.5　设置动画效果

本节的主要任务是为幻灯片设置切换动画和为幻灯片中的对象设置动画，其具体操作如下。

（1）选择第1张幻灯片，在【切换】→【切换到此张幻灯片】组中，单击“切换方案”按钮，在打开的下拉列表框的“细微型”栏中选择“分割”选项，如图14-51所示，为该幻灯片设置“分割”型的切换动画。

（2）在幻灯片中选择最大的文本框，在【动画】→【动画】组中，单击“动画样式”按钮，在打开的下拉列表框的“进入”栏中选择“淡出”选项，如图14-52所示，为该文本框设置“淡出”型的动画效果。

（3）在“动画”组中，单击“效果选项”按钮，在打开的下拉列表中选择“按段落”选项，如图14-53所示，为该文本框的“淡出”动画效果设置按段落放映。

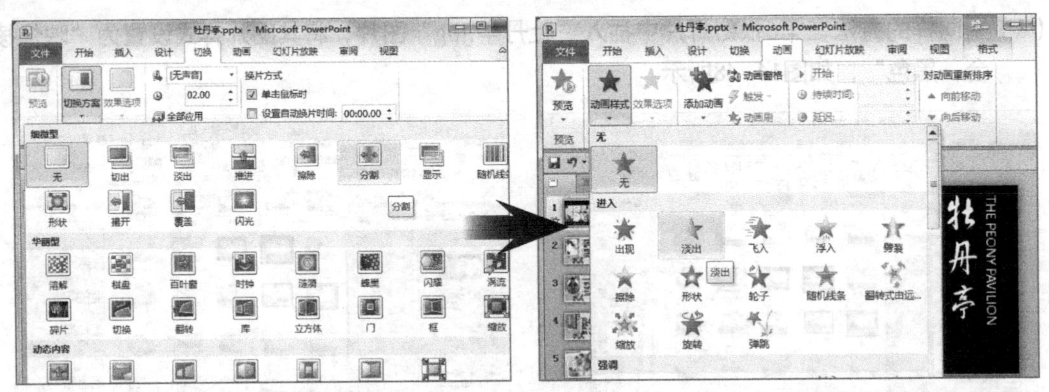

图14-51　设置切换动画　　图14-52　设置动画样式

（4）在“计时”组的“开始”下拉列表中选择“上一动画之后”选项，在“持续时间”数值框中输入“02.00”，如图14-54所示，完成第1张幻灯片的所有动画效果设置操作。

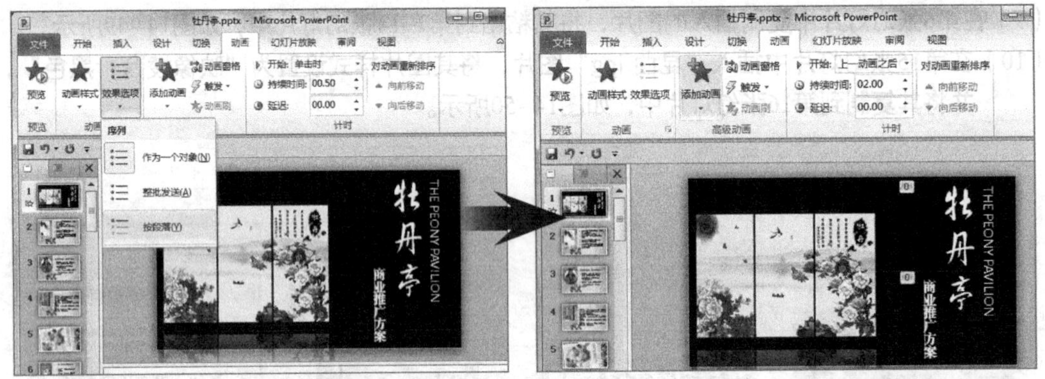

图14-53　设置效果选项　　图14-54　设置动画计时

（5）选择第2张幻灯片，在【切换】→【切换到此张幻灯片】组中，单击“切换方案”按钮，在打开的下拉列表框的“细微型”栏中选择“淡出”选项，如图14-55所示。

（6）在幻灯片中选择文本框，在【动画】→【动画】组中单击“添加动画”按钮，在打开的列表框的“进入”栏中选择“擦除”选项，如图14-56所示。

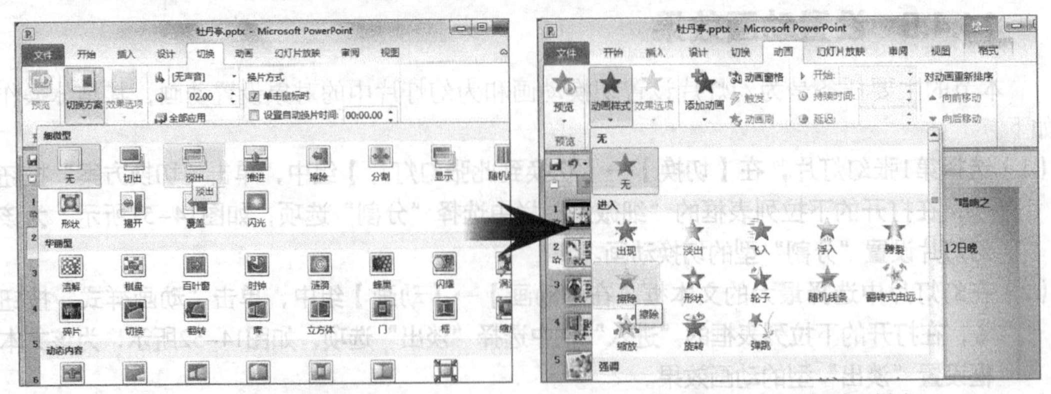

图14-55　设置切换动画　　图14-56　设置动画样式

（7）在“动画”组中单击“效果选项”按钮，在打开的下拉列表的“方向”栏中选择“自顶部”选项，在“序列”栏中选择“按段落”选项，如图14-57所示，然后在“计时”

组的“开始”下拉列表中选择“单击时”选项，设置持续时间为“02.00”。

（8）选择第3张幻灯片，设置切换动画为“淡出”；设置第1个文本框的动画为“淡出”，开始时间为“单击时”，持续时间为“01.00”；设置第2个文本框的动画为“擦除”，效果为“自顶部”，开始时间为“单击时”，持续时间为“03.00”，如图14-58所示。

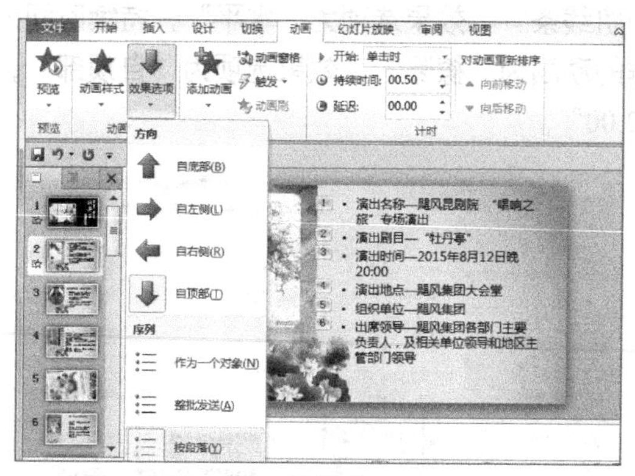

图14-57　设置动画

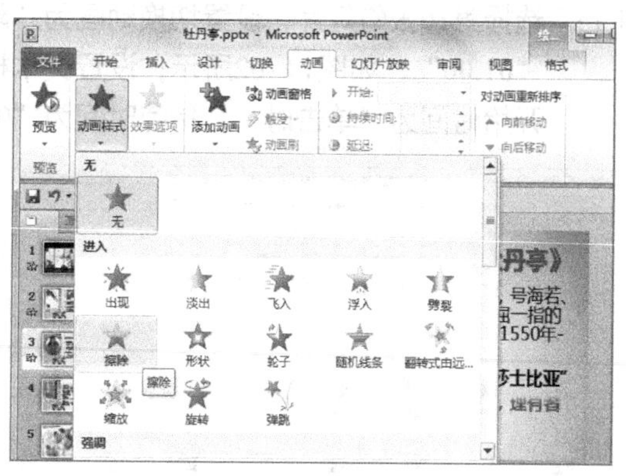

图14-58　设置动画样式

（9）选择第4张幻灯片，设置切换动画为“淡出”；设置文本框的动画为“擦除”，单击“效果选项”按钮，在打开的“序列”列表中选择“按段落”选项，如图14-59所示，设置开始时间为“单击时”，持续时间为“02.00”。

（10）选择第5张幻灯片，设置切换动画为“推进”，单击“效果选项”按钮，在打开的下拉列表中选择“自左侧”选项，如图14-60所示。

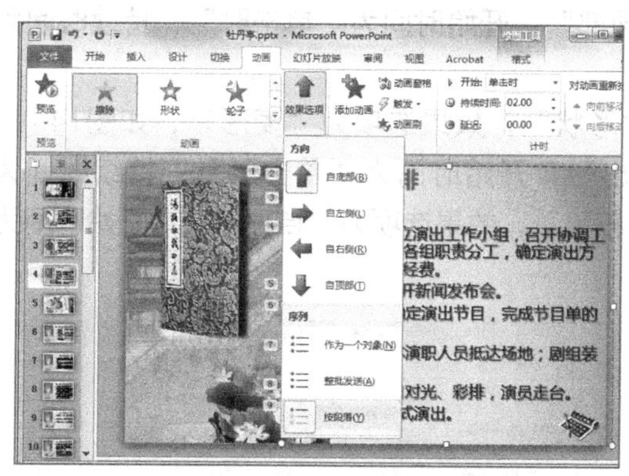

图14-59　设置效果选项

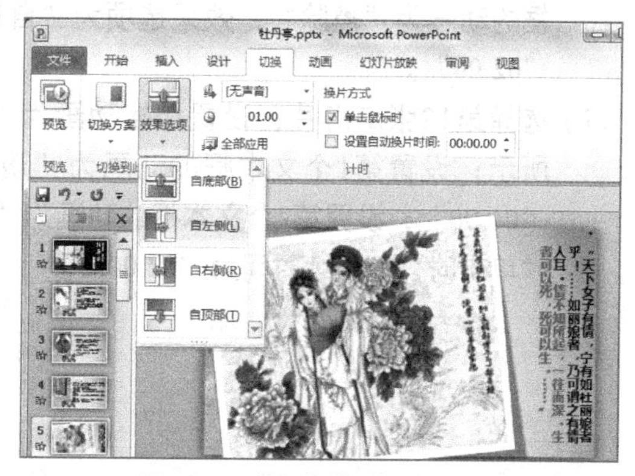

图14-60　设置切换动画效果选项

（11）选择第6张幻灯片，设置切换动画为“推进”，效果选项为“自底部”，持续时间为“01.00”；设置第1个文本框的动画为“淡出”，开始时间为“单击时”，持续时间为“01.00”；设置第2个文本框的动画为“擦除”，效果选项为“自顶部”，开始时间为“单击时”，持续时间为“02.00”。

（12）选择第7张幻灯片，设置切换动画为“推进”，效果选项为“自右侧”，持续时间为“01.00”；两个文本框的动画设置与第6张幻灯片相同。

（13）选择第8张幻灯片，设置切换动画为“推进”，效果选项为“自顶部”，持续时间为“01.00”；设置文本框的动画为“淡出”，效果选项为“按段落”，开始时间为“单击时”，持续时间为“02.00”。

(14) 选择第9张幻灯片，设置切换动画为“随机线条”，持续时间为“01.00”，如图14-61所示；设置第1个文本框的动画为“淡出”，开始时间为“单击时”，持续时间为“01.00”；设置第2个文本框的动画为“擦除”，效果选项为“自顶部”，开始时间为“单击时”，持续时间为“02.00”。

(15) 选择第10张幻灯片，设置切换动画为“随机线条”，效果选项为“水平”，持续时间为“01.00”，如图14-62所示；设置文本框的动画为“擦除”，效果选项为“自顶部”，开始时间为“单击时”，持续时间为“02.00”。

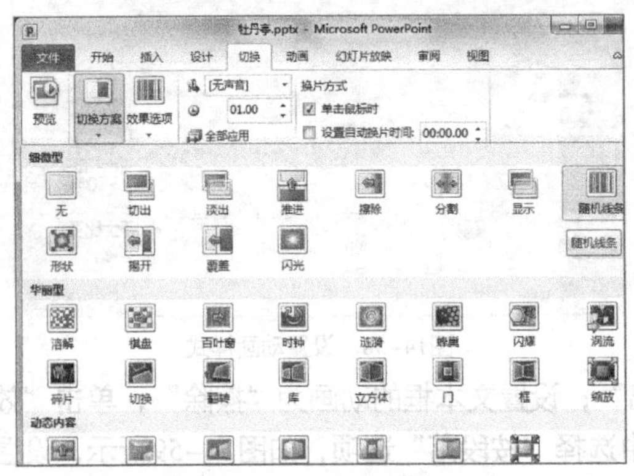

图14-61 设置切换动画

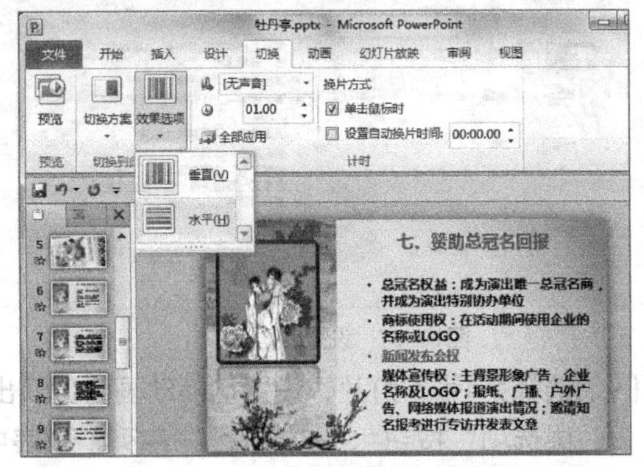

图14-62 设置切换动画效果选项

(16) 选择第11张幻灯片，设置切换动画为“形状”，如图14-63所示；设置第1个文本框的动画为“淡出”，开始时间为“单击时”，持续时间为“01.00”；设置第2个文本框的动画为“擦除”，效果选项为“自顶部”，开始时间为“单击时”，持续时间为“02.00”。

(17) 选择第12张幻灯片，设置切换动画为“形状”，效果选项为“菱形”，如图14-64所示；设置第1个文本框的动画为“淡出”，开始时间为“单击时”，持续时间为“01.00”；设置第2个文本框的动画为“擦除”，效果选项为“自顶部”，开始时间为“单击时”，持续时间为“02.00”。

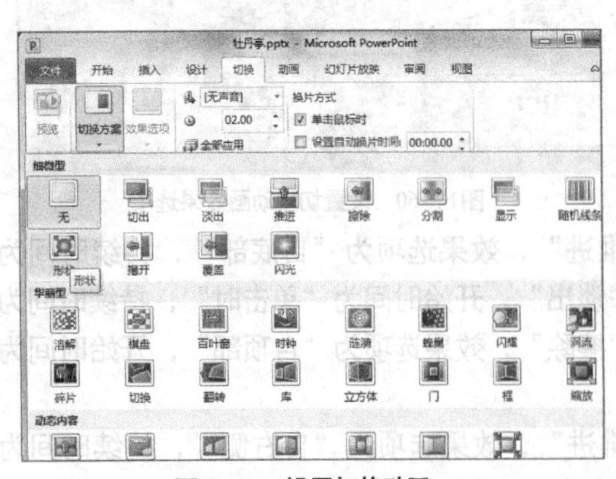

图14-63 设置切换动画

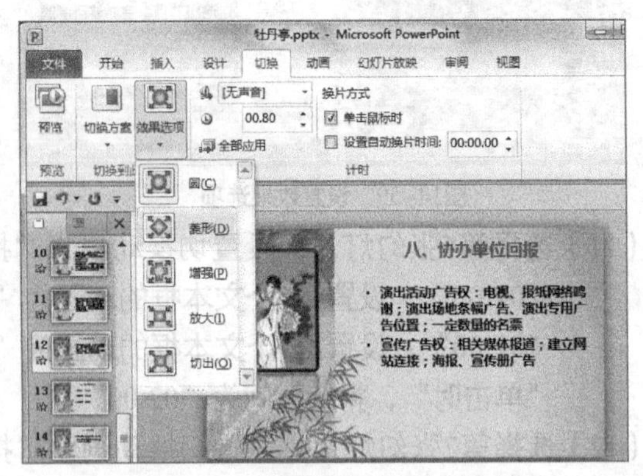

图14-64 设置切换动画效果选项

(18) 选择第13张幻灯片，设置切换动画为“形状”，效果选项为“增强”；设置文本框的动画为“擦除”，效果选项为“自顶部”，开始时间为“单击时”，持续时间为“02.00”。

（19）选择第14张幻灯片，设置切换动画为“形状”，效果选项为“放大”；文本框的动画动画设置与第13张幻灯片的相同。

（20）选择第15张幻灯片，设置切换动画为“形状”，效果选项为“切出”；设置第1个文本框的动画为“淡出”，开始时间为“单击时”，持续时间为“01.00”；设置第2个文本框的动画为“擦除”，效果选项为“自顶部”，开始时间为“单击时”，持续时间为“02.00”。

（21）选择第16张幻灯片，设置切换动画为“揭开”，如图14-65所示；文本框的动画设置与第15张幻灯片的相同。

（22）选择第17张幻灯片，设置切换动画为“揭开”；设置文本框的动画为“缩放”，如图14-66所示。

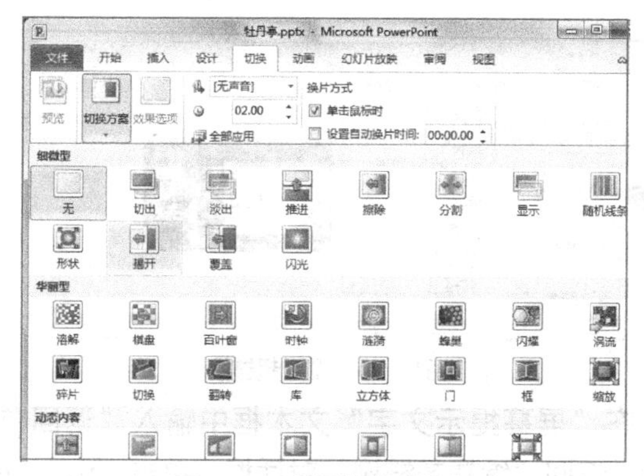

图14-65　设置切换动画

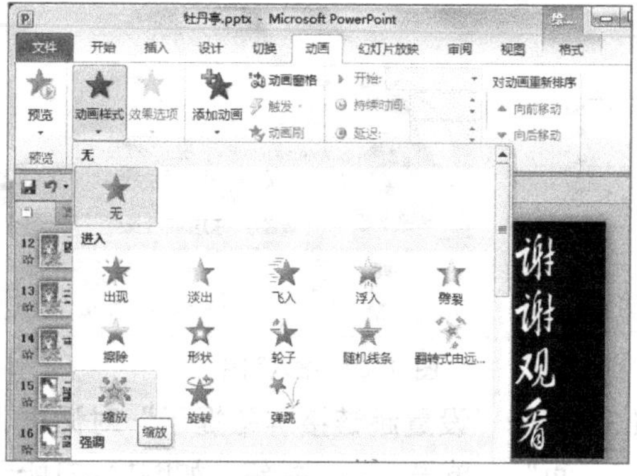

图14-66　设置文本框动画

（23）设置开始时间为“单击时”，持续时间为“02.00”，在“高级动画”组中单击 动画窗格 按钮，打开“动画窗格”窗格，单击该动画选项右侧的按钮，在打开的下拉列表中选择“效果选项”选项，如图14-67所示。

（24）打开“缩放”对话框，在“效果”选项卡的“增强”栏的“声音”下拉列表框中选择“鼓掌”选项，单击 确定 按钮，如图14-68所示，为动画添加声音。

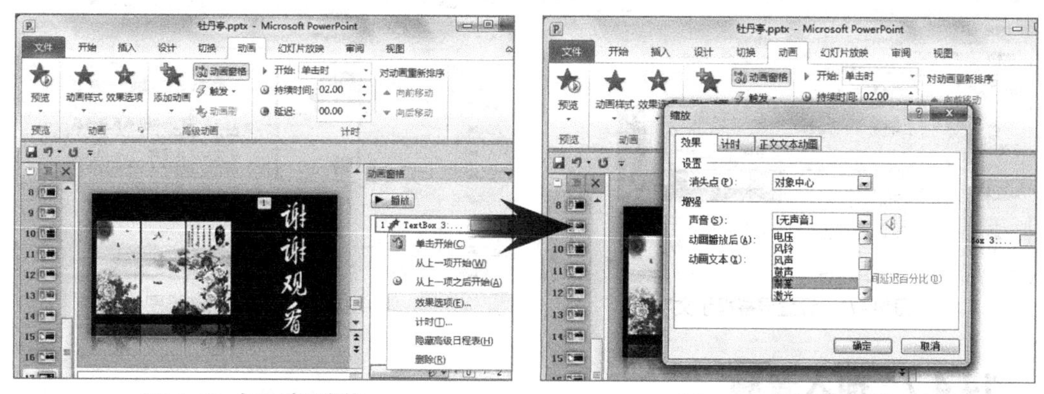

图14-67　打开动画窗格　　　　图14-68　设置动画声音

设计技巧

由于篇幅的原因，本案例中没有使用SmartArt图形，大家可以试试将本案例的内容幻灯片制作成形状和SmartArt图形，将提高可读性。

14.4.6 添加超链接

本节主要是在幻灯片中插入图片，并为其添加超链接，其具体操作如下。

（1）选择第3张幻灯片，插入图片“标识.png”，将其移动到右下角，选择该图片，在【插入】→【链接】组中单击“超链接”按钮，如图14-69所示。

（2）打开“插入超链接”对话框，在左侧的“链接到”列表框中选择“本文档中的位置”选项，在展开的“请选择文档中的位置”列表框中选择“1.幻灯片1”选项，单击对话框右上角的 屏幕提示(P)... 按钮，如图14-70所示。

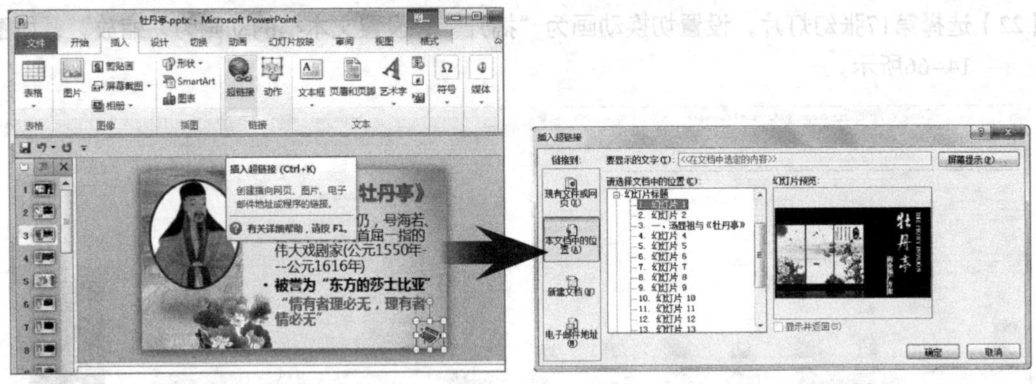

图14-69 插入图片　　图14-70 设置超链接

（3）打开“设置超链接屏幕提示”对话框，在“屏幕提示文字”文本框中输入“返回首页”，单击 确定 按钮，如图14-71所示，返回“编辑超链接”对话框，单击 确定 按钮，完成超链接的设置。

（4）复制该图片，将其粘贴到除第1、2、5、17张幻灯片外的其他幻灯片中，如图14-72所示，为其他幻灯片插入具有超链接的图片。

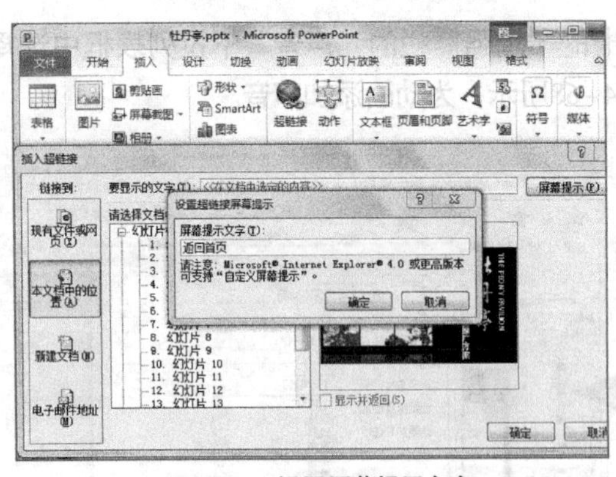

图14-71 设置屏幕提示文字

图14-72 复制超链接图片

14.4.7 插入音频

本节主要是在幻灯片中插入音频文件，并为其添加控制按钮，其具体操作如下。

（1）选择第15张幻灯片，在【插入】→【媒体】组中单击“音频”按钮下面的按钮，在打开的下拉列表中选择“文件中的音频”选项，如图14-73所示。

（2）打开“插入音频”对话框，在“保存范围”下拉列表中选择音频的位置，在中间列表框中选择需插入的音频文件，单击插入(S)按钮，如图14-74所示。

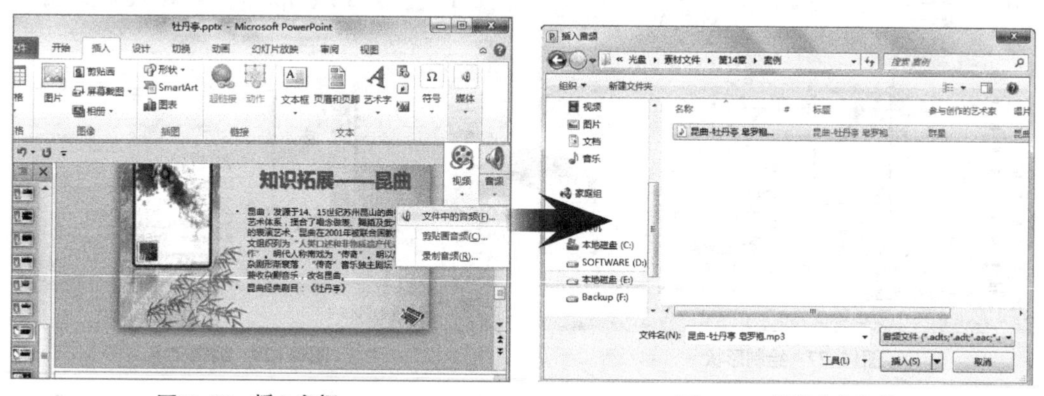

图14-73　插入音频　　　　图14-74　选择音频文件

（3）选择音频图标，在【音频工具 播放】→【音频选项】组中单击选中“放映时隐藏”复选框，在幻灯片放映时将不显示声音图标，如图14-75所示。

（4）在【插入】→【插图】组中单击“形状”按钮，在打开的下拉列表的“最近使用的形状”栏中选择“圆角矩形”选项，如图14-76所示。

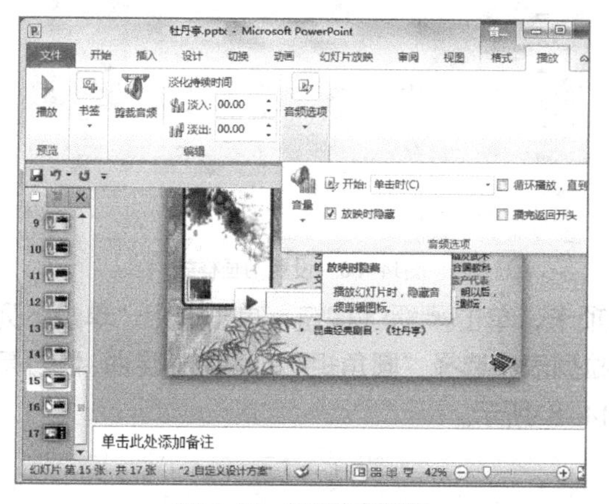

图14-75　设置音频选项

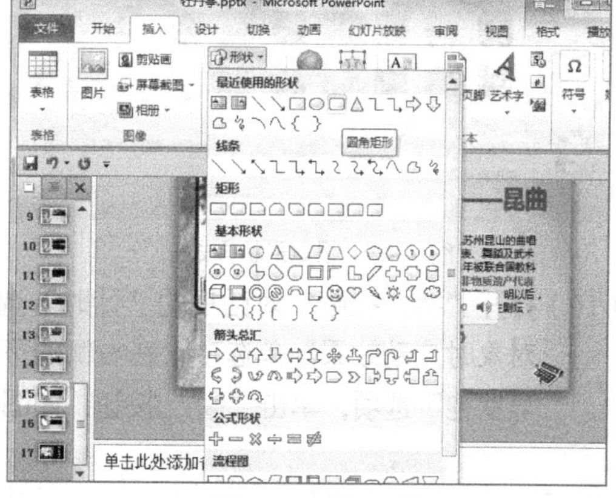

图14-76　插入形状

（5）在幻灯片下方绘制矩形，然后在绘制好的矩形上单击鼠标右键，在弹出的快捷菜单中选择“编辑文字”菜单命令，如图14-77所示。

（6）输入文本“播放 昆曲-牡丹亭 皂罗袍”，设置文本格式为“微软雅黑、20、加粗、文字阴影、底端对齐”，如图14-78所示。

（7）选择该形状，在【绘图工具 格式】→【形状样式】组的“形状样式”列表中单击按钮，在打开的下拉列表中选择“强烈效果-蓝色，强调文字颜色1”选项，如图14-79所示。

（8）在幻灯片中选择插入的音频图标，在【动画】→【动画】组中单击“动画样式”按钮，在打开的下拉列表框的“媒体”栏中选择“播放”选项，如图14-80所示。

（9）在“高级动画”组中单击动画窗格按钮，打开“动画窗格”，在音频动画选项上单击鼠标右键，在弹出的快捷菜单中选择“计时”命令，如图14-81所示。

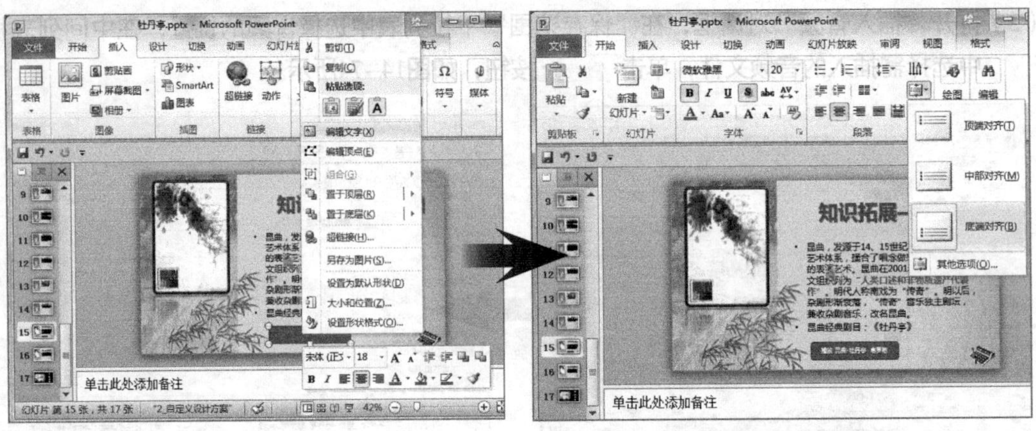

图14-77　绘制形状　　　　图14-78　编辑文字

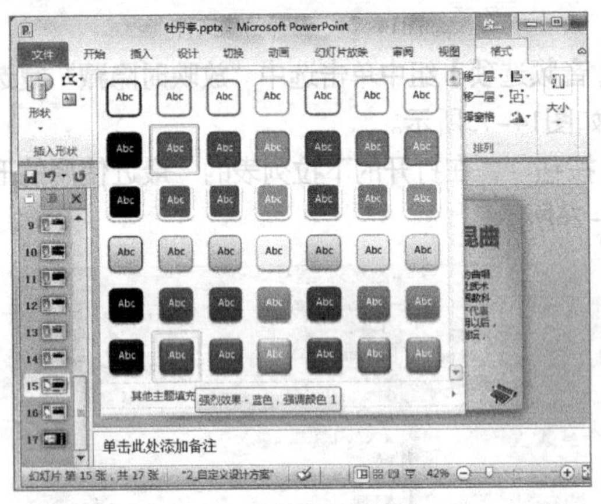

图14-79　设置形状样式

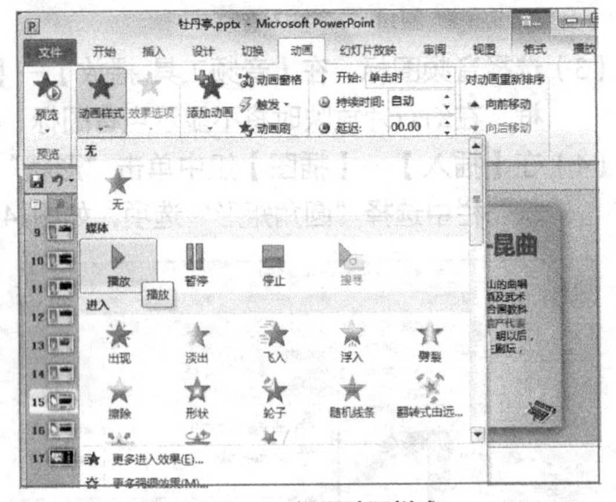

图14-80　设置动画样式

（10）打开“播放视频”对话框的“计时”选项卡，单击触发器(T)按钮，单击选中“单击下列对象时启动效果”单选项，在右侧的下拉列表中选择“圆角矩形2：播放 昆曲-牡丹亭皂罗袍”选项，单击确定按钮，如图14-82所示。

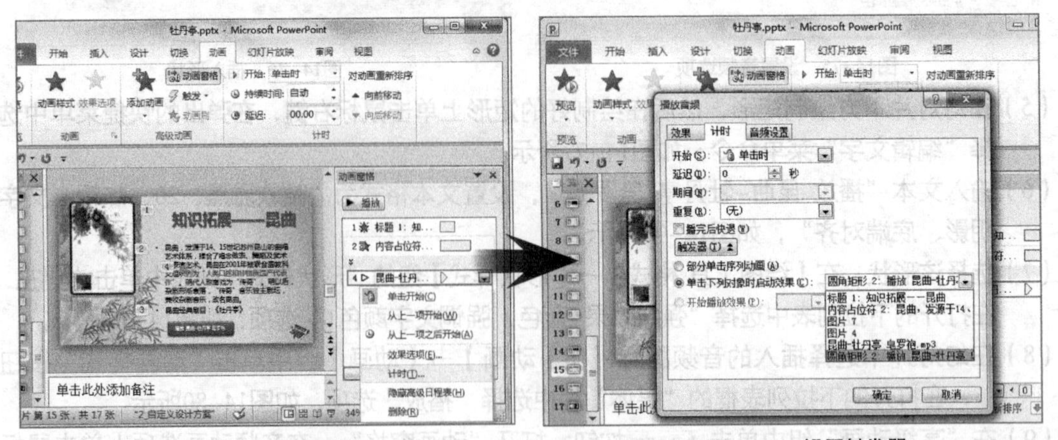

图14-81　打开动画窗格　　　　图14-82　设置触发器

（11）用同样的方法在播放按钮右侧绘制一个圆角矩形，输入文本“暂停”，并为该文本和形

状设置为和播放按钮完全相同的样式，如图14-83所示。

（12）在幻灯片中选择插入的音频图标，在【动画】→【高级动画】组中单击“添加动画”按钮，在打开的下拉列表框的“媒体”栏中选择“暂停”选项，如图14-84所示。

图14-83　绘制形状并设置样式

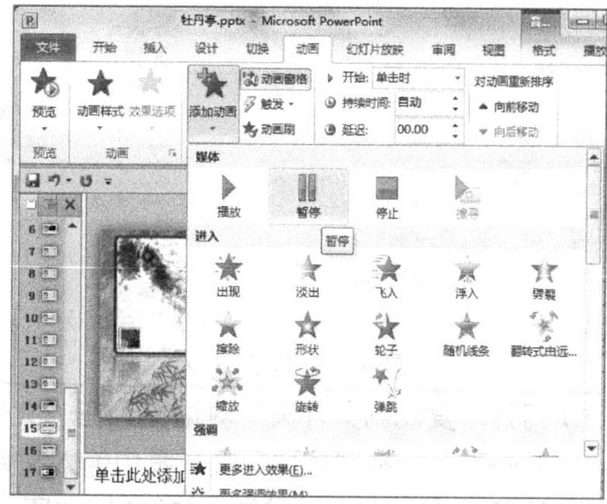

图14-84　设置动画样式

（13）在动画窗格的暂停动画选项上单击鼠标右键，在弹出的快捷菜单中选择“计时”命令，如图14-85所示。

（14）打开“播放视频”对话框的“计时”选项卡，单击 触发器(T) 按钮，单击选中“单击下列对象时启动效果”单选项，在右侧的下拉列表中选择“圆角矩形8：暂停”选项，单击 确定 按钮，如图14-86所示，完成音频插入和控制按钮的制作。

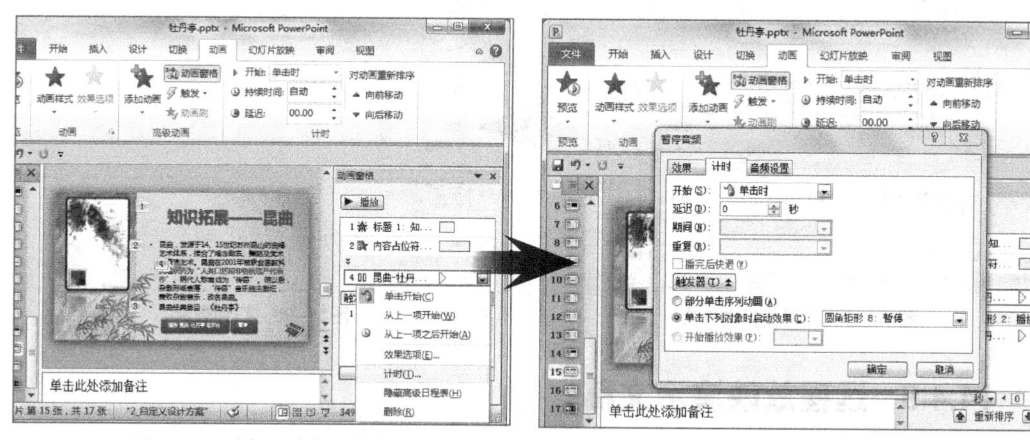

图14-85　选择“计时”命令　　图14-86　设置暂停按钮触发器

14.4.8　输出演示文稿

本节主要是将演示文稿输出到文件夹中，便于直接在其他媒体上播放，其具体操作如下。

（1）选择【文件】→【保存并发送】菜单命令，在中间列表的“文件类型”栏中选择“将演示文稿打包成CD”选项，在右侧的“发布幻灯片”栏中单击“打包成CD”按钮，如图14-87所示。

（2）打开“打包成CD”对话框，在其中单击 复制到文件夹(F)... 按钮，如图14-88所示。

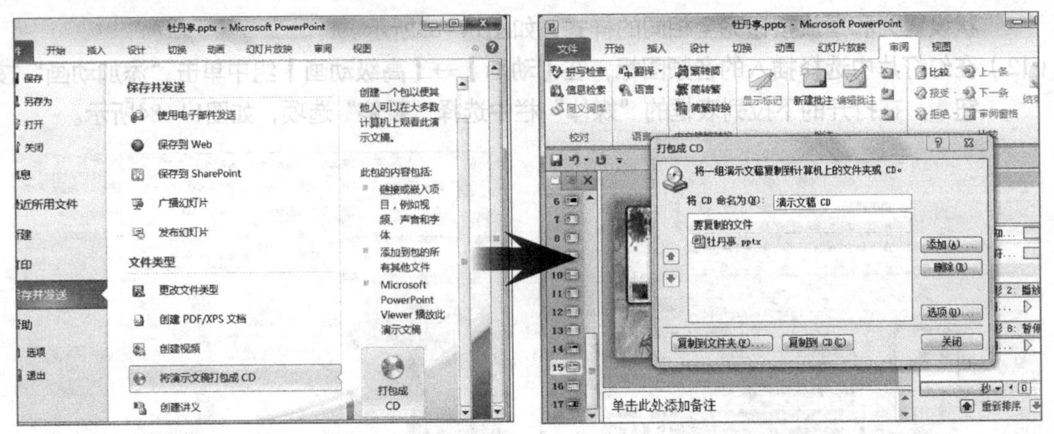

图14-87　打包成CD　　　　图14-88　复制到文件夹

(3) 打开“复制到文件夹”对话框，在“文件夹名称”文本框中输入“商业推广演示文稿-牡丹亭”，在“位置”文本框中输入文件夹的位置，单击选中“完成后打开文件夹”复选框，单击确定按钮，如图14-89所示，即可将演示文稿打包到一个文件夹中。

(4) 打包完成后，将自动打开打包的文件夹，在其中可以看到打包好的演示文稿，如图14-90所示。

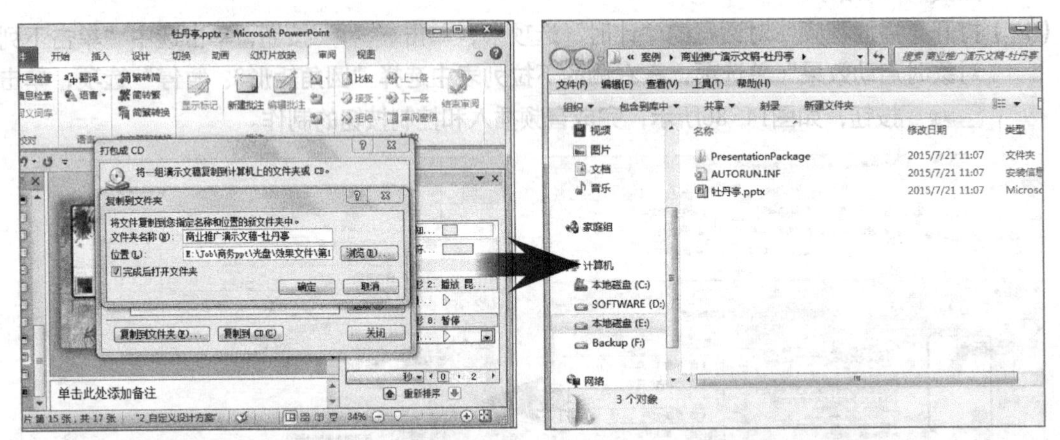

图14-89　设置模板文件夹　　　　图14-90　打包效果

14.4.9 远程放映演示文稿

最后远程放映该演示文稿，其具体操作如下。

(1) 打开制作好的演示文稿，在【幻灯片放映】→【开始放映幻灯片】组中，单击“广播幻灯片”按钮，如图14-91所示。

(2) 打开“广播幻灯片”对话框，单击启动广播(S)按钮，如图14-92所示。

(3) PowerPoint将连接到“PowerPoint Broadcast Service”服务，在打开的对话框中输入Windows Live ID凭据（注册的Windows Live账户邮箱和密码），单击确定按钮，如图14-93所示。

(4) 然后连接到“PowerPoint Broadcast Service”服务，准备广播幻灯片，并显示进度。

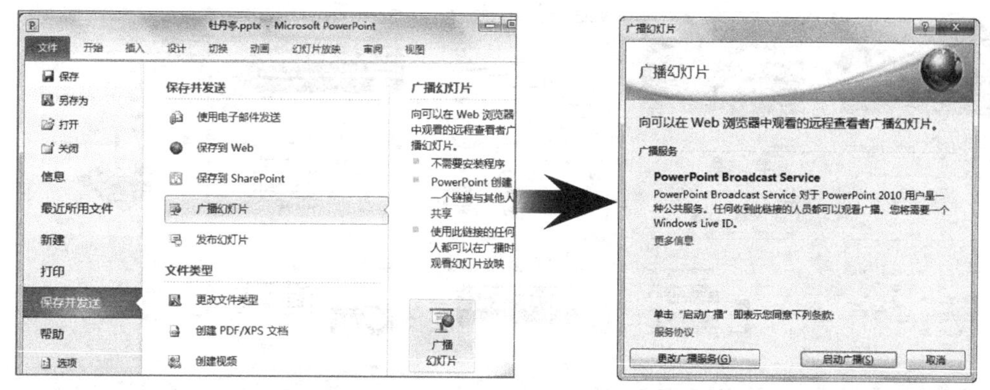

图14-91 选择广播幻灯片　　图14-92 启动广播

(5)广播幻灯片准备完毕，打开一个含有链接地址的对话框，单击“复制链接”超级链接，如图14-94所示，将其通过QQ或者Windows Live等软件发送给观众。

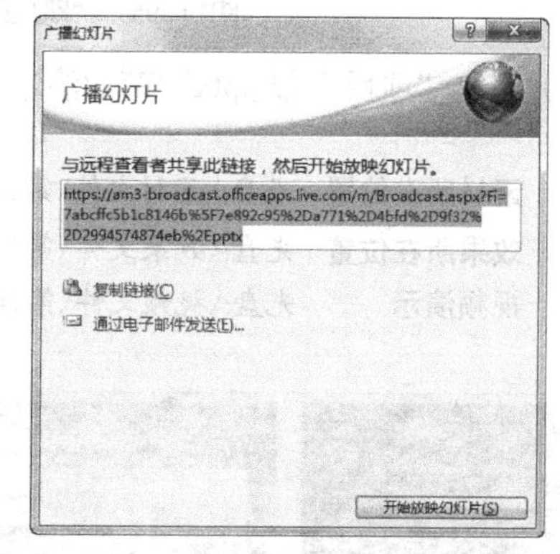

图14-93 输入Windows Live ID　　图14-94 发送共享链接

(6)观众获得这个链接地址后，在浏览器中打开该链接，就可以等待演示者放映演示文稿。演示者只需要在“广播幻灯片”对话框中单击开始放映幻灯片(S)按钮，就可以开始演示文稿的远程放映，观众可以同步看到幻灯片放映。

(7)在放映过程中按【Esc】键退出放映，返回PowerPoint工作界面中，在【广播】→【广播】组中单击“结束广播”按钮，在打开的提示框中单击结束广播(E)按钮，即可退出远程演示文稿放映状态。至此，完成整个演示文稿的制作。

14.5 习题

(1)制作“飓风网络宣传.pptx”商业介绍演示文稿，并将其打包到文件夹中，效果如图14-95所示。

素材所在位置　光盘:\素材文件\第14章\习题\飓风网络宣传\
效果所在位置　光盘:\效果文件\第14章\习题\飓风网络宣传.pptx、飓风网络宣传
视频演示　光盘:\视频文件\第14章\制作“飓风网络宣传”商业演示文稿.swf

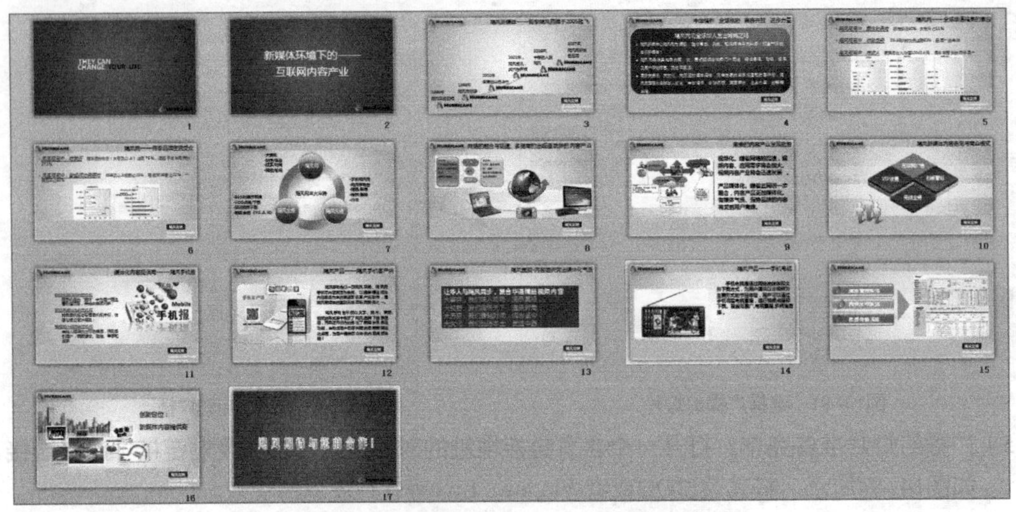

图14-95　“飓风网络宣传”演示文稿参考效果

（2）制作“项目汇报.pptx”商业演示文稿，效果如图14-96所示。

素材所在位置　光盘:\素材文件\第14章\习题\项目汇报\
效果所在位置　光盘:\效果文件\第14章\习题\项目汇报.pptx
视频演示　光盘:\视频文件\第14章\制作“项目汇报”商业演示文稿.swf

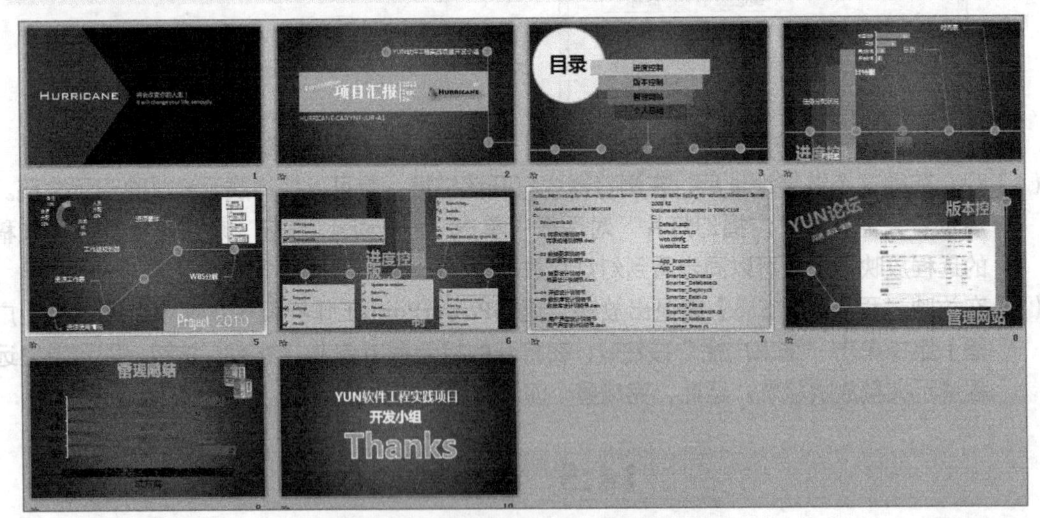

图14-96　“项目汇报”演示文稿参考效果

附录
项目实训

为了培养大家独立制作商务演示文稿的能力，提高就业综合素质和思维能力，加强教学的实践性，本附录精心挑选了3个综合实训“制作‘新项目工程’商务演示文稿”“制作‘销售业绩报告’商务演示文稿”“制作‘计划书’商务演示文稿”。通过完成实训，大家可进一步掌握和巩固PowerPoint 2010制作商务演示文稿的相关知识。

实训1 制作“新项目工程”商务演示文稿

【实训分析】

真心和诚信是制作演示文稿的重要因素，设计工程项目类的演示文稿，应该给观众展示一种在苦难和逆境中突破向前的信念，所以制作该演示文稿前，需要计划以下几个方面的内容。

◎ **主题颜色设计**：蓝色最能体现商务和积极向上的意义，由于品牌标志的主题颜色为绿色，可以使用绿色作为辅助颜色，而黄色由于与蓝色反差较大，可以作为强调或者核心内容的颜色，起到对比强调的作用。

◎ **版式设计**：可以考虑使用对等的十字参考线，将幻灯片平均划分为4个部分，再在4个边缘划分出一定区域，添加一些辅助信息或者徽标。

◎ **文本设计**：主要文本格式为“微软雅黑”，颜色以白色为主，英文字体考虑使用“Arial Black”，其笔画较粗，给人精练的感觉。

◎ **形状设计**：主要以绘制图形制作图表为主，其他绘制形状来辅助幻灯片效果。

◎ **幻灯片设计**：除标题和结尾页外，需要制作介绍人员的页面，然后是目录页和各小节的过渡页和内容页。

【实训实施】

1. 创建演示文稿：新建演示文稿，并设置版式和设置母版样式。
2. 制作标题幻灯片：绘制图形并插入图片，输入文本和设置格式。
3. 制作人员介绍幻灯片：插入图片，绘制形状，输入文本并设置格式。

4. 制作目录幻灯片：插入图片，绘制形状，输入文本并设置格式。
5. 制作过渡页幻灯片：插入图片，绘制形状，输入文本并设置格式。
6. 制作内容幻灯片：绘制形状制作图表，输入文本并设置格式。
7. 制作结束幻灯片：复制幻灯片，输入文本和设置格式。

【实训参考效果】

本实训的参考效果如图1所示，相关参考效果提供在本书配套光盘中。

素材所在位置 光盘:\素材文件\项目实训\实训1\

效果所在位置 光盘:\效果文件\项目实训\实训1\新项目工程.pptx

图1 “新项目工程”演示文稿参考效果

实训2 制作“销售业绩报告”商务演示文稿

【实训分析】

制作报告展示类演示文稿时，为了视觉性地展示出结果或者成绩，通常要使用大量的图表。本实训在分析产品的市场规模后，展示出了改善价格后能提高的收益，并展示出营业收益和公司的核心竞争力，充分展示了该公司的成长可能性，给予观众最直观的信息反馈。制作该演示文稿前，需要计划以下几个方面的内容。

◎ **主题颜色设计**：蓝色最能体现商务和积极向上的意义，还是选择蓝色作为主题颜色，但本案例要体现公司的成长性，所以主题蓝色比上一个实训要浅。浅蓝色属于暖色系的温和系列，所以使用同样色系的浅绿色和具有补色关系的红色作为辅助颜色，同样这些颜色也是公司品牌徽标的主题颜色。

◎ **版式设计**：可以考虑使用参考线，将幻灯片平均划分为左右两个部分，再在4个边缘划分出一定区域，主要是上下两个区域添加一些辅助信息或者徽标，上部边缘可以作为内容标题区域，下部边缘则放置公司徽标。

◎ **文本设计**：主要文本格式为“微软雅黑”，颜色以蓝色和白色为主，英文字体考虑使

用“微软雅黑”，与中文字符一致，制作起来比较方便。另外，标题页和结尾页使用其他文本格式，强调标题。

◎ **形状设计**：主要以绘制图形制作图表为主，有些形状比较复杂，可以直接使用素材文件，其他绘制形状来辅助幻灯片效果。

◎ **幻灯片设计**：除标题和结尾页外，需要制作目录页和各小节的内容页。

【实训实施】

1. 创建演示文稿：新建演示文稿，并设置版式和设置母版样式。注意，本实训需要创建3种幻灯片母版，在使用时需要选择使用。

2. 制作标题幻灯片：绘制图形并插入图片，输入文本和设置格式。

3. 制作目录幻灯片：绘制形状，输入文本和设置格式。

4. 制作内容幻灯片：新建不同版式的幻灯片，绘制形状和插入图片来制作图表，输入文本和设置格式。

5. 制作结束幻灯片：复制标题幻灯片，输入文本和设置格式。

【实训参考效果】

本实训的参考效果如图2所示，相关参考效果提供在本书配套光盘中。

素材所在位置 光盘:\素材文件\项目实训\实训2\

效果所在位置 光盘:\效果文件\项目实训\实训2\销售业绩报告.pptx

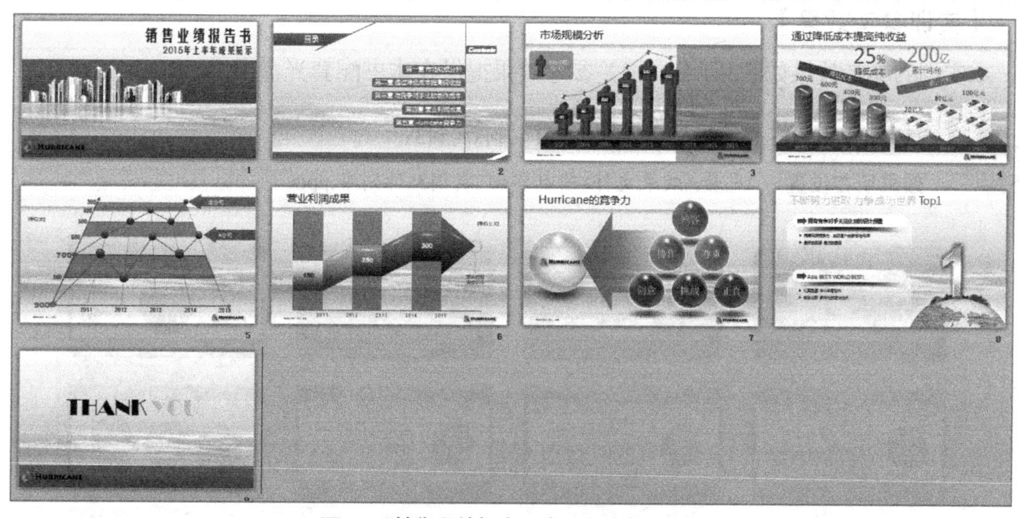

图2 “销售业绩报告”演示文稿参考效果

实训3 制作“计划书”商务演示文稿

【实训分析】

在很多专业的商务演示文稿设计中，很少使用到动画，因为商务演示文稿需要简洁直接，直接展示表现核心，所以，很多类型的商务演示文稿非常简单，就是用文字、图片和形状来组成演示文稿的内容。本实训也从简单整洁的设计出发，制作该演示文稿前，需要计划以下几个方面的内容。

- ◎ **主题颜色设计**：商务主题通常使用蓝色，本实训也不例外。黄色和橙色起到对比蓝色的作用，可以强调重要内容，所以作为辅助颜色。
- ◎ **版式设计**：没有使用参考线，使用上下结构，下部为公司徽标及相关信息，最上部为标题区域，中间部分为主要内容区域，并设置白色背景。
- ◎ **文本设计**：主要文本格式为“微软雅黑”，颜色以蓝色、黑色和白色为主，标题文本采用“方正美黑简体”，英文字体考虑使用“微软雅黑”，与中文字符一致。
- ◎ **形状设计**：主要以绘制圆形和矩形为主，圆形需要填充渐变色。
- ◎ **幻灯片设计**：除标题和结尾页外，需要制作目录页和内容页，另外需要制作一张与标题页内容差不多的公司宣传页。

【实训实施】

1. 创建演示文稿：新建演示文稿，并设置版式和设置母版样式。
2. 制作宣传幻灯片：输入文本和设置格式，插入公司徽标。
3. 制作标题幻灯片：插入公司徽标，输入文本和设置格式。
4. 制作目录幻灯片：绘制形状，输入文本和设置格式。
5. 制作内容幻灯片：绘制形状和插入图片来制作图表，输入文本并设置格式，由于版式都相同，可以采用复制幻灯片的操作。
6. 制作结束幻灯片：复制标题幻灯片，输入文本并设置格式。

【实训参考效果】

本实训的参考效果如图3所示，相关参考效果提供在本书配套光盘中。

素材所在位置　光盘:\素材文件\项目实训\实训3\

效果所在位置　光盘:\效果文件\项目实训\实训3\计划书.pptx

图3　“计划书”演示文稿参考效果